普通高等教育“十三五”规划教材

土木工程类系列教材

基础工程

马孝春　王贵和　张彬　编著

清华大学出版社
北京

内容简介

本书根据高等学校地质工程和土木工程专业特色和教学大纲，依据基础工程内容相关的最新技术规范编写而成，吸取了国内外较为成熟的基础工程新理论、新工艺和新技术。

全书共分6章，分别为绪论、浅基础、深基础、特殊土地基、地基处理、基础抗震。

本书可作为高等学校地质工程、土木工程、岩土工程等相近专业的本科教材，也可供从事上述专业研究、设计、施工的人员或学生参考使用。

图书在版编目(CIP)数据

基础工程/马孝春，王贵和，张彬编著. —北京：清华大学出版社，2020.9（2025.1重印）
普通高等教育"十三五"规划教材. 土木工程类系列教材
ISBN 978-7-302-56074-6

Ⅰ. ①基… Ⅱ. ①马… ②王… ③张… Ⅲ. ①基础(工程)—高等学校—教材 Ⅳ. ①TU47

中国版本图书馆CIP数据核字(2020)第136759号

责任编辑：秦　娜　赵从棉
封面设计：陈国熙
责任校对：赵丽敏
责任印制：曹婉颖

出版发行：清华大学出版社
网　　址：https://www.tup.com.cn，https://www.wqxuetang.com
地　　址：北京清华大学学研大厦A座　**邮　　编**：100084
社 总 机：010-83470000　**邮　　购**：010-62786544
投稿与读者服务：010-62776969，c-service@tup.tsinghua.edu.cn
质量反馈：010-62772015，zhiliang@tup.tsinghua.edu.cn
印 装 者：涿州市般润文化传播有限公司
经　　销：全国新华书店
开　　本：185mm×260mm　**印　　张**：22.25　**字　　数**：537千字
版　　次：2020年9月第1版　**印　　次**：2025年1月第5次印刷
定　　价：65.00元

产品编号：084364-01

前　言

基础工程是一门研究建(构)筑物的基础与地基之间相互作用关系的学科，是一项极具实用价值的科学技术，在房地产建设、地下空间开发、桥梁与高铁施工中发挥了重要作用，为相关专业的毕业生开辟了广阔的就业天地与发展空间，深受从业者的喜爱。

编者在多年教学实践的基础上，编写了这本能反映土木工程和地质工程特色、基础工程相关规范、基础工程学科进展的教材。本书系统阐述了基础工程的学科体系，主要内容有浅基础、深基础、特殊土地基、地基处理、基础抗震等。

本书主要编写人员有：马孝春，王贵和，张彬。在本书编写过程中，得到了中国地质大学(北京)吕建国、周辉峰、刘红岩、贾苍琴、黄峰等教师的热心帮助，在此表示衷心的感谢。同时，还要特别感谢中国地质大学(北京)教务处的立项和资金支持，以及工程技术学院领导徐能雄教授、杨义勇教授的关心与支持。

参与本书编写的学生主要有：钟海晨、李子明、宋鹏、江章景、徐永旺、苏林耒、左涛、李赛、周升文、刘缘、廖道成、姜超、韩晨、许恒斌等。

本书涉及资料众多，在编写过程中参考了许多文献，并受到了相应的启发，限于篇幅，所引用的文献不能一一列出，在此谨向其作者表示深深的谢意。对个别来自网络图片的作者表示衷心感谢。

限于作者水平，书中错误与疏漏之处在所难免，敬请读者不吝赐教，以便再版时更正。

作　者

2020年7月

目录

绪　论

1.1　课程简介

基础工程(foundation engineering)是研究建筑物的地基和基础之间相互作用、协调变形、维持稳定的学科。

从世界各地留存的宫殿楼宇、寺院教堂、古道堤岸等可以推测,人们对基础工程的认识绝非近代的事情。有些建筑历经数百年而巍然屹立,必有稳固的基础。我国都江堰水利工程、举世闻名的万里长城、隋朝南北大运河、黄河大堤、赵州石拱桥等都具有牢固的基础,经历了无数次强震、强风仍安然无恙。至今仍在使用的石灰桩,以及灰土、瓦渣垫层等古老的传统地基处理方法,都彰显了基础工程技术的实用性和生命力。钱塘江南岸发现的河姆渡文化遗址中7000年前打入沼泽地的木桩,郑州隋朝超化寺打入淤泥的塔基木桩,杭州湾五代大海塘工程木桩等都是我国古代桩基技术应用的典范。只不过限于当时的理论水平,上述技术提升不到设计层次,而作为世代相传的工程典型,从施工经验和技法上加以控制,类似于现代基础规范中的构造要求。

近代岩土力学、材料力学、结构力学等理论为高楼大厦的兴建奠定了坚实的理论基础,钢筋、混凝土等新材料的问世架起了腾飞的翅膀,现代施工设备为复杂高耸建筑的实施提供了保障,行业标准和专业人才为现代建筑提供了可复制与大规模建设的条件,有限元数值模拟方法和基于信息的设计软件提供了全新的设计体系。以上各方面技术的进步,使得各种复杂的现代建筑都能够拥有一个稳妥的基础。

近年来,随着我国城市化进程的推进和地下空间开发的发展,不断对基础工程技术提出新要求,使基础工程不断出现新的研究方向和课题,推动了基础工程创新理论和工艺的发展,特别是在变刚度调平设计、地基处理方法、共同作用分析等方面有较大创新,成为我国基础工程技术中的亮点。

总之,基础工程是充满活力而又博大精深、科学与技术相结合的学科。只有掌握了基本的设计理论与必要的施工技术基础,才能针对具体工程,灵活运用所学知识和设计软件体系进行设计和施工。

基础是建筑物的根本。基础的设计和施工质量直接关系着建筑物的安危。大量例子表明,建筑物表观可见的许多缺陷和事故其实与基础问题有关。另一方面,由于基础位于地面以下,属于隐蔽工程,一旦发生事故,则损失巨大,补救和处理十分困难,甚至无法补救,所以基础工程经常会成为工程中的热点和难点问题。而且基础工程施工常在水下进行,往往需要挡土止水,施工难度大,工程造价高。据统计,一般高层建筑中,基础工程造价占总造价的

20%～30%,施工工期占建筑总工期的25%～30%。另外,上层建筑可以复制,但地质条件千差万别,基础部分需要单独设计。相邻的建筑物虽然近在咫尺,但基础方案绝不可照搬。所以,从安全与经济角度讲,基础工程对于一项地质工程而言是极其重要的。

本课程的内容可应用于:工业与民用建筑、桥梁与城铁等交通设施、高塔等各类构筑物、海上石油平台、港口码头等设施的基础设计与施工,盾构隧道、顶管、矿山竖井等进出口的支护与加固,古代建筑纠偏与托换等。

纵观国内外各院校的《基础工程》教材,无外乎包含以下内容。

(1) 岩土工程勘察:包括勘察基本要求、勘察方法、岩土分级、土工试验等。

(2) 地基计算:包括土的应力、变形、地基承载力、地基稳定性等。

(3) 土压力与挡土墙:包括土压力概念,朗肯、库仑土压理论,重力式挡土墙等。

(4) 浅基础设计:包括设计原则,无筋基础,扩展基础,筏、箱基础等。

(5) 桩基础:包括桩基础的设计、各种工法的施工、桩基质量验收等。

(6) 地基处理:包括复合地基的概念与设计,各种地基处理方法的原理、适应性、设计、施工等。

(7) 特殊土地基:各国工程中涉及的具有地域特性的土,如软土、黄土、冻土、填土、膨胀土、盐渍土、红黏土等。

(8) 基坑与边坡工程:包括基坑支护形式、基坑设计、基坑施工、地下水控制等。

(9) 基础抗震:包括基础抗震设计原则,液化土的判别、评价与分级,液化土的处理措施等内容。

鉴于各高校的培养目标和课程体系设置的差异,各教材关于上述内容选择的侧重点各有不同。以中国地质大学(北京)为例,因地质方面分类较细,将勘察、土力学、基坑与边坡支挡分离为单独的课程,故在本书中略去这些内容。

基础工程课程具有以下三方面的特点。

(1) 综合性。基础工程学科是土木工程的一个重要分支,其内容涉及工程地质学、土力学、弹性力学、结构力学等课程知识,内容广泛、综合性强。

(2) 实践性。本课程是一门应用性、专业性很强的学科。工程人员在设计和施工中,为使基础工程问题得到切合实际的、合理完善的解决,除掌握丰富的理论知识外,还需要充足的工程实践经验。有些内容除了大学期间的理论学习之外,尚需毕业后若干年的实践经验才能做到融会贯通。

(3) 变化性。各国的基础工程设计与施工都是以当地相关的规范为依托的,规范总结了地基基础工程实践中的成功经验与失败教训,对设计内容、施工方法和质量检验标准作出了各种规定,是具体工程设计、施工、验收必须遵循的准则。但由于涉及的行业规范众多,且每隔几年尚有修订,故课程内容需要与时俱进,常随规范的修订而更新。

“基础工程”课程涉及的知识主要来自于工程地质学、土力学、钢筋混凝土结构、材料力学、结构力学、弹性力学等。其中,与本课程关系最密切的课程是土力学和钢筋混凝土结构。土力学找到了基础发生问题的原因,基础工程提供具体的设计方法与处理措施,在结构设计方面若有钢筋混凝土结构方面的知识,则对于配筋计算和混凝土强度计算就容易理解。

关于本课程的学习,有以下几点建议。

(1) 温故知新。课程内容涉及“土力学”“钢筋混凝土结构”等课程中的知识时,若有疑

问，应及时查找与推导，正确理解本书的内容。

(2) 以自学为主。自觉主动地学习书中内容和查阅相关文献，不要有仅靠听课就学好的想法，只把听课与听讲座当作检验学习效果和扩展视野的验证性学习。

(3) 培养研究性学习。用批判的眼光发现问题，通过缜密的逻辑分析问题，结合知识体系解决问题，借鉴具体工程案例训练应用能力。

(4) 坚持自学、讨论、听课相结合，预习、练习、探索相结合。课下投入足够的时间和精力查阅相关期刊文章、规范和辅助教材，了解国内外专业动态。

(5) 学习要积极、主动、勤勉、用心，注重平时用功，鄙弃考前突击。

1.2　地基

要修建建筑物，就需要土地。工程建筑本身占用及直接使用的土地称为**场地**(site)，而场地内直接承托建筑物基础的岩土体称为**地基**(subsoil，ground)(图 1-1)。

地基分为天然地基和人工地基。**天然地基**(natural ground)是指未做处理直接承托基础的天然土层。**人工地基**(artificial ground)是指特殊土层经加固改良后形成的地基(图 1-2)。特殊土层包括湿陷性黄土、膨胀土、软土、冻土等。

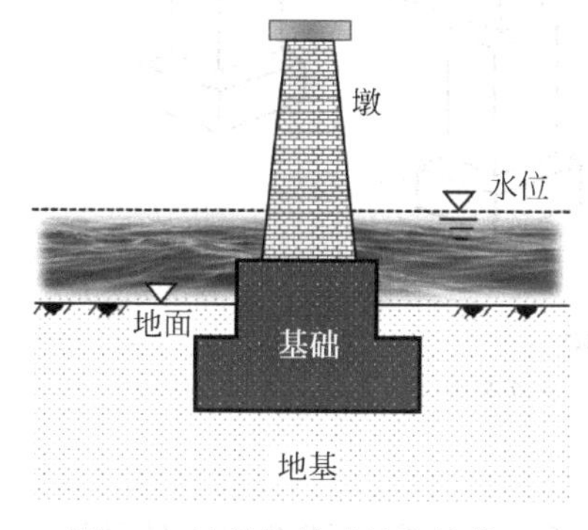

图 1-1　地基与基础的接触关系

图 1-2　人工地基

为表述地基中的各层土，引入了持力层和下卧层的概念。**持力层**(bearing stratum)是指直接支撑建筑物基础的地层。**下卧层**(underlying stratum)是指持力层下面的各个土层。所以，持力层只有一层，而下卧层则可有多层。

1.3　基础

基础(foundation)是建(构)筑物的下部结构(图 1-1)。基础顶面承受着建(构)筑物的自重及其上的各种作用，并通过基础底面将其上的作用传递到地基中。基础一般应埋入地面下一定深度，进入较好的地层(持力层)。

根据基础的埋置深度和施工方法，将基础分为浅基础和深基础。

1.3.1　浅基础

浅基础(shallow foundation)是指在水平方向通过增大基础底面面积来满足基底压力

和上部结构沉降要求的基础形式。也有人使用不太严格的定义,将浅基础定义为:埋深不超过 5 m,只需经过挖槽、排水等普通施工程序就可以建造起来的基础。

通常从结构形式和基础刚度角度对浅基础进行分类。

1.3.1.1 按结构形式分类

按结构形式,将浅基础分为:独立基础、条形基础、十字交叉基础、筏板基础、箱形基础、壳体基础等。

1. 独立基础

独立基础(pad foundation)也称**单独基础**(isolated foundation),是指柱下或墙下相对孤立、基础之间没有交叉连接的基础,如图 1-3 所示。这类基础可以是有筋基础,也可以是无筋基础。独立基础通常用作框架结构、排架结构、烟囱、水塔、高炉等构筑物的基础。

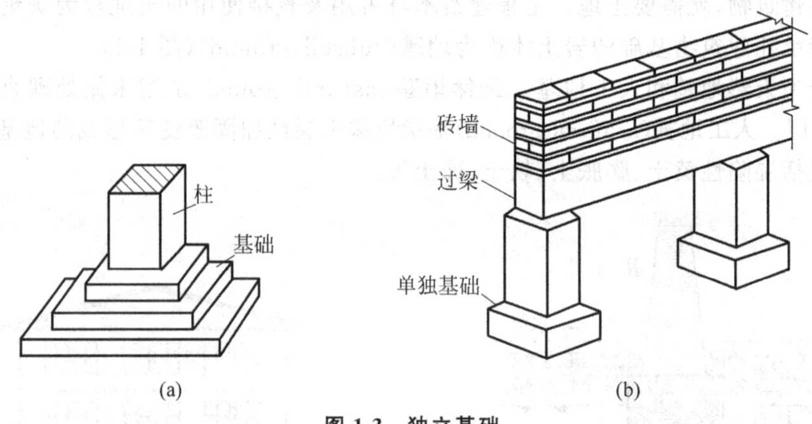

图 1-3 独立基础

(a) 柱下独立基础;(b) 墙下独立基础

2. 条形基础

条形基础(strip foundation)简称条基,是指基础长度远大于其宽度的一种基础形式,长宽比一般大于 10。按上部结构形式的不同,条形基础分为墙下条形基础和柱下条形基础。

当柱的荷载过大,地基承载力不足时,可将单独基础底面联结成柱下条形基础,以承受一排柱列的总荷载,见图 1-4(a)。民用住宅砌体结构大部分采用墙下条形基础,此时按每延米墙体传递的荷载计算墙下条形基础的宽度,见图 1-4(b)。

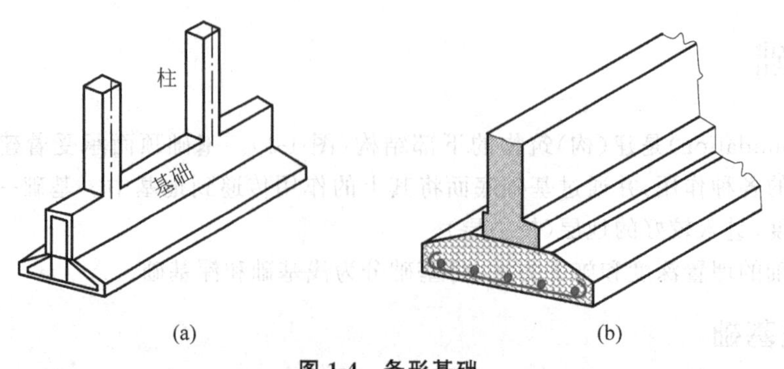

图 1-4 条形基础

(a) 柱下条形基础;(b) 墙下条形基础

条形基础的抗弯刚度较大，因而具有调整不均匀沉降的能力，并能将所承受的集中柱荷载较均匀地分布到整个基底面积上。柱下条形基础是常用于软弱地基上框架或排架结构的一种基础形式。

3. 十字交叉基础

当柱网下地基较弱、土的压缩性不均匀或柱荷载分布沿着两个柱列方向都不均匀，沿柱列一个方向上设置柱下条形基础已经不能满足地基承载力要求或地基变形要求时，应当考虑沿柱列的两个方向都设置条形基础，形成十字交叉条形基础(图1-5)，以增大基础底面面积和基础刚度，减少基底附加应力和基础不均匀沉降。

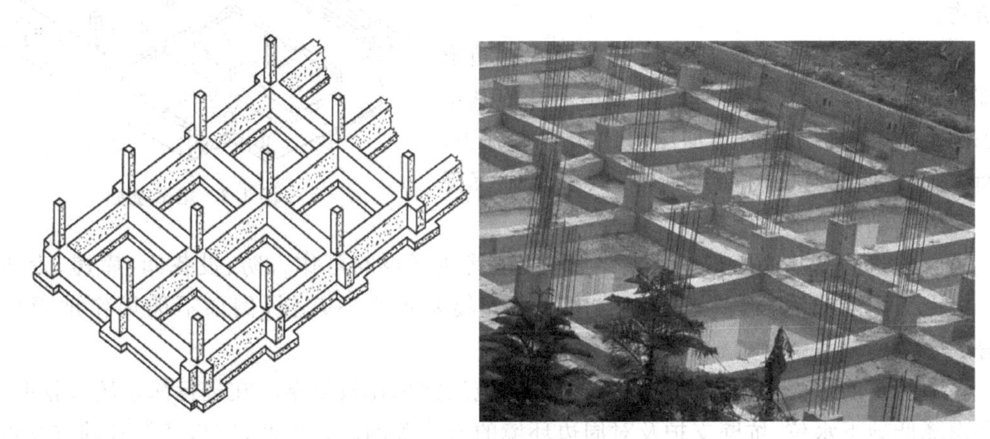

图1-5 十字交叉基础

4. 筏板基础

筏板基础(raft foundation)也称筏形基础、片筏基础，简称筏基，是指采用钢筋混凝土做成的连续整片基础(图1-6)，分为平板式和梁板式两种类型。平板式筏板基础是一块等厚度的钢筋混凝土平板；若在板上沿柱轴纵横向设置基础梁，即形成梁板式筏板基础。肋梁可布置在板的上部(柱的下部)形成上肋梁式板，也可布置在筏板的下部，形成下肋梁式筏板。

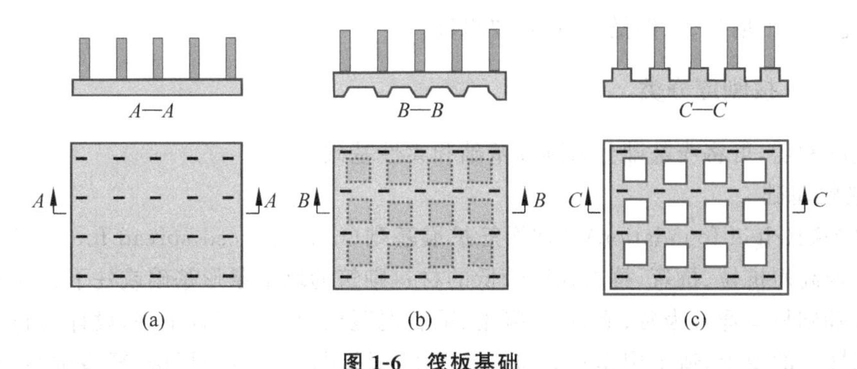

图1-6 筏板基础

(a) 平板式；(b) 下肋梁式；(c) 上肋梁式

筏板基础由于底面积大，故可减小基底压力，并能更有效地增强基础的整体性，调整不均匀沉降。此外，筏板基础还具有前述各类基础所不完全具备的良好功能，例如：跨越地下浅层小洞穴和局部软弱层的能力；可提供比较宽敞的地下使用空间，作为地下室、地下停车场、水池、油库等的防渗底板；可增强建筑物的整体抗震性能；具有较强的调整差异沉降的能力，等等。

5. 箱形基础

箱形基础(box foundation)简称箱基，是由底板、顶板、侧墙及一定数量内隔墙构成的整体刚度较大的单层或多层钢筋混凝土基础，如图 1-7 所示。其埋深大、强度高、整体刚度大，适用于软弱地基上的高层、重型或对不均匀沉降有严格要求的建筑物。

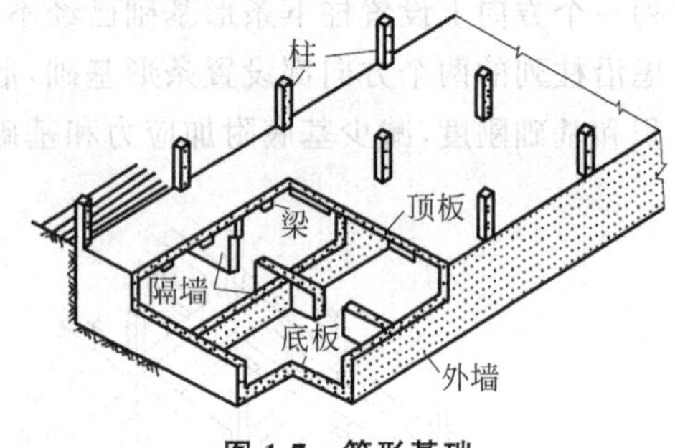

图 1-7 箱形基础

箱形基础是高层建筑必需的基础形式。箱形基础的中空结构形式，使得基础自重小于开挖基坑卸去的土重，基础底面的附加压力比实体基础少，从而提高了地基土层的稳定性，降低了基础沉降量。箱形基础的抗震性能较好。

高层建筑的箱基往往与地下室结合考虑，其地下空间可作人防、设备间、库房、商店使用。但由于内墙分隔，箱基地下室的用途不如筏基地下室广泛，例如不能用作地下停车场等。

箱基的钢筋水泥用量大，工期长，造价高，施工技术比较复杂。在进行深基坑开挖时，还需考虑降低地下水位、坑壁支护及对周边环境的影响等问题。因此，应与其他基础方案做技术经济比较之后再确定是否采用箱形基础。

6. 壳体基础

壳体基础(shell foundation)是由正圆锥形及其组合形式构成的一类基础，可用于一般工业与民用建筑柱基和筒形构筑物(如烟囱、水塔、料仓、中小型高炉等)的基础。这种基础使径向内力转变为压应力，可比一般梁、板式的钢筋混凝土基础减少混凝土和钢筋用量 30%。

一般情况下壳体基础施工时不必支模，土方挖运量也较少。不过，由于较难实行机械化施工，因此施工工期长、工作量大、技术要求高。

1.3.1.2 按刚度分类

按基础刚度，可将浅基础分为刚性基础和柔性基础。

1. 刚性基础

刚性基础(rigid foundation)又称**无筋扩展基础**(unreinforced spread foundation)，指用抗压强度较高而抗拉、抗弯、抗剪强度较低的材料砌筑的墙下条形基础或柱下独立基础。

刚性基础材料通常为砖、毛石、混凝土、毛石混凝土、灰土、三合土等，设计与施工时须满足材料刚性角的要求，适于用作 6 层和 6 层以下的民用建筑、轻型厂房、轻型桥梁、涵洞的基础(图 1-8)，以及重力式墩台下的刚性扩大基础、挡土墙下的条形基础等。

刚性基础的特点是稳定性好，能就地取材，造价不高，设计施工简便。但其强度不高，截面尺寸较大，埋深受限制，荷载较大时难以采用，某些材料受地下水影响，其承载力和耐久性变化较大。当持力层为软弱土时，由于扩大基础面积有一定限制，需要对地基进行处理或加

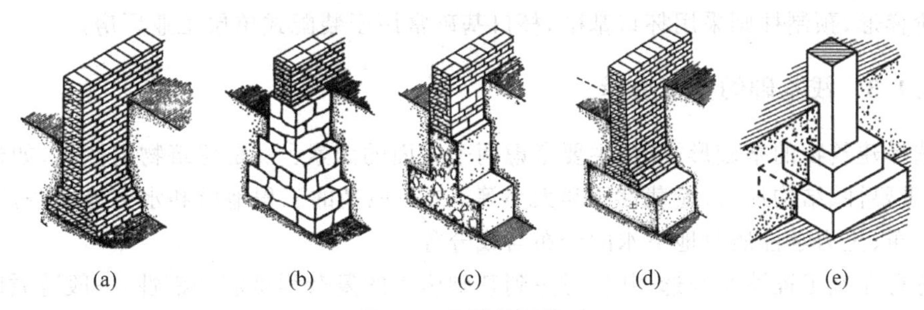

图 1-8　无筋扩展基础

(a) 砖基础；(b) 毛石基础；(c) 毛石混凝土基础；(d) 灰土基础；(d) 混凝土基础

固后才能使用。

进行无筋扩展基础设计时，通过规定基础材料强度、限制台阶宽高比来满足地基承载力要求，一般无须进行繁杂的内力分析和截面强度计算。

2. **扩展基础**

扩展基础(spread foundation)本意是指通过扩大基底面积来实现压力扩散，使基底压力满足地基土的允许承载力和基础材料本身强度要求的一种基础形式。但现在扩展基础一词专指有筋扩展基础(reinforced spread foundation)，分为柱下钢筋混凝土独立基础(reinforced concrete pad foundation under columns)和墙下钢筋混凝土条形基础(reinforced concrete strip foundation under walls)两种形式。因钢筋混凝土基础具有一定的抗弯和抗剪能力，故扩展基础又称为柔性基础(flexible foundation)或弹性基础(elastic foundation)。这种基础适用于上部结构荷载比较大、地基比较柔软，用刚性基础不能满足要求的情况。

柔性基础的设置不受刚性角限制，可以将基础底面尺寸扩大，适合宽基浅埋的情形。

1) 墙下钢筋混凝土条形基础

墙下钢筋混凝土条形基础分为不带纵肋和带纵肋两种形式(图 1-9)。一般情况下可采用无肋的基础。如地基不均匀，为了增强基础的整体性和抗弯能力，可以采用有肋的墙下钢筋混凝土条形基础，肋部配置足够的纵向钢筋和箍筋，以承受由不均匀沉降引起的弯曲应力。

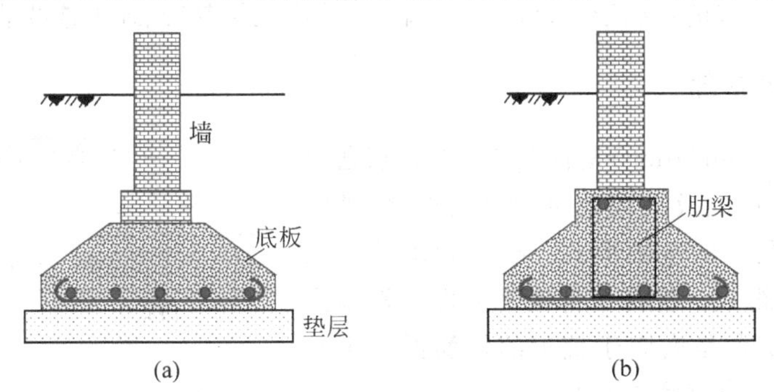

图 1-9　墙下钢筋混凝土条形基础

(a) 无肋式；(b) 有肋式

2) 柱下钢筋混凝土独立基础

柱下钢筋混凝土独立基础通常做成阶梯形、锥形和杯口形。现浇柱的独立基础可做成锥形或阶梯形,预制柱则采用杯口基础,杯口基础常用于装配式单层工业厂房。

1.3.1.3 浅基础的类型选择

在选择建筑物的基础形式时,主要考虑两个方面的因素:一是建筑物的性质,如建筑物的用途、重要性、结构形式、荷载性质和大小等;二是地基的工程地质和水文地质条件,如岩土层的分布、土力学性质及地下水的分布与成分等。

在进行建筑工程浅基础选型时,考虑到基础施工的复杂程度和经济性,一般遵循以下的基础选型顺序:刚性基础→柱下独立基础→柱下条形基础→十字交叉基础→筏板基础→箱形基础。

不同结构类型的浅基础的适用条件总结于表 1-1 中。

表 1-1 浅基础的结构类型及适用条件

浅基础类型	适用条件
无筋扩展基础	由砖、石、混凝土、灰土等材料筑成的条形基础或独立基础。适用于受压不受拉的场合,如多层民用建筑和轻型厂房
钢筋混凝土扩展基础	包括墙下钢筋混凝土条形基础和柱下钢筋混凝土独立基础。适用于竖向荷载较大、作用有水平力或弯矩、地基承载力不高但较均匀、埋藏深度要求浅的场合
柱下条形基础	适用于地基较软弱、柱荷载不均匀或地基压缩性不均匀的场合
筏板基础	适用于基底面积较大、地基土体不均、上部荷载较大、承受水平力或力矩、基础整体性要求高、建筑物下部需要较大开阔空间的场合
箱形基础	适用于软弱地基土上的高层、重型、抗震、对不均匀沉降要求严格、对基础刚度和整体性要求高的建筑物
壳体基础	适于用作球形、筒形建筑物的基础,如烟囱、水塔、料仓、高炉、粮库、油库等的基础

1.3.2 深基础

深基础(deep foundation)是指当浅层土质不良时,将基础深埋,通过侧摩阻力及端阻力来支撑上部结构荷载的基础形式,包括桩基础、沉井或沉箱基础、地下连续墙基础等。

1.3.2.1 桩基础

桩基础(pile foundation)是将上部结构荷载通过桩传递给所穿越地层及桩端地层,由桩、承台、桩间土、桩端土共同受力的基础形式。桩基础由若干根桩和承台两部分组成。桩是全部或部分埋入地基土中的杆状构件,承台是嵌固于桩顶的钢筋混凝土平台,用于承托上部结构(图 1-10)。

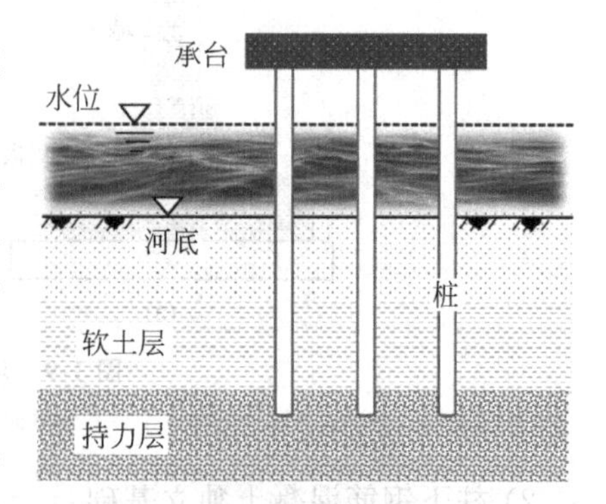

图 1-10 桩基础

桩基础多用于以下情况:

(1) 荷载较大,地基上部土层较弱,适宜的地基持力层位置较深,采用浅基础或人工地基在技术上、经济上不合理时;

(2) 在建筑物荷载作用下，地基沉降计算结果超过有关规定或建筑物对不均匀沉降敏感时；

(3) 当施工水位或地下水位较高，河道冲刷严重时。

1.3.2.2 沉井基础

沉井(caisson)是井筒状的结构，如图 1-11 所示。先在地面预定位置或在水中筑岛处预制井筒结构，然后在井内挖土，依靠沉井自重克服井壁摩阻力下沉至设计标高，经混凝土封底，并填塞井内部，便可用作建筑物深基础。

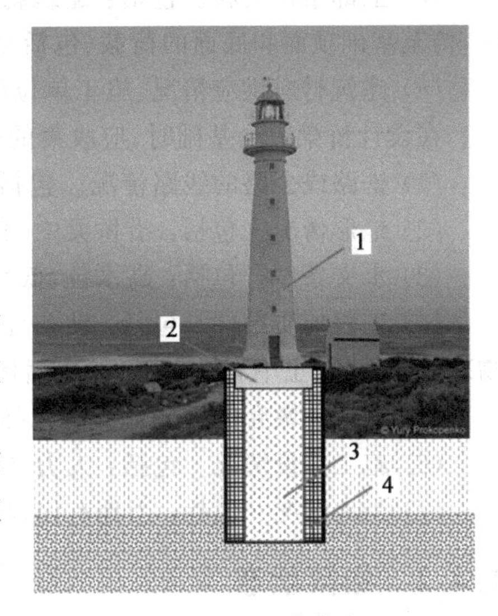

图 1-11 沉井基础

1—上层结构物；2—基础顶板；3—充填物；4—沉井

沉井既是基础，又是施工时挡水和挡土围堰结构物，在桥梁等工程中得到较广泛的应用。主要应用场合有：

(1) 上部结构荷载较大，而表层地基土承载力不足，做深基坑开挖工作量大，基坑的坑壁在水、土压力作用下支撑困难，而在一定深度下有好的持力层，采用沉井基础较其他类型基础经济且合理时；

(2) 河底有较好持力层，但河水较深，冲刷大，采用扩展基础施工围堰有困难时。

1.3.2.3 地下连续墙基础

地下连续墙是在泥浆护壁的条件下，使用专门的成槽机械，在地面下开挖狭长深槽，然后在槽内设置钢筋笼，浇筑混凝土，逐步形成的地下钢筋混凝土墙体。它可直接承受上部结构荷载，既是地下工程施工的临时支护结构，又可用作建筑物的永久地下承载结构。

地下连续墙可穿过各种土层进入基岩，有地下水时无须采取降低地下水位的措施。用它作为建筑物的深基础时，可以地下、地上同时施工，在工期紧张的情况下，为采用“逆作法”施工提供了可能。目前其在桥梁基础、高层建筑箱基与筏基、车站码头的深基础工程中都有广泛的应用。

1.4 基础工程设计

基础工程设计需考虑地基和基础两方面的要求。在满足地基承载力、地基变形和地基稳定性的基础上，进行基础结构内力分析、截面高度计算和配筋设计。

1.4.1 设计所需资料

设计基础时必须掌握足够的资料，这些资料包括两大部分：一部分是地质资料，另一部分是上部结构资料。

工业与民用建筑基础设计前必须收集的有关资料如下。

(1) 建筑场地的地形图。

(2) 建筑场地的工程地质勘察报告。包括：建筑物下部工程地质条件、地层结构、各土层的物理力学性质、地基承载力，以及地下水位埋深与水质、当地冻深等因素。

(3) 上部结构资料。包括：建筑物上部结构的形式、规模、用途、对不均匀沉降的敏感性，传至基础顶面和底面的荷载(包括竖向力、水平力和弯矩)等。

(4) 建筑材料供应情况、施工单位的设备和技术力量等。

在设计桥梁墩台基础时，应收集的资料如下。

(1) 铁路或公路的线路情况。包括：线路等级、中心标高、平面、立面上的线型等。

(2) 地形情况。包括：沿桥梁中轴线的河床断面、墩台位置处的地形和水流方向等。

(3) 水文条件。包括：高水位、低水位、施工水位、流速、冲刷深度等。

(4) 工程地质条件。包括：钻孔柱状图和地质剖面图等，图上应标明各土层厚度及其物理力学性质，土中有无大孤石，岩面标高及其倾斜度，基岩中有无断层、溶洞、破碎带等。

(5) 桥跨和墩台的构造形式。包括：跨长、全长、梁高、支座形式、墩身尺寸等。

(6) 施工力量情况。包括：人力、物力及其技术水平等。

(7) 当地情况。包括：当地有何建筑材料可供使用、地方交通、电力供应、水源等。

1.4.2 极限状态

我国现行国家标准《建筑地基基础设计规范》(GB 50007—2011)要求基础设计时采用极限状态设计法(limit state approach)，包括承载能力极限状态(ultimate limit state)和正常使用极限状态(serviceability limit state)双控设计。

所谓**极限状态**(ultimate state)是指整个结构或构件超过设计规定的某一功能要求时所对应的状态。**基础的承载能力极限状态**(limit states of bearing capacity of foundation)是指基础的结构或构件达到最大承载能力，或达到不适于继续承载的变形时所对应的状态。**基础的正常使用极限状态**(serviceability limit states of foundation)是指基础的结构或结构构件达到正常使用或耐久性能的某项规定限值时的状态。**地基的正常使用极限状态**(serviceability limit states of subgrade)是指地基变形未超过建筑物允许限值的状态。

当基础结构出现下列状态之一时，认为超过了基础的承载能力极限状态：

(1) 整个结构或结构的一部分作为刚体失去平衡(如倾覆等)；

(2) 结构构件因超过材料强度而破坏(包括疲劳破坏)，或因过度塑性变形而不适于继续承载；

(3) 机构转变为机动体系；

(4) 结构或结构构件丧失稳定(如压屈等)；

(5) 地基丧失承载能力而破坏(如失稳等)。

当地基基础出现下列状态之一时，认为超过了基础的正常使用极限状态：

(1) 影响正常使用或外观的变形；

(2) 影响正常使用或耐久性能的局部破坏(包括裂缝)；

(3) 影响正常使用的振动；

(4) 影响正常使用的其他特定状态。

1.4.3 设计等级

《建筑地基基础设计规范》(GB 50007—2011)将建筑地基基础分为三个设计等级，分别为甲级、乙级、丙级，如表 1-2 所示。其分级依据是：①地基复杂程度；②建筑物规模和功能特征；③地基失效后建筑物的破坏后果及影响正常使用的程度。

表 1-2 地基基础设计等级

安全等级	建筑类型
甲级	重要的工业与民用建筑物 30 层以上的高层建筑 体型复杂，层数相差超过 10 层的高低层连成一体的建筑物 大面积多层地下建筑(如地下车库、商场、运动场等) 对地基变形有特殊要求的建筑物 复杂地质条件下的坡上建筑物(包括高边坡) 对原有建筑物影响较大的新建建筑物 场地和地基条件复杂的一般建筑物 位于复杂地质条件及软土地区的二层及二层以上地下室的基坑工程 开挖深度大于 15 m 的基坑工程 周边环境条件复杂、环境保护要求高的基坑工程
乙级	除甲级和丙级以外的工业与民用建筑物 除甲级和丙级以外的基坑工程
丙级	场地和地基条件简单、荷载分布均匀的 7 层及 7 层以下民用建筑及一般工业建筑；次要的轻型建筑物 非软土地区且场地地质条件简单、基坑周边环境条件简单、环境保护要求不高且开挖深度小于 5 m 的基坑工程

1.4.4 设计要求

根据建筑物功能要求和长期荷载作用下地基变形对上部结构的影响程度，《建筑地基基础设计规范》(GB 50007—2011)对地基与基础的计算与验算提出了 6 项基本要求。

(1) 所有建筑物的地基计算均应满足承载力计算的有关规定。

(2) 设计等级为甲级、乙级的建筑物，均应按地基变形设计(即应验算地基变形)。

(3) 设计等级为丙级的建筑物有下列情况之一时应做变形验算：①地基承载力特征值小于 130 kPa，且体型复杂的建筑；②在基础上及其附近有地面堆载或相邻基础荷载差异较大，可能引起地基产生过大的不均匀沉降时；③软弱地基上的建筑物存在偏心荷载时；④相邻建筑距离近，可能发生倾斜时；⑤地基内有厚度较大或厚薄不均的填土，其自重固结未完成时。

(4) 对经常受水平荷载作用的高层建筑、高耸结构和挡土墙等，以及建造在斜坡上或边坡附近的建筑物和构筑物，尚应验算其稳定性。

(5) 基坑工程应进行稳定性验算。

(6) 建筑地下室或地下构筑物存在上浮问题时，尚应进行抗浮验算。

根据《建筑地基基础设计规范》(GB 50007—2011)，表 1-3 所列范围内设计等级为丙级的建筑物可不做变形验算。

表 1-3 可不做地基变形验算的设计等级为丙级的建筑物范围

地基主要受力层情况	地基承载力特征值 f_{ak}/kPa			80≤f_{ak}<100	100≤f_{ak}<130	130≤f_{ak}<160	160≤f_{ak}<200	200≤f_{ak}<300
	各土层坡度/%			≤5	≤10	≤10	≤10	≤10
建筑类型	砌体承重结构、框架结构（层数）			≤5	≤5	≤6	≤6	≤7
	单层排架结构(6 m 柱距)	单跨	吊车额定起升质量/t	10~15	15~20	20~30	30~50	50~100
			厂房跨度/m	≤18	≤24	≤30	≤30	≤30
		多跨	吊车额定起升质量/t	5~10	10~15	15~20	20~30	30~75
			厂房跨度/m	≤18	≤24	≤30	≤30	≤30
	烟囱	高度/m		≤40	≤50	≤75	≤75	≤100
	水塔	高度/m		≤20	≤30	≤30	≤30	≤30
		容积/m^3		50~100	100~200	200~300	300~500	500~1000

注：① 地基主要受力层是指条形基础底面下深度为 $3b$（b 为基础底面宽度），独立基础底面下深度为 $1.5b$，且厚度均不小于 5 m 的范围（二层以下一般的民用建筑除外）；

② 地基主要受力层中如有承载力特征值小于 130 kPa 的土层时，表中砌体承重结构的设计应符合《建筑地基基础设计规范》(GB 50007—2011)第 7 部分的有关要求；

③ 表中砌体承重结构和框架结构均指民用建筑，对于工业建筑可按厂房高度、荷载情况折合成与其相当的民用建筑层数；

④ 表中吊车额定起升质量、烟囱高度和水塔容积的数值皆指最大值。

1.4.5 荷载效应与荷载组合

1.4.5.1 荷载效应

在对基础进行结构设计时，需要求得基础结构或构件的内力，它是根据基础顶面作用荷载和基础底面土体净反力，运用静力学与结构力学的方法求解得到的。设计时，确定基础上的荷载效应和荷载组合是其中一项基本而重要的工作。荷载组合要考虑多种荷载同时作用在基础顶面，分别按承载力极限状态和正常使用状态，按各自的最不利状态进行组合。

为此，需要理解荷载和荷载效应的有关定义。

荷载(load)是指施加在工程结构上的力，常用符号 G 表示。

荷载效应(load effect)是指荷载在结构或构件内引起的内力或位移，常用符号 S 表示。$S=CG$，其中 G 为荷载，C 为荷载效应系数。

抗力(resistance)是指结构或构件抵抗外力与变形的能力，常用符号 R 表示。

荷载可分为永久荷载、可变荷载和偶然荷载。

永久荷载(permanent load)是指在结构使用期间，其值不随时间变化，或其变化量与平均值相比可以忽略不计，或其变化是单调的并能趋于限值的荷载，如结构自重、土压力、预应力等。

可变荷载(variable load)是指在结构使用期间，其值随时间变化，且其变化量与平均值相比不可以忽略不计的荷载，如楼面活荷载、屋面活荷载和积灰荷载、吊车荷载、风荷载、雪荷载等。

偶然荷载(accidental load)是指在结构设计使用年限内不一定出现，而一旦出现其值很大，且持续时间很短的荷载，如爆炸力、撞击力等。

对于作用在基础上的多种荷载，常采用不同的计量方式与组合方式，以完成设计基准期内不同指标的设计与计算。这包括荷载的标准值、组合值、频遇值、准永久值等。

设计基准期(design reference period)是指为确定可变荷载代表值而选用的时间参数。

荷载代表值(representative value of a load)是指设计中用以验算极限状态所采用的荷载值。根据《建筑结构荷载规范》(GB 50009—2012)，荷载的代表值可以是荷载的标准值、准永久值或组合值。

荷载标准值(characteristic value of loads)是指设计基准期内年最大荷载统计分布的平均值(可以是永久荷载或可变荷载)。

荷载准永久值(quasi-permanent value of loads)是指对于可变荷载，设计基准期内，其超越的总时间约为设计基准期一半的荷载值。

荷载组合值(combination value of loads)是指对可变荷载，使组合后的荷载效应在设计基准期内的超越概率能与该荷载单独出现时的相应概率趋于一致的荷载值；或使组合后的结构具有统一规定的可靠指标的荷载值。

荷载频遇值(frequent value of loads)是指对可变荷载，在设计基准期内，其超越频率为规定频率的荷载值。

荷载设计值(design value of loads)是指荷载代表值与荷载分项系数的乘积。

1.4.5.2 荷载组合

对基础进行结构设计时，若把所有外部荷载都同时叠加上去，虽然安全，但肯定过于浪费。因此，在设计规范中规定了不同验算条件下的荷载组合方式，分为基本组合、标准组合、准永久组合、偶然组合、频遇组合。

荷载组合(load combination)是指按极限状态设计时，为保证结构的可靠性而对同时出现的各种荷载设计值的规定。

基本组合(fundamental combination)是指承载能力极限状态计算时，永久荷载和可变荷载的组合。

标准组合(characteristic combination)是指正常使用极限状态计算时，采用标准值或组合值为荷载代表值的组合。

准永久组合(quasi-permanent combination)是指正常使用极限状态计算时，对可变荷载采用准永久值为荷载代表值的组合。准永久组合用于地基变形验算，或永久荷载起控制作用，可变荷载作用较弱且间断存在的场合。

《建筑结构荷载规范》(GB 50009—2012)的第3.2条给出了荷载效应系数的详细取值说明。

对于承载能力极限状态，应按荷载的基本组合或偶然组合计算荷载组合的效应设计值，并应采用下列设计表达式进行设计：

$$\gamma_0 S_d \leqslant R_d \tag{1-1}$$

式中，γ_0——结构重要性系数，应按各有关建筑结构设计规范的规定取值；

S_d——荷载组合的效应设计值；

R_d——结构构件抗力的设计值，应按各有关建筑结构设计规范的规定确定。

对于正常使用极限状态，应根据不同的设计要求，采用荷载的标准组合、频遇组合、准永久组合，并应按下式进行设计：

$$S_d \leqslant C \tag{1-2}$$

式中，C——结构或构件达到正常使用要求的规定限值，例如变形、裂缝、振幅、加速度、应力等的限值，应按有关建筑结构设计规范的规定取值。

注：目前国内的专业文献中关于“荷载”“载荷”“作用”三个术语的使用是较为混乱的，通常指同样的内容。

对于由永久荷载控制的基本组合，按下式简化计算基本组合的效应设计值：

$$S_d = 1.35S_k \tag{1-3}$$

式中，S_d——承载能力极限状态下，由永久荷载控制的基本组合的效应设计值；

S_k——标准组合的荷载效应设计值。

按《建筑地基基础设计规范》(GB 50007—2011)第 3.0.5 条款的规定，地基基础设计时，针对不同的设计目标，应采用如下的荷载效应最不利组合与相应的抗力限值。

(1) 按地基承载力确定基础底面面积及埋深或按单桩承载力确定桩数时，传至基础或承台底面的荷载效应按正常使用极限状态下荷载的标准组合；相应的抗力采用地基承载力特征值或单桩承载力特征值。

(2) 计算地基变形时，传至基础底面的荷载效应应按正常使用极限状态下荷载的准永久组合，不应计入风荷载和地震荷载；相应的限值应为地基变形允许值。

(3) 计算挡土墙、地基或滑坡稳定性以及基础抗浮稳定性时，荷载效应应按承载能力极限状态下荷载的基本组合，但其分项系数均为 1.0。

(4) 在确定基础或桩基承台高度、支挡结构截面，计算基础或支挡结构内力，确定配筋和验算材料强度时，上部结构传来的荷载效应组合和相应的基底反力、挡土墙土压力以及滑坡推力，应按承载能力极限状态下荷载的基本组合，采用相应的分项系数。当需要验算基础裂缝宽度时，应按正常使用极限状态下荷载的标准组合。

(5) 基础设计安全等级、结构设计使用年限、结构重要性系数应按有关规范的规定采用，但结构重要性系数不应小于 1.0。

不同设计场合要求的荷载组合和使用范围如表 1-4 所示。

表 1-4 地基基础设计两种状态对应的荷载组合和适用范围

状　态	荷载组合	设计对象	适用范围
承载力极限状态	基本组合	基础	基础高度、桩承台高度、支挡结构截面、基础内力、支挡结构内力等的计算，配筋估算，材料强度验算
		地基	滑移、倾覆或稳定性验算
正常使用极限状态	标准组合	基础	基础底面面积确定、裂缝宽度计算
	准永久组合	地基	沉降、差异沉降、倾斜等的计算

1.4.6 设计注意事项

在基础工程的设计过程中，应注意满足以下 3 个基本条件。

(1) 地基强度要求。作用在地基上的荷载效应不得超过地基容许承载力或地基承载力特征值，以确保建筑物不因地基承载力不足造成整体破坏或影响正常使用。

(2) 变形要求。基础沉降不得超过地基变形容许值，以确保建筑物不会因地基变形而损坏或影响其正常使用。

(3) 稳定性要求。挡土墙、边坡以及地基基础保证具有足够防止失稳破坏的安全可靠度。

基础工程设计时还应注意以下事项。

(1) 准确分析场地工程地质资料。

根据拟建建筑物场地地质勘察资料，对地基土的特殊性、可液化性、不均匀性，以及地下水的位置和压力进行准确分析，探明各种地下管网的分布情况以及邻近建筑物的基础情况，使得新设计的基础与现有地下情况相适应，也为后期的施工提供便利。

(2) 满足上部结构的要求。

根据建筑物的重要性和使用要求确定地基变形值。根据构筑物的类别及复杂程度、荷载性质及分布、结构形式等选择适当的基础类型。对层数多、荷载大且作用情况复杂的高层建筑，选择整体刚度大、承载力高的基础形式。

(3) 设计方案与施工的可行性相适应。

任何优秀的设计方案，只能通过相应的施工技术手段才能转换为现实。因此，设计者对建筑经验、施工工艺、施工技术水平的了解程度，直接影响设计方案的可行性。

(4) 工程造价的经济合理性。

针对不同的基础设计方案比选时，应对各方案的工程造价进行比较。同时要考虑就地取材的可能性、便利性。

习题

1-1　简述地基与基础的概念。

1-2　试述浅基础与深基础的概念与特点。

1-3　何谓极限状态？极限状态分为哪两类？各有什么不同？

1-4　地基基础设计分成几个等级？相应于各等级，地基计算有什么要求？

1-5　荷载效应有哪些组合方式？各用于什么场合？

1-6　调查与基础工程课程内容相关的学术期刊与学术组织。

1-7　调查国内外与本专业相关的开设基础工程课程的院校。

1-8　调研基础工程当前的研究热点与难点问题。

第2章 浅基础

天然地基上的浅基础具有经济环保、设计简单、施工便捷、工期短的优点,应优先选用。

2.1 浅基础设计流程

通常,天然地基上浅基础的设计内容与步骤如下。

(1) 取得上部结构物的设计资料。

(2) 取得建筑场地的地质勘察报告,并进行现场踏勘与调查。

(3) 选择基础的结构类型和基础材料。

(4) 选择地基持力层,确定基础的埋置深度。

(5) 确定地基承载力。

(6) 根据作用在基础上的荷载组合,初步估算基础的基本尺寸。

(7) 根据地基等级进行必要的地基计算,包括地基持力层和软弱下卧层的承载力验算、地基变形验算以及地基稳定验算。当地下水位埋藏较浅,地下室或地下构筑物存在上浮问题时尚应进行抗浮验算。依据验算结果,必要时修改基础尺寸甚至埋置深度。

(8) 设计基础的结构和构造。

(9) 当有地下水时,如果当地条件允许,考虑基坑开挖的支护、排水、降水问题。

(10) 编制基础的设计图和施工图。

(11) 编制工程预算书和工程设计说明书。

上述步骤基本是依次进行的,在确定地基承载力的时候,可能会出现地基承载力不足的情况,这就要求对地基进行加固,或者重新选定新的持力层;在估算基础底面尺寸时也可能会出现基底面积不满足要求的情况,这时就要扩大基底面积,然后重新计算,直到基底面积满足要求为止;在对地基进行验算的时候,可能会根据实际情况对基础的尺寸进行调整,必要时还会对基础的埋深进行修正。基础的施工图应该清楚地标明基础的布置,各部分的尺寸、标高,并且对所用的材料及强度等级进行说明,对施工的一些细节做出具体描述。

2.2 基础埋置深度

基础埋置深度(embedded depth of foundation)简称**基础埋深**(depth of foundation),指室外设计地面到基础底面的距离(图 2-1)。一般从天然地面算起,包括新填土场地也应从天然地面算起。

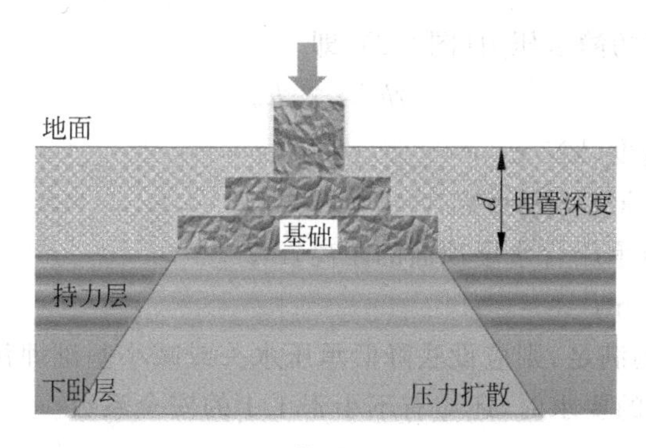

图 2-1　基础埋置深度

基础埋置深度的大小，对建筑物的造价、工期、材料消耗和施工技术等有很大影响。基础埋置太深，会增加施工难度和造价；基础埋置太浅，不能保证房屋的稳定性，不能有效抵御气候变化和自然界的风化与损伤。故建筑物基础需要有合理的埋深。

确定基础埋深的原则是：在保证安全可靠的前提下，尽量浅埋。但不应浅于 0.5 m(岩石层除外)，因为地表土一般较松软，易受雨水及外界影响，不宜作为基础的持力层。另外，基础顶面距设计地面的距离宜大于 100 mm，尽量避免基础外露，以防止外界的侵蚀及破坏。

确定基础埋置深度时应考虑以下 5 方面的因素。

1. 建筑结构条件

包括建筑物的用途、类型、规模和性质。主要影响因素有：①建筑物的设计功能。比如，火车站和航站楼要设计地下通道的连接，基础埋深取决于其设计功能；一般民用建筑根据停车场等要求决定了有无地下室，且设备基础和地下设施因为要考虑和城市地下基础设施对接，影响基础底面标高的确定。②基础的形式和构造。如刚性基础和柔性基础对埋深的确定有直接的影响，在抗震设防区，筏形和箱形基础的埋深不宜小于建筑物高度的 1/15；桩筏或桩箱基础的埋深(不计桩长)不宜小于建筑物高度的 1/18。

2. 作用在地基上的荷载大小和性质

对所有构(建)筑物而言，基础埋深应满足地基承载力、变形和稳定性要求。如果承受水平荷载、上拔力、动荷载等，则对基础的稳定性和埋深有较大影响。比如受上拔力的基础，要求有较大的埋深以满足抗拔要求，烟囱、水塔等高耸结构应满足抗倾覆稳定性的要求。

3. 工程地质与水文地质条件

对具体工程而言，持力层的深度是决定基础埋深的主要因素，必须考虑把基础设置在压缩性较小、承载力较高的持力层上，而且其下有无软弱下卧层也对基础埋深的确定有重要影响。持力层和软弱下卧层都应满足建筑物对地基承载力和地基变形的要求。

有地下水存在时，基础应尽量埋置在地下水位以上，以避免地下水对基坑开挖、基础施工和使用期间的影响。对底面低于地下水位的基础，应考虑施工期间的基坑降水、坑壁围护，是否可能产生流砂、涌土等问题，并采取保护地基土不受扰动的措施。设计时还应该考虑由于地下水的浮托力而引起的基础底板内力的变化、地下室或地下储罐上浮的可能性以及地下室的防渗问题。

当持力层下埋藏有承压含水层时，为防止坑底土被承压水冲破，要求坑底土的总覆盖压

力大于承压含水层顶部的静水压力(图 2-2),即

$$\gamma h > \gamma_w h_w \tag{2-1}$$

式中,γ——隔水层的重度,kN/m^3;

γ_w——水的重度,kN/m^3;

h——基坑底面至承压含水层顶面的距离,m;

h_w——承压水位,m。

如式(2-1)无法得到满足,则应设法降低承压水头或减小基础埋深。对于平面尺寸较大的基础,在满足式(2-1)的要求时,还应有不小于 1.1 的安全系数。

4. 场地环境条件

靠近原有建筑物修建新基础时,如基坑深度超过原有基础的埋深,则可能引起原有基础下沉或倾斜。因此,新基础的埋深不宜超过原有基础的底面,否则新、旧基础间应保持一定的净距,其值不宜小于两基础底面高差的 1～2 倍(土质好时可取低值),如图 2-3 所示。如不能满足这一要求,则在基础施工期间应采取有效措施以保证邻近原有建筑物的安全。例如:新建条形基础分段开挖修筑;基坑壁设置临时加固支撑;事先打入板桩或设置其他挡土结构;对原有建筑物地基进行加固,等等。

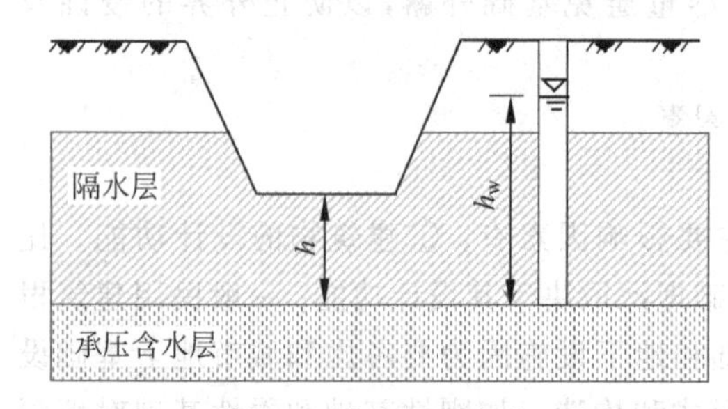

图 2-2 基坑下埋藏有承压含水层的情况

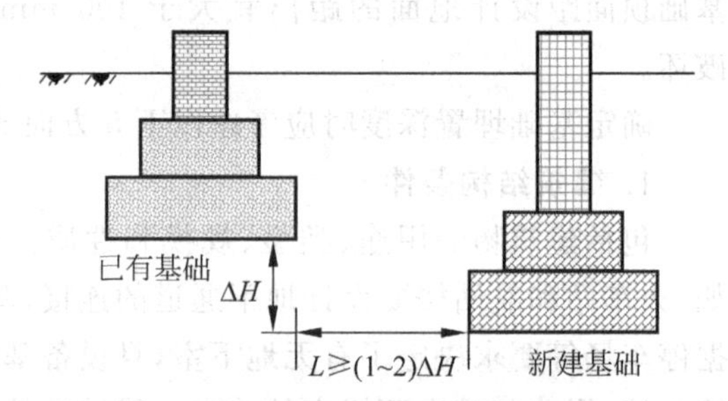

图 2-3 基础埋深受制于相邻基础埋深

当在基础影响范围内有管道等地下设施通过时,基础底面一般应低于这些设施的底面,否则应采取有效措施,消除基础对地下设施的不利影响。在河流、湖泊等水体旁建造的建筑物基础,如可能受到流水或波浪冲刷的影响,其底面应位于冲刷线之下。

5. 地基冻融条件

地基土的冻融可致使建筑物开裂乃至不能正常使用。故在寒冷地区确定基础埋深时,要考虑寒冷地区土的冻胀性和地基土的冻结深度。在基础埋藏较深、不冻胀地层,或冻结层较薄,产生的冻胀力不足以抬升建筑物,解冻时不产生过量融陷时,就可不考虑冻胀的影响。地基土的冻结深度取决于气候、土性、环境等因素,常用标准冻结深度这一指标来衡量。**标准冻结深度**(standard frost penetration)也称标准冻深,是指在地面平坦、裸露、城市之外的空旷场地中不少于 10 年的实测最大冻结深度的平均值。

在冻土区,按照《建筑地基基础设计规范》(GB 50007—2011),根据土的冻胀性,按下式确定基础的最小埋置深度:

$$d_{min} = z_d - h_{max} \tag{2-2}$$

式中,d_{min}——基础的最小埋置深度,m;

z_d——季节性冻土地区地基的设计冻结深度,m;

h_{max}——基础底面下允许冻土层的最大厚度，m。

关于 z_d 的算法和 h_{max} 的取值参见《建筑地基基础设计规范》(GB 50007—2011)。

2.3　基底压力

在进行地基承载力验算、地基变形计算、软弱下卧层验算时，需要知道基底压力、基底处的自重压力和基底附加压力。

2.3.1　自重压力

自重压力(gravity pressure)也称为**自重应力**(gravity stress)，是指地基某一深度处由上覆土体重力引起的应力。

自重压力的计算从地面算起，一直计算到指定深度处。设土层为多层，第 n 层土底面处的自重压力可按下式计算：

$$\sigma_{cz}=\sum_{i=1}^{n}\gamma_i h_i \tag{2-3}$$

式中，σ_{cz}——第 n 层土底面处的自重压力，kPa；

n——自地面算起到计算深度处之间划分的土层数；

γ_i——自地面算起的第 i 层土的重度，kN/m^3，地下水位以下取浮重度；

h_i——自地面算起的第 i 层土的厚度，m。

基底自重压力(gravity stress on the bottom of foundation)是指自地面算起至基础底面止之间土的自重在基础底面上产生的单位面积上的力，按下式计算：

$$p_{c0}=\sum_{i=1}^{n}\gamma_i h_i=\gamma_m d \tag{2-4}$$

式中，p_{c0}——基底自重压力，kPa；

n——地面至基础底面之间的土层数，即使是同样的土层，当有地下水位分开时，也应按不同地层计算；

γ_m——基底标高以上天然土层的加权平均重度，kN/m^3，地下水位以下取浮重度，按式(2-5)计算；

d——基础埋深，m。

$$\gamma_m=\frac{\sum_{i=1}^{n}\gamma_i h_i}{\sum_{i=1}^{n}h_i} \tag{2-5}$$

2.3.2　基底压力

基底压力(foundation pressure)(p_k)是指由建筑物荷载、基础自重及基础上的土重产生的作用在基础底面单位面积上的力。

基底压力是一个概念指标，具体应用时分为基底平均压力、基底最大压力、基底最小压力三个指标。

基底平均压力(average foundation pressure)是指作用在基底单位面积上的力的平均值。

轴向荷载作用下,上述三个基底压力指标是同一个值,但在偏心荷载作用下,这三个基底压力的值是不同的。

2.3.2.1 轴心荷载

轴心荷载(central load)作用下,基底压力按下式求解:

$$p_k = \frac{F_k + G_k}{A} \tag{2-6}$$

式中,p_k——相应于荷载的标准组合时的基底平均压力,kPa;

F_k——相应于荷载的标准组合时,上部结构传至基础顶面的竖向力,kN;

G_k——基础自重和基础上的土重之和,kN,按式(2-7)计算,G_k 为图 2-4 中虚框部分实体的重力;

A——基底面积,m^2,对于矩形基础,$A=lb$,l 和 b 分别为矩形基础底面的长度和宽度,m;对于条形基础,可沿长度方向取 1 m 计算,则上式中 F_k、G_k 代表每延米内的相应值,单位为 kN/m。

基础自重和基础上的土重(G_k)按下式计算:

$$G_k = \gamma_G dA \tag{2-7}$$

式中,γ_G——基础和基础上的土的混合重度,kN/m^3,取 $\gamma_G = 20\ kN/m^3$;地下水位以下取浮重度,即 $\gamma_G - \gamma_w = (20-10)\ kN/m^3 = 10\ kN/m^3$;

d——基础埋置深度,m;一般从室外设计地面或室内外平均设计地面算起。

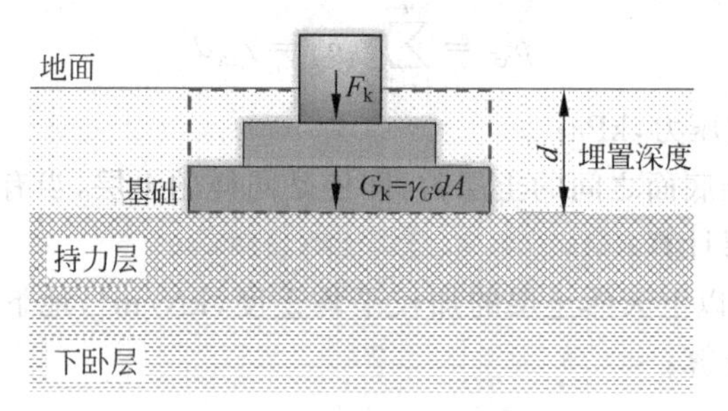

图 2-4 轴心受压基础

2.3.2.2 偏心荷载

偏心荷载作用下,基底平均压力仍按式(2-6)进行计算。但基底最大压力和基底最小压力则要按下面的方法计算。

根据基础上偏心荷载的偏心距大小,分为小偏心和大偏心两种条件。

当 $e \leqslant b/6$ 时称为小偏心条件,当 $e > b/6$ 时称为大偏心条件。

这里的 b 是指承受弯矩作用方向的基础底面尺寸,不一定指基础的最短边长度。实际上在设计时常用最有利的布置来抵抗弯矩,此时的 b 常指长边长度。

这里的 e 指在所有竖向荷载作用下的总偏心距,按下式计算:

$$e=\frac{M_k}{F_k+G_k} \tag{2-8}$$

式中，M_k——相应于荷载效应标准组合时，作用于基础底面的力矩值，kN·m；

F_k——相应于荷载效应标准组合时，上部结构传至基础顶面的竖向力，kN；

G_k——基础自重和基础上的土重之和，kN。

小偏心和大偏心荷载条件下，计算最大和最小基底压力时采用不同的计算公式。

1. **小偏心**

设基础底面为矩形，基础底面边长分别为 l、b，如图2-5所示。

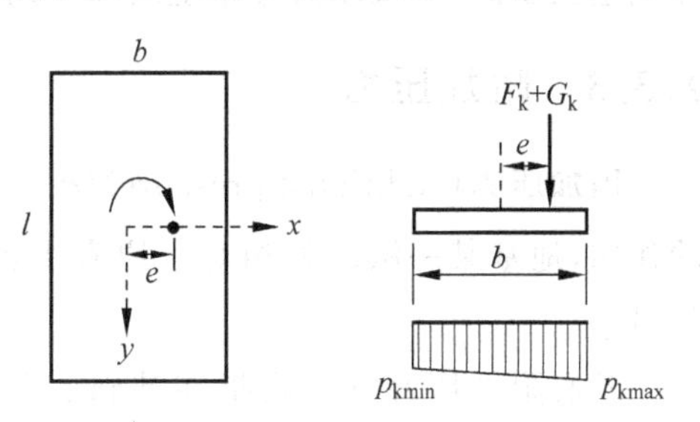

图2-5 小偏心荷载作用下基底压力计算示意

小偏心荷载（$e\leqslant b/6$）作用时，基础边缘最大压力 p_{kmax} 与最小压力 p_{kmin} 设计值可按材料力学短柱偏心受压公式计算：

$$p_{kmax}=\frac{F_k+G_k}{A}+\frac{M_k}{W} \tag{2-9}$$

$$p_{kmin}=\frac{F_k+G_k}{A}-\frac{M_k}{W} \tag{2-10}$$

式中，A——基础底面面积，m^2，基础底面为矩形时，$A=lb$；

W——基础底面的抵抗矩，m^3。

当矩形基础按图2-5所示方向承受弯矩时（对 y 轴有矩），截面抵抗矩为

$$W=W_y=\frac{1}{6}lb^2 \tag{2-11}$$

式中，W_y——基础底面对 y 轴的抵抗矩，m^3；

l——垂直于弯矩作用方向的基础边长，m；

b——弯矩作用方向的基础边长，m。

2. **大偏心**

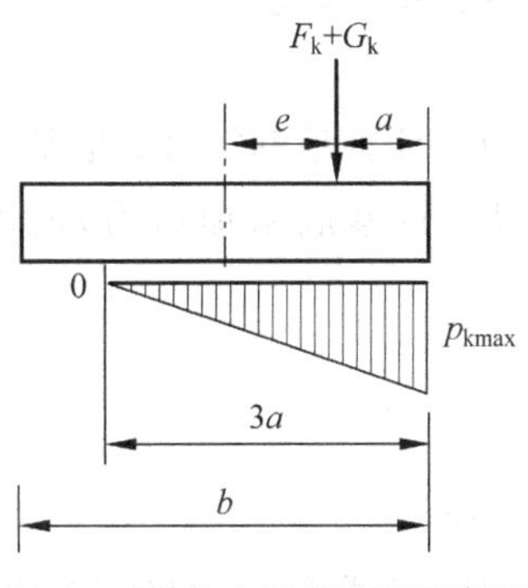

图2-6 大偏心荷载作用下基底压力计算示意

如图2-6所示，对于同样的矩形基础，大偏心（$e>b/6$）条件下，基础一侧与地基土脱开，理论上 $p_{kmin}<0$，由于土体不能承受拉力，故取 $p_{kmin}=0$。p_{kmax} 按下式计算：

$$p_{kmax}=\frac{2(F_k+G_k)}{3la} \tag{2-12}$$

式中，l——图2-6中未画出来的无偏心距作用的基础底面边长，m；

a——竖向力合力作用点到基础底面最大压力边缘的距离，m，按下式计算：

$$a=\frac{b}{2}-e \tag{2-13}$$

总结一下，偏心荷载作用下，根据荷载偏心距 e 的大小不同，基底压力的分布可能出现下述三种情况。

(1) 当 $e<b/6$ 时,$p_{\mathrm{kmin}}>0$,基底压力呈梯形分布;

(2) 当 $e=b/6$ 时,$p_{\mathrm{kmin}}=0$,基底压力呈三角形分布;

(3) 当 $e>b/6$ 时,$p_{\mathrm{kmin}}<0$,由于基础与地基之间不能承受拉力,此时基础底面将部分和地基土脱离,基底压力分布呈局部三角形分布。

2.3.3 附加压力

附加压力(additional pressure)(σ_z)也称为附加应力(additional stress),是指因外荷载的作用,地基某一深度处相对于原有上覆土层压力增加的压力。常见的外荷载是建筑物重量。

基底附加压力(p_0)是指在基础底面处,基底压力减去基础底面以上土体自重后的压力。如果在基础上作用有偏心荷载,则常用的指标分解为基底平均附加压力、基底最大附加压力、基底最小附加压力。

基底平均附加压力(average additional stress on the bottom of foundation)按下式计算:

$$p_0=p_{\mathrm{k}}-p_{\mathrm{c0}}=p_{\mathrm{k}}-\gamma_{\mathrm{m}}d \tag{2-14}$$

式中,p_0——基底平均附加压力,kPa;

p_{k}——基底平均压力,kPa,按式(2-6)计算;

p_{c0}——基底处土的自重压力,kPa,按式(2-4)计算。

可以看出,基底压力=基底附加压力+基底自重压力,即

$$p_{\mathrm{k}}=p_0+p_{\mathrm{c0}} \tag{2-15}$$

但应注意:虽然 $p_{\mathrm{k}}=(F_{\mathrm{k}}+G_{\mathrm{k}})/A=p_0+p_{\mathrm{c0}}$,但 $p_0\neq F_{\mathrm{k}}/A$,$p_{\mathrm{c0}}\neq G_{\mathrm{k}}/A$。请思考之。

2.3.4 地基反力

地基反力(subgrade reaction force)是指地基对基础产生的作用力。基底压力与地基反力是一对作用力与反作用力,大小相等,方向相反。

基底平均压力用于验算地基承载力;基底平均附加压力用于计算地基沉降;地基净反力用于计算基础内力及配筋。此处的地基净反力是基底净压力(基底附加压力)的反作用力。

2.3.5 例题

【例 2-1】 求轴心荷载作用下的基底压力 p_{k}(已知 F_{k},G_{k},A)

某柱基基底尺寸为 2 m×3 m,对应于荷载效应标准组合时的轴心荷载为 $F_{\mathrm{k}}=800$ kN,$G_{\mathrm{k}}=250$ kN,求基底压力。

【解答】

$$p_{\mathrm{k}}=\frac{F_{\mathrm{k}}+G_{\mathrm{k}}}{A}=\frac{800+250}{2\times 3}\ \mathrm{kPa}=\frac{1050}{6}\ \mathrm{kPa}=175\ \mathrm{kPa}$$

【例 2-2】　求小偏心荷载作用下的基底最大压力 p_{kmax}（已知 F_k，H_k，M_k，e）

如图 2-7 所示，某建筑物采用独立基础，基础底面尺寸为 6 m×4 m，基础埋深 $d=1.5$ m，上部结构传至地面处的各项作用分别为：竖向荷载 $F_k=1000$ kN，水平荷载 $H_k=100$ kN，力矩 $M_k=50$ kN·m。求基底处的最大与最小压力。

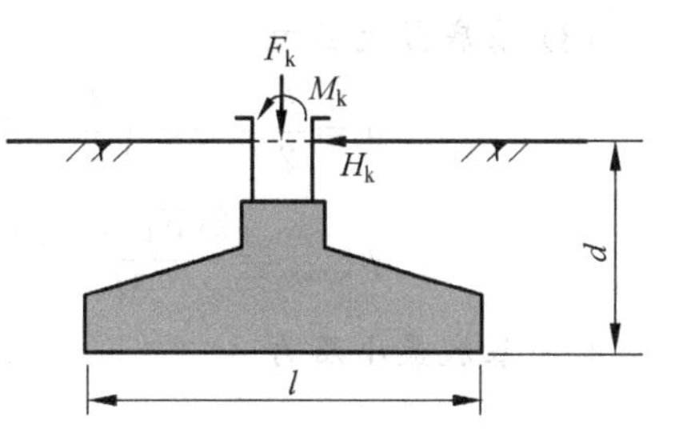

图 2-7　偏心荷载作用下的基础

【解答】

已知：$F_k=1000$ kN，$A=6\times4\ \text{m}^2=24\ \text{m}^2$，$G_k=\gamma_G dA=20\times1.5\times24$ kN $=720$ kN

总弯矩为：$\sum M=M_k+H_k d=(50+100\times1.5)$ kN·m $=200$ kN·m

为使承受弯矩最有利，将基础长边作为弯矩作用方向。

荷载的偏心程度判别：

$$e=\frac{\sum M}{F_k+G_k}=\frac{200}{1000+720}\ \text{m}\approx0.116\ \text{m}<\frac{l}{6}=\frac{6}{6}\ \text{m}=1.0\ \text{m}$$

可见属于小偏心荷载。

基础底面的抵抗矩：

$$W=\frac{1}{6}bl^2=\frac{1}{6}\times4\times6^2\ \text{m}^3=24\ \text{m}^3$$

所以

$$p_{\substack{kmax\\kmin}}=\frac{F_k+G_k}{A}\pm\frac{\sum M}{W}=\left(\frac{1000+720}{24}\pm\frac{200}{24}\right)\ \text{kPa}$$

$$\approx(71.7\pm8.3)\ \text{kPa}=\begin{cases}80.0\\63.4\end{cases}\text{kPa}$$

【例 2-3】　求大偏心荷载作用下的基底平均压力 p_k（已知 F_k，A，d，e_k）

某建筑物基础尺寸为 4 m×2 m，基础埋深为 2.0 m，在设计地面标高处作用有偏心荷载 700 kN，其偏心距为 1.35 m，求基底最大压力、基底最小压力、基底平均压力。

【解答】

计算示意图如图 2-7 所示，为使基础承受弯矩最有利，设 $b=4$ m，$l=2$ m。

已知 $F_k=700$ kN，$e_k=1.35$ m。

(1) 基础自重及上覆土重之和

$$G_k=\gamma_G dA=20\times2.0\times(4\times2)\ \text{kN}=320\ \text{kN}$$

(2) 总偏心距 e

$$e=\frac{F_k e_k}{F_k+G_k}=\frac{700\times1.35}{700+320}\ \text{m}\approx0.93\ \text{m}>\frac{b}{6}=\frac{4}{6}\ \text{m}=0.67\ \text{m}$$

可见属于大偏心荷载条件，基底压力计算如图 2-6 所示，为使基础承受弯矩最有利，取 $b=4$ m，$l=2$ m。

(3) 基底最大压力

$$a=\frac{b}{2}-e=\left(\frac{4}{2}-0.93\right)\ \text{m}=1.07\ \text{m}$$

$$p_{\text{kmax}}=\frac{2(F_{\text{k}}+G_{\text{k}})}{3la}=\frac{2\times(700+320)}{3\times2\times1.07}\ \text{kPa}\approx317.8\ \text{kPa}$$

(4) 基底最小压力

$$p_{\text{kmin}}=0$$

(5) 基底平均压力

$$p_{\text{k}}=\frac{F_{\text{k}}+G_{\text{k}}}{A}=\frac{700+320}{4\times2}\ \text{kPa}=127.5\ \text{kPa}$$

注意：本题在计算时需要注意 3 点：①计算偏心距时，注意分清建筑物荷载 F_{k} 的偏心距 e_{k}，以及在基底处所有竖向力($F_{\text{k}}+G_{\text{k}}$)的偏心距 e；②注意偏心作用方向不要选错，一般将弯矩作用方向作用在基础的长边上，这样更能节约材料，可以提高基础承受偏心弯矩的能力；③大偏心荷载作用下，基底平均压力应按式(2-6)计算，而不能按 $p_{\text{k}}=\frac{1}{2}(p_{\text{kmin}}+p_{\text{kmax}})=\frac{1}{2}p_{\text{kmax}}$ 计算。

【例 2-4】 求力矩 M(已知 F_{k}、b、p_{kmin})

某条形基础，宽度为 3 m，在基础底面上作用着标准组合的竖向轴心荷载 1800 kN(含基础自重及基础上的土重)及力矩 M_{k}。问 M_{k} 为何值时最小基底压力 p_{kmin} 等于零？

【解答】

依题意，$F_{\text{k}}+G_{\text{k}}=1800$ kN，取长度方向为 1 m 计算，则有 $A=1\times3\ \text{m}^2=3\ \text{m}^2$，截面抵抗矩 $W=\frac{1}{6}lb^2=\frac{1}{6}\times1\times3^2\ \text{m}^3=1.5\ \text{m}^3$，先假设为小偏心条件，则有

$$p_{\text{kmin}}=\frac{F_{\text{k}}+G_{\text{k}}}{A}-\frac{M_{\text{k}}}{W}$$

现要求 $p_{\text{kmin}}=0$，故有

$$0=\frac{1800}{3}-\frac{M_{\text{k}}}{1.5}$$

解得，$M_{\text{k}}=900$ kN·m。

提示：上述计算中使用的是小偏心条件，经验算得

$$e=\frac{M_{\text{k}}}{F_{\text{k}}+G_{\text{k}}}=\frac{900}{1800}\ \text{m}=0.5\ \text{m},\quad \frac{b}{6}=\frac{3.0}{6}\ \text{m}=0.5\ \text{m}$$

可见符合 $e\leqslant b/6$ 的条件，可以使用小偏心条件公式计算最大和最小基底压力。

2.4 地基承载力特征值

地基承载力(bearing capacity of subsoil)是指地基土单位面积上能够承受的荷载的大小。这仅是一个概念，实际常用的指标是地基承载力特征值。

地基承载力特征值(f_a)(characteristic value of subsoil bearing capacity)是指在保证地基稳定条件下，地基单位面积上所能承受的最大应力。《建筑地基基础设计规范》(GB 50007—2011)规定：地基承载力特征值是指由荷载试验测量的地基土压力变形曲线线性变形段内规定的变形所对应的压力值，其最大值为比例界限值。

地基承载力特征值的确定方法有原位测试法、规范公式法等。

2.4.1 根据静荷载试验结果确定

根据静荷载试验结果求 f_a 时，分两步进行：①从现场荷载试验结果中求出地基承载力特征值，记作 f_{ak}；②用式(2-16)进行修正，修正后的值作为设计时使用的地基承载力特征值 f_a。

$$f_a = f_{ak} + \eta_b\gamma(b-3) + \eta_d\gamma_m(d-0.5) \tag{2-16}$$

式中，f_a——修正后的地基承载力特征值，kPa。

f_{ak}——按现场荷载试验或其他原位试验确定的地基承载力特征值，kPa。

η_b——与基础宽度相关的承载力修正系数，查表2-1。

η_d——与基础深度相关的承载力修正系数，查表2-1。

γ——基底以下土的重度，地下水位以下取有效重度(浮重度)，kN/m^3。

γ_m——基底以上土的加权重度，地下水位以下用有效重度(浮重度)，kN/m^3。

b——基础宽度，m。当宽度小于3 m时取为3 m，大于6 m时取为6 m。

d——基础埋置深度，m。一般自室外地面标高算起，在填方平整地区，可自填土地面标高算起，但填土在上部结构施工后才完成时，应从天然地面标高算起。对于地下室，如采用箱基或筏基时，自室外地面标高算起；采用独立基础或条形基础时，从室内地面标高算起。

表2-1 承载力修正系数

土的类别		η_b	η_d
淤泥和淤泥质土 人工填土 e 或 I_L 大于等于0.85的黏性土		0	1.0
红黏土	含水比 $a_w>0.8$	0	1.2
	含水比 $a_w\leqslant 0.8$	0.15	1.4
大面积压实填土	压实系数大于0.95，黏粒含量 $\rho_c\geqslant 10\%$ 的粉土	0	1.5
	最大干密度大于2100 kg/m^3 的级配砂石	0	2.0
粉土	黏粒含量 $\rho_c\geqslant 10\%$ 的粉土	0.3	1.5
	黏粒含量 $\rho_c<10\%$ 的粉土	0.5	2.0
e 和 I_L 都小于0.85的黏性土		0.3	1.6
粉砂、细砂(不包括很湿与饱和时的稍密状态)		2.0	3.0
中砂、粗砂、砾砂和碎石土		3.0	4.4

注：①含水比 $a_w=w/w_L$，其中 w 为天然含水率，w_L 为液限；②地基承载力特征值按深层平板荷载试验确定时取 $\eta_d=0$；③大面积压实填土是指填土范围大于两倍基础宽度的填土；④e 为孔隙比；⑤I_L 为液性指数；⑥ρ_c 为黏粒含量。

之所以不直接用现场测试结果得出的 f_{ak} 值作为设计值，是因为原位测试时并未涉及基础的宽度和埋置深度参数，而经实践验证和理论推算这些参数都是对地基承载力有影响的，故将试验结果进行基础的深度和宽度修正后作为设计值。

基于现场荷载试验结果(图 2-8)确定地基承载力特征值 f_{ak} 时应注意以下几点。

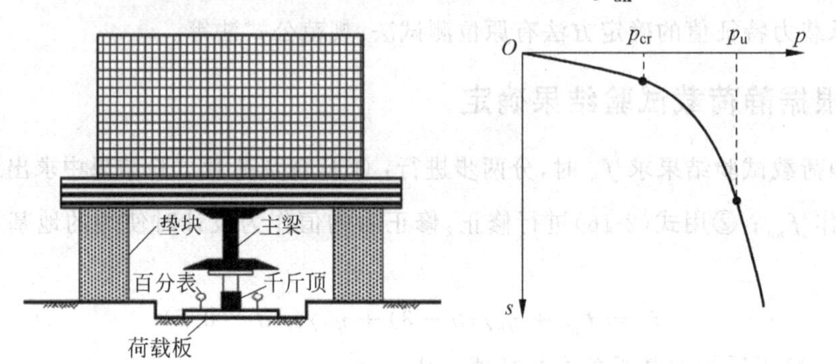

图 2-8 平板荷载试验及试验曲线

注：p 为荷载，s 为沉降量。图中临塑荷载 p_{cr}(critical edge load)是指地基荷载-变形曲线中弹性变形直线段的末端，即将出现塑性变形时所对应的荷载。极限荷载 p_u(ultimate load)是指结构完全崩溃前所能承受的最大荷载。

(1) 当荷载-沉降量(p-s)曲线上有明显的比例界限时，取该比例界限(p_{cr})所对应的荷载值作为 f_{ak} 值。

(2) 当极限荷载(p_u)小于对应比例界限的荷载值的 2 倍时，取极限荷载的一半作为 f_{ak} 值。如密实砂土、硬塑黏土等低压缩性土时常能得到这种曲线形式。

即：$p_u < 2p_{cr}$ 时，取 $f_{ak} = p_u/2$；$p_u \geqslant 2p_{cr}$ 时，取 $f_{ak} = p_{cr}$。

(3) 不能按上述方法确定时，如果压板面积为 0.25～0.50 m^2，则可取 $s/b = 0.01 \sim 0.015$ 所对应的荷载(低压缩性土取低值，高压缩性土取高值作为 f_{ak} 值)，但其值不应大于最大加载值的一半。如松砂，填土，可塑性黏土等中、高压缩性土常能得到这类曲线。

(4) 同一层土参加统计的试验点不应少于 3 点，各试验实测值的级差不得超过其平均值的 30%。满足这两点要求时，取各测点的平均值作为该土层的地基承载力特征值。

2.4.2 根据土的抗剪强度计算(规范法)

当偏心距 $e \leqslant x/30 = 0.033x$ 时(x 为偏心方向基础边长)，根据土的抗剪强度指标确定的地基承载力特征值可按下式计算，并应满足变形要求：

$$f_a = M_b \gamma b + M_d \gamma_m d + M_c c_k \tag{2-17}$$

式中，f_a——由土的抗剪强度指标确定的地基承载力特征值，kPa。

M_b、M_d、M_c——承载力系数，按表 2-2 确定。

b——基础底面宽度，m。大于 6 m 时取为 6 m；小于 3 m 时，若为砂土层则取为 3 m，若不是砂土层则按实际宽度取值。

c_k——基底下一倍短边基础宽度的深度范围内土的黏聚力标准值，kPa。

γ、γ_m、d 的含义见式(2-16)的解释。

表 2-2 承载力系数 M_b、M_d、M_c

$\varphi_k/(°)$	M_b	M_d	M_c	$\varphi_k/(°)$	M_b	M_d	M_c
0	0	1.00	3.14	22	0.61	3.44	6.04
2	0.03	1.12	3.32	24	0.80	3.87	6.45
4	0.06	1.25	3.51	26	1.10	4.37	6.90
6	0.10	1.39	3.71	28	1.40	4.93	7.40
8	0.14	1.55	3.93	30	1.90	5.59	7.95
10	0.18	1.73	4.17	32	2.60	6.35	8.55
12	0.23	1.94	4.42	34	3.40	7.21	9.22
14	0.29	2.17	4.69	36	4.20	8.25	9.97
16	0.36	2.43	5.00	38	5.00	9.44	10.80
18	0.43	2.72	5.31	40	5.80	10.84	11.73
20	0.51	3.06	5.66				

注：φ_k 为基底下一倍短边基础宽度的深度范围内土的内摩擦角标准值，(°)。

2.4.3 例题

【例 2-5】 根据原位试验结果修正法求地基承载力特征值

某地基为粉质黏土，重度为 18 kN/m^3，孔隙比 $e=0.64$，液性指数 $I_L=0.45$，经现场标准贯入试验测得地基承载力特征值为 $f_{ak}=280$ kPa。已知条形基础宽度为 3.5 m，埋置深度为 2.0 m。

(1) 试采用《建筑地基基础设计规范》(GB 50007—2011)确定地基承载力特征值。

(2) 沿条形基础长度方向，若传至基础顶面的建筑物荷载为 1200 kN/m，试问地基承载力是否满足要求？

【解答】

由于基础底面上下皆为同一地层，故 $\gamma=\gamma_m=18$ kN/m^3。

(1) 根据《建筑地基基础设计规范》(GB 50007—2011)，当基础宽度超过 3 m、埋深超过 0.5 m 时，承载力特征值应按式(2-16)进行修正。根据持力层土的 I_L 值，查表 2-1 得承载力修正系数 $\eta_b-0.3$，$\eta_d=1.6$，则修止后的地基承载力特征值为

$$
\begin{aligned}
f_a &= f_{ak}+\eta_b\gamma(b-3)+\eta_d\gamma_m(d-0.5)\\
&=[280+0.3\times18\times(3.5-3)+1.6\times18\times(2.0-0.5)]\ \text{kPa}=325.9\ \text{kPa}
\end{aligned}
$$

(2) 单位长度条形基础的自重及其上的土重之和为 $G_k=\gamma_G db=20\times2.0\times3.5$ kN/m$=140$ kN/m，则基底平均压力为

$$
p_k=\frac{F_k+G_k}{b}=\frac{1200+140}{3.5}\ \text{kPa}\approx382.9\ \text{kPa}>f_a=325.9\ \text{kPa}
$$

所以，地基承载力不满足要求。

【例 2-6】 根据现场试验结果求地基承载力特征值

某场地的地层分布及物理力学指标如图 2-9 所示，试计算在以下两种基础形式下修正后的持力层承载力特征值：①柱下扩展基础，底面尺寸为 2.5 m×5.0 m，基础埋深为 2.0 m；②高层箱形基础，底面尺寸为 15 m×45 m，基础埋深为 4.8 m。

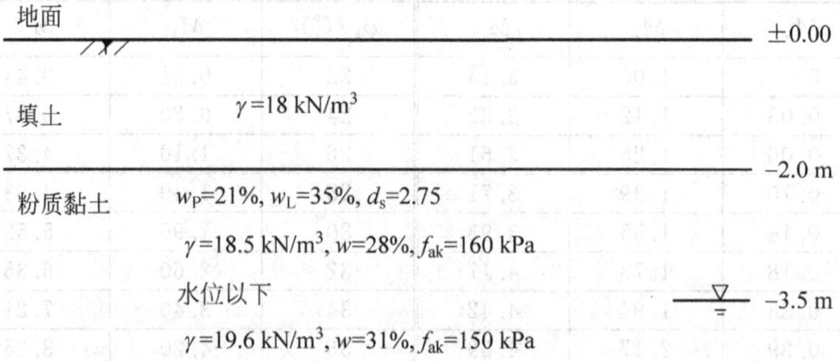

地面 ±0.00

填土 $\gamma=18\ kN/m^3$

−2.0 m

粉质黏土 $w_P=21\%, w_L=35\%, d_s=2.75$

$\gamma=18.5\ kN/m^3, w=28\%, f_{ak}=160\ kPa$

水位以下 −3.5 m

$\gamma=19.6\ kN/m^3, w=31\%, f_{ak}=150\ kPa$

图 2-9 地层条件

γ—土的重度；w_P—黏性土的塑限；w_L—黏性土的液限；d_s—土的比重；w—土的含水率；f_{ak}—现场试验确定的地基承载力特征值。

【解答】

(1) 柱下扩展基础

基础宽度 $b=2.5\ m<3\ m$，按 3 m 考虑，基础埋置深度 $d=2.0\ m$。

地下水位以上粉质黏土的液性指数

$$I_L=\frac{w-w_P}{w_L-w_P}=\frac{28-21}{35-21}=0.5$$

取水的重度为 $\gamma_w=10\ kN/m^3$，则水位以上粉质黏土的孔隙比为

$$e=\frac{d_s(1+w)\gamma_w}{\gamma}-1=\frac{2.75\times(1+0.28)\times10}{18.5}-1\approx0.90$$

查地基承载力修正系数表得 $\eta_b=0, \eta_d=1.0$，将各指标值代入规范公式，得

$$\begin{aligned}f_a&=f_{ak}+\eta_b\gamma(b-3)+\eta_d\gamma_m(d-0.5)\\&=[160+0+1.0\times18\times(2.0-0.5)]\ kPa=187\ kPa\end{aligned}$$

(2) 箱形基础

因 $b=15\ m>6\ m$，故按 6 m 考虑，取 $b=6\ m, d=4.8\ m$。

基础底面位于地下水位以下，水位以下粉质黏土的液性指数为

$$I_L=\frac{w-w_P}{w_L-w_P}=\frac{31-21}{35-21}\approx0.71$$

水位以下粉质黏土的孔隙比

$$e=\frac{d_s(1+w)\gamma_w}{\gamma}-1=\frac{2.75\times(1+0.31)\times10}{19.6}-1\approx0.84$$

查承载力修正系数表，得 $\eta_b=0.3, \eta_d=1.6$。

基础底面以上土的加权平均重度为

$$\gamma_m=\frac{\sum\gamma_ih_i}{\sum h_i}=\frac{18\times2.0+18.5\times(3.5-2.0)+(19.6-10)\times(4.8-3.5)}{4.8}\ kN/m^3$$

$$\approx15.9\ kN/m^3$$

将各指标代入式(2-16)，得

$$\begin{aligned} f_a &= f_{ak} + \eta_b \gamma (b-3) + \eta_d \gamma_m (d-0.5) \\ &= [150 + 0.3 \times (19.6-10) \times (6-3) + 1.6 \times 15.9 \times (4.8-0.5)]\ \text{kPa} \\ &\approx 268.0\ \text{kPa} \end{aligned}$$

可见，对于同样的地层条件，当基础底面尺寸和埋深不同时，得到的 f_a 值并不相同。

注意：本题中有以下地方需要引起注意：①在查地基承载力系数表之前，对于黏性土，需先用土力学中的公式求出 e 和 I_L。②注意使用式(2-16)时对基础宽度的修正条件，当基础宽度 b 小于 3 m 时按 3 m 算，大于 6 m 时按 6 m 算。③在用式(2-16)时要分清 γ 指基底以下土的天然重度，而 γ_m 指基底以上各层土的加权重度。当土层处于地下水位以下时，γ 及 γ_m 都要用浮重度，即减去 γ_w，γ_w 常取 10 kN/m^3。④掌握求加权平均重度 γ_m 的方法，并注意计算时的地层范围是从天然地面至基底之间的土层。

【例 2-7】 用规范法求地基承载力特征值

如图 2-10 所示，某黏性土地层中有一独立基础。独立基础的基底尺寸为 2.0 m×3.0 m，基础埋置深度为 1.5 m。地层参数如下：$c_k=5$ kPa，$\varphi_k=20°$，$\gamma=17.8$ kN/m^3，水位位于地下 1.0 m 处，$\gamma_{sat}=19.2$ kN/m^3。试求持力层的承载力。若地下水位后来稳定下降至 2.5 m，试问地基承载力有何变化？

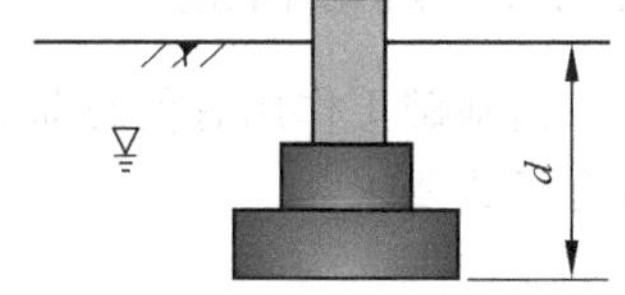

图 2-10　例 2-7 用图

【解答】

分析：求持力层地基承载力可采用式(2-16)或式(2-17)，依题中条件，由于未给出 f_{ak} 值，故不适于用式(2-16)求解。但已知地层的 c_k 和 φ_k 值，故较适于用式(2-17)求解。

(1) 当地下水位位于−1.0 m 时

由 $\varphi_k=20°$，查承载力系数表 2-2，得 $M_b=0.51$，$M_d=3.06$，$M_c=5.66$。

基底以上土的加权重度为

$$\gamma_m = \frac{\sum \gamma_i h_i}{\sum h_i} = \frac{17.8 \times 1.0 + (19.2-10) \times (1.5-1.0)}{1.5}\ \text{kN/m}^3 \approx 14.93\ \text{kN/m}^3$$

持力层地基承载力特征值为

$$\begin{aligned} f_a &= M_b \gamma b + M_d \gamma_m d + M_c c_k \\ &= [0.51 \times (19.2-10) \times 2.0 + 3.06 \times 14.93 \times 1.5 + 5.66 \times 5]\ \text{kPa} \approx 106.2\ \text{kPa} \end{aligned}$$

(2) 若地下水位稳定下降至−2.5 m 时

基底以上土的加权重度为

$$\gamma_m = \gamma = 17.8\ \text{kN/m}^3$$

持力层地基承载力特征值为

$$\begin{aligned} f_a &= M_b \gamma b + M_d \gamma_m d + M_c c_k \\ &= (0.51 \times 17.8 \times 2.0 + 3.06 \times 17.8 \times 1.5 + 5.66 \times 5)\ \text{kPa} = 128.2\ \text{kPa} \end{aligned}$$

可见，由于地下水位下降，使得 γ 及 γ_m 有所增加，最终使地基承载力特征值会有所提高。

2.5 持力层地基承载力验算

设计天然地基上的浅基础时，在选择好基础埋深以后，先假定基底尺寸，再验算持力层地基承载力。若有软弱下卧层，还需验算软弱下卧层承载力，验算通不过时，需修正基底尺寸，再重新进行上述两项验算。

验算时，根据基底上作用的是轴心荷载或是偏心荷载，又分为两种情形。

2.5.1 轴心荷载

当基础上作用有轴心荷载时，地基持力层承载力验算时应符合下式的要求：

$$p_k \leqslant f_a \tag{2-18}$$

式中，p_k——相应于荷载效应标准组合时，基础底面处的平均压力值，根据式(2-6)计算；

f_a——修正后的地基承载力特征值，按式(2-16)或式(2-17)计算。

2.5.2 偏心荷载

当基础上作用有偏心荷载时，地基持力层承载力验算时除符合式(2-18)的要求外，尚应符合下式要求：

$$p_{kmax} \leqslant 1.2f_a \tag{2-19}$$

式中，p_{kmax}——相应于荷载效应标准组合时，基础底面边缘的最大压力值。当基础上作用有单向小偏心荷载($e \leqslant b/6$)时，基底压力最大值 p_{kmax} 按式(2-9)计算；当作用有单向大偏心荷载($e > b/6$)时，基底压力最大值 p_{kmax} 按式(2-12)计算。

如图 2-11 所示，当矩形基础底板上作用有双向弯矩时，基底最大和最小压力可按下式计算：

$$p_{\substack{kmax\\kmin}} = \frac{F_k + G_k}{lb} \pm \frac{M_x}{W_x} \pm \frac{M_y}{W_y} \tag{2-20}$$

或

$$p_{\substack{kmax\\kmin}} = \left(\frac{F_k + G_k}{lb}\right)\left(1 \pm \frac{6e_y}{b} \pm \frac{6e_x}{l}\right) \tag{2-21}$$

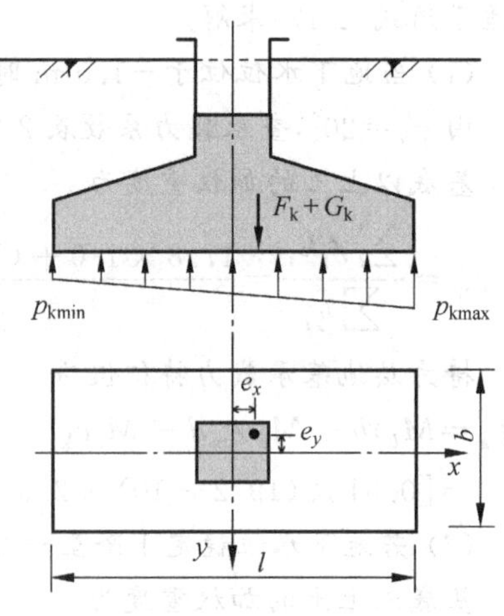

图 2-11 偏心荷载作用的基础

式中，F_k——作用在基础顶面处的附加荷载，kN；

G_k——基础自重和基础上的土重之和，kN；

l——矩形基础底面长边的边长，m；

b——矩形基础底面短边的边长，m；

M_x——所有荷载对 x 轴的力矩，kN·m；

M_y——所有荷载对 y 轴的力矩，kN·m；

W_x——基础底面对绕 x 轴作用的倾覆力矩的截面抵抗矩，m^3，按式(2-22)计算；

W_y——基础底面对绕 y 轴作用的倾覆力矩的截面抵抗矩，m^3，按式(2-23)计算；

e_x——所有荷载对 y 轴的偏心距，m，按式(2-24)计算；

e_y——所有荷载对 x 轴的偏心距，m，按式(2-25)计算。

$$W_x = \frac{1}{6}lb^2 \tag{2-22}$$

$$W_y = \frac{1}{6} b l^2 \tag{2-23}$$

$$e_x = \frac{M_y}{F_k + G_k} \tag{2-24}$$

$$e_y = \frac{M_x}{F_k + G_k} \tag{2-25}$$

2.5.3　例题

【例 2-8】　验算轴心荷载作用下的地基承载力

某基础底面尺寸为：$l=12$ m，$b=9$ m，埋深 $d=4$ m。基础埋深范围内土的平均重度 $\gamma_m=17.8$ kN/m^3，地基土的重度 $\gamma=18.6$ kN/m^3，现场荷载试验得到的地基承载力特征值为 $f_{ak}=196$ kPa，持力层土的特性参数为：$e=0.75$，$I_L=0.46$。若该基础承受的竖向荷载设计值 $F_k=25\,000$ kN，试验算该地基的承载力是否满足要求。

【解答】

分析：轴心荷载下地基承载力验算只需通过式(2-18)的验证即可，故应分别求出 p_k 值及 f_a 值，然后进行比较。

(1) 计算基底压力

$$p_k = \frac{F_k + G_k}{A} = \frac{F_k + \gamma_G d A}{A} = F_k/A + \gamma_G d = \left(\frac{25\,000}{12 \times 9} + 20 \times 4\right) \text{ kPa} \approx 311.48 \text{ kPa}$$

(2) 计算地基承载力特征值 f_a

依据地基土的 e 及 I_L，查表 2-1，得承载力修正系数 $\eta_b=0.3$，$\eta_d=1.6$。

基础底面宽度 $b=9$ m，大于 6 m 时按 6 m 计算。故修正后的地基承载力特征值为

$$\begin{aligned} f_a &= f_{ak} + \eta_b \gamma (b-3) + \eta_d \gamma_m (d-0.5) \\ &= [196 + 0.3 \times 18.6 \times (6-3) + 1.6 \times 17.8 \times (4-0.5)] \text{ kPa} = 312.42 \text{ kPa} \end{aligned}$$

(3) 验算地基承载力

$$p_k = 311.48 \text{ kPa} < f_a = 312.42 \text{ kPa}$$

故该地基的承载力满足设计要求。

【例 2-9】　验算偏心荷载下的地基承载力

某条形基础的宽度为 3.7 m，作用在基础上的总荷载在基础宽度方向的偏心距为 0.75 m，基础自重和基础上的土重合计为 120 kN/m，相应于荷载效应标准组合时上部结构传至基础顶面的竖向力为 250 kN/m。试问修正后的地基承载力特征值至少要达到何值时才能满足承载力验算要求？

【解答】

由题中条件可知，$b=3.7$ m，$e=0.75$ m，取 1 m 长度上的条形基础进行计算，$G_k=120$ kN/m，$F_k=250$ kN/m。

(1) 求基底平均压力

$$p_k = \frac{F_k + G_k}{A} = \frac{250 + 120}{3.7 \times 1.0} \text{ kPa} = 100 \text{ kPa}$$

(2) 判别荷载的偏心程度

$$e=0.75\ \mathrm{m}>\frac{b}{6}=\frac{3.7}{6}\ \mathrm{m}\approx 0.62\ \mathrm{m}$$

故荷载偏心程度属于大偏心，应该用大偏心的计算公式求 p_{kmax}。

(3) 求基底压力的最大值

参见图 2-6，有 $a=b/2-e=(3.7/2-0.75)\ \mathrm{m}=1.1\ \mathrm{m}$，取 1 m 长度条形基础计算

$$p_{\mathrm{kmax}}=\frac{2(F_{\mathrm{k}}+G_{\mathrm{k}})}{3la}=\frac{2\times(250+120)}{3\times 1.0\times 1.1}\ \mathrm{kPa}\approx 224.24\ \mathrm{kPa}$$

(4) 根据基底压力验算公式求 f_{a}

欲使地基承载力通过验算，须满足以下两个条件：

$$f_{\mathrm{a}}\geqslant p_{\mathrm{k}}=100\ \mathrm{kPa}$$

$$f_{\mathrm{a}}\geqslant\frac{p_{\mathrm{kmax}}}{1.2}=\frac{224.24}{1.2}\ \mathrm{kPa}\approx 186.87\ \mathrm{kPa}$$

故修正后的地基承载力特征值至少要达到 186.87 kPa 才能满足承载力的验算要求。

【例 2-10】 验算偏心荷载下的地基承载力

某柱基础，作用在设计地面处的柱荷载设计值、基础尺寸、埋深及地基条件如图 2-12 所示，试验算该持力层的承载力。

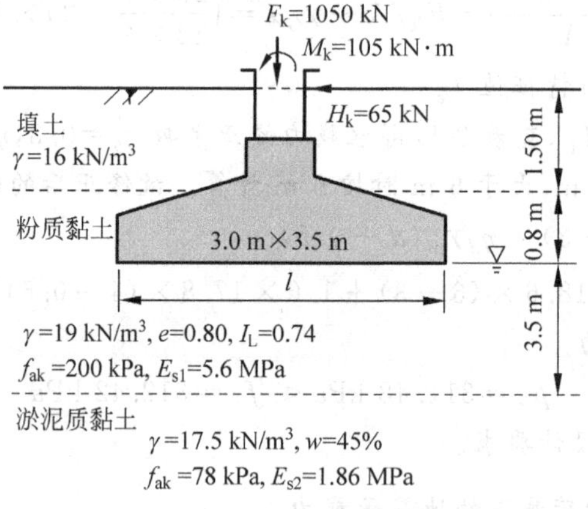

图 2-12 例 2-10 用图

【解答】

分析：从图 2-12 中可以看出，基础上作用有偏心荷载，故应用式(2-18)和式(2-19)分别验算基底平均压力和基底最大压力是否能够满足地基承载力的要求。

(1) 求地基承载力特征值

从图 2-12 中可以看出，基础埋深 $d=(1.5+0.8)\ \mathrm{m}=2.3\ \mathrm{m}$。为使抵抗弯矩最有利，基础布置时，用基础长边承受力矩，故取 $l=3.5\ \mathrm{m}$，$b=3.0\ \mathrm{m}$。

在粉质黏土层，因为孔隙比 $e=0.80<0.85$，$I_{\mathrm{L}}=0.74<0.85$，查表 2-1 得 $\eta_b=0.3$，$\eta_d=1.6$。

基底以上土的加权重度为

$$\gamma_{\mathrm{m}}=\frac{\sum\gamma_i h_i}{\sum h_i}=\frac{16\times1.5+19\times0.8}{2.3}\ \mathrm{kN/m^3}\approx17.0\ \mathrm{kN/m^3}$$

经深度和宽度修正后的地基承载力特征值为

$$f_{\mathrm{a}}=f_{\mathrm{ak}}+\eta_b\gamma(b-3)+\eta_d\gamma_{\mathrm{m}}(d-0.5)$$
$$=[200+0.3\times(19-10)\times(3-3)+1.6\times17.0\times(2.3-0.5)]\ \mathrm{kPa}\approx249\ \mathrm{kPa}$$

(2) 求基底平均压力

$$p_{\mathrm{k}}=\frac{F_{\mathrm{k}}+G_{\mathrm{k}}}{A}=\frac{F_{\mathrm{k}}}{A}+\gamma_G d=\left(\frac{1050}{3\times3.5}+20\times2.3\right)\ \mathrm{kPa}=146\ \mathrm{kPa}<f_{\mathrm{a}}=249\ \mathrm{kPa}$$

故基底压力平均值满足持力层地基承载力要求。

(3) 验算基底压力最大值

作用在基础底面的总弯矩

$$\sum M=M_{\mathrm{k}}+H_{\mathrm{k}}d=(105+65\times2.3)\ \mathrm{kN\cdot m}=254.5\ \mathrm{kN\cdot m}$$

基础底面的抵抗矩

$$W=\frac{1}{6}bl^2=\frac{1}{6}\times3\times3.5^2\ \mathrm{m^3}=6.125\ \mathrm{m^3}$$

基底最大压力

$$p_{\mathrm{kmax}}=\frac{F_{\mathrm{k}}+G_{\mathrm{k}}}{A}+\frac{\sum M}{W}=\left(146+\frac{254.5}{6.125}\right)\ \mathrm{kPa}=187.55\ \mathrm{kPa}<1.2f_{\mathrm{a}}=1.2\times249\ \mathrm{kPa}$$

可见,基底压力的最大值也满足地基持力层承载力要求。

所以,该地层的地基承载力能够满足设计要求。

2.6 软弱下卧层验算

基础的持力层之下、地基受力范围内,土层承载力显著低于持力层的高压缩性土层,可看成软弱下卧层,此时须对软弱下卧层的承载力进行验算。

2.6.1 验算公式

软弱下卧层验算时要求:作用在软弱下卧层顶面处的附加压力和自重压力之和不超过软弱层顶面处的地基承载力特征值。即

$$p_z+p_{cz}\leqslant f_{az} \tag{2-26}$$

式中,p_z——相应于荷载效应标准组合时,软弱下卧层顶面处的附加压力值,kPa,按式(2-27)或式(2-28)计算;

p_{cz}——软弱下卧层顶面处的自重压力值,kPa,按式(2-29)计算;

f_{az}——软弱下卧层顶面处深度修正后的地基承载力特征值,kPa,按式(2-30)或式(2-31)计算,只是在使用这两个公式时,仅作深度修正,不作宽度修正,由于是假定经压力扩散后的基础作用在软弱下卧层顶面处,故计算时采用的虚拟深度是地面到软弱下卧层顶面间的距离,即图 2-13 中的 $d+z$。

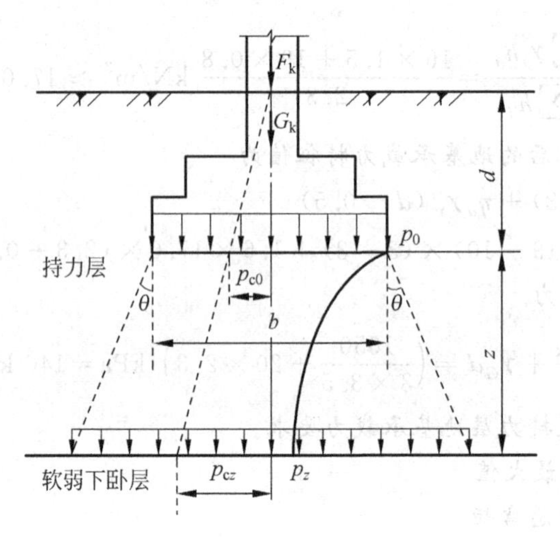

图 2-13 附加压力简化计算图

2.6.2 p_z 的求解

经持力层的压力扩散后，基底处的附加压力 p_0 扩散到软弱下卧层顶面处时会减小为 p_z，如图 2-13 所示。

条形基础时：长度方向取 1 m，假设附加压力在基础长度方向的压力扩散作用在每米长度段上可以忽略不计，则仅需考虑基础宽度方向上的压力扩散作用，软弱下卧层顶面处的附加压力为

$$p_z = \frac{bp_0}{b + 2z\tan\theta} \tag{2-27}$$

矩形基础时：

$$p_z = \frac{lbp_0}{(b + 2z\tan\theta)(l + 2z\tan\theta)} \tag{2-28}$$

式中，b——矩形或条形基础底边宽度，m；

p_0——基底处的附加压力，kPa，按式(2-14)计算；

l——矩形基础底边长度，m；

z——基础底面至软弱下卧层顶面的垂直距离，m；

θ——持力层地基土的压力扩散角，即地基中压力扩散线与垂直线的夹角，按表 2-3 取值，可插值。

表 2-3 地基压力扩散角 θ

E_{s1}/E_{s2}	z/b			
	<0.25	0.25	$0.25<z/b<0.50$	$\geqslant 0.50$
3	0°	6°	根据 E_{s1}/E_{s2} 和 z/b 的值可双向插值	23°
5		10°		25°
10		20°		30°

注：E_{s1} 为上层(持力层)土压缩模量，E_{s2} 为下层(下卧层)土压缩模量。

如前所述，基底处的附加压力为 $p_0=p_k-p_{c0}$，基底处上覆土的自重压力为 $p_{c0}=\gamma_m d=\sum_{i=1}^{n}\gamma_i h_i$。由式(2-27)及式(2-28)可以看出，在基底以下，随着深度的增加，附加压力 p_z 一直是减小的。

2.6.3 p_{cz} 的求解

软弱下卧层顶面处的自重压力等于从地面算起到软弱下卧层顶面止，中间各层土的自重压力之和。可表示为：

$$p_{cz}=\sum_{i=1}^{n}\gamma_i h_i=\gamma_m(d+z) \tag{2-29}$$

式中，p_{cz}——软弱下卧层顶面处的自重压力，kPa；

n——自地面算起到软弱下卧层顶面止之间划分的土层数；

γ_i——自地面算起的第 i 层土的重度，kN/m^3，地下水位以下取浮重度；

h_i——自地面算起的第 i 层土的厚度，m；

γ_m——软弱下卧层顶面以上各土层的加权平均重度，kN/m^3，地下水位以下取浮重度。

可见，随着深度的增加，土的自重压力一直是增大的。基底处($h=d$)的自重压力为 p_{c0}，软弱下卧层顶面处($h=d+z$)土的自重压力增加到 p_{cz}。

2.6.4 f_{az} 的求解

f_{az} 指软弱下卧层顶面处经深度修正后的地基承载力特征值，求解公式同普通地层。但只作深度修正，不作宽度修正。

式(2-16)修正后为

$$f_{az}=f_{ak}+\eta_d\gamma_m(d+z-0.5) \tag{2-30}$$

式(2-17)修正后为

$$f_{az}=M_b\gamma b+M_d\gamma_m(d+z)+M_c c_k \tag{2-31}$$

式中，f_{ak}——根据现场试验得到的软弱下卧层的承载力特征值，kPa。

使用式(2-30)及式(2-31)时，相对于式(2-16)、式(2-17)，是将原持力层的土力学相关参数(γ、c_k、φ_k、η_b、η_d)换成了软弱下卧层的土力学参数；将埋置深度 d 修正为软弱下卧层顶面处的深度 $d+z$，基础宽度值不修正。φ_k 的影响不能直接看到，隐藏在参数 M_b、M_d、M_c 中。

2.6.5 例题

【例 2-11】 软弱下卧层承载力验算

某建筑物基础尺寸为 16 m×32 m，基础底面埋深为 5.0 m，基础底面以上土的加权平均重度为 15.6 kN/m^3，作用于基础底面相应于荷载效应标准组合的竖向荷载值为 163 840 kN。在深度 13.0 m 以下埋藏有软弱下卧层，其内摩擦角标准值 $\varphi_k=6°$，$\gamma=17.8\ kN/m^3$，黏聚力标准值 $c_k=30$ kPa。地下水位位于地面下 15 m 深度处。假设持力层地基土的压力扩散角 $\theta=23°$，试验算该软弱下卧层是否满足承载力要求。

【解答】

分析：软弱下卧层验算实质是验算式(2-26)是否成立，需要分别求出 p_z、p_{cz} 和 f_{az}。

计算时可参考图 2-13，已知的主要参数为：$b=16$ m，$l=32$ m，$d=5$ m，基底深度处 $\gamma_m=15.6$ kN/m^3，$F_k+G_k=163\,840$ kN，$z=(13-5)$ m $=8$ m。

(1) 求软弱下卧层顶面处的附加压力 p_z

基底平均压力

$$p_k=\frac{F_k+G_k}{A}=\frac{163\,840}{16\times 32}\ \text{kPa}=320\ \text{kPa}$$

基础底面以上土的自重压力

$$p_{c0}=\gamma_m d=15.6\times 5\ \text{kPa}=78\ \text{kPa}$$

基底处的附加压力

$$p_0=p_k-p_{c0}=(320-78)\ \text{kPa}=242\ \text{kPa}$$

此矩形基础软弱下卧层顶面处的附加压力为

$$\begin{aligned}p_z&=\frac{lbp_0}{(b+2z\tan\theta)(l+2z\tan\theta)}\\&=\frac{16\times 32\times 242}{(16+2\times 8\times \tan 23°)(32+2\times 8\times \tan 23°)}=\frac{123\,904}{884}\ \text{kPa}\approx 140\ \text{kPa}\end{aligned}$$

(2) 求软弱下卧层顶面处的自重压力 p_{cz}

$$p_{cz}=\sum\gamma_i h_i=(15.6\times 5+17.8\times 8)\ \text{kPa}=220.4\ \text{kPa}$$

(3) 求软弱下卧层顶面处承载力特征值 f_{az}

根据题中条件，软弱下卧层顶面处承载力特征值 f_{az} 可由式(2-31)求出，由 $\varphi_k=6°$，查表 2-2，得 $M_b=0.10$，$M_d=1.39$，$M_c=3.71$。

软弱下卧层顶面处上覆土的加权平均重度

$$\gamma_m=\frac{\sum\gamma_i h_i}{\sum h_i}=\frac{p_{cz}}{d+z}=\frac{220.4}{5+8}\ \text{kN/m}^3\approx 16.95\ \text{kN/m}^3$$

$$\begin{aligned}f_{az}&=M_b\gamma b+M_d\gamma_m(d+z)+M_c c_k\\&=(0.10\times 17.8\times 6+1.39\times 16.95\times 13+3.71\times 30)\ \text{kPa}=428.27\ \text{kPa}\end{aligned}$$

注：因基础宽度超过 6 m，按照公式说明取 $b=6$ m，而不能用 $b=16$ m 计算。

(4) 用式(2-26)检验

$$p_z+p_{cz}=(140+220.4)\ \text{kPa}=360.4\ \text{kPa}<f_{az}=428.27\ \text{kPa}$$

通过验算，下卧层地基承载力满足要求。

【例 2-12】 软弱下卧层承载力验算

某承重墙下刚性条形基础，沿墙的长度方向上按荷载标准组合传至设计地面±0.00 处的轴心荷载为 180 kN/m，基础埋置深度为 1.0 m，基础宽度为 1.2 m，地基土层如图 2-14 所示，试验算持力层(第②层)和软弱下卧层(第③层)的承载力是否满足要求。

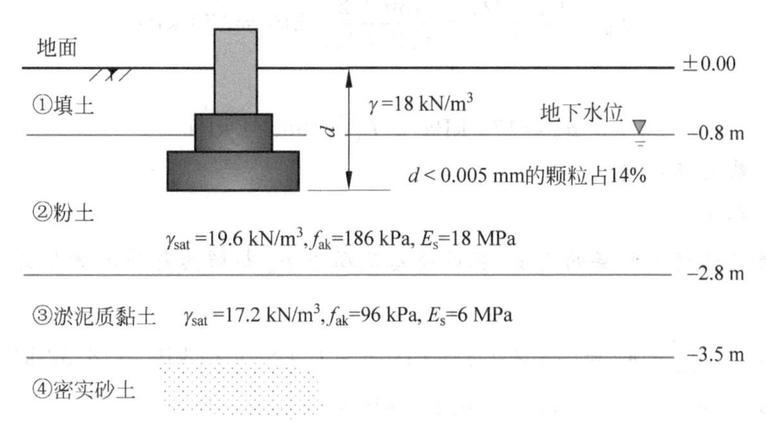

图 2-14　地层参数

【解答】

分析：进行持力层承载力验算和软弱下卧层验算时需要分别求出 p_k、p_{c0}、p_0、p_z、p_{cz} 和 f_{az}。

已知：$F_k=180\ \text{kN/m}$，$d=1.0\ \text{m}$，$b=1.2\ \text{m}$。

(1) 持力层承载力验算

① 求持力层(粉土层)地基承载力

根据第②层粉土的已知条件，该层土的地基承载力特征值宜用式(2-16)求出，在使用该式时须先查得系数 η_b、η_d，根据表 2-1 所示承载力修正系数表，对于粉土层，查表时须知 ρ_c 的值。

根据粉土的分类标准：

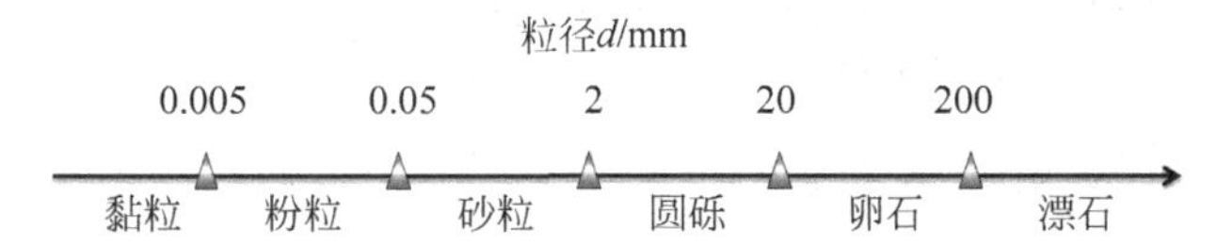

可知，粒径 $d<0.005$ mm 的土属于黏粒，故 $d<0.005$ mm 的颗粒占 14%，即 $\rho_c=14\%$。

$$\text{查表 2-1} \xrightarrow{\text{粉土},\rho_c=14\%} \eta_b=0.3, \eta_d=1.5$$

基础底面以上土的加权平均重度：

$$\gamma_m=\frac{\sum \gamma_i h_i}{\sum h_i}=\frac{18\times 0.8+(19.6-10)\times(1.0-0.8)}{1.0}\ \text{kN/m}^3=16.32\ \text{kN/m}^3$$

因 $b<3$ m，故式(2-16)简化为

$$f_a=f_{ak}+\eta_d\gamma_m(d-0.5)=[186+1.5\times 16.32\times(1.0-0.5)]\ \text{kPa}=198.24\ \text{kPa}$$

② 验算持力层(粉土层)地基承载力

取条形基础(1 m)墙长计算：

$$G_k=\gamma_G dA=20\times 1.0\times 1.2\ \text{kN/m}=24\ \text{kN/m}$$

基底压力为

$$p_k = \frac{F_k + G_k}{A} = \frac{180 + 24}{1.2 \times 1.0}\ \text{kPa} = 170\ \text{kPa}$$

可见

$$p_k = 170\ \text{kPa} < f_a = 198.24\ \text{kPa}$$

持力层地基承载力满足要求。

③ 求 p_0 和 p_{c0}

为后面验算软弱下卧层的需要，在此将基底压力 p_k 拆解为基底附加压力 p_0 和基底自重压力 p_{c0}。

$$p_{c0} = \sum \gamma_i h_i = [18 \times 0.8 + (19.6 - 10) \times 0.2]\ \text{kPa} = 16.32\ \text{kPa}$$

$$p_0 = p_k - p_{c0} = (170 - 16.32)\ \text{kPa} = 153.68\ \text{kPa}$$

(2) 软弱下卧层验算

① 求软弱下卧层(淤泥质黏土层)地基承载力

$$\text{查表 2-1} \xrightarrow{\text{淤泥质黏土}} \eta_b = 0, \eta_d = 1.0$$

软弱下卧层顶面以上土的加权重度

$$\gamma_m = \frac{\sum \gamma_i h_i}{\sum h_i} = \frac{18 \times 0.8 + (19.6 - 10) \times 2.0}{2.8}\ \text{kN/m}^3 = 12.0\ \text{kN/m}^3$$

软弱下卧层的地基承载力特征值

$$f_{az} = f_{ak} + \eta_d \gamma_m (d + z - 0.5) = [96 + 1.0 \times 12.0 \times (1.0 + 1.8 - 0.5)]\ \text{kPa} = 123.6\ \text{kPa}$$

② 求软弱下卧层顶面处的附加压力

$$\frac{z}{b} = \frac{\text{基础底面至软弱下卧层顶面距离}}{\text{基础宽度}} = \frac{1.8}{1.2} = 1.5$$

$$\alpha = \frac{E_{s1}}{E_{s2}} = \frac{18}{6} = 3, \quad \text{查表 2-3} \xrightarrow{\alpha = 3, z/b = 1.5} \theta = 23^\circ$$

$$p_z = \frac{b p_0}{b + 2z\tan\theta} = \frac{1.2 \times 153.68}{1.2 + 2 \times 1.8 \times \tan 23^\circ} = \frac{184.42}{2.73}\ \text{kPa} \approx 67.55\ \text{kPa}$$

③ 求软弱下卧层顶面处自重压力

$$p_{cz} = \sum \gamma_i h_i = [18 \times 0.8 + (19.6 - 10) \times 2.0]\ \text{kPa} = 33.6\ \text{kPa}$$

④ 软弱层地基承载力验算

$$p_z + p_{cz} = (67.55 + 33.6)\ \text{kPa} = 101.15\ \text{kPa} < f_{az} = 123.6\ \text{kPa}$$

故软弱下卧层承载力满足要求。

2.7 地基变形验算

地基基础设计时，除了保证地基的强度、稳定要求外，还需保证地基的变形控制在允许的范围内，以保证上部结构不因地基变形过大而丧失其使用功能。

2.7.1　地基变形指标

从土力学到基础工程，描述地基变形的指标有 7 个，分别是：压缩系数、压缩模量、压缩指数、沉降量、沉降差、倾斜、局部倾斜。其中前 3 项指标已在土力学课程中介绍，后 4 项指标是地基基础规范要求的控制指标。

1. **沉降量**

沉降量指基础中心点的最终下沉量，如图 2-15 所示。沉降量主要用于限制中高压缩性地基上的柱基、体型简单的高层建筑基础、高耸结构的基础。

2. **沉降差**

沉降差指同一建筑物中两个相邻独立基础中心点处沉降量的差值，如图 2-16 所示。相邻柱基不均匀沉降的结果是使结构受剪扭曲破坏，使建筑物出现开裂。沉降差指标用于约束框架结构的相邻柱基、砌体墙下的端部柱基。

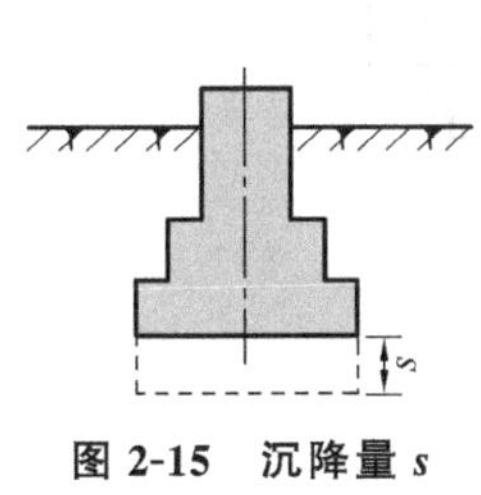

图 2-15　沉降量 s

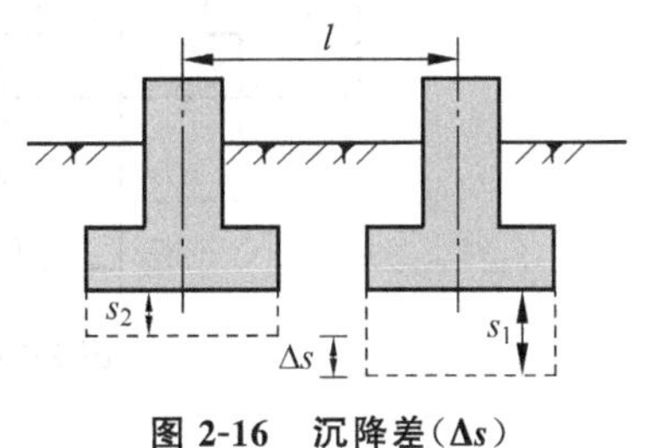

图 2-16　沉降差(Δs)

3. **倾斜**

倾斜指基础在倾斜方向两端点的沉降差与其距离的比值，亦称基础的整体倾斜，如图 2-17 所示，主要用作高耸结构及长高比很小的高层建筑物的约束指标。

$$\tan\theta = \frac{s_1 - s_2}{b} \tag{2-32}$$

式中，θ——基础底部倾斜面与水平面的夹角，(°)；

s_1——基础沉降较大一侧的沉降量，mm；

s_2——基础沉降较小一侧的沉降量，mm；

b——发生倾斜一侧的基础底面尺寸，mm。

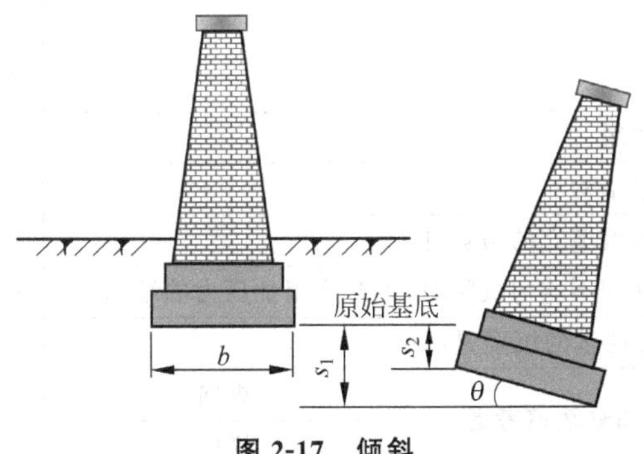

图 2-17　倾斜

4. 局部倾斜

局部倾斜指砖石承重结构沿纵墙 6～10 m 内两点间的沉降差与其距离的比值，如图 2-18 所示。局部倾斜指标用于约束砌体承重结构的地基沉降引起的破坏。

$$\tan\theta' = \frac{s_1 - s_2}{l} \tag{2-33}$$

式中，θ'——发生局部倾斜的基础底面与水平面的夹角，(°)；

s_1——基础局部沉降较大一侧的沉降量，mm；

s_2——基础局部沉降较小一侧的沉降量，mm；

l——发生局部倾斜的两柱(墙)中心线之间的距离，mm。

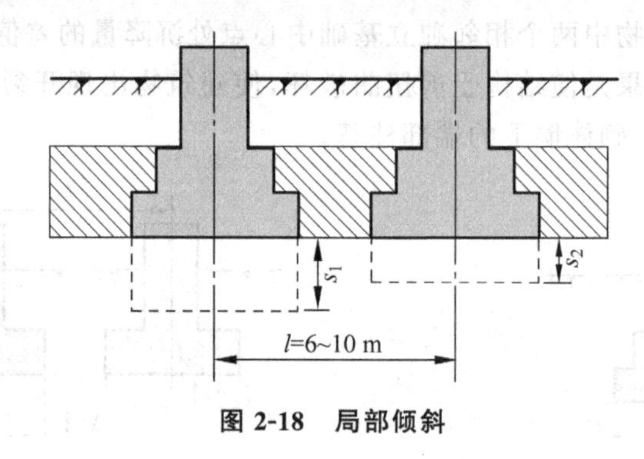

图 2-18 局部倾斜

2.7.2 地基变形验算内容

在地基极限状态设计中，变形验算是重要的验算内容之一。《建筑地基基础设计规范》(GB 50007—2011)按不同建筑物的地基变形特征，要求建筑物的地基变形计算值不应大于地基变形允许值，即

$$s \leqslant [s] \tag{2-34}$$

式中，s——地基变形计算值，包括以下四种指标：沉降量、沉降差、倾斜、局部倾斜；

$[s]$——地基变形允许值，查表 2-4，对表中未包括的其他建筑物的地基变形允许值，可根据上部结构对地基变形的适应能力和使用要求确定。

表 2-4 建筑物的地基变形允许值

变形特征		地基土类别	
		中低压缩性土	高压缩性土
砌体承重结构基础的局部倾斜		0.002	0.003
工业与民用建筑相邻桩基的沉降差	框架结构	0.002l	0.003l
	砌体墙填充的边排柱	0.007l	0.001l
	当基础不均匀沉降时，不产生附加压力的结构	0.005l	0.005l
单层排架结构(柱架为 6 m)柱基的沉降量/mm		(120)	200
桥式吊车轨面的倾斜(按不调整轨道考虑)	纵向	0.004	
	横向	0.003	

续表

变形特征		地基土类别	
		中低压缩性土	高压缩性土
多层和高层建筑的整体倾斜	$H_g \leqslant 24$	0.004	
	$24 < H_g \leqslant 60$	0.003	
	$60 < H_g \leqslant 100$	0.0025	
	$H_g > 100$	0.002	
体型简单的高层建筑基础的平均沉降量/mm		200	
高耸结构基础的倾斜	$H_g \leqslant 20$	0.008	
	$20 < H_g \leqslant 50$	0.006	
	$50 < H_g \leqslant 100$	0.005	
	$100 < H_g \leqslant 150$	0.004	
	$150 < H_g \leqslant 200$	0.003	
	$200 < H_g \leqslant 250$	0.002	
高耸结构基础的沉降量/mm	$H_g \leqslant 100$	400	
	$100 < H_g \leqslant 200$	300	
	$200 < H_g \leqslant 250$	200	

注：①本表数值为建筑物地基实际最终变形允许值；②有括号者仅适用于中压缩性土；③l 为相邻柱基的中心距离，mm，H_g 为自室外地面算起的建筑物高度，m。

按《建筑地基基础设计规范》(GB 50007—2011)，地基变形验算时，荷载组合取正常使用极限状态下的荷载准永久组合，不计风载和地震作用。抗力取对应极限的地基变形允许值。

2.7.3　地基变形量的计算

《建筑地基基础设计规范》(GB 50007—2011)总结了大量的工程经验，建议采用分层总和法计算地基最终沉降量，如下式所示：

$$s = \psi_s s' = \psi_s \sum_{i=1}^{n} \frac{p_0}{E_{si}} (\bar{\alpha}_i z_i - \bar{\alpha}_{i-1} z_{i-1}) \tag{2-35}$$

式中，s——地基最终沉降量，mm；

s'——按分层总和法计算出的地基沉降量，mm；

ψ_s——沉降计算经验系数，根据地区沉降观测资料及经验确定，无经验时参考表2-5取值；

n——地基沉降计算深度范围内划分的土层数；

p_0——基础底面处的附加压力，kPa；

E_{si}——基础底面下第 i 层土的压缩模量，MPa；

z_i、z_{i-1}——基础底面至第 i 层土、第 $i-1$ 层土底面的距离，m；

$\bar{\alpha}_i$、$\bar{\alpha}_{i-1}$——基础底面至第 i 层土、第 $i-1$ 层土底面范围内平均附加压力系数，可通过查《建筑地基基础设计规范》(GB 50007—2011)的有关表格得到。

表 2-5 沉降计算经验系数ψ_s

基底附加压力	变形计算深度范围内压缩模量的当量值 $\bar{E}_s$/MPa				
	2.5	4.0	7.0	15.0	20.0
$p_0 \geqslant f_{ak}$	1.4	1.3	1.0	0.4	0.2
$p_0 \leqslant 0.75 f_{ak}$	1.1	1.0	0.7	0.4	0.2

注：表中，p_0 为基底附加压力；f_{ak} 为现场试验得到的地基承载力特征值。

表 2-5 中的 $\bar{E}_s$ 按下式计算：

$$\bar{E}_s = \frac{\sum_{i=1}^{n} A_i}{\sum_{i=1}^{n} \frac{A_i}{E_{si}}} \tag{2-36}$$

式中，A_i 为第 i 层土的附加压力系数沿土层厚度的积分值。

地基变形计算深度 z_n 应符合下式要求：

$$\Delta s'_n \leqslant 0.025 \sum_{i=1}^{n} \Delta s'_i \tag{2-37}$$

式中，$\Delta s'_n$——由计算深度向上取厚度为 Δz 的土层计算变形值，Δz 按表 2-6 确定，表中的 b 指基础宽度。如确定的计算深度下部仍有较软土层，则应继续计算。

$\Delta s'_i$——计算深度范围内第 i 层土的计算变形值。

表 2-6 Δz 值

b/m	$b \leqslant 2$	$2 < b \leqslant 4$	$4 < b \leqslant 8$	$b > 8$
Δz/m	0.3	0.6	0.8	1.0

当无相邻荷载影响，基础宽度在 1～30 m 范围内时，基础中点的地基变形计算深度 z_n 也可按下式简化计算：

$$z_n = b(2.5 - 0.4\ln b) \tag{2-38}$$

式中，b 为基础宽度，m。

在计算深度范围内存在基岩时，z_n 可取至基岩表面；当存在较厚的坚硬黏性土层，其孔隙比小于 0.5，压缩模量大于 50 MPa，或存在较厚的密实砂卵石层，其压缩模量大于 80 MPa 时，z_n 可取至该层表面。

由于在"土力学"课程中已涉及地基变形的计算内容，故本书不再进行计算实例分析。

2.8 地基稳定性验算

竖向荷载导致地基失稳的情况较少见，所以满足地基承载力的一般建筑物不需要进行地基稳定性验算。但对于经常承受水平荷载的建筑物，如水工建筑物、挡土结构物以及高层建筑和高耸结构等，地基的稳定性可能成为其设计中的主要问题，必须进行地基稳定性验算。

在水平荷载作用下，建筑物可能发生浅层滑动、深层圆弧滑动，修建在边坡上的建筑物则可能发生滑坡失稳。故地基稳定性验算的内容有以下三方面。

2.8.1 浅层水平滑动验算

在水平荷载较大而竖向荷载相对较小的情况下，需验算地基抗水平滑动稳定性，如图 2-19 所示。目前地基的稳定验算仍采用单一安全系数法。当表层滑动时，定义基础底面的抗滑动摩擦阻力与作用于基底的水平力之比为安全系数。抗滑稳定安全系数按下式计算：

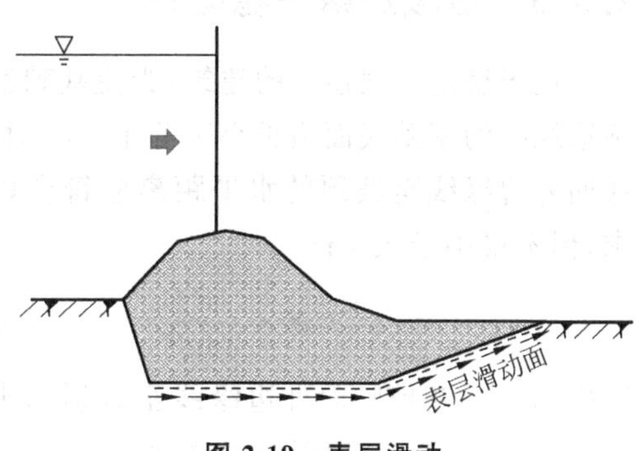

图 2-19 表层滑动

$$k_c = \frac{\mu \sum_{i=1}^{m} P_i}{\sum_{j=1}^{n} T_j} \tag{2-39}$$

式中，k_c——抗滑稳定安全系数，宜取 1.2～1.4；

μ——基础与地基土间的摩擦系数，参考表 2-7 取值；

m——垂直荷载的个数，包括结构物自重和其他竖向荷载；

n——水平荷载的个数；

P_i——第 i 个垂直荷载；

T_j——第 j 个水平荷载。

表 2-7 基础与地基土间的摩擦系数 μ

土的类型		μ
黏性土	可塑	0.25～0.30
	硬塑	0.30～0.35
	坚硬	0.35～0.45
粉土		0.30～0.40
中砂、粗砂、砾砂		0.40～0.50
碎石土		0.40～0.60
软质岩石		0.40～0.60
表面粗糙的硬质岩石		0.65～0.75

2.8.2 深层整体滑动验算

在竖向和水平向荷载共同作用下，若地基内存在软土或软土夹层时(图 2-20)，则需进行地基整体滑动稳定性验算。最危险滑动面上诸力对滑动中心的抗滑力矩与滑动力矩应符合以下要求：

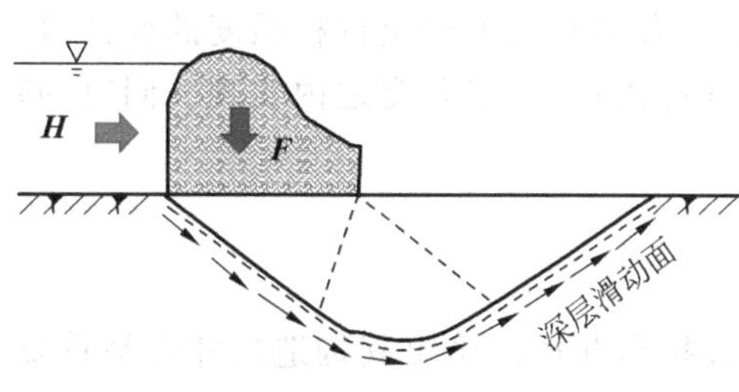

图 2-20 深层整体滑动

H—水平力；*F*—竖向力

$$K = \frac{M_R}{M_S} \geqslant 1.2 \tag{2-40}$$

式中，M_R——抗滑力矩；

M_S——滑动力矩。

关于滑动力矩和抗滑力矩的算法可查《土

力学》教材中的有关公式。

2.8.3 边坡边缘失稳验算

位于稳定土坡顶上的建筑，为使基础引起的附加压力不影响土坡的稳定性，当垂直于坡顶边缘线的基础底面边长小于等于 3 m 时，基础底面外边缘线至坡顶的水平距离应符合以下要求，但不得小于 2.5 m。

$$a \geqslant \xi b - \frac{d}{\tan\beta} \tag{2-41}$$

式中，a——基础底面外边缘线至坡顶的水平距离，m，如图 2-21 所示；

b——垂直于坡度边缘线的基础边长，m；

β——土坡坡角，(°)；

d——基础埋深，m；

ξ——系数，条形基础取 3.5，矩形基础和圆形基础取 2.5。

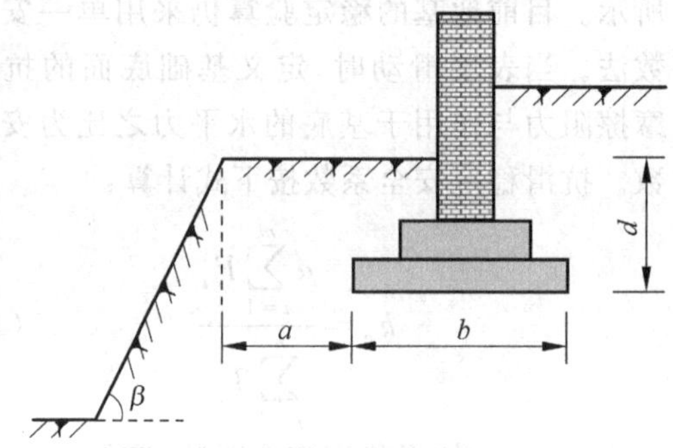

图 2-21 基础底面外边缘线至坡顶的水平距离示意

当式(2-41)的要求不能得到满足时，可以根据基底平均压力按圆弧滑动面法进行土坡稳定验算，以确定基础与坡顶边缘的距离和基础埋深。

【例 2-13】 根据边坡稳定性要求确定基础埋深

如图 2-21 所示，某建筑物为矩形基础，$a=3$ m，$b=4$ m，$\beta=30°$，试确定基础埋深。

【解答】

由式(2-41)得

$$d \geqslant (2.5b - a)\tan\beta = (2.5 \times 4 - 3) \times \tan 30° \text{ m} \approx 4.04 \text{ m}$$

即基础埋深至少应为 4.04 m。

2.9 刚性基础设计

刚性基础(rigid foundation)又称**无筋扩展基础**(unreinforced spread foundation)，指具有较好的抗压性能，但抗拉、抗剪强度不高的材料构成的基础，主要是砖、毛石、灰土、三合土、混凝土、毛石混凝土等材料组成的墙下条形基础或柱下独立基础，广泛用于基底压力较小或地基土承载力较高的 6 层和 6 层以下的一般民用建筑和墙承重的轻型厂房。

在设计时必须保证在基础内产生的拉应力和剪应力都不大于相应材料强度的设计值，这可通过控制基础的外伸宽度和高度的比值(简称宽高比)在一定限度之内实现。同时，基础宽度还应满足地基承载力的要求。

2.9.1 刚性基础的构造要求

无筋扩展基础经常做成台阶断面，有时也可做成梯形断面。确定其构造尺寸时最重要的一点是要保证断面各处能满足基础材料刚性角的要求。基础为多级台阶时，每一级台阶都应满足该材料的刚性角要求。**刚性角**(load distribution angle)又称为刚性基础的压力分布角，是基础台阶边缘处的垂线与基底边缘的连线间的最大夹角。

各种基础材料的砌筑要求如下。

1. 砖基础

砖基础的剖面为阶梯形，称为大放脚。砖基础大放脚的砌法有两种：一种是按台阶的宽高比为 1/1.5，即二一间隔收法砌筑；另一种是按台阶的宽高比为 1/2，即二皮一收法砌筑。施工中顶层砖和底层砖必须是二皮砖，即 120 mm。这两种砌法都符合台阶宽高比的允许值要求，二皮一收的做法施工方便，二一间隔收法较为节省材料。

为了保证砖基础的砌筑质量，并能起到省工和平整的作用，常在砖基础底面以下先做垫层，每边伸出基础底面 100 mm。垫层材料可选用 100～200 mm 厚的 C10 素混凝土垫层，对于低层房屋也可在槽底铺设 300 mm 厚的三七灰土或三合土代替混凝土垫层。如果基础下半部用灰土，则灰土部分不做台阶，其宽高比应满足灰土刚性角的要求，同时应核算灰土顶面的压力，以不超过 250～300 kPa 为宜。设计时，不把垫层作为基础结构的一部分看待。因此，垫层的高度和宽度都不计入基础的埋深 d 和宽度 b 之内。

2. 砌石基础

用作基础的石料要选用质地坚硬、不易风化的岩石，石料强度等级不应小于 MU25。石块的厚度不宜小于 150 mm，宽度为厚度的 1.0～1.5 倍，长度为厚度的 2.5～4.0 倍，砌筑时应错缝搭接，大小石头搭配砌筑，缝隙用碎石填实，砂浆应饱满。

台阶形的石料基础，每级台阶至少有两层砌石，每个台阶的高度一般不小于 400 mm。分层砌筑时，为保证上一层砌石的边能压紧下一层砌石的边块，每个台阶伸出的长度不应大于 200 mm。

3. 素混凝土基础和毛石混凝土基础

不设钢筋的混凝土基础称为素混凝土基础。混凝土基础的混凝土强度等级一般为 C15。在严寒地区，应采用强度等级不低于 C20 的混凝土。

素混凝土基础可以做成台阶形或锥形断面(见图 2-22)，做成台阶时，基础总高度(h)在 350 mm 以内做成一层台阶；总高度在 350 mm$<h\leqslant$900 mm 时，做成两级台阶层；总高度大于 900 mm 时，做成多级台阶。每级台阶的高度不宜大于 500 mm，其宽高比应符合材料刚性角的要求。

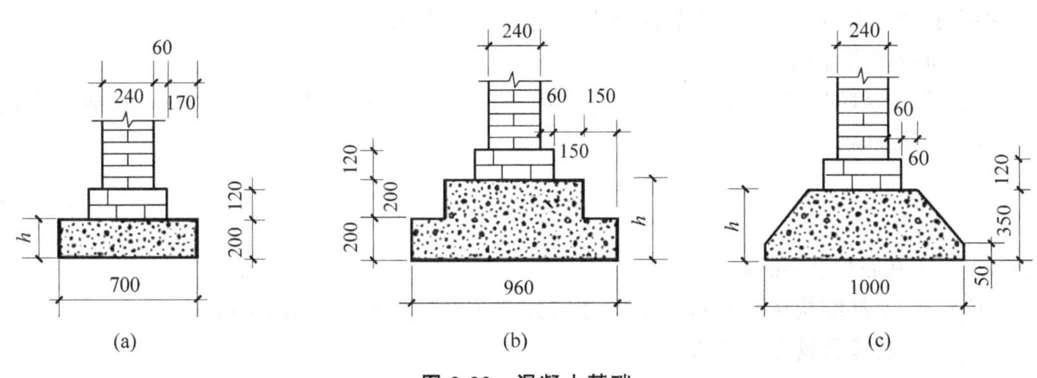

图 2-22　混凝土基础

(a) 一级台阶($h\leqslant$350 mm)；(b) 两级台阶(350 mm$<h\leqslant$900 mm)；(c) 梯形断面

(h 指基础总高度，每级台阶高度不超过 500 mm)

注：图中未给出的尺寸单位为 mm；余同。

如果基础体积较大，为了节约混凝土用量，可掺入少于基础体积20%～30%的毛石，做成毛石混凝土基础。毛石混凝土基础一般用强度等级不低于C15的混凝土，所用毛石强度等级不低于MU20，石块尺寸一般不得大于基础宽度的1/3，同时石块直径不宜大于300 mm。在严寒潮湿地区，应使用强度等级不低于C20的混凝土和强度等级不低于MU30的毛石。毛石混凝土基础剖面为台阶形，每阶高度一般为500 mm。

4. 灰土基础和三合土基础

灰土用石灰和黏性土混合而成。石灰以块状生石灰为宜，经消化1～2 d，用5～10 mm的筛子筛后使用。土料宜用塑性指数较低的粉土和黏性土，一般以粉质黏土为宜，若用黏土则应采取相应措施，使其达到松散程度。土在使用前也应过筛，粒径不得大于15 mm。石灰和土的体积比一般为3∶7或2∶8。将其拌和均匀，并加适量的水在基槽内分层夯实。其最小干密度要求为：粉土15.5 kN/m^3，粉质黏土15.0 kN/m^3，黏土14.5 kN/m^3。施工时注意保持基坑干燥，防止灰土早期浸水。

三合土基础的石灰、砂、骨料按体积配合比1∶2∶4或1∶3∶6拌和均匀再分层夯实，每层虚铺22 cm，夯至15 cm。它的做法与灰土做法基本一致。南方有的地区习惯使用水泥、石灰、砂、骨料的四合土作为基础，所用材料体积配合比分别为1∶1∶5∶10或1∶1∶6∶12。

灰土基础、三合土基础一般与砖、砌石、混凝土等材料配合使用，做在基础的下部。厚度通常采用300～450 mm，台阶宽高比应符合材料刚性角要求。由于基槽边角处灰土不容易夯实，所以这类基础实际的施工宽度应该比计算宽度宽，每边各放200 mm以上。

2.9.2 轴心荷载

刚性基础适用于6层及以下的民用建筑和轻型厂房，且地基条件均匀良好时采用。

刚性基础设计的目标是：确定基础底面尺寸和基础高度，以及确定基础各级台阶逐级扩大时的高度和平面尺寸。

无筋扩展基础设计时，必须规定基础材料强度、限制台阶宽高比、控制建筑物层高和满足地基承载力的要求，使基础主要承受压应力，并保证基础内产生的拉应力和压应力都不超过材料强度的设计值。一般无须进行内力分析和截面强度计算。

轴心荷载作用下，无筋扩展基础设计的基本步骤如下。

(1) 确定基础埋深。

根据具体工程条件，按2.2节的要求确定基础埋置深度。

(2) 确定基底面积。

基底压力验算时要求满足：$p_k \leqslant f_a$。因 $p_k=(F_k+G_k)/A$，$G_k=\gamma_G dA$，故推得满足基底压力要求的最小基底面积为

$$A \geqslant \frac{F_k}{f_a-\gamma_G d} \tag{2-42}$$

式中，A——基底面积，m^2；

F_k——上部结构传到基础顶面的竖向力荷载效应的标准组合，kN；

f_a——地基承载力特征值，kPa；

γ_G——基础与基础上的土的平均重度，kN/m^3，取20 kN/m^3；

d——基础埋置深度，m。

按式(2-42)求得所需的最小基底面积后，根据基础上传力柱或墙的截面尺寸确定基础

的长度与宽度，得到初步选定的基底面积。

对于条形基础，沿基础长度方向取单位长度 1 m 进行计算，基础宽度则为

$$b \geqslant \frac{F_k}{f_a - \gamma_G d} \tag{2-43}$$

此时，条形基础计算时 F_k 的单位是 kN/m。

(3) 确定刚性基础的最小高度。

在地基反力作用下，基础下部的扩大部分像倒置的悬臂梁一样向上弯曲，如悬臂过长，则易发生弯曲破坏。为保证基础不受破坏，基础的每级台阶及基础高度都应满足基础材料刚性角的要求。即

$$\frac{b_t}{h} \leqslant \tan\alpha \tag{2-44}$$

所以，基础高度应为

$$h \geqslant \frac{b_t}{\tan\alpha} = \frac{b - b_0}{2\tan\alpha} \tag{2-45}$$

基础最小高度为

$$h_{min} = \frac{b - b_0}{2\tan\alpha} \tag{2-46}$$

式中，h——基础高度，mm，如图 2-23 所示；

h_{min}——基础最小高度，mm；

b_t——基础单侧的外伸长度，mm，$b_t = \frac{1}{2}(b - b_0)$；

α——基础材料的刚性角，(°)；

b——基础宽度，mm；

b_0——柱或墙的宽度，mm。

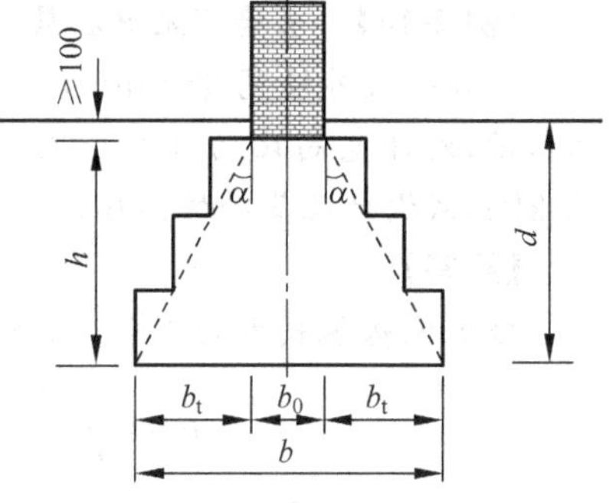

图 2-23　刚性基础的高度

由基础材料刚性角所规定的基础台阶的最大宽高比如表 2-8 所示。

表 2-8　无筋扩展基础台阶宽高比的允许值

基础材料	质量要求	台阶宽高比的允许值		
		$p_k \leqslant 100$	$100 < p_k \leqslant 200$	$200 < p_k \leqslant 300$
混凝土基础	C15 混凝土	1∶1	1∶1	1∶1.25
毛石混凝土基础	C15 混凝土	1∶1	1∶1.25	1∶1.5
砖基础	砖不低于 MU10，砂浆不低于 M5	1∶1.5	1∶1.5	1∶1.5
毛石基础	砂浆不低于 M5	1∶1.25	1∶1.5	—
灰土基础	体积比为 3∶7 或 2∶8 的灰土，其最小干密度如下：粉土为 1550 kg/m^3；粉质黏土为 1500 kg/m^3；黏土为 1450 kg/m^3	1∶1.25	1∶1.5	—
三合土基础	体积比为 1∶2∶4～1∶3∶6(石灰∶砂∶骨料)，每层约虚铺 220 mm，夯至 150 mm	1∶1.5	1∶2	—

注：① p_k 为荷载的标准组合时基础底面处的平均压力值，kPa。②阶梯形毛石基础的每阶伸出宽度不宜大于 200 mm。③当基础由不同材料叠合组成时，应对接触部分做抗压验算。④混凝土基础单侧扩展范围内基础底面处的平均压力值超过 300 kPa 时，尚应进行抗剪验算；对地基反力集中于立柱附近的岩石地基，应进行局部受压承载力验算。

满足刚性角要求的基础，各台阶的内缘应落在与墙边或柱边铅垂线成 α 角的斜线上。若台阶内缘在斜线以外，则基础断面不够安全；若台阶内缘在斜线以内，则基础断面安全但不够经济。

注：材料刚性角在基础中的连线表示基础材料抗拉强度断裂的连线，该线之外的基础将会沿刚性角连线断裂后与基础分离，起不到基础的压力扩散作用。因此，如把刚性角之外的尺寸看成是基础的一部分，则是不安全的。反之，若基础台阶宽度落在材料的刚性角之内，则是安全的，但是不经济的，因为这会增大基础的高度和台阶数，增加挖坑施工成本。

(4) 从基底开始向上逐步缩小尺寸，使基础顶面至少低于室外地面 0.1 m，否则应修改设计。若基础高度不足，则增加基础高度和埋深，或选择允许宽高比值较大的材料。如不能满足基础埋置深度要求，则需改用钢筋混凝土扩展基础。在同样荷载和基础尺寸的条件下，钢筋混凝土基础构造高度较小，适宜宽基浅埋的情况。

(5) 基础构造配置。

根据刚性角及构造要求，确定基础和每个台阶的尺寸。

【例 2-14】 求墙下无筋扩展基础的高度

某办公楼外墙宽 360 mm，上部结构传到地面处墙体上的荷载 $F_k=90$ kN/m，选用灰土基础，允许宽高比为 1∶1.25，基础埋深 $d=1.5$ m，修正后地基承载力特征值 $f_a=96$ kPa，试设计此基础的高度。

【解答】

根据地基承载力的要求，此条形基础的宽度应为

$$b \geqslant \frac{F_k}{f_a-\gamma_G d}=\frac{90}{96-20\times1.5}\ \text{m}\approx1.36\ \text{m}$$

取 $b=1.40$ m。又 $\tan\alpha=1/1.25$，则

$$h_{\min}=\frac{b-b_c}{2\tan\alpha}=\frac{1400-360}{2\times\frac{1}{1.25}}\ \text{mm}=650\ \text{mm}$$

故设计此基础的高度为 650 mm。

【例 2-15】 设计墙下无筋扩展基础

某承重墙厚 240 mm，地基土浅部为人工填土，该层土的厚度为 0.70 m，重度为 17.5 kN/m^3，其下为粉土层，重度为 18.4 kN/m^3，黏粒含量 $\rho_c=12\%$，经现场试验确定的地基承载力特征值 $f_{ak}=172$ kPa，地下水在地表下 1.2 m 处，上部墙体传来的荷载效应标准值为 210 kN/m。若采用素混凝土作为基础材料，试设计该墙下无筋扩展基础的宽度与高度。

【解答】

(1) 初选基础埋深 $d=0.8$ m。

(2) 确定基础宽度 b。

先求修正后的持力层承载力特征值。

由粉土黏粒含量 $\rho_c=12\%$，查表 2-1，得 $\eta_b=0.3$，$\eta_d=1.5$。

$$\gamma_m=\frac{17.5\times0.7+18.4\times0.1}{0.8}\ \text{kN/m}^3\approx17.6\ \text{kN/m}^3$$

求 f_a 时暂不考虑宽度修正，仅考虑深度修正，则有

$$f_a = f_{ak} + \eta_d \gamma_m (d - 0.5) = [172 + 1.5 \times 17.6 \times (0.8 - 0.5)]\ \text{kPa} \approx 179.9\ \text{kPa}$$

基础宽度应为

$$b \geqslant \frac{F_k}{f_a - \gamma_G d} = \frac{210}{179.9 - 20 \times 0.8}\ \text{m} \approx 1.28\ \text{m}$$

取 $b=1.3$ m。由于 $b<3.0$ m，故上述求得的 f_a 值不用进行宽度修正，此处求得的 b 值可作为最终设计值。

(3) 确定基础高度。

基底压力为(取1 m墙长)

$$p_k = \frac{F_k}{A} + \gamma_G d = \left(\frac{210}{1.3} + 20 \times 0.8\right)\ \text{kPa} \approx 177.5\ \text{kPa}$$

查表2-8，可得素混凝土基础台阶宽高比的允许取值为1∶1，即 $\tan\alpha = 1.0$。故有

$$h \geqslant \frac{b - b_c}{2\tan\alpha} = \frac{1.3 - 0.24}{2 \times 1.0}\ \text{m} = 0.53\ \text{m}$$

取 $h=0.55$ m，这样基础顶面与地表之间仍有(0.80−0.55) m=0.25 m的距离，符合规范要求。

【例2-16】 求轴心荷载下独立基础的底面积

某住宅楼为框架结构，采用独立基础，通过方形柱传来的上部荷载为 $F_k=3200$ kN，基础埋深为 $d=3.0$ m，地层情况如图2-24所示，细砂层为持力层，试计算该基础的底面面积。

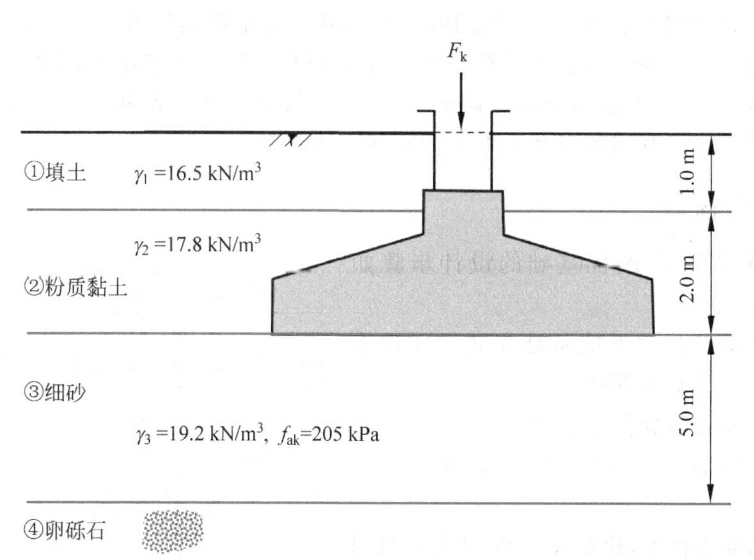

图2-24 地层条件

【解答】

(1) 估算持力层地基承载力特征值。

基础底面以上土的加权重度为

$$\gamma_m = \frac{\sum \gamma_i h_i}{\sum h_i} = \frac{16.5 \times 1.0 + 17.8 \times 2.0}{1.0 + 2.0} \text{ kN/m}^3 \approx 17.37 \text{ kN/m}^3$$

查表 2-1,得细砂层的承载力修正系数为 $\eta_b = 2.0$, $\eta_d = 3.0$。

假设基础宽度不大于 3 m,则可初步估算出持力层的承载力为

$$f'_a = f_{ak} + \eta_d \gamma_m (d - 0.5) = [205 + 3.0 \times 17.37 \times (3.0 - 0.5)] \text{ kPa} \approx 335.28 \text{ kPa}$$

(2) 初步估算基础底面面积

$$A_0 \geqslant \frac{F_k}{f'_a - \gamma_G d} = \frac{3200}{335.28 - 20 \times 3.0} \text{ m}^2 \approx 11.62 \text{ m}^2$$

在此选用正方形基础底面,则有 $\sqrt{11.62}$ m≈3.41 m,取 $l = b = 3.4$ m。因基底宽度超过 3 m,则对地基承载力还需进行宽度修正。

(3) 地基承载力宽度修正

$$f_a = f'_a + \eta_b \gamma (b - 3) = [335.28 + 2.0 \times 19.2 \times (3.4 - 3)] \text{ kPa} = 350.64 \text{ kPa}$$

(4) 计算基础底面面积

$$A \geqslant \frac{F_k}{f_a - \gamma_G d} = \frac{3200}{350.64 - 20 \times 3.0} \text{ m}^2 \approx 11.01 \text{ m}^2$$

所以,实际采用的基底面积 $lb = 3.4 \text{ m} \times 3.4 \text{ m} = 11.56 \text{ m}^2 > 11.01 \text{ m}^2$,合适。

提示:①在用式(2-16)求地基承载力特征值时,若基础尺寸尚不能完全确定,可分步对其进行深度和宽度修正,而不影响最终的 f_a 值。②用初步估算的 A_0 选基底尺寸时,不一定非要使得选定尺寸的面积大于 A_0 值,如本题尽管 lb 值略小于 A_0 值,但最终满足了地基承载力要求。其原因在于求 A_0 时用到的地基承载力是粗略估计值 f'_a,而不是最终精确值 f_a。③基础边长的比例宜与上部结构柱的尺寸比例相一致。本题中上部结构为方形柱,故选用方形基础。当然,本题中是轴心荷载,这样处理较为合理。若基础上存在偏心荷载,则选用矩形基础比方形基础较有利于抵抗弯矩和节约材料。

2.9.3 偏心荷载

偏心荷载作用下,刚性基础的设计步骤如图 2-25 所示。

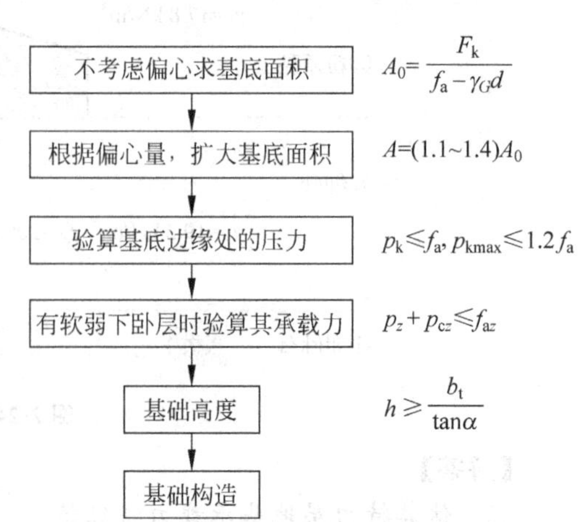

图 2-25 偏心荷载作用下刚性基础的设计步骤

对于偏心荷载作用下的基础底面尺寸常采用试算法确定。计算步骤如下。

(1) 先按轴心荷载作用条件,用式(2-42)初步估算出基础底面尺寸,记为 A_0。即 $A_0 = F_k / (f_a - \gamma_G d)$。

(2) 根据偏心程度,将初步求得的基底面积(A_0)扩大 10%~40%,将此面积记为 A,并以适当的比例确定矩形基础的长边和短边尺寸,一般取长边边长为短边边长的 1~2 倍。

(3) 计算基底平均压力和基底最大压力,并使其满足 $p_k \leqslant f_a$, $p_{kmax} \leqslant 1.2 f_a$ 的要求。式中 p_k 为相应于荷载效应标准组合时的基底平均压

力，p_{kmax} 为相应于荷载效应标准组合时的基底边缘最大压力值，f_a 为修正后的地基持力层承载力特征值。

可能要经过几次试算方能确定合适的基础底面尺寸。

(4) 按式(2-45)确定基础高度。

(5) 根据构造要求做出基础配置。

【例 2-17】 设计柱下无筋扩展基础

某厂房柱断面为 600 mm×400 mm。基础埋置深度为 1.8 m，基础上的荷载为：竖向荷载标准值 $F_k=750$ kN，弯矩标准值 $M_k=120$ kN·m，水平荷载标准值 $H_k=35$ kN，作用点位置在±0.00 处。地基土层剖面如图 2-26 所示，填土层重度为 16 kN/m^3，粉质黏土层的物理力学性质为：$\gamma=18.8$ kN/m^3，$d_s=2.70$，$w=25\%$，$w_L=31\%$，$w_P=21\%$，$f_{ak}=$ 205 kPa。试设计该柱下无筋扩展基础。

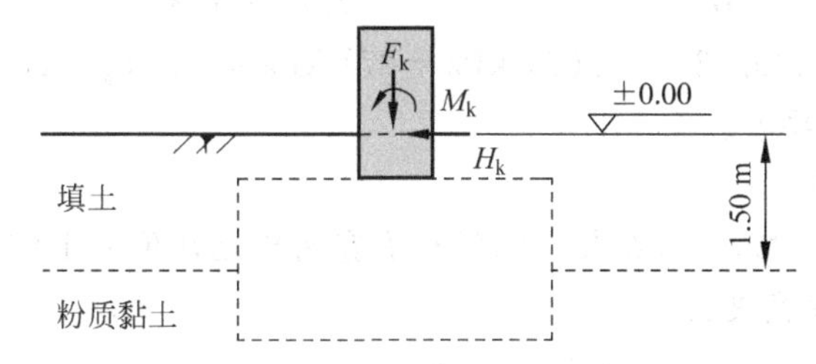

图 2-26 地层剖面及受力条件

【解答】

(1) 求持力层承载力特征值

持力层为粉质黏土层，为用式(2-16)求地基承载力，需先求出 I_L 及 e 值。可得

$$I_L=\frac{w-w_P}{w_L-w_P}=\frac{25-21}{31-21}=0.4$$

$$e=\frac{d_s(1+w)\gamma_w}{\gamma}-1=\frac{2.70\times(1+0.25)\times 10}{18.8}-1\approx 0.795$$

查表 2-1，得 $\eta_b=0.3$，$\eta_d=1.6$。

先不考虑宽度修正，仅考虑深度修正，则有

$$\gamma_m=\frac{16\times 1.5+18.8\times 0.3}{1.8}\ \text{kN/m}^3\approx 16.47\ \text{kN/m}^3$$

$$f_a=f_{ak}+\eta_d\gamma_m(d-0.5)=[205+1.6\times 16.47\times(1.8-0.5)]\ \text{kPa}\approx 239.26\ \text{kPa}$$

(2) 先按轴心荷载作用计算

$$A_0=\frac{F_k}{f_a-\gamma_G d}=\frac{750}{239.26-20\times 1.8}\ \text{m}^2\approx 3.69\ \text{m}^2$$

考虑到偏心荷载的作用，将基底面积扩大至

$$A=1.3A_0=1.3\times 3.69\ \text{m}^2\approx 4.80\ \text{m}^2$$

取 $l=1.5b$，则

$$b=\sqrt{A/1.5}=\sqrt{4.80/1.5}\ \text{m}\approx 1.79\ \text{m}$$

取 $b=1.80\ \text{m}, l=2.70\ \text{m}$。

(3) 地基承载力验算

由于基础宽度小于 3 m，因此不必再对地基承载力进行宽度修正，即求得的 f_a 值不用修正。

基底压力平均值为

$$p_k=\frac{F_k}{A}+\gamma_G d=\left(\frac{750}{2.70\times 1.80}+20\times 1.8\right)\ \text{kPa}=190.32\ \text{kPa}$$

选择基础尺寸时按抵抗弯矩最有利的方向布置，考虑到 $W=\frac{1}{6}bl^2$，则基底压力最大值为

$$p_{\text{kmax}}=p_k+\frac{M_k}{W}=\left[190.32+\frac{(120+35\times 1.8)\times 6}{2.7^2\times 1.8}\right]\ \text{kPa}$$

$$\approx (190.32+83.68)\ \text{kPa}=274\ \text{kPa}<1.2f_a=287.11\ \text{kPa}$$

可见，地基承载力满足要求。

(4) 基础剖面设计

基础材料选用 C15 混凝土，查表 2-8，得台阶宽高比允许值为 1∶1，即 $\tan\alpha=1.0$，则基础长度方向要求的基础高度为

$$h\geqslant\frac{b-b_c}{2\tan\alpha}=\frac{2.7-0.6}{2\times 1.0}\ \text{m}=1.05\ \text{m}$$

基础宽度方向要求的基础高度为

$$h\geqslant\frac{b-b_c}{2\tan\alpha}=\frac{1.8-0.4}{2\times 1.0}\ \text{m}=0.7\ \text{m}$$

所以，取基础高度为 1.05 m。

做成 3 个台阶，每级台阶高均为 350 mm。

长度方向上每级台阶宽度均为 350 mm，基础总宽为[0.6+2×(3×0.35)] m=2.7 m。

宽度方向上取每级台阶单侧新增宽度 240 mm，则基础宽度变为 $b=[0.4+2\times(3\times 0.24)]\ \text{m}=1.84\ \text{m}$；基础剖面尺寸见图 2-27。

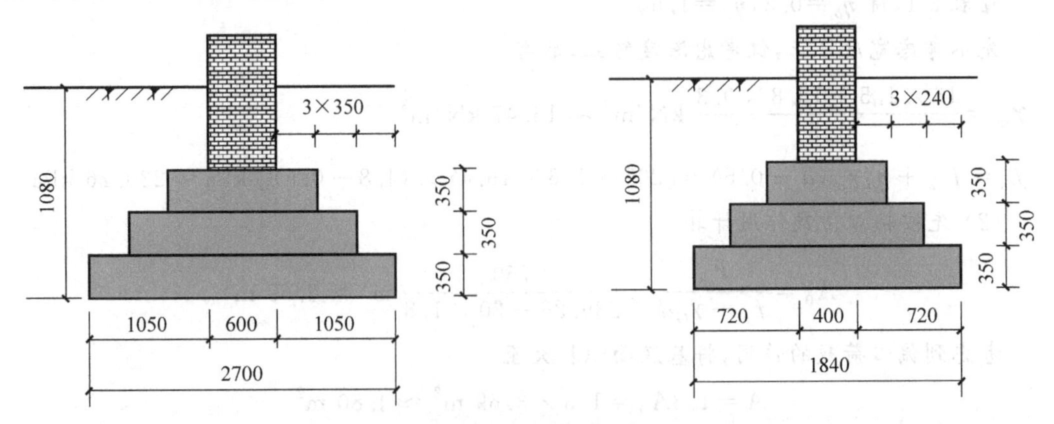

图 2-27　基础剖面尺寸

【例 2-18】 求偏心荷载作用下独立基础的底面积

如图 2-28 所示，某构筑物通过柱传递荷载到基础上，柱截面尺寸为 300 mm×400 mm，作用在柱底的荷载标准值为：中心垂直荷载 $F_k=800$ kN，弯矩 $M_k=100$ kN·m，水平荷载 $H_k=20$ kN。室外地面至基础底面的距离为 1.2 m，自地面以下的较深范围内为单一的黏性土层，其物理力学参数为：$\gamma=17.6$ kN/m^3，$e=0.73$，$I_L=0.75$，$f_{ak}=230$ kPa。试根据持力层的承载能力确定此基础的底面尺寸。

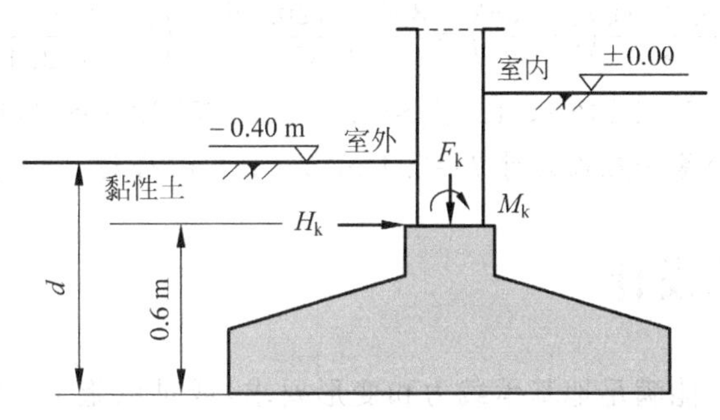

图 2-28 基础剖面

【解答】

(1) 求地基承载力 f_a

已知 $d=1.2$ m，根据黏性土的性能参数 $e=0.73$，$I_L=0.75$，查表 2-1 得 $\eta_b=0.3$，$\eta_d=1.6$。

因基础宽度待求，故先不考虑对基础宽度进行修正，估算的持力层承载力特征值为

$$f'_a=f_{ak}+\eta_d\gamma_m(d-0.5)=[230+1.6\times17.6\times(1.2-0.5)]\ \text{kPa}\approx249.71\ \text{kPa}$$

(2) 初步选择基底尺寸

确定基底面积时，埋置深度取室内外地面至基底距离的平均值。为防止与上述求地基承载力公式中的 d 值相混淆，在此将基底埋置深度的平均值记为 d_m。

$$d_m=\frac{1}{2}\times(1.2+1.6)\ \text{m}=1.4\ \text{m}$$

$$A_0=\frac{F_k}{f'_a-\gamma_G d_m}=\frac{800}{249.71-20\times1.4}\ \text{m}^2\approx3.61\ \text{m}^2$$

考虑到偏心荷载，暂定将 A_0 值扩大 20% 作为基础底面面积，即

$$A=1.2A_0=1.2\times3.61\ \text{m}^2\approx4.33\ \text{m}^2$$

初步选定基础底面尺寸 $l=2.4$ m，$b=1.8$ m，则有

$$A=lb=2.4\times1.8\ \text{m}^2=4.32\ \text{m}^2$$

选定的基底尺寸面积接近于 4.33 m^2 但比之略小，暂时不再扩大基底尺寸，下面通过验算看是否需要扩大。因 $b=1.8\ \text{m}<3\ \text{m}$，不需对 f'_a 进行修正，即 $f_a=f'_a=249.71$kPa。

(3) 验算持力层地基承载力

基础及其上的回填土重是：

$$G_k=\gamma_G d_m A=20\times1.4\times4.32\ \text{kN}=120.96\ \text{kN}$$

为使承受力矩最有利，取基础长边方向为弯矩作用方向。

竖向荷载总偏心距

$$e=\frac{\sum M}{F_{\mathrm{k}}+G_{\mathrm{k}}}=\frac{100+20\times 0.6}{800+120.96}\ \mathrm{m}\approx 0.12\ \mathrm{m}<\frac{l}{6}=\frac{2.4}{6}\ \mathrm{m}=0.4\ \mathrm{m}$$

可见，作用在基础上的荷载属于小偏心情形，$p_{\mathrm{kmin}}>0$。

基底最大压力为

$$p_{\mathrm{kmax}}=\frac{F_{\mathrm{k}}+G_{\mathrm{k}}}{A}\left(1+\frac{6e}{l}\right)=\frac{800+120.96}{4.32}\times\left(1+\frac{6\times 0.12}{2.4}\right)\ \mathrm{kPa}$$

$$=277.14\ \mathrm{kPa}<1.2f_{\mathrm{a}}=1.2\times 249.71\ \mathrm{kPa}\approx 299.65\ \mathrm{kPa}$$

满足要求。可见选定的基础底面尺寸 $l=2.4\ \mathrm{m}, b=1.8\ \mathrm{m}$ 合适。

2.10 扩展基础设计

当无筋扩展基础不能满足地基承载力和变形要求，或难以施工，或不经济时，可选用扩展基础。**扩展基础**(spread foundation)是指配有钢筋混凝土的柱下独立基础和墙下条形基础。扩展基础的抗拉抗弯性能好，基础可不考虑刚性角的要求，因而基础高度可以减小。扩展基础适用于上部结构荷载较大，承受偏心荷载、水平荷载或弯矩的建筑物基础。

如前所述，在进行无筋扩展基础设计时，根据地基承载力确定基础底面积以及选用基础台阶的宽高比时使用荷载的标准组合。而在扩展基础设计中确定基础高度和配筋时采用荷载的基本组合。

通常情况下，基本组合=1.35×标准组合。

扩展基础的破坏形式有冲切破坏和弯曲破坏。

基础的冲切破坏(punching failure of foundation)是指在基础的弯剪受力区域，正应力和剪应力组合后的主应力出现拉应力，当拉应力大于混凝土的抗拉强度时，扩展基础上的斜裂缝被拉断，此种斜拉破坏被称为冲切破坏，如图 2-29 所示。

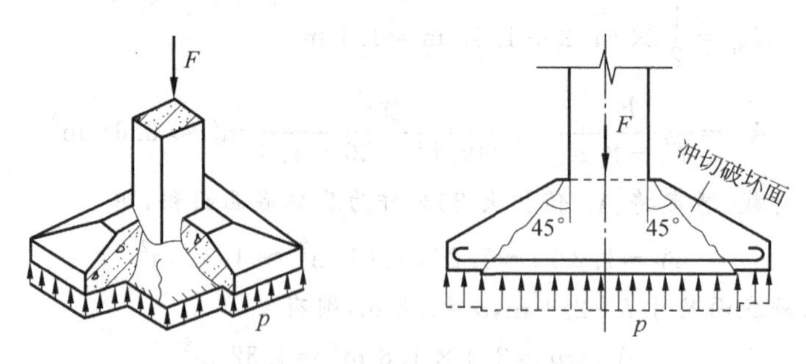

图 2-29 基础冲切破坏

基础冲切破坏的产生条件是基底面积大，基础厚度薄。预防措施是增加扩展基础的高度。

基础的弯曲破坏(bending failure of foundation)是指地基反力在基础底面产生弯矩，使得基础底部受拉，当拉力超过混凝土的抗拉强度时，混凝土内部出现拉裂缝，弯矩过大时将引起钢筋轴向的过度拉伸，基础底板翘曲，甚至钢筋被拉断，这种因地基反力产生的弯矩超过基础截面上钢筋的抗弯强度的破坏称为基础的弯曲破坏，如图 2-30 所示。

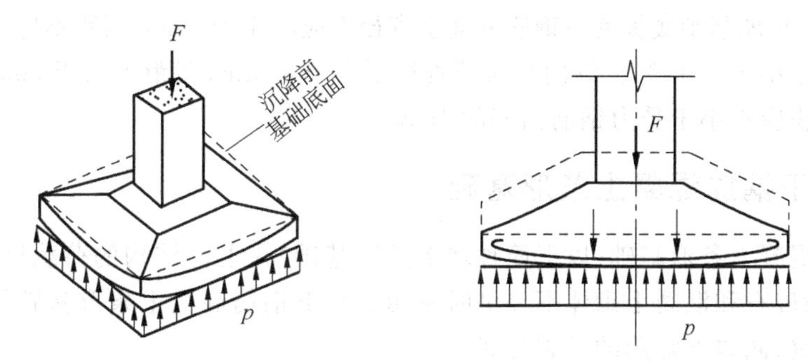

图 2-30　基础的弯曲破坏

F—轴向荷载；p—地基净反力

基础弯曲破坏沿着墙边、柱边或台阶边缘发生，裂缝平行于墙边或柱边。

为防止这种破坏，要求基础各竖直截面上由地基反力产生的弯矩 M 小于或等于该截面的抗弯强度 M_u，设计时据此确定基础的配筋。

扩展基础应进行的计算内容有：

(1) 对柱下独立基础，当冲切破坏锥体落在基础底面以内时，应验算柱与基础交接处以及基础变阶处的受冲切承载力；

(2) 对基础底面短边尺寸小于或等于柱宽加两倍基础有效高度的柱下独立基础，以及墙下条形基础，应验算柱(墙)与基础交接处的基础受剪承载力；

(3) 基础底板的配筋，应按抗弯计算确定；

(4) 当基础的混凝土强度等级小于柱的混凝土强度等级时，尚应验算柱下基础顶面的局部受压承载力。

扩展基础构造的一般要求如下。

(1) 基础的高度。锥形基础的边缘高度一般不小于 200 mm(图 2-31)，但不大于 500 mm；其顶部每边沿柱边放出 50 mm，锥坡≤1∶3。阶梯形基础的每阶高度宜为 300～500 mm。

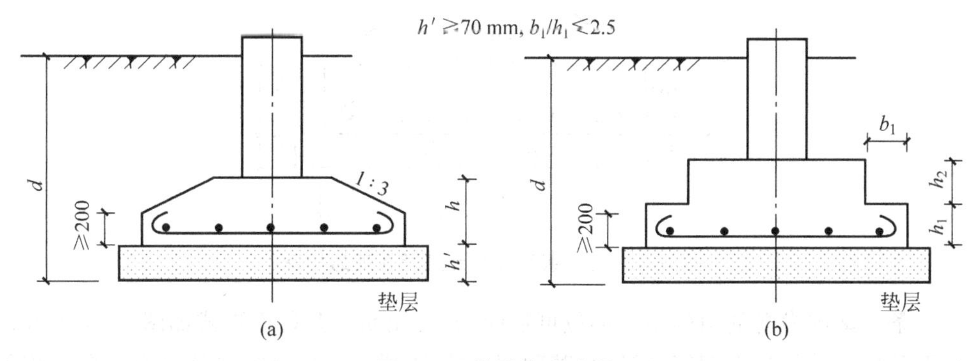

图 2-31　扩展基础形式

(a) 锥形基础；(b) 阶梯形基础

(2) 基底垫层。基础下面通常设有低强度等级素混凝土垫层，垫层厚度不宜小于 70 mm。常做 100 mm 厚的 C10 混凝土垫层，垫层每边应从基础边缘放宽 100 mm。也可以用碎砖三合土、灰土等作垫层。

(3) 基础混凝土强度等级不应低于 C20。要注意工作环境对混凝土强度等级的要求。

(4) 钢筋。扩展基础底板受力钢筋的最小直径不应小于 10 mm,间距不应大于 200 mm,最小配筋率不应小于 0.15%。纵向分布筋直径不小于 8 mm,间距不大于 300 mm,每延米分布钢筋的面积应不小于受力钢筋面积的 15%。

2.10.1 墙下钢筋混凝土条形基础

墙下钢筋混凝土条形基础(以下简称墙下条形基础)在上部结构的荷载比较大,地基土质软弱,用一般砖石和混凝土砌体不经济时采用。墙下钢筋混凝土条形基础是砌体承重结构墙体及挡土墙、涵洞下常用的基础形式。

墙下条形基础截面设计验算的内容主要包括基础底面宽度 b、基础高度 h 及基础底板配筋等。基底宽度根据地基承载力要求确定,基础高度由混凝土的抗剪切条件确定,基础底板的受力钢筋面积由基础验算截面的抗弯能力确定。

在确定基础底面尺寸或计算基础沉降时,应考虑设计地面以下基础及其上覆土重(G_k)的作用,而在进行基础截面设计(基础高度的确定、基础底板配筋)时,应采用不计基础与上覆土重的地基净反力进行计算(不计 G_k)。

2.10.1.1 构造要求

墙下条形基础一般采用锥形或阶梯形截面,其高度 h 应按剪切计算确定。一般要求 $h \geqslant 300$ mm 且 $h \geqslant b/8$(b 为基础宽度)。当 $b < 1500$ mm 时,基础高度可做成等厚度;当 $b \geqslant 1500$ mm 时,可做成变厚度,阶梯形基础的每阶高度宜为 300～500 mm。且板的边缘厚度一般不宜小于 200 mm,坡度 $i \leqslant 1/3$,如图 2-32 所示。基础高度小于 250 mm 时,也可做成等厚度板。

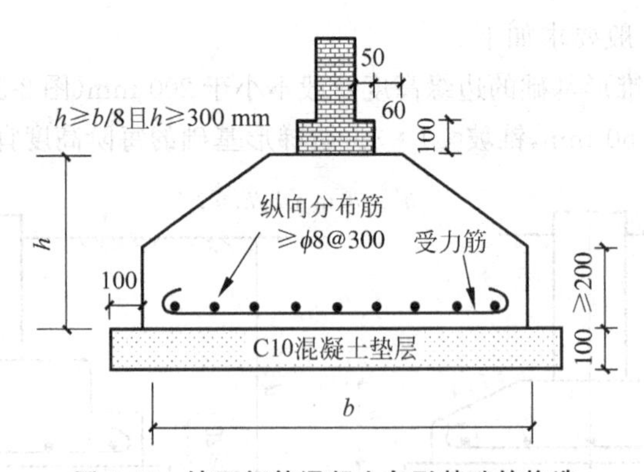

图 2-32 墙下钢筋混凝土条形基础的构造

墙下条形基础横向剖面的中心部位可加肋,亦可无肋。其截面形式如图 2-33 所示。

墙下条形基础的受力钢筋在横向(基础宽度方向)配置,纵向配置分布筋。在不均匀地基上,或沿基础纵向荷载分布不均匀时,为了抵抗不均匀沉降引起的弯矩,在纵向也应配置受力钢筋,做成如图 2-33(b)所示的带纵肋的条形基础,以增加基础的纵向抗弯能力,提高基础刚度,增强基础的整体性。

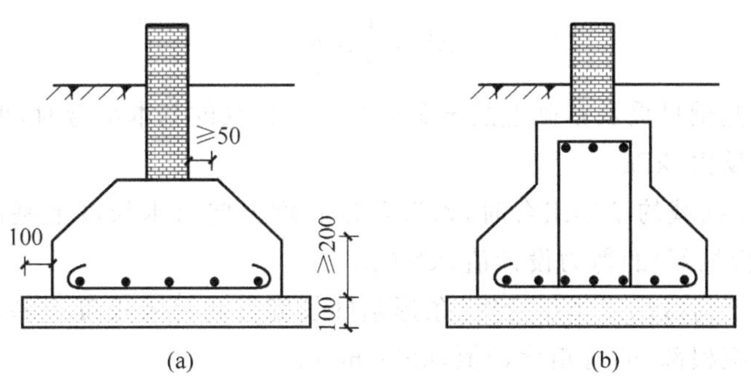

图 2-33 墙下钢筋混凝土条形扩展基础

(a) 无肋；(b) 有肋

当有垫层时，钢筋保护层的厚度不小于 40 mm，无垫层时其厚度不小于 70 mm。混凝土强度等级不应低于 C20，且应满足耐久性要求。

垫层的厚度通常取 100 mm，垫层混凝土强度等级应为 C10，每边伸出基础 50～100 mm。

2.10.1.2 轴心荷载

设计轴心荷载作用下墙下钢筋混凝土条形基础时分为三步计算：参数准备、基础高度(基础底板厚度)计算、基础底板配筋计算。

1. **参数准备**

由基础内力分析求解基础高度和底板配筋时所需的基本参数有：基底净压力 p_j、基础底板根部的剪力 V、基础底板根部的弯矩 M。

轴心荷载作用下，墙下钢筋混凝土条形基础在均布线荷载 F 作用下的受力分析如图 2-34 所示。它的受力情况如同一根受 p_j 作用的倒置悬臂梁。p_j 是指由上部结构设计荷载 F 在基底产生压力后由地基提供的净反力(不包括基础自重和基础台阶上回填土重所引起的反力)。若取沿墙长度方向 $l=1.0$ m 的基础板分析，则有

$$p_j=\frac{F}{A}=\frac{F}{bl}=\frac{F}{b} \tag{2-47}$$

式中，F——相应于荷载的基本组合时上部结构传至基础顶面的竖向力设计值，kN/m；

b——基础宽度，m。

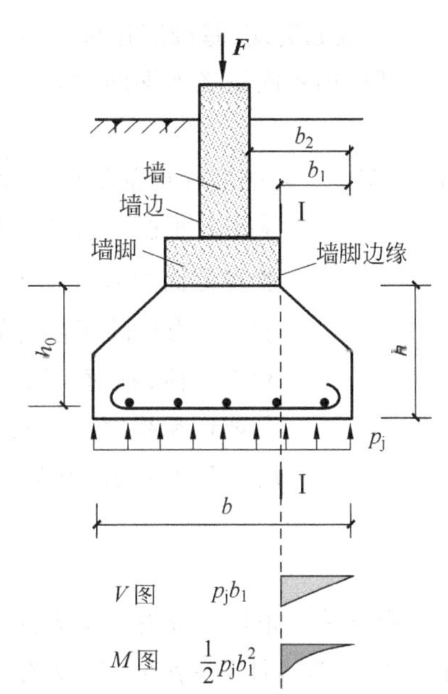

图 2-34 轴心荷载作用下墙下钢筋混凝土条形基础受力分析

在 p_j 作用下，基础底板内将产生弯矩 M 和剪力 V，其值在Ⅰ—Ⅰ断面(基础底板根部)最大。

基础底板根部的最大剪力和弯矩设计值：

$$V=p_jb_1 \tag{2-48}$$

$$M=\frac{1}{2}p_{j}b_{1}^{2} \tag{2-49}$$

式中，p_j——扣除基础自重及基础上的土重后相应于荷载的基本组合时，地基土单位面积上的净反力，kPa。

V——相应于荷载的基本组合时，条形基础长度方向每米长度上基础计算截面处（基础底板根部）的剪力设计值，kN/m。

M——相应于荷载的基本组合时，条形基础长度方向每米长度上基础计算截面处（基础底板根部）的弯矩设计值，kN·m/m。

b_1——计算截面至基础边缘的距离，m。对于砖墙，无论是否有墙脚，式(2-48)、式(2-49)中的 b_1 皆指图 2-34 中的 b_2，即墙边至同侧基础边缘的距离。对于混凝土墙，无墙脚时，式(2-48)、式(2-49)中的 b_1 皆指图 2-34 中的 b_2，即墙边至同侧基础边缘的距离；但混凝土墙有墙脚时，式(2-48)、式(2-49)中的 b_1 指墙脚边缘至同侧基础边缘的距离(图 2-34)。

注：根据《建筑地基基础设计规范》(GB 50007—2011)，如为砖墙且放脚不大于 1/4 砖长时，b_1 为墙脚边缘与基础边缘的距离加 1/4 砖长。但通常砖长为 240 mm，且通常砖墙墙脚的单侧扩大 1/4 砖长(60 mm)，即此时的 b_1 就是 b_2(图 2-34)。故若为砖墙，无论是否放脚，计算截面皆取在墙边，式(2-48)、式(2-49)中的 b_1 值皆指墙边到基础边缘的距离(图 2-34 中的 b_2)。

2. 基础高度(基础底板厚度)计算

基础内不配置受剪钢筋(如箍筋和弯起钢筋)时，基础高度应满足混凝土的抗剪条件：

$$V\leqslant 0.7\beta_{hs}f_{t}A_{0} \tag{2-50}$$

式中：V——基础底板根部的剪力设计值，kN；

f_t——混凝土轴心抗拉强度设计值，MPa；

A_0——验算截面处基础的有效截面面积，m^2，$A_0=lh_0$，其中 l 指条形基础单位长度，h_0 为基础底板有效高度，其值等于基础底板厚度减去混凝土保护层厚度和 1/2 倍钢筋直径；

β_{hs}——受剪切承载力截面高度影响系数，按式(2-51)计算，当 $h_0<800$ mm 时，取 $h_0=800$ mm；当 $h_0\geqslant2000$ mm 时，取 $h_0=2000$ mm。

$$\beta_{hs}=\left(\frac{800}{h_0}\right)^{\frac{1}{4}} \tag{2-51}$$

由于墙下条形基础沿长度方向通常取单位长度 $l=1$ m 计算，基础验算截面为矩形时，$A_0=lh_0=h_0$，且 $V=p_jb_1$，所以式(2-50)可化为如下形式：

$$p_{j}b_{1}\leqslant 0.7\beta_{hs}f_{t}h_{0} \tag{2-52}$$

上式也可以写成

$$h_{0}\geqslant\frac{p_{j}b_{1}}{0.7\beta_{hs}f_{t}} \tag{2-53}$$

当验算截面为阶梯形或锥形时，可将其截面折算成矩形截面，截面的折算宽度和有效高度按《建筑地基基础设计规范》(GB 50007—2011)附录 U 计算。

3. 基础底板配筋计算

基础底板配筋按下式简化计算：

$$A_s = \frac{M}{0.9 f_y h_0} \tag{2-54}$$

式中，A_s——每米基础长度方向上底板受力钢筋截面积，mm^2；

f_y——钢筋抗拉强度设计值，MPa。

【例 2-19】 轴心荷载作用下的墙下条形基础设计

如图 2-34 所示，某住宅楼由砖墙承重，底层墙厚为 370 mm，相应于荷载效应基本组合时，作用于基础顶面上的荷载 $F=175$ kN/m，基础平均埋深 $d=0.6$ m，根据地基承载力特征值确定的条形基础宽度为 2.0 m，试确定此钢筋混凝土条形基础的配筋。

【解答】

分析：钢筋混凝土条形基础设计的主要内容是通过基础底板的抗剪计算确定基础高度，根据底板抗弯计算确定基础底板配筋。

(1) 参数准备

假设基础采用 C15 混凝土，则 $f_t=0.91\ N/mm^2$。

假设基础底板配置 HPB235 级抗弯受力钢筋，则 $f_y=210\ N/mm^2$。

地基净反力

$$p_j = \frac{F}{b} = \frac{175}{2.0}\ kPa = 87.5\ kPa$$

墙边至基础边缘的距离

$$b_1 = \frac{1}{2} \times (2.0 - 0.37)\ m = 0.815\ m$$

取单位(1 m)条形基础长度计算，基础底板根部处（Ⅰ—Ⅰ截面，此时Ⅰ—Ⅰ截面位于墙边处）的最大剪力 V 和弯矩 M 值为

$$V = p_j b_1 = 87.5 \times 0.815\ kN \approx 71.3\ kN$$

$$M = \frac{1}{2} p_j b_1^2 = \frac{1}{2} \times 87.5 \times 0.815^2\ kN \cdot m \approx 29.1\ kN \cdot m$$

(2) 基础高度计算

虽然由式(2-53)看似可以直接求出所需的基础高度，但因 β_{hs} 与基础有效高度 h_0 有关，所以只能先假定一个基础高度值，然后代入式(2-53)验算。

假设基础有效高度 $h_0<800$ mm，则根据 β_{hs} 的取值说明，可取 $\beta_{hs}=1.0$。

根据式(2-53)，求得

$$h_0 \geqslant \frac{V}{0.7\beta_{hs} f_t} = \frac{71.3 \times 10^3}{0.7 \times 1.0 \times 0.91}\ mm \approx 112\ mm$$

根据基础构造要求，取基础高度 $h=300$ mm，混凝土保护层厚度为 40 mm，则 $h_0=(300-40)$ mm$=260$ mm。

(3) 配筋计算

条形基础每米长度上所需配置的受力钢筋面积为

$$A_s = \frac{M}{0.9 h_0 f_y} = \frac{29.1 \times 10^6}{0.9 \times 260 \times 210}\ mm^2 \approx 592\ mm^2$$

受力钢筋沿垂直于条形基础长度的方向(基础宽度方向)配置。

2.10.1.3 偏心荷载

与轴心荷载作用下墙下钢筋混凝土条形基础的设计步骤类似,设计偏心荷载作用下墙下钢筋混凝土条形基础的过程也可分为三步:参数准备、基础高度(基础底板厚度)计算、基础底板配筋计算。

1. 参数准备

由基础内力分析进行基础高度设计和底板配筋计算时,应先求得偏心荷载作用下基础底面净反力的数值,然后求得危险截面处的 M、V 值。

当墙体无墙脚时,无论是砖墙或是混凝土墙,验算截面(Ⅰ—Ⅰ截面)都取在墙边处(图 2-35(a))。当有墙脚时,若为砖墙,则验算截面(Ⅰ—Ⅰ截面)仍取在墙边处(图 2-35(a));但对于有墙脚的混凝土墙,验算截面(Ⅰ—Ⅰ截面)取在墙脚边缘处(图 2-35(b))。

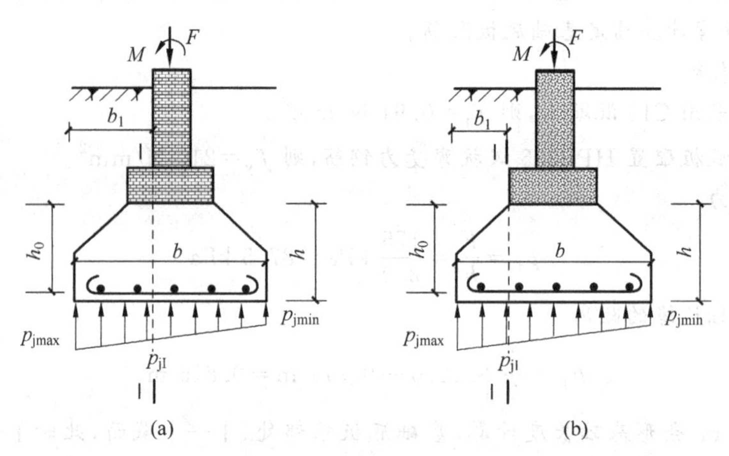

图 2-35 偏心荷载作用下有墙脚的墙下条形基础的验算截面

(a) 砖墙;(b) 混凝土墙

在条形基础长度方向上取 1 m 长度进行分析,在偏心荷载作用下,基础边缘处的最大和最小地基净反力设计值为

$$p_{jmax}=\frac{F}{b}+\frac{6M}{b^2}=\frac{F}{b}\left(1+\frac{6e_0}{b}\right) \tag{2-55}$$

$$p_{jmin}=\frac{F}{b}-\frac{6M}{b^2}=\frac{F}{b}\left(1-\frac{6e_0}{b}\right) \tag{2-56}$$

如图 2-35(a)或(b)所示,计算截面处(Ⅰ—Ⅰ截面)的净反力设计值为

$$p_{jI}=p_{jmin}+\frac{b-b_1}{b}(p_{jmax}-p_{jmin}) \tag{2-57}$$

式中,p_{jI}——计算截面处(Ⅰ—Ⅰ截面)的地基净反力设计值,kPa;

p_{jmax}——基础边缘处最大地基土单位面积净反力,kPa;

p_{jmin}——基础边缘处最小地基土单位面积净反力,kPa;

F——相应于荷载的基本组合时,条形基础长度方向每米长度上由上部结构传至基础顶面的竖向力设计值,kN/m;

b——基础宽度，m；

b_1——验算截面至基础边缘的距离，m；b_1 的取值参见图 2-35 及其下的解释；

M——相应于荷载的基本组合时，条形基础长度方向每米长度上作用于基础底面的力矩设计值，kN·m/m；

e_0——基底净压力的偏心距 e_0（要求 $e_0 \leqslant b/6$），m，按式(2-58)计算

$$e_0 = \frac{M}{F} \tag{2-58}$$

在 p_j 作用下，在基础底板内将产生弯矩 M 和剪力 V，其值在Ⅰ—Ⅰ断面最大。有

$$V = \frac{1}{2}(p_{jmax} + p_{jI})b_1 \tag{2-59}$$

$$M = \frac{1}{6}(2p_{jmax} + p_{jI})b_1^2 \tag{2-60}$$

2．基础高度(基础底板厚度)计算

墙下钢筋混凝土条形基础底板属于不配置箍筋和弯起钢筋的受弯构件，矩形截面的基础应满足混凝土的抗剪切条件，要求

$$h_0 \geqslant \frac{V}{0.7\beta_{hs} f_t} \tag{2-61}$$

上式中的各符号与轴心荷载作用下墙下钢筋混凝土条形基础设计公式(2-53)相同，只是这里的 V 值要用式(2-59)中求得的剪力值代入。

基础高度 h 为有效高度 h_0 加上混凝土保护层厚度。

3．基础底板配筋计算

基础底板配筋按式(2-54)计算，其中的 M 用式(2-60)求得的弯矩值代入。

【例 2-20】 偏心荷载作用下的墙下条形基础设计

如图 2-36 所示，某厂房采用钢筋混凝土条形基础，砖墙厚 240 mm。上部结构传至基础顶部的基本组合为：轴心荷载 $F=350$ kN/m，弯矩 $M=28$ kN·m/m。条形基础底面宽度已由地基承载力条件确定为 2.0 m，试设计此基础的高度并进行底板配筋。

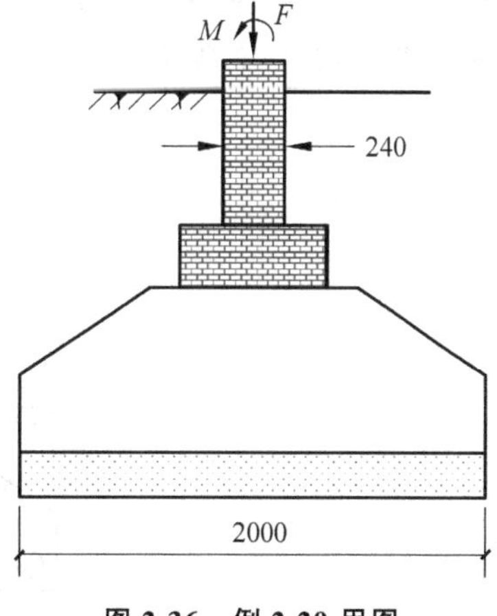

图 2-36　例 2-20 用图

【解答】

(1) 基础选用 C20 强度等级的混凝土，查得 $f_t=1.1$ MPa；底板受力钢筋选用 HRB335 级钢筋，查得 $f_y=300$ MPa。纵向分布钢筋采用 HPB235 级钢筋。

(2) 基础边缘处的最大和最小地基净反力为

$$p_{jmax} = \frac{F}{b} + \frac{6M}{b^2} = \left(\frac{350}{2} + \frac{6 \times 28}{2^2}\right) \text{ kPa} = 217 \text{ kPa}$$

$$p_{jmin} = \frac{F}{b} - \frac{6M}{b^2} = \left(\frac{350}{2} - \frac{6 \times 28}{2^2}\right) \text{ kPa} = 133 \text{ kPa}$$

(3) 验算截面距基础边缘的距离

$$b_1 = \frac{1}{2} \times (2.0 - 0.24) \text{ m} = 0.88 \text{ m}$$

(4) 验算截面的剪力设计值

$$p_{jI}=p_{jmin}+\left(\frac{b-b_1}{b}\right)(p_{jmax}-p_{jmin})$$

$$=\left[133+\left(\frac{2.0-0.88}{2.0}\right)\times(217-133)\right]\ \text{kPa}=180.04\ \text{kPa}$$

取单位(1 m)条形基础长度计算

$$V=\frac{1}{2}(p_{jmax}+p_{jI})b_1=\frac{1}{2}\times(217+180.04)\times0.88\ \text{kN}\approx174.7\ \text{kN}$$

(5) 基础的有效高度

$$h_0\geqslant\frac{V}{0.7\beta_{hs}f_t}=\frac{174.7}{0.7\times1.0\times1.1}\ \text{mm}\approx226.9\ \text{mm}$$

取基础高度 $h=300$ mm，混凝土保护层厚度取 40 mm，则 $h_0=(300-40)$ mm$=$260 mm，基础边缘高度取 200 mm。

(6) 基础验算截面的弯矩设计值

取单位(1 m)条形基础长度计算

$$M=\frac{1}{6}(2p_{jmax}+p_{jI})b_1^2=\frac{1}{6}\times(2\times217+180.04)\times0.88^2\ \text{kN}\cdot\text{m}\approx79.25\ \text{kN}\cdot\text{m}$$

(7) 配筋计算

单位(1 m)条形基础长度上所需配置的受力钢筋面积为

$$A_s=\frac{M}{0.9f_yh_0}=\frac{79.25\times10^6}{0.9\times300\times260}\ \text{mm}^2\approx1130\ \text{mm}^2$$

选用受力钢筋 $\phi16$@170 mm$\left(A_s=\frac{1}{4}\pi d^2\cdot n=\frac{1}{4}\times3.14\times16^2\times\frac{1000}{170}\ \text{mm}^2=1183\ \text{mm}^2\right.$，其中的 d 为受力钢筋直径，n 为条形基础每米长度上配置的受力钢筋的根数$\left.\right)$，沿垂直于砖墙长度的方向(基础宽度方向)配置。在砖墙长度方向上配置 $\phi8$@250 mm 分布钢筋。基础配筋如图 2-37 所示。

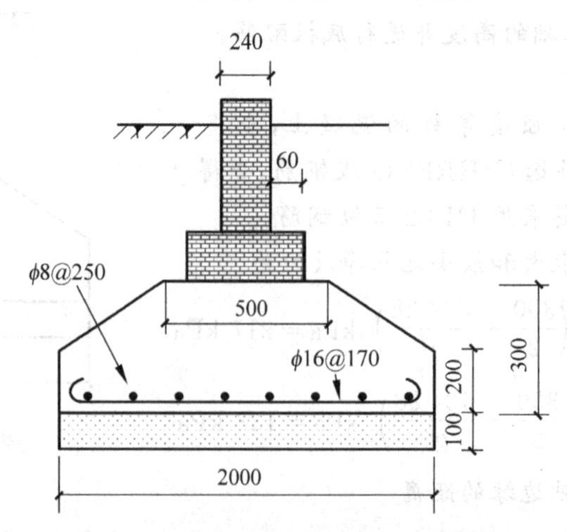

图 2-37 例 2-20 墙下条形基础配筋结果

2.10.2　柱下钢筋混凝土独立基础

在进行柱下独立基础设计时，一般先由地基承载力确定基础底面尺寸，然后再进行基础截面的设计和验算。基础截面设计和验算的主要内容包括基础截面的抗冲切、抗剪切验算，和纵、横方向的抗弯验算，并由此确定基础的高度和底板纵、横方向的配筋量。

2.10.2.1　构造要求

柱下钢筋混凝土单独基础的构造形式有现浇锥形基础、台阶形基础和现场预制杯口基础。通常，轴心受压基础做成方形，偏心受压基础做成矩形。

矩形独立基础底面的长边和短边的比值一般为 1.0～2.0，锥形坡度角一般取 25°，最大不超过 35°。锥形基础的顶部做成平台，每边从柱边缘放出不少于 50 mm 的距离。阶梯形基础的每阶高度一般为 300～500 mm。基础高度 $h \leqslant 500$ mm 时用一级台阶，500 mm$<h \leqslant 900$ mm 时用两级台阶，$h>900$ mm 时用三级台阶。阶梯尺寸宜用整数，一般在水平及垂直方向均用 50 mm 的倍数。

柱下钢筋混凝土单独基础的受力钢筋应双向配置。现浇钢筋混凝土柱的纵向钢筋可通过插筋锚入基础中(图 2-38)。插筋的数量、直径以及钢筋种类应与柱内纵向钢筋相同。插入基础的钢筋，上下至少应由两道箍筋固定。插筋与柱的纵向受力钢筋的连接方法，应按现行《混凝土结构设计规范》(GB 50010—2010)的规定执行。插筋的下端宜做成直钩放在基础底板钢筋网上。

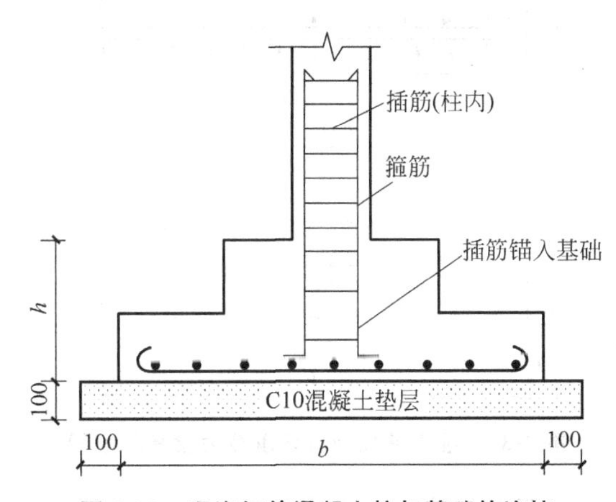

图 2-38　现浇钢筋混凝土柱与基础的连接

l_a—插筋伸入基础的锚固长度；h—基础高度

2.10.2.2　轴心荷载

1. 基础高度

当 $b \leqslant b_c+2h_0$ 时，不需要进行基础抗冲切验算，仅根据基础抗剪切验算确定基础高度；只有当 $b>b_c+2h_0$ 时，才需要通过基础抗冲切验算确定基础高度。其中，b 为基础宽度，b_c 为柱的宽度，h_0 为基础有效高度。

1) $b \leqslant b_c+2h_0$ 时

当基础宽度小于或等于柱宽加两倍基础有效高度(即 $b \leqslant b_c+2h_0$)时，基础底面全部落在45°冲切破坏锥体底边以内，成为刚性基础，无须进行冲切验算。此时基础高度由混凝土的受剪承载力确定，应按式(2-62)验算柱与基础交接处及基础变阶处基础截面的受剪切承载力。

$$V_s \leqslant 0.7\beta_{hs} f_t A_0 \tag{2-62}$$

其中

$$\beta_{hs} = \left(\frac{800}{h_0}\right)^{\frac{1}{4}} \tag{2-63}$$

式中，V_s——柱与基础交接处的剪力设计值，kN，其值等于图2-39中的阴影区$ABCD$的面积乘以基底平均净压力(地基净反力)p_j；

β_{hs}——受剪切承载力截面高度影响系数，当$h_0<800$ mm时，取$h_0=800$ mm；当$h_0>2000$ mm时，取$h_0=2000$ mm；

A_0——验算截面(图2-39中的截面BD)处基础的有效截面面积，m^2，$A_0=bh_{02}+b_1h_{01}$。

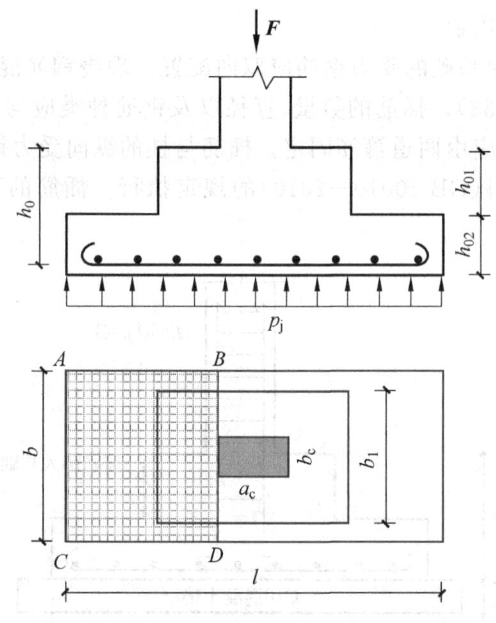

图2-39　独立基础受剪切承载力验算示意图

即当$b\leqslant b_c+2h_0$时，先假定基础有效高度h_0，当通过式(2-62)的验算后，即可得到基础高度，不需要再进行下面的基础抗冲切验算。

2) $b>b_c+2h_0$时

当$b>b_c+2h_0$时，在柱荷载作用下，如果基础高度(或阶梯高度)不足，则将沿柱周边(或阶梯高度变化处)产生冲切破坏，形成45°斜裂面的角锥体(图2-40)。因此，由冲切破坏锥体以外的地基净反力所产生的冲切力应小于冲切面处混凝土的抗冲切能力。矩形基础一般沿柱短边一侧先产生冲切破坏，所以只需根据短边一侧的冲切破坏条件确定基础高度。

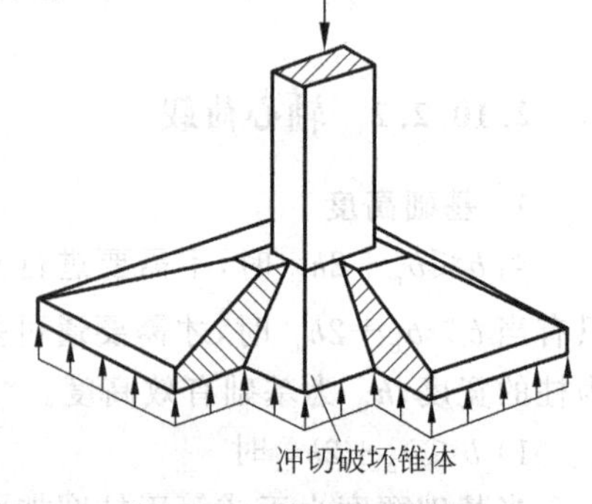

图2-40　基础冲切破坏

柱下独立基础的抗冲切承载力按下式验算：

$$F_l \leqslant [V] \tag{2-64}$$

方程式左侧为地基反力对基础的冲切力，右侧为混凝土抗冲切能力。

若式(2-64)不能满足要求，则需加大基础的高度，直至满足验算为止。

式(2-64)中，F_l——基底冲切破坏锥体以外，地基净反力在破坏锥体上引起的冲切荷载，kN，按式(2-65)计算；

$[V]$——冲切破坏锥体斜截面上混凝土的抗冲切能力，按式(2-68)计算。

相应于荷载效应基本组合时，基底冲切破坏锥体以外，地基净反力在破坏锥体上引起的冲切荷载为

$$F_l = p_j A_l \tag{2-65}$$

式中，p_j——扣除基础自重及其上土重后相应于荷载的基本组合时的地基净反力设计值，kPa，轴心荷载作用时，按式(2-66)计算；

A_l——作用在基底上的冲切力验算时取用的部分基底面积，m^2，按式(2-67)计算。

若基础为矩形，当承受轴心荷载作用时，有

$$p_j = \frac{F}{bl} \tag{2-66}$$

式中，F——相应于荷载的基本组合时上部结构传至基础顶面的竖向力设计值，kN；

b——独立基础的短边边长，m；

l——独立基础的长边边长，m。

中心受压基础的基底冲切面积为图2-41所示的阴影面积，其值为

$$A_l = lb - (a_c + 2h_0)(b_c + 2h_0) \tag{2-67}$$

式中，h_0——基础冲切破坏锥体的有效高度，等于基础高度h减去混凝土保护层的厚度，m；

a_c——柱截面长边边长，m；

b_c——柱截面短边边长，m。

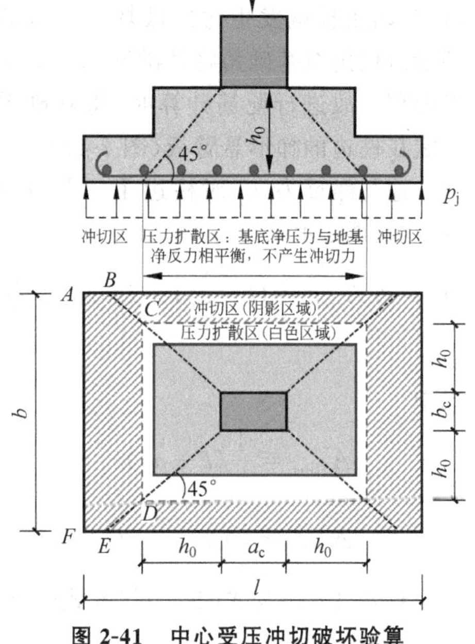

图2-41　中心受压冲切破坏验算

冲切破坏锥体斜截面上混凝土的抗冲切能力$[V]$按下式计算：

$$[V] = 0.7\beta_{hp} f_t b_m h_0 \tag{2-68}$$

式中，β_{hp}——受冲切承载力截面高度(h)影响系数，$h \leqslant 800$ mm时，取$\beta_{hp}=1.0$；当$h \geqslant 2000$ mm时，取$\beta_{hp}=0.9$；当800 mm$<h<$2000 mm时，β_{hp}按线性内插法取值；

f_t——混凝土轴心抗拉强度设计值，kPa；

h_0——基础冲切破坏锥体的有效高度，m；

b_m——轴心荷载作用时，冲切锥体破坏面上下边周长的平均值，按式(2-69)计算。

锥体顶部周长：$2(a_c+b_c)$。

锥体底部周长：$2(a_c+2h_0)+2(b_c+2h_0)$。

$$b_m = 2(a_c + b_c + 2h_0) \tag{2-69}$$

提示：基础中心受压柱下钢筋混凝土独立基础抗冲切验算步骤总结如下。

(1) 在已知基底尺寸的基础上，假设基础高度 h，并假设混凝土保护层厚度，得到 h_0。

(2) 当 $b \leqslant b_c + 2h_0$ 时，通过式(2-62)和式(2-63)求出基础高度，不必进行下面的计算。

(3) 当 $b > b_c + 2h_0$ 时，跳过第(2)步，继续下面的计算得到基础高度。

(4) 求 p_j，用式(2-66)计算。

(5) 求 A_l，用式(2-67)计算。

(6) 求 F_l，用式(2-65)计算。

(7) 求 b_m，用式(2-69)计算。

(8) 求$[V]$，用式(2-68)计算。

(9) 用式(2-64)验算。验算通过时，假定的 h_0 就是所求值；否则，增大 h_0，重复上述步骤。

2. **底板配筋**

在地基净反力作用下，基础沿柱的周边向上弯曲。一般矩形基础的长宽比小于 2，故为双向受弯。当弯曲应力超过基础的抗弯强度时，基础底板就发生弯曲破坏。其破坏特征是裂缝沿柱角至基础角将基础底面分裂成四块梯形面积。故进行配筋计算时，将基础看成四块固定在柱边的梯形悬臂板(图 2-42)。

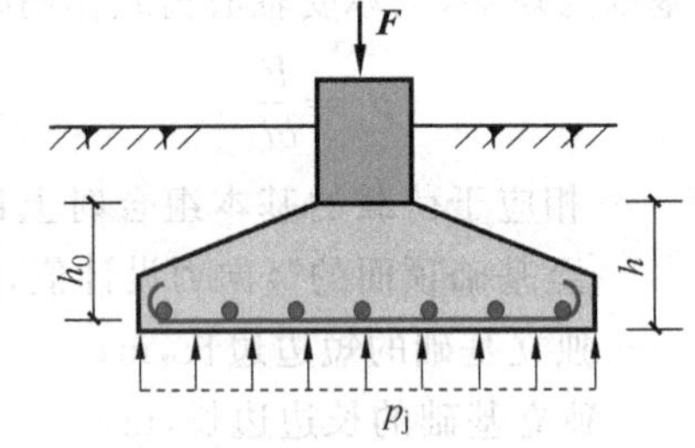

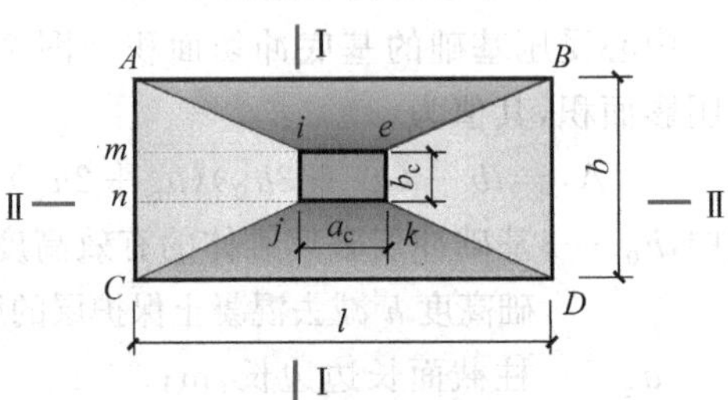

图 2-42 中心受压单独锥形基础底板配筋计算

地基净反力 p_j 对柱边 Ⅰ—Ⅰ 截面产生的弯矩为(图 2-42)

$$M_{\mathrm{I}} = p_j A_{ijnm} \frac{1}{4}(l - a_c) + 2p_j A_{Aim} \frac{1}{3}(l - a_c) \tag{2-70}$$

式中

$$A_{ijnm} = \frac{1}{2}(l - a_c) b_c \tag{2-71}$$

$$A_{Aim} = \frac{1}{8}(b - b_c)(l - a_c) \tag{2-72}$$

将式(2-71)及式(2-72)代入式(2-70)，化简后，得到柱边 Ⅰ—Ⅰ 截面的弯矩为

$$M_{\mathrm{I}} = \frac{1}{24} p_j (l - a_c)^2 (2b + b_c) \tag{2-73}$$

平行于 l 方向(垂直于 Ⅰ—Ⅰ 截面)的受力筋面积可按下式计算：

$$A_{s\mathrm{I}} = \frac{M_{\mathrm{I}}}{0.9 f_y h_0} \tag{2-74}$$

同理，可求得作用在基底面积 A_{jkDC} 上的地基净反力在柱边 Ⅱ—Ⅱ 截面的弯矩为

$$M_{\mathrm{II}} = \frac{1}{24} p_j (b - b_c)^2 (2l + a_c) \tag{2-75}$$

平行于 b 方向(垂直于 Ⅱ—Ⅱ 截面)的受力筋面积可按下式计算：

$$A_{s\mathrm{II}} = \frac{M_{\mathrm{II}}}{0.9 f_y h_0} \tag{2-76}$$

经过上述抗冲切、抗弯验算后，若基础的混凝土强度等级小于柱的混凝土强度等级，还需要验算柱下基础顶面的局部受压承载力。

2.10.2.3　偏心荷载

1. 基础高度

当 $b \leqslant b_c + 2h_0$ 时，先假定基础有效高度 h_0，当通过式(2-62)的验算后，即可得到基础高度，不需要再进行下面的基础抗冲切验算。

只有当 $b > b_c + 2h_0$ 时，才需要进行下面的基础抗冲切验算。

柱下独立基础的抗冲切承载力验算仍按式(2-64)即 $F_l \leqslant [V]$ 计算。

偏心荷载作用下，冲切破坏力按冲切破坏锥体最不利一侧计算，如图 2-43 所示。保守计算时，取

$$F_l = p_{\mathrm{jmax}} A_l \tag{2-77}$$

式中，p_{jmax}——扣除基础自重及其上土重后，相应于荷载的基本组合时，偏心受压基础边缘处最大地基土单位面积净反力，kPa；

A_l——作用在基底上的冲切力验算时取用的部分基底面积，m^2，按式(2-80)计算。

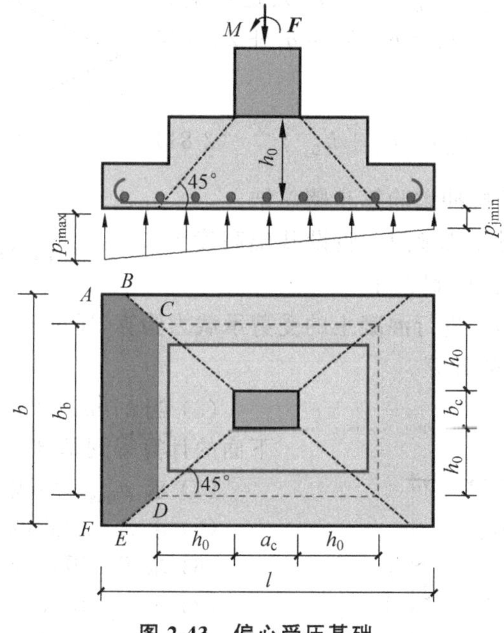

图 2-43　偏心受压基础

如果只在矩形基础长边方向产生偏心，如图 2-43 所示，则当荷载偏心距 $e \leqslant l/6$ 时，基底净压力设计值的最大值和最小值为

$$p_{\mathrm{jmax}} = \frac{F}{lb} + \frac{6M}{bl^2} = \frac{F}{lb}\left(1 + \frac{6e_0}{l}\right) \tag{2-78}$$

$$p_{\mathrm{jmin}} = \frac{F}{lb} - \frac{6M}{bl^2} = \frac{F}{lb}\left(1 - \frac{6e_0}{l}\right) \tag{2-79}$$

式中，p_{jmax}——相应于荷载的基本组合时，偏心受压基础边缘处最大地基土单位面积净反

力，kPa；

p_{jmin}——相应于荷载的基本组合时，偏心受压基础边缘处最小地基土单位面积净反力，kPa；

F——相应于荷载的基本组合时，上部结构传至基础顶面的竖向力设计值，kN；

b——基础宽度，m；

l——基础长度，m；

M——相应于荷载的基本组合时，作用于基础底面的力矩设计值，kN·m；

e_0——荷载的净偏心距，m，$e_0=M/F$。

偏心受压基础的基底冲切面积为图 2-43 所示的阴影面积(S_{ABCDEF})，其值为

$$A_l=\left(\frac{l}{2}-\frac{a_c}{2}-h_0\right)b-\left(\frac{b}{2}-\frac{b_c}{2}-h_0\right)^2 \tag{2-80}$$

式中，h_0——基础冲切破坏锥体的有效高度，等于基础高度 h 减去混凝土保护层的厚度，m；

a_c——柱截面长边边长，m；

b_c——柱截面短边边长，m。

冲切破坏锥体斜截面上混凝土的抗冲切能力[V]仍按式(2-68)[V]$=0.7\beta_{hp}f_tb_mh_0$ 计算，只是在偏心受压的冲切锥体破坏面上，$b_t=b_c$，$b_b=b_c+2h_0$，如图 2-44 所示。所以

$$b_m=\frac{1}{2}(b_t+b_b)=b_c+h_0 \tag{2-81}$$

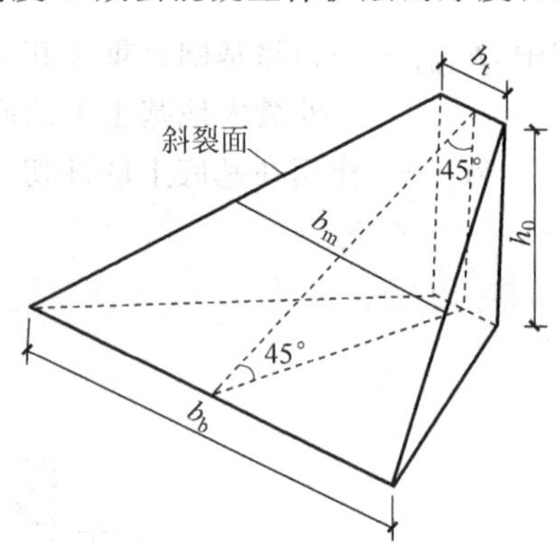

图 2-44　冲切斜裂面边长

提示：偏心受压基础抗冲切验算步骤总结。

(1) 在已知基底尺寸的基础上，假设基础高度 h，并假设混凝土保护层厚度，得到 h_0；

(2) 当 $b\leqslant b_c+2h_0$ 时，进行混凝土的受剪承载力验算，通过式(2-62)和式(2-63)来求出基础高度，不再进行下面的计算。

(3) 当 $b>b_c+2h_0$ 时，跳过第(2)步，继续下面的计算得到基础高度。

(4) 求 p_{jmax}，用式(2-78)计算。

(5) 求 A_l，用式(2-80)计算。

(6) 求 F_l，用式(2-77)计算。

(7) 求 b_m，用式(2-81)计算。

(8) 求[V]，用式(2-68)计算。

(9) 用式(2-64)验算。验算通过时，假定的 h_0 就是所求值；否则，增大 h_0，重复上述步骤。

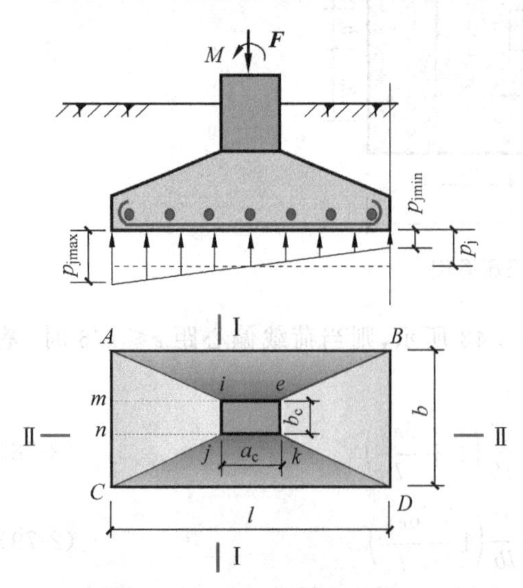

图 2-45　偏心荷载作用下基础弯矩计算

2. 底板配筋

如图 2-45 所示，对于偏心受压基础，地基净反力在柱边Ⅰ—Ⅰ截面产生的弯矩 M_{I} 为

$$M_{\mathrm{I}}=\frac{1}{48}(l-a_c)^2[(p_{jmax}+p_{j\mathrm{I}})(2b+b_c)+(p_{jmax}-p_{j\mathrm{I}})b] \tag{2-82}$$

式中，p_j——地基净反力(基底平均净压力)，kPa；

$p_{j\text{I}}$——截面Ⅰ—Ⅰ处的地基净反力设计值，按下式计算：

$$p_{j\text{I}} = p_{j\min} + \left(\frac{l + a_c}{2l}\right)(p_{j\max} - p_{j\min}) \tag{2-83}$$

为承受Ⅰ—Ⅰ截面的弯矩 M_I，在基础底板上沿长边方向需要配置的受力钢筋面积为

$$A_{s1} = \frac{M_\text{I}}{0.9 f_y h_0}$$

式中，A_{s1}——基础底板沿长度方向所需的受力钢筋的面积，m^2；

M_I——地基反力在柱边缘Ⅰ—Ⅰ截面引起的弯矩，kN·m；

f_y——钢筋抗拉强度设计值，kN/m^2；

h_0——基础有效高度，m。

地基净反力在柱边Ⅱ—Ⅱ截面产生的弯矩 M_II 为

$$M_\text{II} = \frac{1}{24} p_j (b - b_c)^2 (2l + a_c)$$

可见，如果只在矩形基础长边方向产生偏心，则得到的Ⅱ—Ⅱ截面的弯矩计算公式和基础中心受压时的结果是一样的。

为承受Ⅱ—Ⅱ截面的弯矩 M_II，在基础底板上沿短边方向需要配置的受力钢筋面积为

$$A_{s2} = \frac{M_\text{II}}{0.9 f_y h_0}$$

式中，A_{s2}——基础底板沿宽度方向所需的受力钢筋面积，m^2；

M_II——地基反力在柱边缘Ⅱ—Ⅱ截面引起的弯矩，kN·m。

提示：基础底板配筋计算步骤总结。

(1) 确定基础尺寸参数及钢筋屈服强度，包括 l、b、a_c、b_c、h_0、f_y。

(2) 求基底净压力。若基础中心受压，则按式(2-66)求 p_j；若基础偏心受压，则按式(2-78)和式(2-79)求出 $p_{j\max}$ 和 $p_{j\min}$，再按式(2-83)求出 $p_{j\text{I}}$。

(3) 求 M_I。若基础中心受压，则按式(2-73)求解；若为偏心受压，则按式(2-82)求解。

(4) 求 A_{s1}。按式(2-74)求出基础长度方向的配筋。

(5) 求 M_II。无论轴心荷载或是偏心荷载，都是一样的，按式(2-75)求解。

(6) 求 A_{s2}。按式(2-76)求出基础宽度方向的配筋。

【例 2-21】 柱下独立基础设计

某厂房柱断面为 600 mm×400 mm。基础埋置深度 1.8 m，基础高度为 0.6 m，根据地基承载力特征值确定的基础底面尺寸为 2.4 m×1.6 m，传至基础顶面竖向荷载基本组合值 F=780 kN，弯矩基本组合值 M=120 kN·m。试设计此柱下独立基础。

【解答】

分析：柱下独立基础的设计内容主要包括两项：通过基础的抗剪切或抗冲切验算确定基础的高度，通过地基反力的弯矩计算得到基础底板配筋。

(1) 求基础高度

此部分通常根据基础斜截面上混凝土的抗冲切验算求出基础高度，参见图 2-43。

① 根据假设，确定 h_0

已知 $a_c=0.6\ \text{m}$，$b_c=0.4\ \text{m}$，$l=2.4\ \text{m}$，$b=1.6\ \text{m}$，$h=0.6\ \text{m}$。

假设混凝土保护层厚度取为 80 mm，则 $h_0=(0.6-0.08)\ \text{m}=0.52\ \text{m}$。

假设基础选用 C20 混凝土，则有 $f_t=1.10\ \text{N/mm}^2$。

假设基础底板配置 HPB235 级钢筋，则有 $f_y=210\ \text{N/mm}^2$。

② 确定计算基础高度的方法

若满足 $b \leqslant b_c+2h_0$ 的条件，则按单独基础剪切破坏验算确定基础高度，否则按单独基础冲切破坏确定基础高度。

因为 $b=1.6\ \text{m}>b_c+2h_0=(0.4+2\times 0.52)\ \text{m}=1.44\ \text{m}$，可见需按单独基础冲切破坏确定基础高度。

③ 求 p_j

由于是偏心受压基础，故按式(2-78)计算：

$$p_{\text{jmax}}=\frac{F}{lb}+\frac{6M}{bl^2}=\left(\frac{780}{2.4\times 1.6}+\frac{6\times 120}{1.6\times 2.4^2}\right)\ \text{kPa}\approx(203.1+78.1)\ \text{kPa}=281.2\ \text{kPa}$$

④ 求 A_l

偏心受压时按式(2-80)计算：

$$A_l=\left(\frac{l}{2}-\frac{a_c}{2}-h_0\right)b-\left(\frac{b}{2}-\frac{b_c}{2}-h_0\right)^2$$

$$=\left[\left(\frac{2.4}{2}-\frac{0.6}{2}-0.52\right)\times 1.6-\left(\frac{1.6}{2}-\frac{0.4}{2}-0.52\right)^2\right]\ \text{m}^2=0.602\ \text{m}^2$$

⑤ 求 F_l

由式(2-77)，得

$$F_l=p_{\text{jmax}}A_l=281.2\times 0.602\ \text{kN}\approx 169.28\ \text{kN}$$

⑥ 求 b_m

基础偏心受压时按式(2-81)求得

$$b_m=b_c+h_0=(0.4+0.52)\ \text{m}=0.92\ \text{m}$$

⑦ 求[V]

由式(2-68)得混凝土斜截面的抗冲切能力

$$[V]=0.7\beta_{hp}f_tb_mh_0=0.7\times 1.0\times(1.1\times 10^3)\times 0.92\times 0.52\ \text{kN}\approx 368.4\ \text{kN}$$

⑧ 基础厚度抗冲切验算

因 $F_l=169.28\ \text{kN}<[V]=368.4\ \text{kN}$，故满足式(2-64)基础厚度抗冲切验算的要求。

(2) 基础底板配筋计算

此部分的计算参见图 2-45。

① 确定基础尺寸参数及钢筋屈服强度

l、b、a_c、b_c、h_0、f_y 等参数已知。

② 求基底净压力

由于是偏心受压基础，且已求得 $p_{\text{jmax}}=281.2\ \text{kPa}$，故有

$$p_{\mathrm{jmin}}=\frac{F}{lb}-\frac{6M}{bl^2}=\left(\frac{780}{2.4\times1.6}-\frac{6\times120}{1.6\times2.4^2}\right)\ \mathrm{kPa}\approx(203.1-78.1)\ \mathrm{kPa}=125\ \mathrm{kPa}$$

$$p_{\mathrm{jI}}=p_{\mathrm{jmin}}+\left(\frac{l+a_{\mathrm{c}}}{2l}\right)(p_{\mathrm{jmax}}-p_{\mathrm{jmin}})$$

$$=\left[125+\left(\frac{2.4+0.6}{2\times2.4}\right)\times(281.2-125)\right]\ \mathrm{kPa}=222.625\ \mathrm{kPa}$$

③ 求 M_{I}

因为基础偏心受压，故按式(2-82)计算：

$$M_{\mathrm{I}}=\frac{1}{48}(l-a_{\mathrm{c}})^2[(p_{\mathrm{jmax}}+p_{\mathrm{jI}})(2b+b_{\mathrm{c}})+(p_{\mathrm{jmax}}-p_{\mathrm{jI}})b]$$

$$=\frac{1}{48}\times(2.4-0.6)^2\times[(281.2+222.625)\times(2\times1.6+0.4)+(281.2-222.625)\times1.6]\ \mathrm{kN\cdot m}$$

$$\approx0.0675\times(1813.77+93.72)\ \mathrm{kN\cdot m}\approx128.76\ \mathrm{kN\cdot m}$$

④ 求 A_{s1}

按式(2-74)求得基础长度方向的配筋面积为

$$A_{\mathrm{s1}}=\frac{M_{\mathrm{I}}}{0.9f_{\mathrm{y}}h_0}=\frac{128.76\times10^6}{0.9\times210\times520}\ \mathrm{mm^2}\approx1310.13\ \mathrm{mm^2}$$

⑤ 求 M_{II}

$$p_{\mathrm{j}}=\frac{F}{lb}=\frac{780}{2.4\times1.6}\ \mathrm{kPa}\approx203.1\ \mathrm{kPa}$$

按式(2-75)求解

$$M_{\mathrm{II}}=\frac{1}{24}p_{\mathrm{j}}(b-b_{\mathrm{c}})^2(2l+a_{\mathrm{c}})$$

$$=\frac{1}{24}\times203.1\times(1.6-0.4)^2\times(2\times2.4+0.6)\ \mathrm{kN\cdot m}\approx65.8\ \mathrm{kN\cdot m}$$

⑥ 求 A_{s2}

按式(2-76)求得基础宽度方向的配筋面积为

$$A_{\mathrm{s2}}=\frac{M_{\mathrm{II}}}{0.9f_{\mathrm{y}}h_0}=\frac{65.8\times10^6}{0.9\times210\times520}\ \mathrm{mm^2}\approx669.5\ \mathrm{mm^2}$$

关于钢筋的间距选择、根数计算及布置图从略。

2.11　连续基础

2.11.1　概述

柱下条形基础、十字交叉基础、筏形基础和箱形基础统称为连续基础。连续基础具有如下特点：

(1) 具有较大的基础底面积,因此能承担较大的建筑物荷载,易于满足地基承载力的要求;

(2) 由于连续基础的连续性,可以大大加强建筑物的整体刚度,有利于减小不均匀沉降及提高建筑物的抗震性能;

(3) 对于箱形基础和设置了地下室的筏形基础,可以有效地提高地基承载力,并能以挖去的土重补偿建筑物的部分或全部重量。

连续基础一般可看成地基上的受弯构件(梁或板)。它们的挠曲特征、地基反力和截面内力分布都与地基、基础以及上部结构的相对刚度特征有关。因此,应该从三者相互作用的观点出发,采用适当的方法进行地基上梁或板的分析与设计。在相互作用分析中,地基模型的选择是最为重要的。本节将重点介绍弹性地基模型及地基上梁的分析方法,然后分类阐述连续基础的构造要求和简化计算方法。

2.11.2 上部结构、基础与地基的共同作用

上部结构、基础和地基的共同作用(interaction among superstructure, foundation and subgrade)是将上部结构、基础及地基在传递荷载的过程中看成是共同受力、协调变形、彼此制约的一个整体受力体系的处理方法。

目前针对上部结构、基础和地基三者之间关系的处理方法有:不考虑共同作用、考虑基础与地基共同作用、考虑三者共同作用。

1. 不考虑共同作用

对于刚性基础与扩展基础,因建筑物较小、结构简单,设计时将上部结构、基础和地基独立分开,忽略刚度影响,按彼此独立的三个结构单元,利用结构力学知识分别进行静力平衡计算。此类方法有:静定分析法、倒梁法、倒楼盖法。这种处理方法适合刚度大、变形小、挠曲小的基础。

以图 2-46 中柱下条形基础上的框架结构设计为例,常规不考虑共同作用的设计流程为:上部结构设计时,先将框架柱底端看成固定支座,将框架分离出来,用结构力学求出柱底反力和结构内力(图 2-46(b))。基础设计时,将柱脚支座反力作为外部荷载作用于基础上,并按直线分布假设施加地基反力,用结构力学或材料力学求基础内力(图 2-46(c))。地基计算时,不考虑基础刚度,直接将基底压力作用于地基表面,计算地基变形(图 2-46(d))。

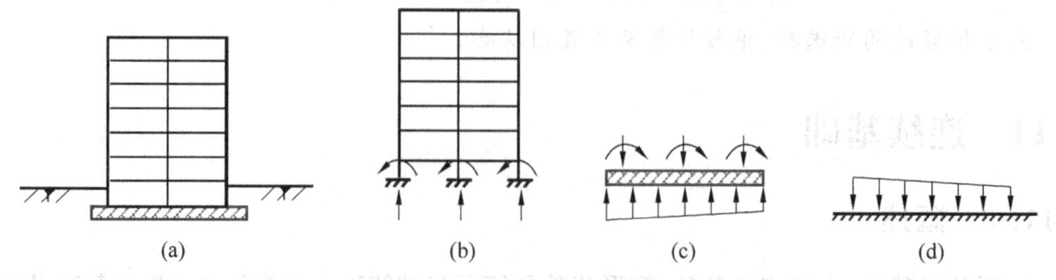

图 2-46 常规设计法(不考虑共同作用法)计算简图

(a) 整体受力;(b) 上部结构;(c) 基础;(d) 地基

2．基础、地基共同作用

考虑基础与地基间共同作用时，在基础与地基间不但要满足静力平衡条件，还要满足处处变形协调条件。与不考虑共同作用的方法相比，其最大的不同是能得到较为真实的基底压力分布形式，基底压力和地基反力都不再假设为线性分布，从而使求得的基础内力和地基变形更加准确，如图 2-47 所示。

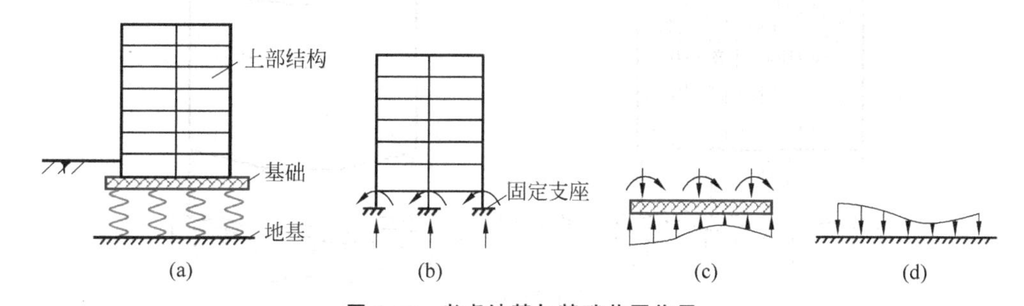

图 2-47　考虑地基与基础共同作用

(a) 整体受力；(b) 上部结构；(c) 基础；(d) 地基

考虑基础与地基间共同作用的方法适用于分析十字交叉基础、筏板基础、箱形基础等。此类方法有文克尔法、弹性半空间体法、有限压缩层法。

3．上部结构、基础、地基共同作用

如果地基土的压缩性很低，基础的不均匀沉降很小，则考虑地基、基础、上部结构三者相互作用的意义就不大。反之，若地基的压缩性大，基础的不均匀沉降大，则考虑地基、基础、上部结构三者相互作用对于精确分析三者界面处的力的分布就很关键，对于精确计算基础各点处的沉降，以及精确计算基础和上部结构的内力分布就非常重要。目前考虑三者共同作用的分析多在数值模拟软件中完成。

考虑地基、基础与上部结构共同作用时，将三者看成一个整体，在传递荷载的过程中共同受力、协调变形与相互制约，三者之间不但要满足静力平衡条件，还应满足衔接位置的变形协调条件。因而，这是一种合理的建筑结构设计方法。分析时一般先假定一种地基模型，建立基底压力与地基沉降的关系，再通过三者衔接位置的静力平衡条件和变形协调条件，建立力或位移的方程式求出未知量。

以屋架-柱-基础为承重体系的木结构和排架结构是典型的柔性结构。由于屋架铰接于柱顶，这类结构对基础的不均匀沉降有很大的顺从性，故基础间的沉降差不会在主体结构中引起多少附加应力。

砖石砌体承重结构和钢筋混凝土框架结构属敏感性结构，对基础间的沉降差较敏感，很小的沉降差异就足以引起可观的附加应力，因此，若结构本身的强度储备不足，就很容易发生开裂现象。

地基压缩性较大，基础为刚度较小的条形或筏形基础时，若上部结构是刚性体，则当地基变形时，由于上部结构不发生弯曲，各柱只能均匀下沉，基础没有总体弯曲变形，仅在支座间发生局部弯曲，如图 2-48(a)所示。

地基压缩性较大，基础为刚度较小的条形或筏形基础时，若上部结构为柔性结构，基础也是刚度较小的条形或筏形基础，这时上部结构对基础的变形没有或仅有很小的约束作用。基础不仅要随结构的变形而产生整体弯曲，同时跨间还受地基反力和柱支座的约束而产生局部弯曲，基础的变形和内力将是两者叠加的结果，如图 2-48(b)所示。

基础的局部弯曲(local bending of foundation)是指基础受跨间地基反力作用和柱支座的约束而产生的弯曲。

基础的整体弯曲(overall bending of foundation)是指基础随上部结构的变形而产生的弯曲。

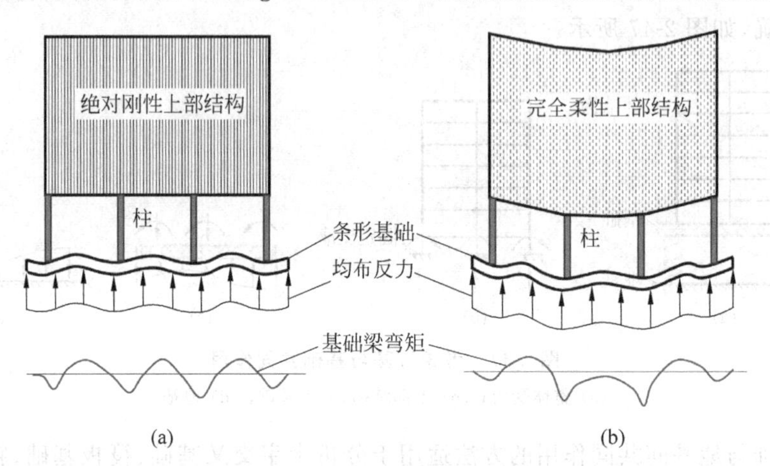

图 2-48 上部结构的刚度对基础变形的影响

(a) 结构绝对刚性；(b) 结构完全柔性

从基础梁弯矩图中可以看出，上部结构刚度起着调整地基变形、减少不均匀沉降的作用。随着上部结构的刚度增大，基础的挠曲和内力将减小。

一般来说，基础的相对刚度越大，沉降就越均匀，但基础的内力将相应增大，故当地基局部软硬变化较大时，可以考虑采用整体刚度较大的连续基础。

2.11.3 地基模型

考虑上部结构、基础、地基共同作用时，关键是求解考虑共同作用后的地基反力分布。但这是一个很复杂的问题，直至目前，尚没有一种完善的方法针对各类地基条件给出满意的解答。目前的解决办法是，针对不同的基础形式，尽可能地选择能正确反映地基反力分布形态的地基模型。这些地基模型对于梁板式基础的设计尤为关键。

地基模型是描述土体受到外力作用后，土体内部产生的应力和应变关系的数学表达式。

在工程设计中，通常采用较为简单的线弹性地基模型，主要有文克尔地基模型、弹性半无限空间地基模型和有限压缩层地基模型等。

2.11.3.1 文克尔地基模型

文克尔地基模型(Winkler's subgrade model)是由 Winkler 于 1867 年提出的一种基础下地基反力分布的模型，该模型假定地表处任一点的变形 s_i 与该点所承受的压强 p_i 成正比，而与其他点上的压力无关。可表示为

$$p_i = ks_i \tag{2-84}$$

式中，p_i——地基表面某一点的压强，kPa；

k——地基抗力系数，也称为基床系数，kN/m^3，可通过静荷载试验或压缩试验确定；

s_i——地基表面某一点的变形，m。

根据这一假设，地基表面某点的沉降与其他点的压力无关，故可把地基土体划分成一系列侧面无摩擦的竖直的土柱，如图 2-49 所示，每条土柱可用一根独立的弹簧来模拟(图 2-49(a))。如果在这种弹簧体系上施加荷载，则每根弹簧所受的压力与该弹簧的变形成正比。这种模型的地基反力图形与基础底面的竖向位移形状是相似的(图 2-49(b))。如果基础刚度非常大，受力后基础底面仍保持为平面，则地基反力图按直线规律变化(图 2-49(c))。

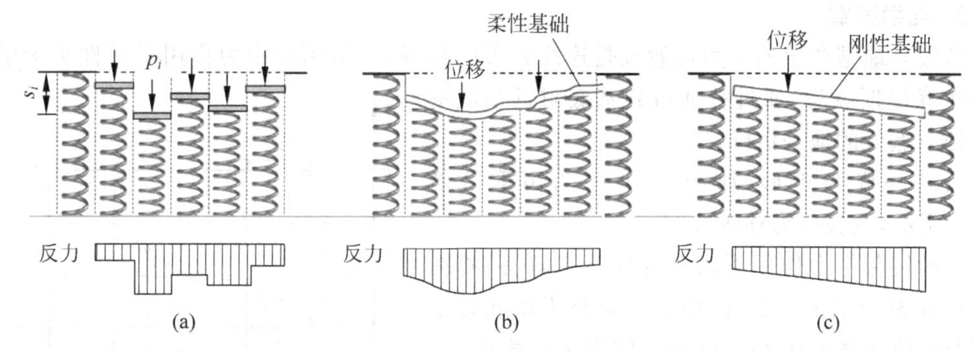

图 2-49　文克尔地基模型

(a) 侧面无摩阻力的土柱弹簧体系；(b) 柔性基础下的弹簧地基体系；(c) 刚性基础下的弹簧地基体系

图 2-49 所示的弹簧体系中每根弹簧与相邻弹簧的压力和变形毫无关系。这样，由弹簧所代表的土柱在产生竖向变形的时候，与相邻土柱之间没有摩阻力，也即地基中只有正应力而没有剪应力。因此，地基变形只限于基础底面范围之内。

实际上，地基是宽广连续介质，土柱之间存在着剪应力。正是由于剪应力的存在，才使基底压力在地基中产生应力扩散，并使基底以外的地表发生沉降。事实表明，地基中任一点的变形量均与其上部荷载及周边荷载有关。

尽管如此，文克尔地基模型由于参数少、简单易用的原因而仍在广泛应用。在下述情况下，可以考虑采用文克尔地基模型：①地基主要受力层为软土时；②厚度不超过基础底面宽度一半的薄压缩层地基；③基底下塑性区较大时；④支承在桩上的连续基础，可以用弹簧体系来代替群桩时。

2.11.3.2　弹性半无限空间地基模型

弹性半无限空间地基模型(elastic semi-infinite space foundation model)将地基视为均质、连续、各向同性的半无限空间弹性体，描述在荷载作用下地基表面沉降问题。

1. **集中荷载**

如图 2-50 所示，当有集中荷载作用于弹性半无限空间地基上时，集中荷载附近地表处任一点处的沉降可用布森涅斯克(J. Boussinesq)解来表述，即

$$s=\frac{1-\nu^2}{\pi E}\frac{P}{r}=\frac{P(1-\nu^2)}{\pi E\sqrt{x^2+y^2}} \tag{2-85}$$

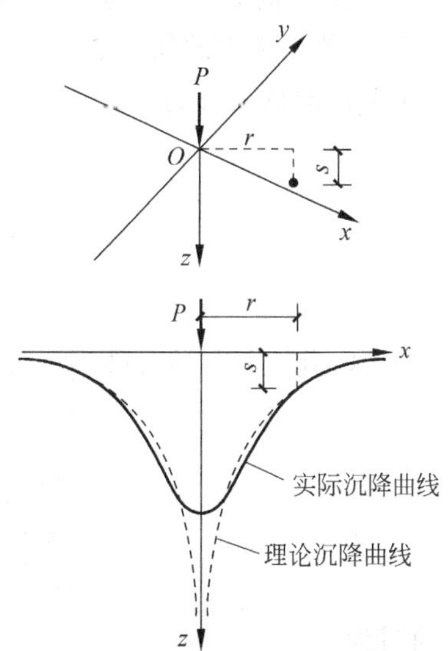

图 2-50　集中荷载作用下任一点沉降

式中，s——集中荷载附近地表处某一点的沉降，m；

ν——土的泊松比；

E——土的变形模量，kN/m^2；

P——竖向集中力，kN；

r——半无限空间体内某点与作用点的距离，m；

x——计算点与作用点在 x 轴方向的距离，m；

y——计算点与作用点在 y 轴方向的距离，m。

2. 连续荷载

基底对地基产生的压力可看成是连续分布的荷载，可借用集中力作用于弹性半无限空间的布森涅斯克解，通过叠加得到基底附近基底平面上任一点处的地基沉降。

假设基底为矩形，如图 2-51 中的矩形区域 $pmnO$ 所示，基底压力连续分布。

为利用集中力作用下的布森涅斯克解答，将荷载面积分为 n 个 $a_j \times b_j$ 的微元。分布于微元之上的荷载用位于微元中心点处的集中力 P_j 表示。以微元的中心点为节点，则作用于各节点上的等效集中力可用列矩阵 $\boldsymbol{P}$ 表示。P_j 对地基表面任一节点 i 上所引起的变形为 s_{ij}，若 P_j 为单位力，则由式(2-85)可得

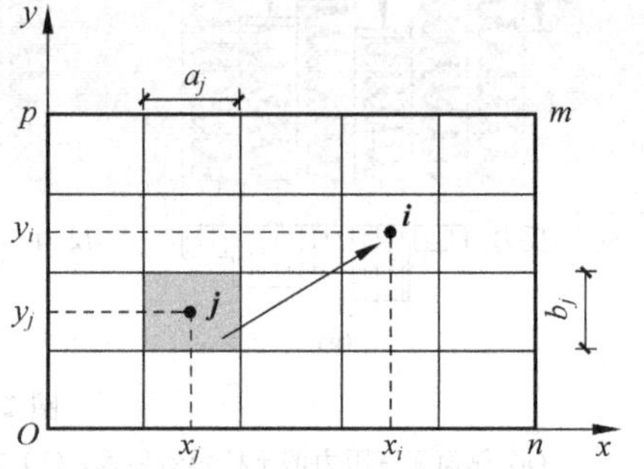

图 2-51 分布荷载作用区域内任一点沉降计算

$$s_{ij}=\delta_{ij}=\frac{1-\nu^2}{\pi E}\frac{1}{\sqrt{(x_j-x_i)^2+(y_j-y_i)^2}} \tag{2-86}$$

式中，x_i、y_i——i 节点的坐标；

x_j、y_j——j 节点的坐标；

δ_{ij}——j 节点上单位集中力在 i 节点引起的变形。

注：此处的 i 和 j 不像矩阵的下标中那样代表行和列，在此不区分行和列，i 和 j 可以代表所有单元格中的任一个。

i 节点总的变形为

$$s_i=(\delta_{i1}\quad \delta_{i2}\quad \cdots\quad \delta_{in})\begin{pmatrix}P_1\\P_2\\\vdots\\P_n\end{pmatrix} \tag{2-87}$$

于是，基底处各节点的变形可表示为

$$\begin{pmatrix}s_1\\s_2\\\vdots\\s_n\end{pmatrix}=\begin{pmatrix}\delta_{11}&\delta_{12}&\cdots&\delta_{1n}\\\delta_{21}&\delta_{22}&\cdots&\delta_{2n}\\\vdots&\vdots&&\vdots\\\delta_{n1}&\delta_{n2}&\cdots&\delta_{nn}\end{pmatrix}\begin{pmatrix}P_1\\P_2\\\vdots\\P_n\end{pmatrix} \tag{2-88}$$

可简写为

$$\boldsymbol{s}=\boldsymbol{\delta P} \tag{2-89}$$

式中，P_j——第 j 个微元上的集中荷载；

δ_{ij}——节点 j 的集中力为 1 时引起节点 i 的变形量；

s_i——所有节点上的荷载引起节点 i 的变形量；

$\boldsymbol{\delta}$——地基的柔度矩阵。

式(2-89)就是用矩阵表示的弹性半无限空间地基模型中基底压力与地基变形的关系式。它清楚地表明，与文克尔地基模型假定不同，基底平面处任一点的变形量不仅取决于作用在该点上的荷载，而且与全部基底荷载有关。

弹性半无限空间地基模型通常更接近实际情况，但仍存在的误差有：①假定 E、ν 为常数；②假定深度无限延伸。而实际上，变形模量随深度增加，基底下土层通常有多层，其 E、ν 值不同，该模型未考虑地基的成层性、非均质性以及土体应力-应变关系的非线性等重要性质；另一方面，参与计算的地基压缩土层的厚度总是有限的，理论上应计算到基底下某一点的附加应力趋于 0 的深度处，弹性半无限空间地基模型在计算地基变形时沿深度方向无限延伸，使得计算的地基变形量过大。

而且，利用该模型进行计算时，需首先确定土的变形模量和泊松比，但这两个参数在工程中往往不易准确确定，从而给这一模型的应用带来困难。

2.11.3.3 有限压缩层地基模型

当地基土层分布比较复杂时，用上述的文克尔地基模型或弹性半无限空间地基模型都难以模拟，而且要正确合理地选择 k、E、μ 等地基计算参数也很困难。这时采用有限压缩层地基模型就比较合适。

有限压缩层地基模型把地基当成侧限条件下有限深度的压缩土层，以分层总和法为基础，建立地基压缩层变形与地基作用荷载的关系。其特点是将地基土分层，并假定地基土是在完全侧限条件下受压缩，因而可以较容易地在现场或室内试验中取得地基土的压缩模量 E_s 作为地基模型的计算参数。地基变形量的计算方法和地基变形计算深度的确定方法，仍按分层总和法的规定确定。

为了应用有限压缩层地基模型，建立地基反力与地基变形间的关系，将基础底面划分成 n 个网格，并将其下的地基也相应地划分为对应的 n 个土柱，如图 2-52 所示。土柱的下端终止于压缩层的下限。将第 i 个棱柱十体按沉降计算方法的分层要求划分成 m 个计算土层。分层单元编号为 $t=1,2,\cdots,m$。假设第 j 个网格的面积为 A_j，其上作用着 1 个单位的集中力 $\bar{P}_j=1.0$，则该网格上的竖向均布荷载为 $\bar{p}_j=1/A_j$。该荷载在第 i 网格的第 t 土层中点 z_{it} 处产生的竖向应力 σ_{zijt} 可用角点法求解，得出第 j 网格的单位集中力荷载在第 i 网格中心点产生的变形量为

$$\delta_{ij}=\sum_{t=1}^{m}\frac{\sigma_{zijt}h_{it}}{E_{sit}} \tag{2-90}$$

式中，δ_{ij}——第 j 网格的单位集中力荷载在第 i 网格中心点产生的变形量，m；

σ_{zijt}——第 j 网格的单位集中力荷载在第 i 网格的第 t 土层中点 z_{it} 处产生的竖向应力，kPa；

m——基底下用于计算沉降的总土层数；

E_{sit}——第 i 土柱的第 t 层土的压缩模量，kPa；

h_{it}——第 i 土柱的第 t 层土的厚度，m。

δ_{ij} 反映了微元 j 上的单位荷载对基底 i 点的变形影响，称为变形系数或柔度矩阵 $\boldsymbol{\delta}$ 的元素。

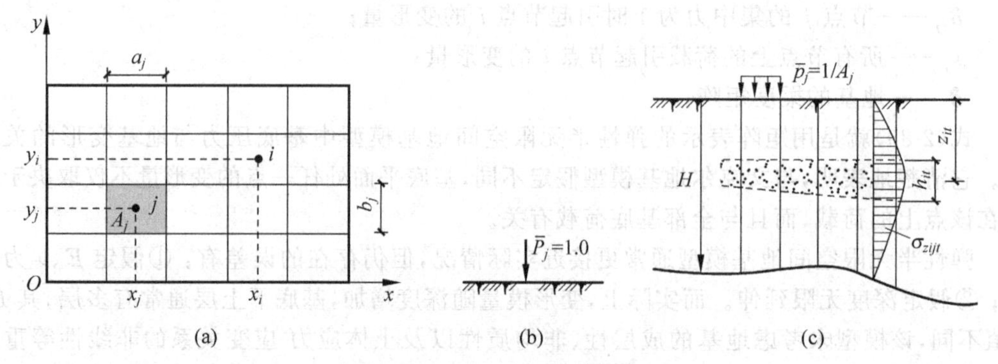

图 2-52 有限压缩层地基模型

(a) 基底平面网格图；(b) 网格 j 上的集中荷载；(c) 网格 j 上的荷载在网格 i 下引起的应力分布

在整个基底范围内作用着实际的荷载，整个基底所引起的变形可用矩阵表示为

$$\begin{Bmatrix} s_1 \\ s_2 \\ \vdots \\ s_n \end{Bmatrix} = \begin{bmatrix} \delta_{11} & \delta_{12} & \cdots & \delta_{1n} \\ \delta_{21} & \delta_{22} & \cdots & \delta_{2n} \\ \vdots & \vdots & & \vdots \\ \delta_{n1} & \delta_{n2} & \cdots & \delta_{nn} \end{bmatrix} \begin{Bmatrix} P_1 \\ P_2 \\ \vdots \\ P_n \end{Bmatrix} \tag{2-91}$$

可简写为

$$\boldsymbol{s} = \boldsymbol{\delta P}$$

上式表达了基底作用荷载与地基变形的关系。

有限压缩层地基模型原理简明，适应性好，解决了文克尔地基模型和弹性半无限空间地基模型在地基变形计算时没有考虑地层分层的问题，并可通过室内侧限试验确定 E、ν 等参数。但是有限压缩层地基模型计算工作量大而繁琐，需借助专业软件才可完成。

2.11.3.4 相互作用分析的基本条件和常用方法

在地基上梁和板的分析中，地基模型的选用是关键所在。必须根据待分析问题的实际情况选择合适的地基模型。

不论选用何种模型，在分析中都必须满足下面两个基本条件。

(1) 静力平衡条件。基础在外荷载和地基反力的作用下必须满足静力平衡条件，即

$$\sum F = 0, \quad \sum M = 0 \tag{2-92}$$

式中，$\sum F$——作用在基础上的竖向外荷载和地基反力之和；

$\sum M$——外荷载和地基反力对基础任一点的力矩之和。

(2) 变形协调条件(接触条件)。与地基接触的基础底面，在地基受力过程中仍须保持接触，不得出现脱开的现象，即基础底面任一点的挠度 w_i 应等于该点的地基沉降 s_i：

$$w_i = s_i \tag{2-93}$$

根据这两个基本条件和地基计算模型可以列出解答问题所需的微分方程式，然后结合必要的边界条件求解。然而，只有在简单的情况下才能获得微分方程的解析解，在一般情况下只能求得近似的数值解。目前常用有限单元法和有限差分法进行地基上梁板的分析。前者是把梁或板分割成有限个基本单元，并要求这些离散的单元在节点上满足静力平衡条件

和变形协调条件；后者则是以函数的有限增量(即有限差分)形式近似地表示梁或板的微分方程中的导数。

2.11.4 柱下条形基础

柱下条形基础是常用于软弱地基上框架或排架结构的一种基础类型。条形基础可被看成置于地基上的梁,因此也常称为基础梁。

注意：基础梁不能称为地基梁。有人将弹性地基上的梁简化为术语“弹性地基梁”,其实是不准确的。

柱下条形基础具有刚度大、调整不均匀沉降能力强的优点,但造价较高。因此,在一般情况下,柱下应优先考虑设置扩展基础,如遇下述特殊情况时可以考虑采用柱下条形基础：①当地基较软弱,承载力较低,而荷载较大时；②地基压缩性不均匀(如地基中有局部软弱夹层、土洞等)时；③荷载分布不均匀,有可能导致较大的不均匀沉降时；④上部结构对基础沉降比较敏感,有可能产生较大的次应力或影响使用功能时；⑤按常规设计的柱下独立基础,基础底面积大,基础之间的净距很小,为施工方便时。

遇有上述情形,把各基础之间的净距取消,连在一起,即为柱下条形基础。

2.11.4.1 构造要求

典型的柱下钢筋混凝土条形基础如图2-53所示。

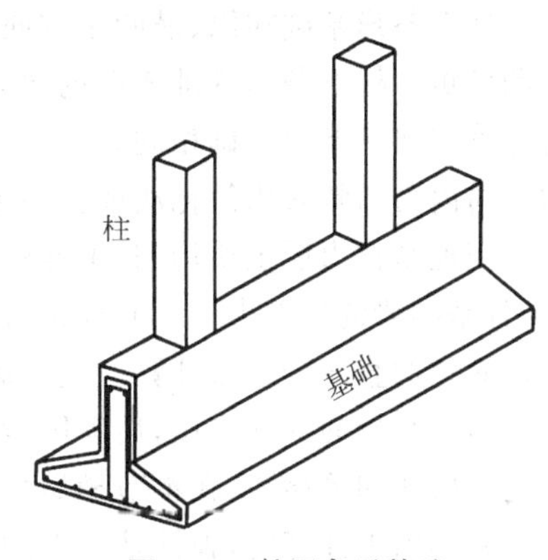

图2-53 柱下条形基础

柱下条形基础的构造如图2-54所示,其横截面一般呈倒T形,下部挑出部分叫作翼板,中间的梁腹也叫作肋梁。由于肋梁的截面相对较大且配置一定数量的纵筋和腹筋,因而具有较强的抗剪能力和抗弯能力。肋梁高度通常沿基础长度方向保持不变,当基础上作用的荷载较大,并且柱距较大时,肋梁在接近支座处的弯矩和剪力均较大,可在肋梁支座处局部加高。柱端处的弯矩有正有负,为安全起见,在基础梁的上下面皆配纵向受力钢筋；为增强柱附近混凝土的抗弯、抗剪能力,沿基础梁全长配置弯起钢筋,如图2-55所示。

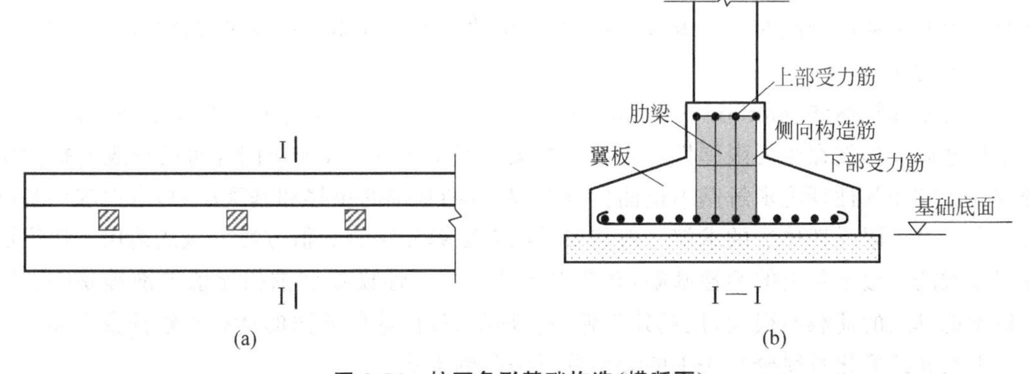

图2-54 柱下条形基础构造(横断面)

(a) 俯视图；(b) 横断面图

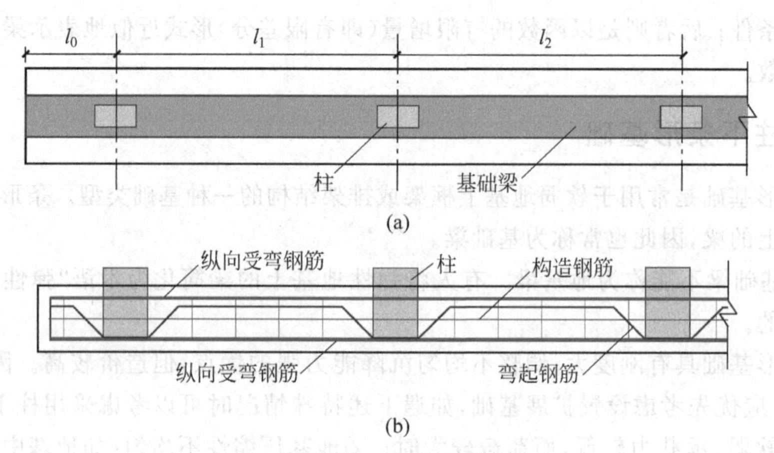

图 2-55 柱下条形基础构造(纵断面)

(a) 俯视图；(b) 纵断面图

关于柱下条形基础的构造要求，详见《建筑地基基础设计规范》(GB 50007—2011)的相关条款。

2.11.4.2 设计

柱下条形基础在纵、横两个方向均产生弯曲变形，所以在这两个方向的截面内均存在剪力和弯矩。柱下条形基础横向的剪力与弯矩通常可考虑由翼板的抗剪、抗弯能力承担，其内力计算与墙下条形基础相同。柱下条形基础纵向的剪力与弯矩一般由基础梁承担，基础梁的纵向内力通常采用简化法或弹性地基上的梁法计算。

当地基持力层土质均匀，上部刚度较好，各柱距相差不大(小于 20%)，柱荷载分布较均匀，且基础梁的高度大于 1/6 柱距时，地基反力可以认为符合直线分布假设，基础梁的内力可按简化的直线分布法计算。当不满足上述条件时，宜按弹性地基上的梁法计算。前者不考虑地基基础的共同作用，后者则考虑了地基基础的共同作用。简化的直线分布法又分为静定分析法和倒梁法，在本节稍后详述。

基础内力计算时，弹性地基上的梁法又分为基床系数法和半无限弹性体法。

基床系数法(coefficient of subgrade reaction)是以文克尔(Winkler)地基模型为基础，假定地基由许多互不联系的弹簧组成，某点的地基沉降仅由该点上作用的荷载产生，通过求解弹性地基上的梁的挠曲微分方程，得到基础梁的内力。具体计算方法有解析法、有限差分法和有限元法。

半无限弹性体法(method of semi-infinite elastic body)假定地基为半无限弹性体，将柱下条形基础看作放在半无限弹性体表面上的梁。基础梁在荷载作用下，满足一般的挠曲微分方程。应用弹性理论求解基本挠曲微分方程，得到基础的位移和基底压力，进而求出基础的内力。半无限弹性体法的求解一般需要采用有限单元法等数值方法。该法适用于压缩层深度较大的一般土层上的柔性基础，并要求地基土的弹性模量和泊松比值能准确获得。当作用于地基上的荷载不很大，地基处于弹性变形状态时，这种方法的计算才较符合实际。

下面介绍简化直线分布法中的静定分析法和倒梁法。

1. 静定分析法

静定分析法(static analysis method)是指假定地基反力按直线分布，整体上按静力平衡条件求出基底净压力后，将其与柱荷载一起作用于基础梁上，然后按静定梁计算各截面的弯矩和剪力的内力分析方法，如图2-56所示。

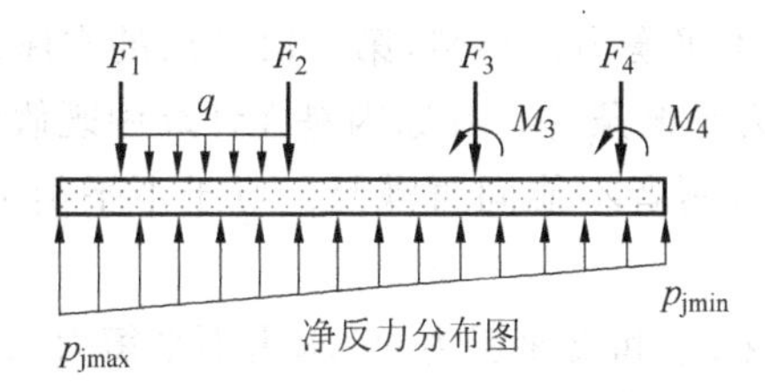

图2-56 静力平衡法计算条形基础内力

F_1,F_2,F_3,F_4 为作用在基础上的柱荷载；q 为作用在基础上的均布荷载，M_3,M_4 为作用在基础上的柱端弯矩；p_{jmin},p_{jmax} 为作用在基础下面的地基净反力的最小值与最大值。

静定分析法适用于上部为柔性结构，且基础本身刚度较大的条形基础。此方法未考虑与上部结构的共同作用，计算所得的不利截面上的弯矩绝对值一般较大。

2. 倒梁法

倒梁法(inverted beam method)是指以柱脚为条形基础的固定铰支座，将基础梁视为倒置的多跨连续梁，以地基净反力及柱脚处的弯矩当作基础梁上的荷载，用弯矩分配法或弯矩系数法来计算其内力的分析方法。这种方法往往需要通过多次调整才能消除支座反力 R_i 与柱子的作用力 P_i 的不平衡力。倒梁法适用于上部结构刚度很大、各柱之间沉降差异很小的情况。

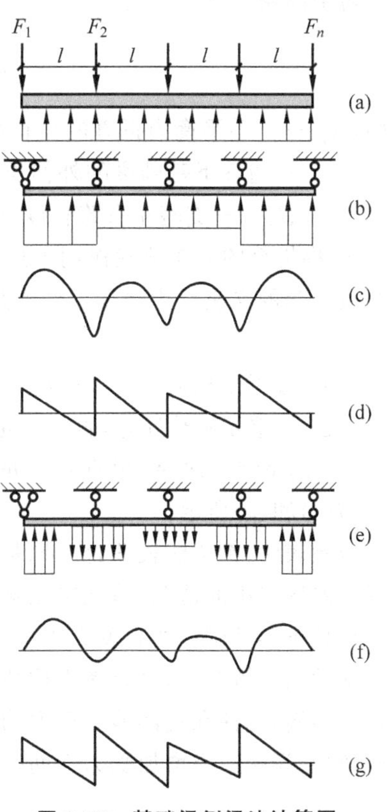

图2-57 基础梁倒梁法计算图

(a) 多跨连续梁受力简图；
(b) 调整基础梁端部地基反力；
(c) 连续梁的弯矩分布；(d) 连续梁的剪力分布；
(e) 支座反力折算与叠加；(f) 调整后的弯矩；
(g) 调整后的剪力

倒梁法的基本思路是，以柱脚为条形基础的固定铰支座，将基础梁视作倒置多跨连续梁(图2-57)，以直线分布的地基净反力及柱脚处的弯矩当作基础梁上的荷载，用结构力学方法(如弯矩分配法或经验弯矩系数法)求解基础梁内力。

倒梁法的计算步骤如下。

(1) 根据地基持力层承载力的验算要求确定基础尺寸。之后改用承载能力极限状态下荷载效应基本组合进行下面的基础内力计算。

(2) 计算地基净反力。在地基反力计算中应扣除基础自重，因自重荷载不会在基础梁中引起内力。

(3) 绘制计算简图。如图2-57所示，以柱端作为不动铰支座，以地基净反力为均布荷载，绘制多跨连续梁计算简图(图2-57(a))。如果考虑实际情况，上部结构、基础、地基的相互作用会引起拱架作用，即在基础变形过程中会引起端部地基反力增加，故在条形基础两端边跨宜增加15%～20%的地基反力(图2-57(b))。

(4) 用弯矩分配法或其他解法计算地基反力作用下连续梁的弯矩分布(图2-57(c))和剪力分布(图2-57(d))。

(5) 调整与消除支座的不平衡力。显然，第一次求出的支座反力R_i与柱荷载F_i通常不相等，不能满足支座处静力平衡条件。其原因是在计算中既假设柱脚为不动铰支座，同时又规定地基反力为直线分布，两者不能同时满足。对于不平衡力，需通过逐次调整予以消除。调整方法如下。

① 根据支座处的柱荷载F_i和支座反力R_i求出不平衡力$\Delta P_i = F_i - R_i$。

② 将支座不平衡力的差值折算成分布荷载Δq，均匀分布在支座相邻两跨的各1/3跨度范围内(图2-57(e))，分布荷载为：

对边跨支座，

$$\Delta q_i = \frac{\Delta P_i}{l_0 + l_i/3} \tag{2-94}$$

对中间跨支座，

$$\Delta q_i = \frac{\Delta P_i}{(l_{i-1} + l_i)/3} \tag{2-95}$$

式中，Δq_i——不平衡力折算的均布荷载，kN/m^2；

l_0——边柱下基础梁的外伸长度，m；

l_{i-1}、l_i——支座左右跨长度，m。

③ 将折算的分布荷载作用于连续梁，再次用弯矩分配法计算梁的内力，并求出调整分布荷载引起的支座反力ΔR_i，并将其叠加到原支座反力R_i上，求得新的支座反力$R'_i = R_i + \Delta R_i$。

若R'_i接近于柱荷载F_i，其差值小于设定的误差要求(通常为20%)时，调整计算可以结束；反之，则重复调整计算，直至满足精度的要求。

(6) 调整结束之后，根据各柱的柱荷载和支座反力，求得连续梁最终的内力分布，如图2-57(f)和(g)所示。

经验表明，倒梁法较适合于地基比较均匀，上部结构刚度较好，荷载分布较均匀，各柱之间沉降差异很小的情况，基础梁无悬臂或有适当悬臂长度(如悬臂长度限于1/3～1/4第一跨距)，且条形基础梁的高度大于1/6柱距的情况。由于只考虑出现于柱间的局部弯曲，忽略了基础的整体弯曲，没有考虑柱荷载和地基反力重新分布，计算出的柱端弯矩与柱间最大弯矩较均衡，端柱和端部地基反力均会偏小，因而所得的不利截面的弯矩绝对值一般较小。为此，宜在端跨适当增加受力钢筋，并且上下均匀配筋。

2.11.5 柱下十字交叉基础

2.11.5.1 概述

柱下十字交叉基础也称为柱下交叉条形基础，是由纵横两个方向的柱下条形基础所组成的一种空间结构，各柱位于两个方向基础梁的交叉节点处。这种基础的底面积大，空间刚度大，调整不均匀沉降能力强，宜用于软弱地基上柱距较小的框架结构，其构造要求与柱下条形基础类同。

2.11.5.2 设计

十字交叉条形基础的设计计算是相当复杂的，目前工程中常采用简化方法，即将柱荷载按一定原则分配到纵横两个方向的条形基础上，然后分别按单向条形基础进行内力计算与配筋。

确定交叉节点处柱荷载的分配值时，无论采用什么方法都必须满足以下两个条件。

(1) 静力平衡条件：各节点分配在纵、横基础梁上的荷载之和应等于作用在该节点上的总荷载。

(2) 变形协调条件：纵、横基础梁在交叉节点处的竖向位移应相等。

这两个条件可用公式表示为

$$F_i = F_{ix} + F_{iy}, \quad w_{ix} = w_{iy} \tag{2-96}$$

式中，F_i——第 i 节点上的柱荷载；

F_{ix}——第 i 节点分配给 x 方向条形基础的荷载；

F_{iy}——第 i 节点分配给 y 方向条形基础的荷载；

w_{ix}——第 i 节点 x 方向的竖向位移；

w_{iy}——第 i 节点 y 方向的竖向位移。

通过文克尔模型可求得不同节点处柱上荷载在两个基础梁方向上荷载分配的解答，结果如下。

1. T形节点

对柱下十字交叉基础，建立如图 2-58 所示的坐标系，以 x 方向代表 T 形节点受封堵的方向，表示条形基础延伸方向一端有封堵，按半无限长梁计算节点的竖向位移；以 y 方向代表 T 形节点可自由延伸的方向，表示条形基础两端无封堵，按无限长梁计算竖向位移。

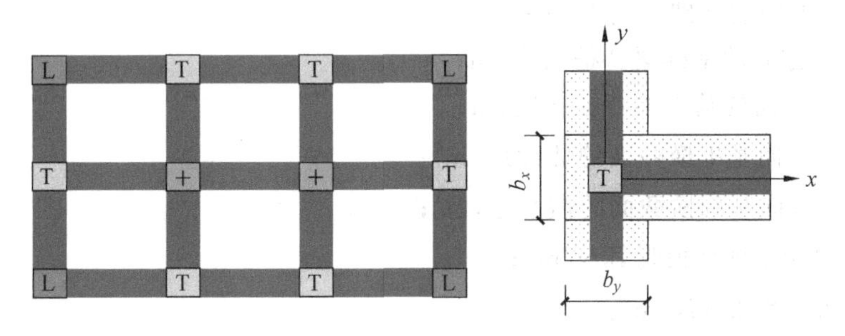

图 2-58 T 形节点的坐标系

柱下十字交叉基础 T 形节点上的柱荷载在两个方向的分配荷载为

$$F_{ix} = \frac{b_x L_x}{b_x L_x + 4b_y L_y} F_i \tag{2-97}$$

$$F_{iy} = \frac{4b_y L_y}{b_x L_x + 4b_y L_y} F_i \tag{2-98}$$

2. 十字节点和 L 形节点

同样，建立如图 2-59 所示的坐标系，对于十字形节点和 L 形节点上的柱荷载，得到同样形式的荷载分配计算公式。

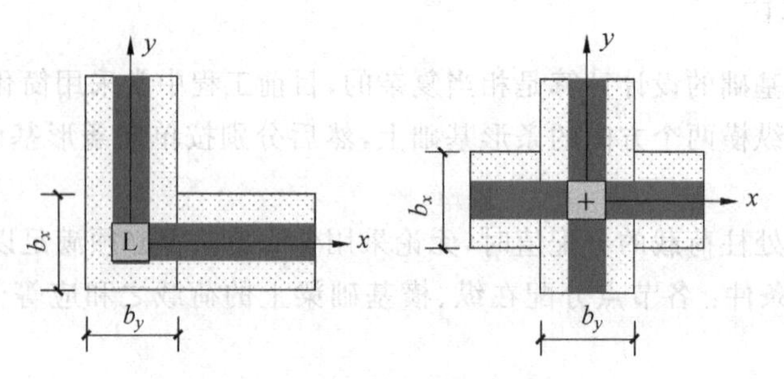

图 2-59　十字节点和 L 形节点的坐标系

$$F_{ix}=\frac{b_xL_x}{b_xL_x+b_yL_y}F_i \tag{2-99}$$

$$F_{iy}=\frac{b_yL_y}{b_xL_x+b_yL_y}F_i \tag{2-100}$$

$$L_x=\frac{1}{\lambda_x}=\sqrt[4]{\frac{4E_cI_x}{k_sb_x}} \tag{2-101}$$

$$L_y=\frac{1}{\lambda_y}=\sqrt[4]{\frac{4E_cI_y}{k_sb_y}} \tag{2-102}$$

式中，F_i——第 i 个节点上传来的柱荷载，kN；

F_{ix}——第 i 个节点上沿 x 方向分配的荷载，kN；

F_{iy}——第 i 个节点上沿 y 方向分配的荷载，kN；

b_x—— x 方向的基础梁宽度，m；

b_y——y 方向的基础梁宽度，m；

L_x——x 方向的基础梁特征长度，m；

L_y——y 方向的基础梁特征长度，m；

I_x——x 方向基础横截面的惯性矩，m^4；

I_y——y 方向基础横截面的惯性矩，m^4；

E_c——混凝土弹性模量，kN/m^2；

k_s——地基系数，kN/m^3；

λ_x——x 方向的基础梁特征系数；

λ_y——y 方向的基础梁特征系数。

其中的**特征系数**(characteristic factor)是文克尔弹性地基上的梁的挠曲刚度与地基刚度之比，用 λ 表示。$\lambda=\sqrt[4]{\frac{kb}{4EI}}$，其中，$k$ 为基床系数；b 为梁宽；E 为梁的弹性模量；I 为梁的截面惯性矩。

与柱下单向条形基础不同的是，十字交叉条形基础的纵横梁可能产生扭矩。为简化计算，设交叉节点处纵、横梁之间为铰接。当一个方向的基础梁有转角时，另一个方向的基础梁内不产生扭矩；节点上两个方向的弯矩分别由同向的基础梁承担，一个方向的弯矩不引起另一个方向基础梁的变形，这就忽略了纵、横基础梁的扭转。为了防止这种简化计算使工程出现问题，在构造上的加固措施是：在柱位的周围，基础梁都必须配置封闭型的抗扭箍筋(ϕ10～ϕ12)，并适当增加基础梁的纵向配筋。

2.11.6　筏形基础与箱形基础

2.11.6.1　概述

箱形基础是由钢筋混凝土顶板、底板、外墙和内墙组成的具有一定高度的空间整体结构(见图 2-60)。

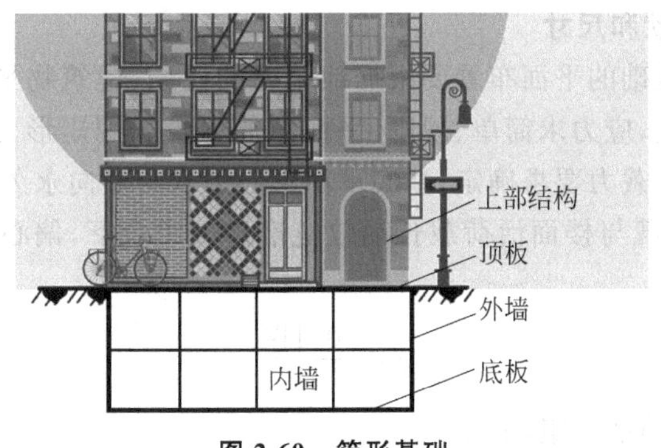

图 2-60　箱形基础

筏形基础和箱形基础的相同点是：基础埋置深度大，基底面积大，具有较大的刚度和整体性，可与地下室建造相结合，可与桩基础联合使用；需要处理大面积深开挖对基础设计与施工的影响(边墙的处理、地下水的处理)，造价高、技术难度大。

箱形基础和筏形基础利用较深的埋置深度和中空的结构形式，使开挖卸去的土抵偿了上部结构传来的部分荷载在地基中引起的附加压力，这种作用称为补偿作用。

筏形基础和箱形基础的不同点：筏形基础适于用作建筑物地下空间要求较大的场合，如地下停车场、商场、娱乐场等，也适于用作筒仓群、烟囱、大型储液结构及各种塔式结构的基础。箱形基础由底板、顶板、侧墙及一定数量的内隔墙构成，整体刚度更大，沉降量更小，抗震性更好，适宜用作重要建筑或高层建筑、重型设备、地震烈度较大地区的建筑物基础。但因箱形基础将建筑物地下空间分隔成许多格室，故只能作为储物间、设备间等使用，无法再用作停车场等需要开阔空间的场所。

当上部结构荷载较大，地基土较软，采用十字交叉基础不能满足地基承载力要求或采用人工地基不经济时，可以采用筏形基础。筏形基础不满足要求时，可考虑采用箱形基础。

2.11.6.2　设计

筏形基础的设计包括基础梁设计与板的设计两部分。

筏板上基础梁的设计计算方法同前述柱下条形基础，筏板的设计计算可参照《建筑地基基础设计规范》(GB 50007—2011)和《高层建筑筏形与箱形基础技术规范》(JGJ 6—2011)进行，主要包括确定埋置深度与平面布置、地基计算、内力分析、强度计算以及构造要求等。

1. 基础埋置深度

筏形基础和箱形基础的埋置深度确定，除考虑一般基础确定埋深时的各项因素之外，还要考虑：①高层建筑应有足够的埋深以保证建筑物和地基的稳定性，必要时需进行建筑物的抗滑移、抗倾覆和地基的稳定性验算；②高层建筑的基础应按建筑物对地下室结构的要求确定埋置深度，还要考虑对相邻建筑物和地下管线或设施的影响。

箱形基础的高度，指底板底面到顶板顶面的外部竖向尺寸，应满足结构强度、结构刚度和使用要求，一般取建筑物高度的1/12～1/8，或箱形基础长度的1/18～1/16，且不宜小于箱基长度(不包括底板悬挑部分)的1/20，最小不低于3 m。箱形基础长度不包括底板悬挑部分。

2. 基础的底面形状和尺寸

筏形基础和箱形基础的平面布置要根据地基土的性质、建筑物平面布置以及上部结构的荷载分布等因素确定，应力求简单、规则，平面布局尽量采用矩形、圆形等对称形状，基底面积大小按验算满足承载力要求确定，基底平面形心力求与竖向永久荷载的重心相重合，当不能重合时，在永久荷载与楼面活荷载长期效应准永久组合下，偏心距要求满足式(2-103)的要求：

$$e \leqslant \frac{0.1W}{A} \tag{2-103}$$

式中，W——基础底面的抵抗矩，m^3；

A——基础底面面积，m^2。

当荷载过大或合力偏心过大不能满足承载力要求时，可适当地将筏板外伸悬挑出上部结构底面，以扩大基础面积，也可改善基础边缘的地基承载条件。

3. 地基反力

地基反力可按《高层建筑筏形与箱形基础技术规范》(JGJ 6—2011)附录E推荐的地基反力系数表确定，该表是根据实测反力资料经研究整理编制的。对黏性土和砂土地基，地基反力分布呈现边缘大、中部小的规律；但对软土地基，沿箱基纵向的反力分布呈马鞍形，而沿横向则为抛物线形。软土地基的这种反力分布特点，与其抗剪强度较低、塑性区范围大及箱基的长宽比大有关。

4. 地基承载力验算

筏形基础与箱形基础的基底应力应满足下列要求：

$$p_k \leqslant f_a, \quad p_{kmax} \leqslant 1.2f_a \tag{2-104}$$

当常年地下水位较高时，上述验算公式中的地基反力应减去基础底面处的浮力，即

$$p_k - p_w \leqslant f_a, \quad p_{kmax} - p_w \leqslant 1.2f_a \tag{2-105}$$

式中，p_w——地下水位作用在基础底面上的浮力，kPa，即 $p_w = \gamma_w h_w$；

h_w——地下水位至基底的距离，m；

其他符号同前。

对于非抗震设防的高层建筑筏形基础与箱形基础，还应符合 $p_{kmin} \geqslant 0$。

对抗震设防的高层建筑，应按抗震要求验算地基土的抗震承载力。

存在软弱下卧层时，应进行软弱下卧层验算。

5. 地基变形验算

高层建筑筏形基础与箱形基础的沉降量和整体倾斜，是其地基变形的主要特征。

筏形基础与箱形基础的埋深一般都较大，有的甚至设置了多层地下室，因此在计算地基最终沉降量时，应将地基的回弹变形考虑在内。目前，计算埋深较大的筏形基础的沉降主要有3种方法：即：①《建筑地基基础设计规范》(GB 50007—2011)推荐的分层总和法；②《高层建筑筏形与箱形基础技术规范》(JGJ 6—2011)推荐的压缩模量法；③《高层建筑筏形与箱形基础技术规范》(JGJ 6—2011)推荐的变形模量法。

6. 底板厚度

底板厚度不得小于200 mm。通常5层以下的民用建筑的底板厚度大于或等于250 mm；6层及6层以上民用建筑的底板厚度大于或等于300 mm。高层建筑平板式筏形基础的最小厚度不应小于500 mm；梁板式筏基底板的厚度不应小于400 mm，且板厚与最大双向板格的短边净跨之比不应小于1/14。梁板式筏基梁的高跨比不宜小于1/6。也可根据实践经验，按楼层数乘以50 mm估算。然后进行抗弯、抗冲切、抗剪承载力验算，再综合考虑各种因素确定。

7. 混凝土

筏板混凝土强度等级不应低于C30。当与地下室结合有防水要求时，应采用防水混凝土。防水混凝土的抗渗等级应满足工程要求。

8. 钢筋

筏板的配筋应根据板带内力计算确定。当内力计算只考虑局部弯曲作用时，无论是梁板式筏基的底板和基础梁，或是平板式筏基的柱下板带和跨中板带，均按内力计算配筋。平板式筏形基础按柱上板带和跨中板带分别计算配筋，以柱上板带的正弯矩计算下筋，用跨中板带的负弯矩计算上筋，用柱上和跨中板带正弯矩的平均值计算跨中板带的下筋。肋梁式筏形基础在用四边嵌固双向板计算跨中和支座弯矩时，应适当予以折减。对肋梁取柱上板带宽度等于柱距，按T形梁计算，肋板也应适当地挑出1/6～1/3柱距。

除按计算要求配筋外，筏板的配筋率一般为0.5%～1.0%。考虑到整体弯曲的影响，平板式与梁板式筏基的底板及梁板式筏基的基础梁纵横向的底部钢筋，均应有1/2～1/3贯通全跨，上层钢筋也按内力计算配筋，要全部贯通，上下贯通钢筋的配筋率均不应小于0.15%。

考虑筏板纵向弯曲的影响，当筏板的厚度大于2000 mm时，宜在板的中间部位设置直径不小于ϕ12且间距不大于300 mm的双向钢筋网。

当考虑到上部结构与地基基础相互作用引起拱架作用时，可在筏板端部的1～2个开间范围适当将受力钢筋面积增加15%～20%。

9. 与结构的连接

1) 筏基与上部结构的连接

当上部结构为筒式或筒柱结构，筒或柱下的筏板应满足冲切承载力和抗剪承载力要求。如果经过验算筏板不能满足这些要求，可在筏板上增设筒墩或柱墩，或在筏板下局部加厚，或加抗冲切箍筋。

2) 筏板与地下室外墙的连接

一般筏形基础地下室的外墙厚度不应小于250 mm，内墙厚度不宜小于200 mm。墙体内应设置双向钢筋，钢筋不宜采用光面圆钢筋。钢筋配置量除应满足承载力要求外，还应考虑变形、抗裂及外墙防渗等要求。水平钢筋的直径不应小于 12 mm，竖向钢筋的直径不应小于 10 mm，间距不应大于 200 mm。当筏板的厚度大于 2000 mm 时，宜在板厚中间部位设置直径不小于 12 mm、间距不大于 300 mm 的双向钢筋。

10. 筏基内力计算与强度验算

筏形基础的内力计算大致分为 3 类：考虑地基、基础与上部结构共同作用；仅考虑地基与基础相互作用，即弹性地基上的梁板法；不考虑共同作用，即简化计算法。

(1) 简化计算法。简化计算法分为倒楼盖法和刚性条带法。在比较均匀的地基上，地基压缩层范围内无软弱土层或可液化土层，若上部结构刚度较大，柱荷载及柱间距的变化不超过 20%，且梁板式筏基梁的高跨比或平板式筏基的厚跨比不小于 1/6 时，筏基的挠曲变形可仅考虑局部弯曲，假定地基反力为均匀分布，筏形基础内力按倒楼盖法计算。如果上部结构刚度较差，可分别沿纵横柱列方向截取宽度为相邻柱列中线到中线的条形计算板带，采用静定分析法对板进行内力计算。

(2) 弹性地基上的梁板法。若地基比较复杂、上部结构刚度较小，或柱荷载及柱间距变化较大，则应同时考虑局部弯曲和整体弯曲，筏基内力应按弹性地基上的梁板方法分析计算，即将筏板看成弹性地基上的薄板，采用数值方法计算其内力。

11. 箱基内力计算与强度验算

箱形基础的内力分析实质上是一个求解地基、基础与上部结构相互作用的问题。

确定地基反力后，即可进行基础的内力计算。基本上可归纳为两种类型。

(1) 按局部弯曲计算。当地基压缩层深度范围内的土层在竖向和水平方向较均匀，且上部结构为平立面布置较为规则的剪力墙、框架-剪力墙体系时，不考虑箱形基础的整体弯曲，只考虑顶、底板的局部弯曲。此时顶、底板被纵、横墙体分隔成块。把墙体作为顶、底板的支座，顶板上作用着实际荷载，底板承受地基反力(考虑箱形基础的重量，但扣除底板的自重)。然后把顶、底板作为双向板或单向板进行计算。

(2) 按整体弯曲计算。对不符合上述要求的箱形基础，应综合考虑局部弯曲和整体弯曲的作用。地基反力按上述反力系数法确定，把箱基当作双向受弯的空心厚板，在地基净反力和上部荷载作用下，视箱形基础为静定梁，由静定分析法得到基础整体弯曲所产生的弯矩。此弯矩由箱形基础和上部结构共同承担，并按箱形基础的抗弯刚度和上部结构的总折算刚度进行分配，得到箱形基础所承担的弯矩和剪力。弯矩使顶、底板处于轴心受压和轴心受拉状态。剪力则由箱基的横墙(或纵墙)承担。另外，顶板和底板再按局部弯曲计算，最后将整体弯曲和局部弯曲的计算结果叠加后进行配筋，配筋时应综合考虑两种作用钢筋的配置位置，以充分发挥各个截面钢筋的作用。

2.12 减轻不均匀沉降的措施

地基的不均匀沉降可引起基础与上部结构的沉降、开裂，以及结构中内部的附加压力。

不均匀沉降引起的砌体承重结构的开裂多在墙体门窗角部处。如图 2-61 所示，如果墙体中间部分的沉降比端部大，则墙体的斜裂缝呈八字形(图 2-61(a))，裂缝的连线类似于土拱曲线，墙体长度大时还在墙体中部下方出现近乎竖直的裂缝。如果墙体端部的沉降大，则斜裂缝呈倒置八字形(图 2-61(b))。当建筑物层高一致,但地基中软硬层厚度差别较大时,软土较厚部分产生较大沉降,该处上部的结构物产生斜裂纹(图 2-61(c))。当建筑物各部分的荷载或高度差别较大时,重、高部分的沉降也常较大,并导致轻、低部分产生斜裂缝(图 2-61(d))。

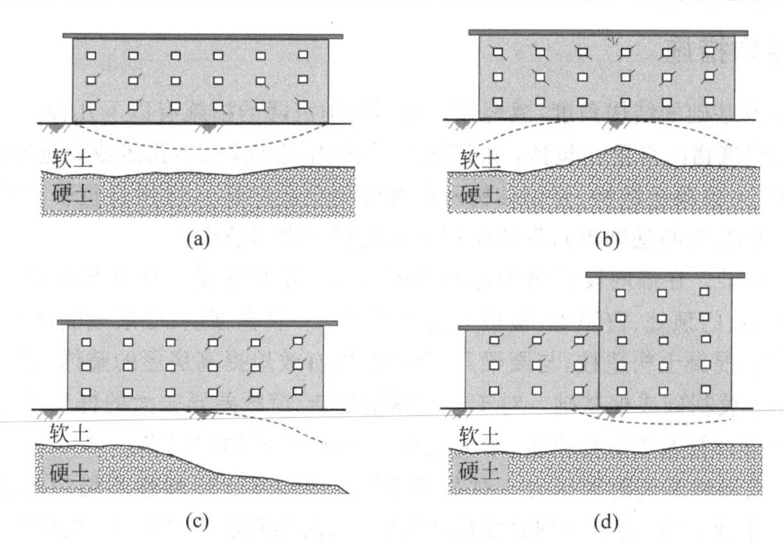

图 2-61 不均匀沉降引起的墙体开裂

(a) 土层分布较均匀;(b) 中部硬土层凸起;(c) 松散土层厚度变化大;(d) 上部结构荷载变化大

对于框架等超静定结构来说,各柱的沉降差必将在梁柱等构件中产生附加内力。当这些附加内力与设计荷载作用下的内力之和超过构件的承载能力时,梁、柱端和楼板将会出现裂缝。

下面介绍一些从建筑设计、结构布置、施工角度减轻地基不均匀沉降的措施。

2.12.1 建筑设计措施

为减小建筑物不均匀沉降危害,建筑设计应采取的措施有以下几种。

(1) 在满足使用要求的前提下,建筑物的体型应力求简单。当地基软弱时,建筑物尽量避免体型复杂或层差太大;当高度差异或荷载差异较大时,应将两者隔开一定距离,当拉开距离后的两个单元必须连接时,应采取能自由沉降的连接构造。

(2) 控制建筑物的长高比及合理布置墙体。长高比大的砌体承重房屋,其整体刚度差,纵墙很容易因挠曲过度而开裂。通过合理布置纵、横墙,增强砌体承重结构房屋的整体刚度,改善房屋的整体性,从而增强调整不均匀沉降的能力。

(3) 设置沉降缝。用沉降缝将建筑物(包括基础)分割为两个或多个独立的沉降单元,可有效防止不均匀沉降的发生。沉降缝通常选择在下列部位上:复杂建筑物平面转折部位;长高比过大的砌体承重结构或钢筋混凝土框架结构的适当部位;地基土的压缩性有显著变化处;建筑物的高度或荷载有较大差异处;建筑物结构或基础类型不同处;分期建造房屋的交界处。

(4) 使相邻建筑物基础间满足净距要求。通过在相邻建筑物间保持足够大的净距,避免相互间基底压力扩散的叠加效应。

(5) 调整建筑设计标高。建筑物的沉降会改变原有的设计标高,严重时将影响建筑物的使用功能。因而可以采取下列措施进行调整:根据预估的沉降量,适当提高室内地坪和地下设施的标高；将有联系的建筑物或设备中沉降较大者的标高适当提高；建筑物与设备之间留有足够的净空；当有管道穿过建筑物时，应预留足够大的孔洞，或采用柔性管道接头等。

2.12.2 结构措施

从建筑物及基础的结构角度，减轻建筑物不均匀沉降的措施有以下几种。

(1) 减轻建筑物的自重。包括：采用轻质材料(空心砌块、多孔砖或其他轻质墙)，选用轻型结构(预应力混凝土结构、轻钢结构及各种轻型空间结构)，选用自重轻、回填少的基础形式(如壳体基础、空心基础等)，设置架空地板代替室内回填土等。

(2) 设置圈梁。在墙内设置圈梁可增强砌体承重结构承受挠曲变形的能力，圈梁可设置在墙体转角处、门顶处、窗顶处、楼板下及适当部位。宜在顶层、底层或隔层设置圈梁。还可设置现浇钢筋混凝土构造柱，与圈梁共同作用，以有效地提高房屋的整体刚度。

(3) 采用连续基础或桩基础。对于建筑体型复杂、荷载差异较大的框架结构，可采用箱基、筏基、桩基等加强基础整体刚度，增大支承面积，减少不均匀沉降。

(4) 减少或调整基底附加压力。对荷载不均匀或地基土压缩性不均匀的建筑物，通过设置地下室或半地下室、改变基础底面尺寸等方式，调整基底附加压力，减轻基础的不均匀沉降。

(5) 采用对不均匀沉降不敏感的结构形式。砌体承重结构、钢筋混凝土框架结构对不均匀沉降很敏感，而排架、三铰拱(架)等铰接结构则对不均匀沉降有很大的顺从性，支座发生相对位移时不会引起很大的附加压力，故可以避免不均匀沉降的危害。注意铰接结构的这类结构形式通常只适用于单层的工业厂房、仓库和某些公共建筑等。

2.12.3 施工措施

施工时，采用以下措施可减轻建筑物的不均匀沉降。

(1) 合理安排施工顺序。在施工进度和条件允许的情况下，一般应按照先重后轻、先高后低的顺序进行施工，或在高、重部位竣工并间歇一段时间后再修建轻、低部位。带有地下室和裙房的高层建筑，为减小高层部位与裙房之间的不均匀沉降，施工时应使浇筑区断开，待高层部分主体结构完成时再连接成整体。

(2) 在软土地基上开挖基坑时，尽量不要扰动土的原状结构，通常可在基坑底保留大约200 mm厚的原土层，待施工垫层时才临时挖除。如发现坑底软土已被扰动，可挖除扰动部分，用砂石回填处理。

(3) 新建基础及邻近现有建筑物的侧边不宜堆放大量的建筑材料或弃土等重物，以免地面堆载引起建筑物产生附加沉降。

(4) 注意打桩、降低地下水、基坑开挖对邻近建筑物可能产生的不利影响。

习题

2-1 写出求解轴心荷载作用下基底压力的公式。

2-2 写出计算基础和其上的土的混合重量(G_k)的公式。

2-3　写出小偏心($e\leqslant b/6$)荷载作用下，计算基底最大和最小压力的公式。

2-4　写出大偏心($e>b/6$)荷载作用下，计算基底最大和最小压力的公式。

2-5　写出计算地面下某一深度处土的自重应力的公式。

2-6　写出计算基底平均附加压力的公式。

2-7　写出基底以上土的加权重度的求解公式。

2-8　写出根据静荷载试验结果确定地基承载力特征值的公式。

2-9　写出根据土的抗剪强度求地基承载力特征值的公式。

2-10　写出轴心荷载下，持力层地基承载力验算公式。

2-11　写出偏心荷载下，持力层地基承载力验算公式。

2-12　写出矩形基础的截面抵抗矩公式，注明符号含义。

2-13　设基础底面上作用有弯矩 M_k，写出求总偏心距的公式。

2-14　设基础顶面处作用荷载为 F_k，F_k 的偏心距为 e_F，写出求总偏心矩的公式。

2-15　写出软弱下卧层承载力验算公式。

2-16　写出条形基础软弱下卧层顶面处的附加压力公式。

2-17　写出矩形基础软弱下卧层顶面处的附加压力公式。

2-18　写出求解软弱下卧层顶面处土自重压力的公式。

2-19　写出求解软弱下卧层承载力的两种算法的公式。

2-20　写出确定轴心荷载作用下基础底面尺寸的公式。

2-21　写出求解刚性基础最小高度的公式。

2-22　简述轴心荷载作用下设计墙下钢筋混凝土条形基础的步骤，并写出主要计算公式。

2-23　简述偏心荷载作用下设计墙下钢筋混凝土条形基础的步骤，并写出主要计算公式。

2-24　写出文克尔地基模型公式。

2-25　简述天然地基上浅基础设计的内容和步骤。

2-26　确定基础的埋置深度时要考虑哪些因素？

2-27　在地基变形验算时，荷载取什么组合？抗力取什么值？

2-28　何谓刚性基础？它与钢筋混凝土基础有何区别？其适用条件是什么？构造上有何要求？台阶允许宽高比的限值与哪些因素有关？

2-29　钢筋混凝土柱下独立基础、墙下条形基础设计时需要计算或验算哪些内容？

2-30　何谓基础的冲切破坏？如何对基础进行冲切验算？

2-31　试比较无筋扩展基础、墙下条形基础与柱下条形基础在截面高度确定方法上的区别。

2-32　常用的文克尔模型、弹性半无限空间模型、有限压缩层模型有何异同？各适用于什么地基条件？

2-33　柱下条形基础的适用范围是什么？

2-34　试述倒梁法计算柱下条形基础的步骤和适用条件。

2-35　柱下十字交叉基础依据什么原则分配柱荷载？

2-36　考虑地基、基础与上部结构共同作用的分析方法与常规设计方法有什么不同？

2-37　筏形基础和箱形基础有何共同点与不同点？

2-38　倒楼盖法和静定分析法的原理与适用条件是什么？有何区别？

2-39　常用的地基模型有哪些？简要说明各模型的适用条件。

2-40　建筑物的不均匀沉降与哪些因素有关？可通过哪些技术措施来减轻？

2-41　求地基持力层的承载力特征值

某墙下条形基础，基础底面宽度为3.8 m，基础埋深1.8 m，地下水位位于地面以下1.0 m处。地面下为填土层，层厚1.8 m，$\gamma=16\ \mathrm{kN/m^3}$，$\gamma_{sat}=17.8\ \mathrm{kN/m^3}$。填土层下为粉质黏土层，层厚3.5 m，$\gamma_{sat}=18.5\ \mathrm{kN/m^3}$，$f_{ak}=125$ kPa，$e=0.8$，$I_L=0.78$。试确定地基持力层的承载力特征值。

2-42　求地基持力层的承载力特征值

某条形基础，基础底面宽度为2.5 m，基础埋深1.6 m，竖向力的合力偏心距为0.05 m，地基土内摩擦角$\varphi_k=24°$，黏聚力$c_k=15$ kPa，地下水位位于地面以下0.8 m处。地下水位以上土的重度为$\gamma=18.5\ \mathrm{kN/m^3}$，地下水位以下土的饱和重度为$\gamma_{sat}=19.5\ \mathrm{kN/m^3}$。试确定地基持力层的承载力特征值。

2-43　验算地基承载力

某条形基础宽2.4 m，埋深为1.6 m，土层分布为：0～−0.8 m为填土，$\gamma=17.5\ \mathrm{kN/m^3}$；−0.8～−7.5 m为黏土，$\gamma=18.5\ \mathrm{kN/m^3}$，$e=0.75$，$I_L=0.75$，$f_{ak}=240$ kPa。地下水位在地面下1 m处。(1)试确定该基础的地基承载力；(2)若条基底宽3.6 m，传至基础顶面的荷载$F_k=800$ kN/m，试问地基承载力是否满足要求？

2-44　验算基础底面尺寸

某柱下独立基础，荷载与地基土层分布如图2-62所示。上层为填土，厚1.5 m，重度$\gamma=16.5\ \mathrm{kN/m^3}$，饱和重度$\gamma_{sat}=17.8\ \mathrm{kN/m^3}$；第二层为黏性土，厚3.5 m，重度$\gamma=18\ \mathrm{kN/m^3}$，饱和重度$\gamma_{sat}=18.8\ \mathrm{kN/m^3}$，压缩模量$E_{s1}=10$ MPa，承载力特征值$f_{ak}=175$ kPa；第三层为淤泥质土，$E_{s2}=2.0$ MPa，承载力特征值$f_{ak}=60$ kPa。作用在基础顶面的轴心荷载的标准值$F_k=850$ kN，$M_k=250$ kN·m，$H_k=15$ kN。基础埋深1.5 m，室内外高差0.3 m，地下水位在室外地面下0.6 m处。若取基础底面尺寸为3 m×3.5 m，试验算所选基底尺寸能否满足地基承载力要求。

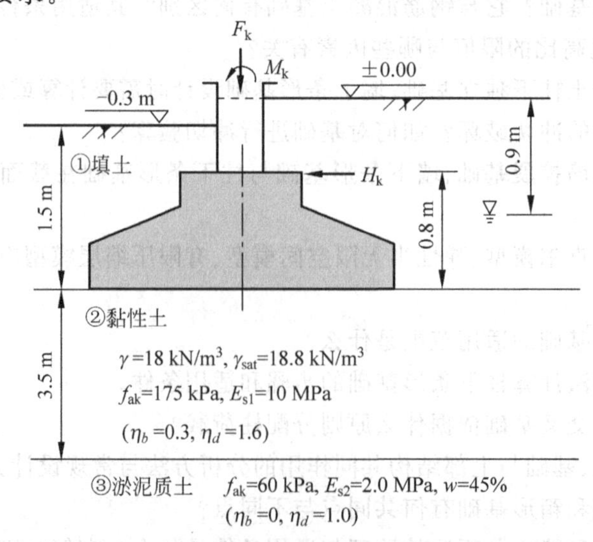

图2-62　习题2-44用图

2-45　设计墙下条形基础

某建筑物采用条形砖基础，墙厚 240 mm，上部结构传递至室外地面处的荷载效应标准组合值为 $F_k=190$ kN/m。地基土表层为厚 0.5 m 的杂填土，重度 17.8 kN/m^3，其下为粉土，黏粒含量 $\rho_c=8\%$，重度 19.5 kN/m^3，地下水位在地表下 0.8 m 处。室内地坪±0.00，高于室外地面 0.3 m，地基承载力特征值为 $f_{ak}=180$ kPa，试设计此条形基础。

2-46　设计墙下条形基础

某办公楼砖混承重结构，外砖墙厚 370 mm，上部结构传至±0.00 处荷载效应标准组合值为 $F_k=250$ kN/m，$M_k=50$ kN·m/m，基础埋深 1.2 m(从室内地面算起，室内外高差 0.5 m)，地基承载力特征值 $f_a=145$ kPa，试设计此基础。

2-47　设计柱下独立基础

某框架柱截面尺寸为 300 mm×400 mm，相应于荷载效应标准组合时，柱传至地面处的荷载值为 $F_k=1500$ kN，$M_k=150$ kN·m，水平荷载 $H_k=50$ kN。基础埋深(自室外地面算起)为 1.5 m，室内地面(标高±0.00)高于室外 0.50 m，$f_{ak}=220$ kPa，$\eta_d=1.6$，$\eta_b=0.3$，$\gamma_m=18.8$ kN/m^3，试设计此柱下独立基础。(提示：材料选用 C25 混凝土，$f_t=1.27$ N/mm^2；钢筋选用 HRB400 级钢筋，$f_y=360$ N/mm^2。)

第3章 深基础

当上层建筑因结构复杂、荷载大、地质条件复杂等原因，致使天然地基或经处理后的地基仍不能满足基础沉降量或地基的稳定性要求时，就有必要采用深基础。

深基础包括桩基础、沉井基础、地下连续墙基础等。3.1节～3.7节介绍桩基础，3.8节介绍沉井基础，3.9节介绍地下连续墙基础。

深基础是基础工程领域的高级基础形式，能有效解决各种复杂构筑物的基础问题。但深基础施工需要采用专门设备开挖基坑，施工技术复杂，工期长，造价高。

本章内容涉及的主要规范有：《建筑桩基技术规范》(JGJ 94—2008)、《建筑地基基础设计规范》(GB 50007—2011)、《建筑基桩检测技术规范》(JGJ 106—2014)、《港口工程桩基规范》(JTS 167-4—2012)、《地下连续墙施工规程》(DG/TJ 08-2073—2010)、《码头结构设计规范》(JTS 167—2018)、《码头结构施工规范》(JTS 215—2018)、《给水排水工程钢筋混凝土沉井结构设计规程》(CECS 137—2015)。

3.1 桩基础概述

3.1.1 桩基础的适用条件

桩基础是深基础中最重要、最常用而古老的深基础形式。

桩(pile)和承台组成受力体系。承台将各桩联结成整体，把上部结构传来的荷载转换、调整分配给各桩。桩是基础中的柱形构件，其作用在于穿过软弱土层或水域将荷载传递到深部较坚硬的、压缩性小的土层或岩层中。

由于桩基础具有承载力高、稳定性好、沉降稳定快和沉降变形小、抗震能力强，能适应各种复杂地质条件等特点，在工程中得到了广泛应用。当存在以下条件时适于采用桩基础。

(1) 对沉降要求严格的高层或重要建筑物；

(2) 当上部结构荷载较大，地基上部土层软弱，地基持力层埋藏较深，采用浅基础或进行地基处理在技术上和经济上都不合理时；

(3) 采用其他方法无法达到地基承载力设计要求的高重构(建)筑物，如高层建筑、重型工业厂房和仓库、料仓等；

(4) 作用有较大水平力和力矩的高耸建筑物，如烟囱、水塔、桥梁、码头、输电塔等；

(5) 采用浅基础不能满足抗震要求的地震区建筑物，或需要减弱振动影响的大型精密机械设备基础；

(6) 施工水位较高、河床冲刷较大的水工构筑物，采用浅基础施工困难或不能保证基础的安全时，或水的浮托力或波浪的上托力较大时；

(7) 建筑场地为软土、湿陷性黄土、膨胀土、冻土等特殊土时。

3.1.2 桩基的类型

桩基(pile foundation)是桩基础的简称，指由设置于岩土中的桩和承台共同组成的支承和传递荷载的体系，或指由柱与桩直接连接的荷载传递体系。

桩基础可以分为单桩基础和群桩基础。**单桩**(single pile)是指孤立的一根桩。**单桩基础**(single pile foundation)是指由单根桩(通常为大直径桩)来承受和传递上部结构荷载的独立基础。**群桩基础**(foundation of pile group)是指由两根及以上基桩和承台组成的基础。**基桩**(foundation pile)是指群桩基础中的单桩。

单桩基础由上部墩柱与单根桩直接连接构成，墩柱的荷载直接传给桩，再由桩传到岩土层中(图3-1(c))。而群桩基础通过承台把若干根桩的顶部连接成整体，上部荷载首先传给承台，通过承台的分配和调整，再传到其下的各根单桩，最后传给地基。

对于群桩基础，根据承台与地面的相对位置，分为低承台桩基和高承台桩基。**低承台桩基**(pile foundation of low bearing platform)是指桩身全部埋于土中，承台底面与土体接触的桩基(图3-1(a))。这种桩基受力性能好，具有较强的抵抗水平荷载的能力，多用于工业与民用房屋建筑工程。**高承台桩基**(pile foundation of high bearing platform)是指桩身上部露出地面或水面，承台底面位于地面或水面以上的桩基(图3-1(b))。这种桩基常处于水下，水平受力性能差，但承台可避免水下施工，且能节省基础材料，多用于桥梁、港口码头及海洋工程(海上采油平台、海上风力发电设备平台)中。

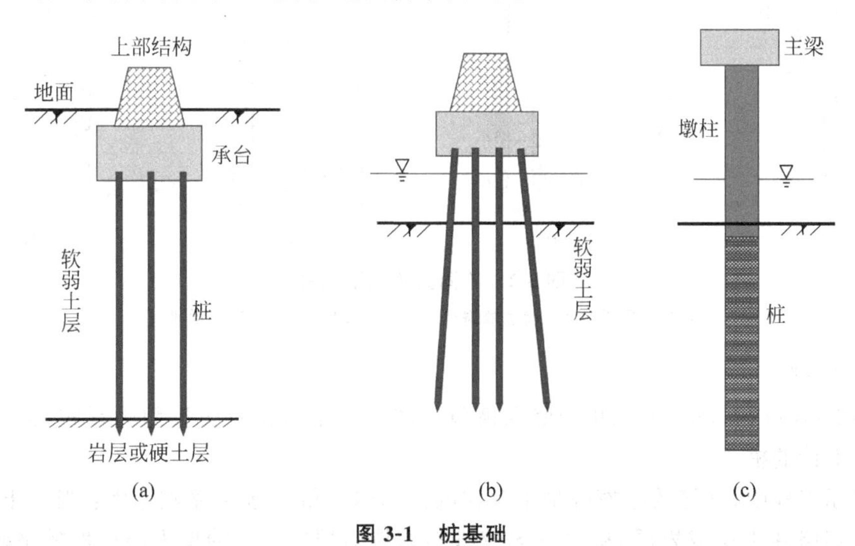

图3-1 桩基础

(a) 低承台桩基础；(b) 高承台桩基础；(c) 单桩基础

3.1.3 桩的类型

根据桩的承载性状、施工方法、桩身材料等可把桩划分为各种类型。按承载性状，可分为端承桩与摩擦桩；按施工方法，可分为预制桩与灌注桩；按成桩挤土效应，可分为挤土桩、非挤土桩、部分挤土桩；按桩身材料，可分为混凝土桩、钢桩、组合材料桩等；按桩的几何尺寸，可根据桩长、桩径等进一步分类；按桩身截面，可分为等径桩、扩底桩、支盘桩等。

3.1.3.1 按承载性状分类

桩的承载方式与浅基础的承载方式不一样。浅基础通过在水平方向扩大基底面积，从而将上部荷载分散到地基中去；而桩除以桩端阻力的方式承担上部荷载外，还在竖向以桩侧摩阻力的方式分担上部荷载。

桩在竖向荷载作用下，桩顶荷载由桩侧摩阻力和桩端阻力共同承受。但由于桩的尺寸、施工方法、桩侧和桩端地基土的物理力学性质等因素的不同，桩侧和桩端所分担荷载的比例是不同的。根据分担荷载的比例，把桩分为摩擦型桩和端承型桩。

1. 摩擦型桩

在竖向极限荷载作用下，如果桩顶荷载全部或主要由桩侧摩阻力承担，则这种桩称为**摩擦型桩**(friction type pile)。通常摩擦型桩的桩端持力层多是较坚实的黏性土、粉质黏土、粉土等。根据桩侧摩阻力分担荷载的比例，摩擦型桩又分为摩擦桩和端承摩擦桩两类，如图 3-2(a)、(b)所示。

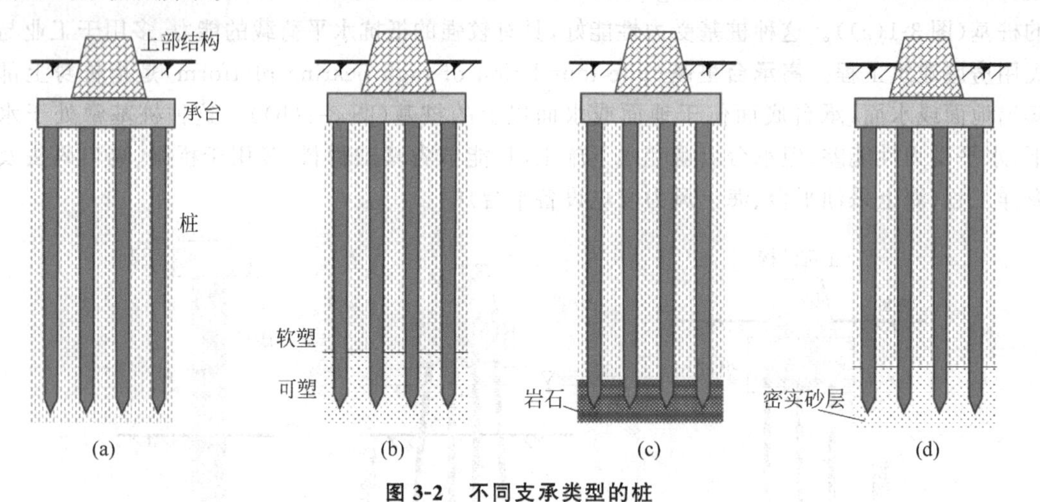

图 3-2 不同支承类型的桩

(a) 摩擦桩；(b) 端承摩擦桩；(c) 端承桩；(d) 摩擦端承桩

1) 摩擦桩

摩擦桩(friction pile)是指桩顶竖向极限荷载绝大部分由桩侧摩阻力承担，而桩端阻力可以忽略不计的桩。

在实际工程中，纯粹的摩擦桩是不存在的。但以下桩可按摩擦桩考虑：当软土层很厚，桩端达不到坚硬土层或岩层，桩端下无较坚实的持力层时；桩端持力层虽然较坚硬但桩的长径比(l/d)(l 为桩长，d 为桩径)很大，传递到桩端的轴力很小，桩端土层分担荷载很小时；桩底残留虚土或沉渣的灌注桩；桩端出现脱空的打入桩等。

2) 端承摩擦桩

端承摩擦桩(end support friction pile)是指桩顶竖向极限荷载由桩侧摩阻力和桩端阻力共同承担，但桩侧摩阻力分担荷载较大的桩。当桩的长径比不很大($l/d \leqslant 20$)，桩端持力层为较坚硬的黏性土、粉土和砂类土时，可看成端承摩擦桩。

2. 端承型桩

端承型桩(end bearing type pile)是指在竖向极限荷载作用下，桩顶荷载全部或主要由桩端阻力承受，桩侧摩阻力相对于桩端阻力较小的桩。通常端承型桩桩端进入中密以上的砂类、碎石类土层或位于微风化、中等风化的岩层顶部。根据桩端阻力分担荷载的比例，端承型桩又可分为端承桩和摩擦端承桩两类，如图 3-2(c)、(d)所示。

1) 端承桩

端承桩(end bearing pile)是指桩顶竖向极限荷载绝大部分由桩端阻力承担，而桩侧摩阻力可以忽略不计的桩。桩的长径比较小($l/d \leqslant 10$)，桩身穿过软弱土层，桩端设置在密实砂类、碎石类土层中或位于中风化、微风化及新鲜基岩层中的桩可认为是端承桩。当桩端嵌入岩层一定深度时，称为**嵌岩桩**(socketed pile)。

2) 摩擦端承桩

摩擦端承桩(frictional end bearing pile)是指桩顶竖向极限荷载由桩端阻力和桩侧摩阻力共同承担，但桩端阻力分担荷载较大的桩。比如，桩径比适当，桩端进入中密以上的砂类、碎石类土层中，或嵌入中、微风化及新鲜基岩中的桩，虽然端承力较高，但桩的侧摩阻力仍占有相当比例而不可忽略的桩。

上述按承载性状对桩的分类仅是概念性的，没有绝对界限可以进行精确划分。但在实际工程中，可通过实测或计算得出桩端阻力和桩侧摩阻力值，从而可以准确判断桩的承载性状。

3.1.3.2 按施工方法分类

根据桩的施工方法，可粗分为预制桩(prefabricated pile)和灌注桩(cast-in-place pile)两大类。详细分类如图 3-3 所示。

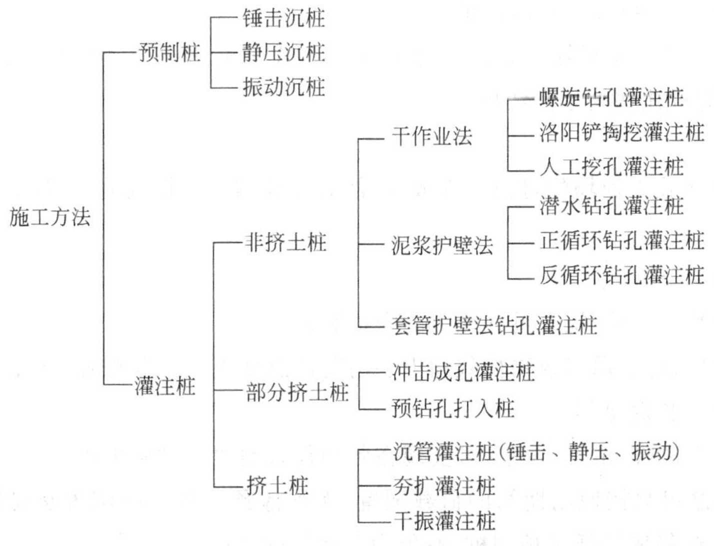

图 3-3 按施工方法对桩分类

1. **预制桩**

预制桩是指在工厂或现场预制的桩。然后在现场通过锤击、振动、静压或旋入等方式将桩设置就位。

打入桩也称为锤击桩，是指通过锤击方式被打入到设计的地层深度的预制桩。打入桩法是指通过锤击方式将预制桩置入地层的方法。打入桩法适用于桩径较小(一般直径在0.6 m以下)，地基土质为砂性土、塑性土、粉土、细砂以及松散的不含大石块的地层。

压入桩是指通过静压方式被置入到设计地层深度的预制桩。压入桩法也称为静压桩法，是指通过专业的压桩机以静力方式将预制桩体压挤到地基中的方法。压入桩法施工时无振动、无噪声，适用于要求安静作业的环境。但压入桩法的沉桩能力小于打入桩法，仅适用于对桩承载力要求不很高的场所，如既有建筑物基础的托换加固等。

旋入桩是指桩端处设有螺旋板、通过外部机械扭力而被置入到地基中的桩。旋入桩法是指通过外部机械的扭力将预制桩置入地层的方法。旋转桩法施工时对桩侧土体扰动较大，适用于桩身截面较小的场合。

振动沉桩法是利用振动沉桩机的振动力将桩沉入地层的方法。这种施工方法适用于高强度的预制钢筋混凝土桩或钢管桩，地层则应是在振动条件下土的抗剪强度降低较多的土层。

预制桩有如下特点。

(1) 制作环境好，可视化操作，可控性强，桩体质量高，可批量生产，效率高。

(2) 沉桩过程中产生挤土效应，使桩侧摩阻力和桩端阻力相应提高，但也可能损坏周围建筑物、道路、管线等地下设施。

(3) 虽然能进入砂、砾、硬黏土、强风化岩层等坚实持力层，但穿透这些硬地层的厚度不能太大，否则施工有困难。

(4) 沉桩时会产生振动、噪声污染。

(5) 预制桩由于承受运输、起吊、打击应力，需要配置较多钢筋，混凝土强度等级也要相应提高，因此其造价往往高于灌注桩。

2. **灌注桩**

灌注桩是指在施工现场的桩位处先成孔，然后在孔内下入钢筋笼、灌注混凝土形成的钢筋混凝土桩。

灌注桩具有以下优点。

(1) 除沉管灌注桩外，施工过程无大的噪声和振动。

(2) 灵活性强，可根据建筑物荷载和土层情况任意变更桩长和桩径，甚至可改变桩的截面，做成变截面桩、扩底桩等。

(3) 通过改变钻机、钻具、泥浆，可实现在各种复杂地质条件中成桩。

(4) 桩身钢筋可只按使用期间的荷载配置，无须像预制桩那样配置承受起吊、运输、打击作用的钢筋。配筋率远低于预制桩，造价为预制桩的40%～70%。

灌注桩可粗分为泥浆护壁成孔桩、干作业成孔桩、沉管成孔桩、爆扩成孔桩、人工挖孔桩几大类，其适用范围可参考表3-1。

表 3-1 常用灌注桩的适用范围

成孔方法		桩径/mm	桩长/m	适用范围
泥浆护壁成孔	冲抓	600～1500	≤30	碎石土、砂类土、粉土、黏性土及风化岩。当进入中等风化和微风化岩层时，冲击成孔的速度比回转钻快
	冲击	600～1500	≤50	
	回转钻	400～3000	≤80	
	潜水钻	450～1500	≤80	黏性土、淤泥、淤泥质土及砂类土
干作业成孔	螺旋钻	300～1500	≤30	地下水位以上的黏性土、粉土、砂类土、人工填土
	钻孔扩底	300～3000	≤30	地下水位以上坚硬、硬塑的黏性土及中密以上砂类土
	机动洛阳铲	300～500	≤20	地下水位以上的黏性土、粉土、黄土及人工填土
沉管成孔	锤击	340～800	≤30	硬塑黏性土、粉土及砂类土，直径≥600 mm 的强风化岩
	振动	400～500	≤24	可塑黏性土、中细砂
爆扩成孔		≤800	≤20	地下水位以上的黏性土、黄土、碎石土及风化岩
人工挖孔		≥1000	≤25	黏性土、粉土、黄土及人工填土

表 3-1 中的爆扩成孔是指用一般钻孔方法成孔后，用炸药扩大孔底，然后浇灌混凝土成桩。这种桩扩大了桩底与地基土的接触面积，提高了桩的承载力。

《建筑桩基技术规范》(JGJ 94—2008)推荐的主要成桩方法的适用范围如下。

(1) 泥浆护壁钻孔灌注桩宜用于地下水位以下的黏性土、粉土、砂土、填土、碎石土及风化岩层。

(2) 旋挖成孔灌注桩宜用于黏性土、粉土、砂土、填土、碎石土及风化岩层。

(3) 冲孔灌注桩除宜用于上述地质情况外，还能穿透旧基础、建筑垃圾层、填土或大孤石等障碍物。在岩溶发育地区应慎重使用，采用时，应适当加密勘察钻孔。

(4) 长螺旋钻孔压灌桩后插钢筋笼桩宜用于黏性土、粉土、砂土、填土、非密实的碎石类土、强风化岩。

(5) 干作业钻、挖孔灌注桩宜用于地下水位以上的黏性土、粉土、填土、中等密实以上的砂土、风化岩层。

(6) 在地下水位较高，有承压水的砂土层、滞水层、厚度较大的流塑状淤泥、淤泥质土层中不得选用人工挖孔灌注桩。

(7) 沉管灌注桩宜用于黏性土、粉土和砂土层。

(8) 夯扩桩宜用于桩端持力层为埋深不超过 20 m 的中、低压缩性黏性土、粉土、砂土和碎石类土。

3.1.3.3 按成桩挤土效应分类

成孔或成桩时的挤土效应会引起桩周土的天然结构、应力状态和性质产生变化，从而影响桩的承载力和沉降。按成桩挤土效应，可将桩分为非挤土桩、部分挤土桩和挤土桩。

1. 非挤土桩

非挤土桩(non-displacement pile)是指在成孔过程中，桩径范围内的土体被清除出孔，桩周土不受排挤作用的桩。如干作业挖孔桩、泥浆护壁钻孔灌注桩、套管护壁钻孔灌注桩等。

由于施工中钻孔的形成与扰动，使孔周土应力释放，土的抗剪强度降低，成桩后桩侧摩阻力有所减小，且泥浆护壁成孔桩由于泥皮与孔底残渣的影响，致使桩的承载力下降、沉降过大。

但另一方面，非挤土桩具有穿越各种硬夹层、嵌岩和进入各类硬持力层的能力，桩的几何尺寸和单桩承载力可调范围大，因此钻（冲、挖）孔灌注桩应用广泛。

对于非挤土桩，应使用折减后的原状土强度指标来估算桩的承载力和沉降量。

2. 部分挤土桩

部分挤土桩(partial displacement pile)是指在桩的设置过程中对桩周土体稍有排挤作用，但桩周土的强度和变形性质变化不大的作业方式所成的桩。如长螺旋压灌灌注桩、冲孔灌注桩、钻孔挤扩灌注桩、搅拌劲芯桩、预钻孔之后打入或压入的预制桩、打入或压入的敞口钢管桩、敞口预应力混凝土空心桩、H 型钢桩等。

对于部分挤土桩，一般可用原状土测得的强度指标来估算桩的承载力和沉降量。

3. 挤土桩

挤土桩(displacement pile)是指不预先钻孔，通过挤压土体直接沉入到土层中的桩。挤土过程使得桩周土体的结构受到严重破坏。挤土桩包括沉管灌注桩，沉管夯(挤)扩灌注桩，以打入、静压或振动方式沉入土中的预制桩，闭口预应力混凝土空心桩，闭口钢管桩等。

对于挤土桩，应采用原状土扰动后再恢复的强度指标来估算桩的承载力及沉降量。

挤土桩适用于软土层。挤土施工对周围构筑物有扰动，可能引起邻近桩的上浮、侧移或断裂，在地基土中会引起较高的静孔隙水压力，能造成周边房屋、市政设施受损等。

3.1.3.4 按桩身材料分类

按桩身材料，可将桩分为混凝土桩、钢桩、组合材料桩。

1. 混凝土桩

混凝土桩是工程中大量应用的一类桩型。混凝土桩还可分为素混凝土桩、钢筋混凝土桩、预应力钢筋混凝土桩 3 类。

素混凝土桩的抗压强度高而抗拉强度低，一般只适于纯受压的条件，现已很少使用。

钢筋混凝土桩的断面形式有方形、圆形或三角形等；可以是实心的，也可以是空心的。近年来，出现了截面为矩形、T 形等的壁板桩，其承载力很高。各种常见的桩截面形式如图 3-4 所示。这种桩一般做成等断面，也有因土层性质变化而采用变断面的桩体。钢筋混凝土桩的配筋率较低（一般为 0.3%～1.0%），而混凝土取材方便、价格便宜、耐久性好。钢筋混凝土桩可用于承压、抗拔、抗弯（抵抗水平力等）的场合，既可预制又可现浇（灌注桩），还可采用预制与现浇组合，适用于各种地层，成桩直径和长度可变范围大，因而得到广泛应用。

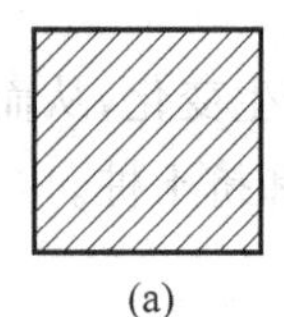
(a)
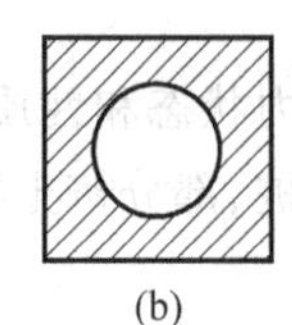
(b)
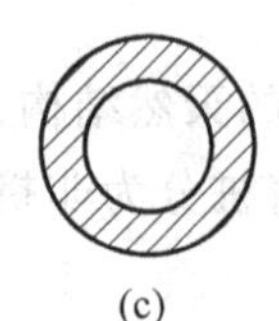
(c)
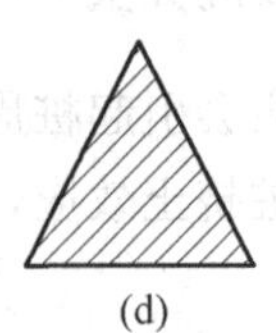
(d)
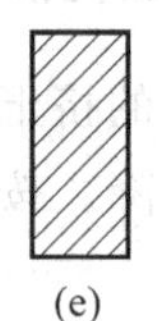
(e)
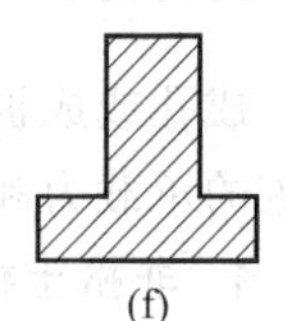
(f)

图 3-4 钢筋混凝土桩截面形式

(a) 方桩；(b) 空心方桩；(c) 管桩；(d) 三角形桩；(e) 矩形桩；(f) T 形桩

2. 钢桩

钢桩有管状、宽翼工字形截面和板状截面等形式。钢桩具有穿透能力强、承载力高、自重轻、锤击沉桩效果好、连接容易、运输方便等特点，而且质量容易保证，桩长可任意调整，还可根据弯矩沿桩身的变化情况局部加强其断面刚度和强度，但也存在价格高、易锈蚀等不足。

3. 组合材料桩

组合材料桩指一根桩由两种或两种以上材料组成的桩。如钢管内填充混凝土，水泥搅拌桩中插入型钢或小截面预制钢筋混凝土桩等，一般应用于特殊地质环境中。

3.1.3.5 按桩的几何尺寸分类

按桩的长度分为四类：短桩($l \leqslant 10$ m)、中长桩(10 m$<l\leqslant$30 m)、长桩(30 m$<l\leqslant$60 m)、超长桩($l>$60 m)，其中 l 为桩长。

按相对桩长 αl 分为三类：刚性短桩($\alpha l \leqslant 2.5$)、弹性中长桩($\alpha l = 2.5\sim4.0$)、弹性长桩($\alpha l \geqslant 4.0$)。其中 α 为水平变形系数，按下式计算：

$$\alpha = \sqrt[5]{\frac{mb_0}{EI}} \tag{3-1}$$

式中，m——地基土水平抗力系数的比例系数，MN/m^4，可查《建筑桩基技术规范》(JGJ 94—2008)表5.7.5得到；

b_0——桩的计算宽度，m，可根据《建筑桩基技术规范》(JGJ 94—2008)第5.7.5条款的规定取值；

E——桩的弹性模量，MPa；

I——桩的截面惯性矩，m^4。

按桩径大小，桩可分为小直径桩($d\leqslant$250 mm)、中等直径桩(250 mm$<d<$800 mm)和大直径桩($d\geqslant$800 mm)，其中 d 为桩径。

3.1.4 桩的承载力和稳定性验算要求

根据《建筑桩基技术规范》(JGJ 94—2008)第3.1.3条款，所有桩基均应根据具体条件分别进行承载能力计算和稳定性验算，内容如下。

(1) 应根据桩基的使用功能和受力特征分别进行桩基的竖向承载力计算和水平承载力计算。

(2) 应对桩身和承台结构承载力进行计算；对于桩侧土不排水抗剪强度小于10 kPa且长径比大于50的桩，应进行桩身压屈验算；对于混凝土预制桩，应按吊装、运输和锤击作用进行桩身承载力验算；对于管桩，应进行局部压屈验算。

(3) 当桩端平面以下存在软弱下卧层时，应进行软弱下卧层承载力验算。

(4) 对位于坡地、岸边的桩基，应进行整体稳定性验算。

(5) 对于抗浮、抗拔桩基，应进行基桩和群桩的抗拔承载力计算。

(6) 对于抗震设防区的桩基，应进行抗震承载力验算。

3.1.5 桩基变形验算要求

根据《建筑桩基技术规范》(JGJ 94—2008)第3.1.4～3.1.6条款，下列建筑桩基应进行沉降计算：①设计等级为甲级的非嵌岩桩和非深厚坚硬持力层的建筑桩基；②设计等级为乙级的体形复杂、荷载分布显著不均匀或桩端平面以下存在软弱土层的建筑桩基；③软土地基多层建筑减沉复合疏桩基础。

疏桩基础(sparse pile foundation)是指在充分发挥天然地基承载力的基础上，对地基承载力不足部分，或对地基沉降的超额部分，由桩来提供支撑的基础。这种充分考虑桩间土对基础的基底反力分担作用的设计，能够有效地减少用桩数量，故称疏桩基础。根据疏桩基础的目的又分为协力疏桩基础和控沉疏桩基础。**协力疏桩基础**(sparse pile foundation for compensating bearing capacity)是指以桩的承载力来补偿天然地基承载力不足的少桩基础。**控沉疏桩基础**(sparse pile foundation for controlling settlement)是以控制建筑物的沉降量为目的，对天然地基沉降量超额部分用桩承担的少桩基础，又称减沉复合疏桩基础。

对受水平荷载大，或对水平位移有严格限制的建筑桩基，应计算其水平位移。

应根据桩基所处的环境类别和相应的裂缝控制等级，验算桩和承台正截面的抗裂能力和裂缝宽度。

3.1.6 荷载效应组合与抗力取值

桩基设计时所采用的荷载效应组合与相应的抗力应符合下列规定。

(1) 确定桩数和布桩时，应采用传至承台底面的荷载效应标准组合，相应的抗力采用基桩或复合基桩承载力特征值。

(2) 计算荷载作用下的桩基沉降和水平位移时，应采用荷载效应准永久组合；计算水平地震作用、风荷载作用下的桩基水平位移时，应采用水平地震作用、风荷载效应标准组合。

(3) 验算坡地、岸边建筑桩基的整体稳定性时，应采用荷载效应标准组合；抗震设防区应采用地震荷载效应和荷载效应的标准组合。

(4) 计算桩基结构承载力、确定尺寸和配筋时，应采用传至承台顶面的荷载效应基本组合；当进行承台和桩身裂缝控制验算时，应分别采用荷载效应的标准组合和准永久组合。

(5) 桩基结构安全等级、设计使用年限和结构重要性系数 γ_0 应按现行有关建筑结构规范的规定采用；对桩基结构进行抗震验算时其承载力调整系数 γ_{RE} 应按《建筑抗震设计规范(2016年版)》(GB 50011—2010)的规定采用。

关于荷载效应值，除非专门要求，一般存在如下关系：基本组合值＝标准组合值×1.35，准永久值＝标准组合值×0.90。

3.1.7 不同使用功能桩的计算与验算内容

根据桩的使用功能可分为承压桩、抗拔桩、水平受力桩及复合受力桩等。

(1) 承压桩主要承受上部结构传来的竖向荷载，一般建筑桩基在正常工作条件下都属于此类桩。设计时要进行竖向承载力验算，必要时还要验算沉降量和软弱下卧层的承载力。

(2) 抗拔桩主要承受竖直向上的拉拔荷载，如水下抗浮力的锚桩、静荷载试验的锚桩、输电塔和微波发射塔的桩基等。设计时一般应进行桩身强度和抗裂、抗拔承载力验算。

(3) 水平受力桩主要承受水平荷载，如港口工程的板桩、深基坑的护坡桩以及坡体抗滑桩等。设计时一般应进行桩身强度和抗裂、抗弯承载力及水平位移验算。

(4) 复合受力桩是指承受竖向荷载及水平荷载的桩，此类桩受力状态比较复杂，应按竖向抗压桩及水平受力桩的要求进行验算。

3.2　承压桩

绝大多数构筑物下面的桩以承受上部结构的荷载为主，属于承压桩。本节研究承压桩的承载性状。

3.2.1　承压桩的荷载传递

了解单桩的工作性能是分析单桩承载力的理论基础。通过桩土相互作用分析，了解桩土间的传力途径和单桩承载力的构成及其发展过程，以及单桩的破坏机理等，对正确评价单桩轴向承载力具有一定的指导意义。

在确定竖直单桩的竖向承载力时，有必要大致了解施加于桩顶的竖向荷载如何通过桩-土相互作用传递给地基，以及单桩如何达到承载力极限状态的过程。

3.2.1.1　桩身轴力

轴力是轴向力的简称。**桩身轴力**(axial force of pile shaft)是指桩身的某一截面处沿桩身轴线方向作用的拉力或压力。

竖向荷载 Q 在桩身各截面引起的轴向力 N_z，可以通过桩的静载试验，利用埋设于桩身内的测试元件量测得到，从而可以绘出轴力沿桩身的分布曲线(图 3-5(e))。该曲线称为荷载传递曲线。由于桩侧土的摩阻作用，轴向力 N_z 随深度 z 的增大而减小，其衰减的快慢反映了桩侧土摩阻作用的强弱。桩顶的轴向力 N_0 与桩顶竖向荷载 Q 相平衡，即 $N_0=Q$；桩端的轴向力 N_l 与总桩端阻力 Q_p 相平衡，故 $N_l=Q_p$，总侧阻力 $Q_s=Q-Q_p$。

任一深度处桩身截面的轴力按下式计算：

$$N_z=Q-\int_0^z u_p\tau_z \mathrm{d}z \tag{3-2}$$

式中，N_z——深度 z 处的桩身轴力，kN；

Q——桩顶荷载，kN；

z——自桩顶算起的深度，m；

u_p——深度 z 处的桩身周长，m；

τ_z——桩侧单位面积上的摩阻力，kPa。

如图 3-5(e)所示，桩身轴力在桩顶处最大，随深度增加，桩侧摩阻力逐渐分担一部分桩顶荷载，使得桩身轴力逐渐呈曲线减小。但深度增加到桩侧摩阻力逐渐接近其极限值时，桩身轴力便不再减小，而是趋于一个定值。

3.2.1.2　桩侧摩阻力

桩侧摩阻力(lateral resistance of pile)是指作用在桩侧表面上的桩-土界面间的摩擦力，也称桩的侧摩阻力、桩侧阻力。桩侧摩阻力的数值可正可负。

对于等截面桩，如图 3-5(a)所示，从桩身任意深度 z 处取 $\mathrm{d}z$ 微分段，根据微分段的竖

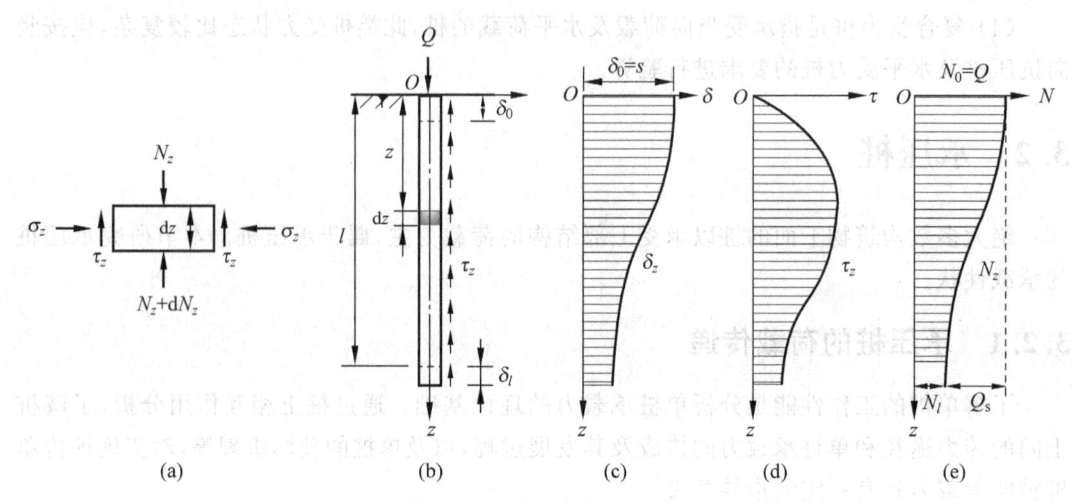

图 3-5 单桩轴向荷载传递

(a) 微桩段的受力；(b) 轴向受压单桩；(c) 桩身截面位移；(d) 桩侧摩阻力；(e) 桩身轴力

z—深度；δ—桩身某一截面处的沉降；δ_0—桩顶沉降；

δ_z—桩身截面沉降随深度变化曲线；τ—桩侧摩阻力；τ_z—桩侧摩阻力随深度变化曲线；

N—桩身轴力；N_z—桩身轴力随深度变化曲线；N_0—桩顶处的桩身轴力；

Q—桩顶荷载；N_l—桩底($z=l$)处的桩身轴力($=Q_p$)；Q_s—桩侧摩阻力

向力平衡条件(忽略桩身自重)，可得

$$N_z - \tau_z u \mathrm{d}z - (N_z + \mathrm{d}N_z) = 0 \tag{3-3}$$

$$\tau_z = -\frac{1}{u}\frac{\mathrm{d}N_z}{\mathrm{d}z} \tag{3-4}$$

式中，τ_z——深度 z 处桩侧单位侧表面积上的摩阻力，kPa；

N_z——深度 z 处桩身截面的轴向力，kN；

u_p——桩的周长，m。

一般称式(3-4)为桩的荷载传递基本微分方程。只要测得桩身轴力 N_z 的分布曲线，即可用式(3-4)求桩侧摩阻力的大小与分布，见图 3-5(d)。

式(3-4)表明，自桩顶到桩底，桩身截面处的侧摩阻力先增大后减小。在任一深度 z 处，桩间土侧阻力 τ_z 的大小与桩在该处的轴向力的变化率($\mathrm{d}N_z/\mathrm{d}z$)成正比。负号表示摩擦阻力方向向上，图中以向下的方向为正。但实际计算桩的侧摩阻力时并不考虑 τ_z 受深度 z 的影响，而是根据经验，对同类桩周土，取其侧摩阻力为一固定值，而不考虑 z 的影响。

3.2.1.3 桩身位移

当桩顶作用有轴向荷载 Q 时，桩顶截面位移 δ_0(亦即桩顶沉降 s)一般由两部分组成，一部分是桩端下沉量 δ_l，另一部分是桩身材料在轴力 N_z 作用下产生的压缩变形 δ_s，可表示为 $s=\delta_l+\delta_s$。

在进行单桩静载试验时，可测出桩顶竖向位移 s，利用上述已测得的轴力分布曲线 N_z，根据材料力学公式，即可求出任意深度处的桩身截面位移 δ_z 和桩端位移 δ_l，即

$$\delta_z = s - \frac{1}{AE}\int_0^z N_z \mathrm{d}z \tag{3-5}$$

$$\delta_l = s - \frac{1}{AE}\int_0^l N_z \mathrm{d}z \tag{3-6}$$

式中，δ_z——深度 z 处的桩身截面位移，m；

δ_l——桩端位移(沉降)，m；

s——桩顶位移，m，$s=\delta_0$；

N_z——深度 z 处的桩身轴力，kN；

A——桩的横截面面积，m^2；

E——桩身材料的弹性模量，kPa。

从图 3-5(c)中可以看出，桩身截面位移随深度增加而非线性(曲线)减小。桩顶沉降最大，桩底沉降最小。因为桩底处的沉降是由桩端下各土层的沉降造成的，而桩顶处的沉降除了桩底沉降之外，还有桩身本身的压缩量。

3.2.1.4 桩的荷载传递的一般规律

通过桩的荷载试验，可得到如图 3-6 所示的 Q-s 曲线。试验表明，桩侧摩阻力在较小的桩身沉降时即能充分发挥出来，而桩端阻力的发挥需要较大的下沉量。

当桩顶不受力时，桩静止不动，桩侧、桩端阻力为零。随着荷载不断增大，桩身的压缩变形和桩土间的相对位移也相应增大，桩侧、桩端阻力也逐渐增大。桩在产生一定的下沉后达到稳定，这时桩侧摩阻力、桩端阻力总和与桩顶荷载处于静力平衡状态。

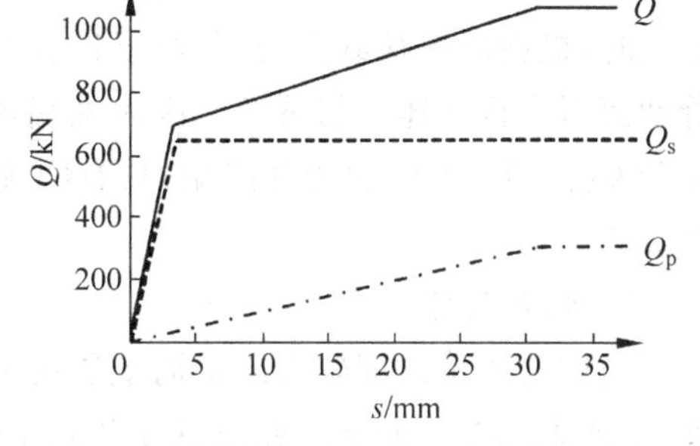

图 3-6 桩的侧阻力和端阻力发挥程度与桩顶沉降的关系

(钻孔桩，直径 600 mm，桩长 10 m)

Q—桩顶荷载；Q_s—桩侧摩阻力；Q_p—桩端阻力；s—桩顶沉降

总的说来，单桩在竖向荷载作用下，荷载的传递规律是桩侧摩阻力先于桩端阻力发挥出来，桩身上部侧阻力先于桩身下部侧阻力发挥出来。而且只有在桩土间有相对位移时才能发挥出来。

试验表明，桩侧摩阻力充分发挥所需要的桩土相对位移趋于定值，认为一般在黏性土中桩土相对位移为 4～6 mm、砂土中桩土相对位移为 6～10 mm 时，桩侧摩阻力就能充分发挥。

3.2.2 单桩破坏模式

轴向荷载作用下单桩有三种破坏模式，即桩身压屈破坏、桩底剪切破坏(整体剪切破坏)、桩刺入破坏，如图 3-7 所示。至于发生哪种破坏，主要取决于桩周土的抗剪强度、桩端支承情况、桩的尺寸以及桩的类型等条件。

1. 桩身压屈破坏

当桩底支承在坚硬的土层或岩层，桩周土层极为软弱时，桩身周围约束性差，桩在轴向荷载作用下，如同一根细长压杆一样发生纵向压屈破坏，荷载-沉降(Q-s)关系曲线为“急剧破坏”的陡降型，桩的沉降量很小，具有明确的破坏荷载(图 3-7(a))。此时桩的承载力取决于桩身的材料强度。穿越深厚淤泥质土层中的小直径端承桩或嵌岩桩、细长的木桩等多属

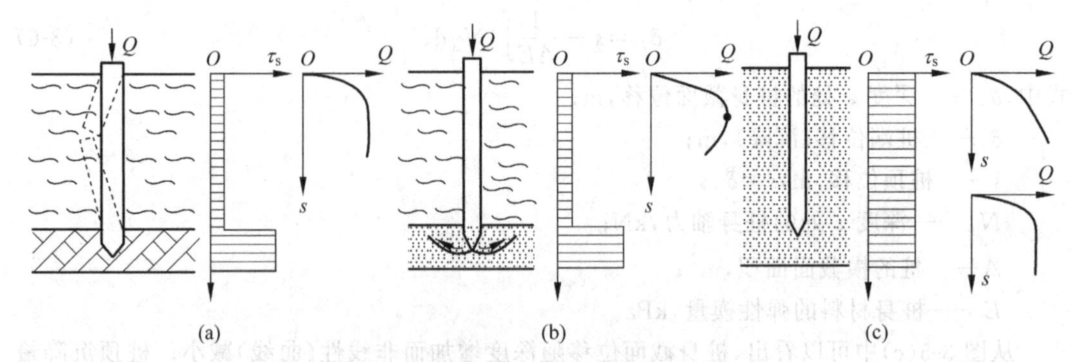

图 3-7 轴向荷载作用下单桩的破坏模式

(a) 桩身压屈破坏；(b) 整体剪切破坏；(c) 刺入破坏

Q—桩顶荷载；s—桩顶沉降；z—深度；τ_s—桩侧摩阻力

于此类破坏。

2. 整体剪切破坏

当具有足够强度的桩穿过抗剪强度较低的土层，达到抗剪强度较高的土层，且桩的长度不大时，桩在轴向荷载作用下，由于桩底上部土层不能阻止滑动土楔的形成，桩底土体形成滑动面而出现整体剪切破坏。因为桩端较高强度的土层将出现大的沉降，桩侧摩阻力难以充分发挥，Q-s 曲线也为陡降型，具有明确的破坏荷载(图 3-7(b))。一般短桩的破坏属于此类破坏。

3. 刺入破坏

当桩的入土深度较大或桩周土层抗剪强度较均匀时，桩在轴向荷载作用下将出现刺入破坏，如图 3-7(c)所示。此时桩顶荷载主要由桩侧摩阻力承担，桩端阻力极小，桩的沉降量较大。一般当桩周土质较软弱时，Q-s 曲线为“渐进破坏”的缓变型(图 3-7(c))，无明显拐点，极限荷载难以判断，桩的承载力主要由上部结构所能承受的极限沉降确定。当桩的侧摩阻力完全发挥后仍不能承受上部荷载时，便发生急剧的大沉降破坏。

3.2.3 桩侧负摩阻力

3.2.3.1 负摩阻力的概念

作用于桩侧表面摩阻力的方向取决于桩与周围地基土之间的相对位移。

桩的下沉位移大于地基土的下沉位移时，地基土对桩侧表面就会产生向上作用的摩擦力，此摩擦力称为**正摩阻力**(positive skin friction)，它对桩起支承作用，如图 3-8(a)所示。

当桩侧土体的下沉位移超过桩的下沉位移时，桩侧摩擦阻力方向向下，对于承压桩而言，此时作用在桩侧表面的摩擦阻力称为**负摩阻力**(negative skin friction)。它不但不会对桩上的荷载起支承作用，反而成为桩上的附加荷载，如图 3-8(b)所示。

对于具有负摩阻力的桩，在地面下某一深度处，桩土之间的相对位移为零，此点以上的桩段受到负摩阻力的作用，此点以下的桩段受到正摩阻力的作用，此点称为**中性点**(neutral point)。中性点处桩的摩阻力为零，轴力最大。

对于单桩基础，中性点以上负摩阻力的累计值称为**下拉荷载**(down drag)。对于群桩基

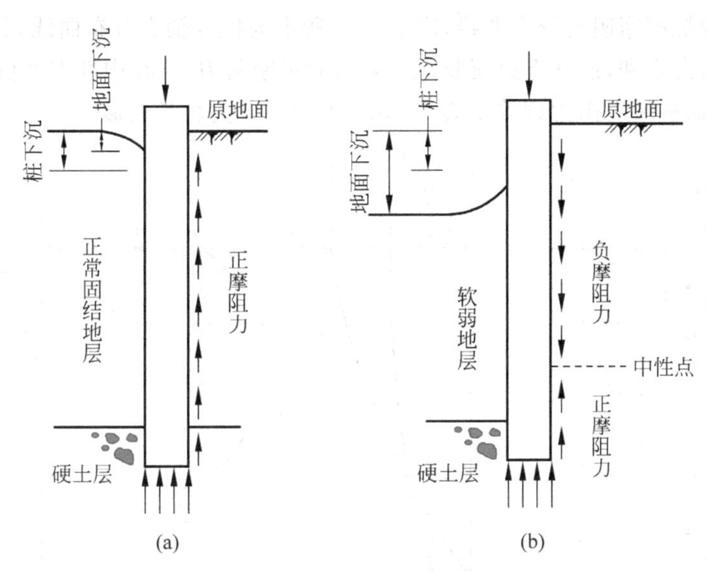

图 3-8　正摩阻力与负摩阻力

(a) 正摩阻力；(b) 负摩阻力

础中的基桩，尚需考虑负摩阻力的群桩效应，即求下拉荷载时尚应将单桩下拉荷载乘以相应的负摩阻力群桩效应系数予以折减。

3.2.3.2　产生条件

符合下列条件之一的桩基，当桩周土层产生的沉降超过基桩的沉降时，在计算基桩承载力时应计入桩侧负摩阻力：

(1) 桩穿越较厚松散填土、自重湿陷性黄土、欠固结土、液化土层进入相对较硬土层时；

(2) 桩周存在软弱土层，邻近桩侧地面承受局部较大的长期荷载，或地面大面积堆载(包括填土)时；

(3) 由于降低地下水位，使桩周土有效应力增大，并产生显著压缩沉降时；

(4) 桩数很多的密集群桩打桩，使桩周土中产生很大的超孔隙水压力，打桩停止后桩周土再固结时；

(5) 在冻土地区，由于温度升高而引起桩侧土融陷时。

3.2.3.3　桩身内力

如前所述，引起桩侧负摩阻力的条件是：桩侧土体下沉量必须大于桩的下沉量。

要确定桩侧负摩阻力的大小，首先就得确定产生负摩阻力的深度。桩身负摩阻力并不一定发生于整个软弱压缩土层中，而是在桩周土相对于桩产生下沉的范围内，它与桩周土的压缩、固结、桩身压缩及桩底沉降等有直接关系。

穿过软弱压缩土层而到达坚硬土层的竖向受力桩的荷载传递情况如图 3-9 所示。在桩的中性点深度(l_n)以上，桩周土相对于桩侧有向下位移，桩侧摩阻力向下，为负摩阻力；在 l_n 深度以下，桩截面相对于桩周土有向下位移，桩侧摩阻力向上，为正摩阻力；在 l_n 深度处(O_1 点)，桩周土与桩截面沉降相等，两者无相对位移发生，其摩阻力为零(图 3-9(a)、(b))。

图 3-9(c)所示为桩侧摩阻力分布曲线,图 3-9(d)所示为桩身轴力分布曲线,其中 Q_n 为中性点以上的负摩阻力之和,或称下拉荷载,Q_s 为总的正摩阻力,且在中性点处桩身轴力达到最大值($Q+Q_n$),而桩端总阻力则等于 $Q+(Q_n-Q_s)$。Q 为桩顶荷载。

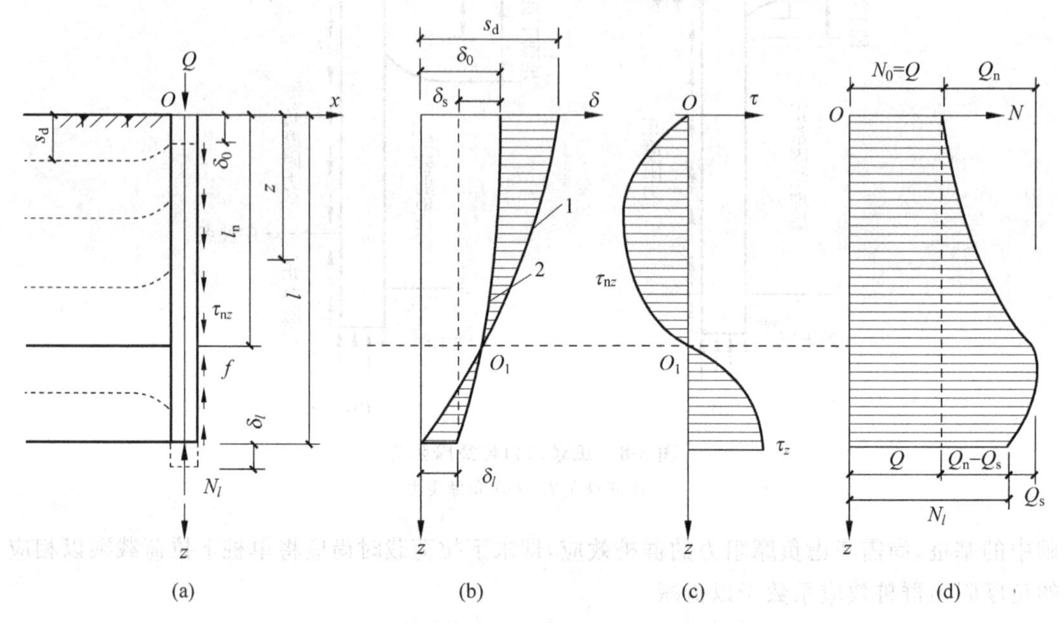

图 3-9 单桩在产生负摩阻力时的荷载传递

(a) 单桩;(b) 位移曲线;(c) 桩侧摩阻力分布曲线;(d) 桩身轴力分布曲线

1—土层竖向位移曲线;2—桩的截面位移曲线

z—深度;l_n—中性点深度;l—桩长;s_d—桩周地面沉降;

δ—桩或土体在某一深度处的沉降;δ_0—桩顶沉降;δ_l—桩底沉降;δ_s—桩身压缩量;

τ—桩的侧摩阻力;τ_z—单位面积上的桩侧正摩阻力;τ_{nz}—单位面积上的桩侧负摩阻力;

N—桩身轴力;N_0—桩顶处的桩身轴力;N_l—桩端($z=l$)处的桩身轴力;O_1—中性点;

Q—桩顶荷载;Q_s—总正摩阻力;Q_n—中性点以上总的负摩阻力

3.2.3.4 中性点的确定

中性点深度与桩周土的压缩性和变形条件以及桩和持力层的刚度等因素有关。例如:桩端沉降越小,中性点深度越大,当桩端沉降为零时,则中性点深度等于桩长,故对于支承在岩层上的端承桩,负摩阻力可分布于全桩身。

中性点深度 l_n 应按桩周土层沉降与桩的沉降相等的条件确定,或参照表 3-2 确定。表中 α 为中性点深度比,$\alpha=l_n/l_0$。其中,l_n、l_0 分别为从桩顶算起的中性点深度和桩周软弱土层下限深度。

表 3-2 中性点深度比 α

持力层土类	黏性土、粉土	中密以上砂土	砾石、卵石	基岩
α	0.5～0.6	0.7～0.8	0.9	1.0

注:①桩穿越自重湿陷性黄土时,l_n 按表列值增大 10%(持力层为基岩除外);②当桩周土层固结与桩基固结沉降同时完成时,取 $l_n=0$;③当桩周土层计算沉降量小于 20 mm 时,l_n 应按表列值乘以 0.4～0.8 折减。

3.2.3.5 消除桩侧负摩阻力的措施

消除桩侧负摩阻力的措施有两类：一类是地基预处理，一类是防护措施。

地基预处理方法有以下几种。

(1) 对于填土建筑场地，先捣实，保证填土的密实度，待填土沉降稳定后再成桩。

(2) 采取预压法等处理措施，通过地面堆载减少未来的地面沉降。

(3) 对于自重湿陷性黄土地基，采用强夯、挤密法等先行处理，消除部分自重湿陷性。

防护措施有以下几种。

(1) 在群桩基础外围设置保护桩，隔离因外部填土或堆载所引起的桩侧负摩阻力。

(2) 在群桩基础内部设置保护桩。

(3) 套管保护桩法。即在中性点以上桩段的外面罩上一段尺寸较桩身大的套管，使这段桩身不致受到土的负摩擦力作用。

(4) 桩身表面涂层法。对于中性点以上的桩身涂抹滑动层和保护层，滑动层是以黏弹性的特殊沥青或聚氯乙烯为主要成分的低分子化合物；保护层是1.8～2.0 mm厚的合成树脂，可以保护滑动层，使其在打桩和运输中不致脱落。

(5) 钻孔法。用钻机在桩位预先钻孔，然后将桩插入，在桩的周围灌入膨润土，此法可用于不适于涂层法的地层条件，在黏性土地层中效果较好。

(6) 对干作业成孔灌注桩，可在沉降土层范围内的孔壁先铺设双层筒形塑料薄膜，然后再浇筑混凝土，从而在桩身与孔壁之间形成可自由滑动的塑料薄膜隔离层。

3.2.4 单桩竖向极限承载力

3.2.4.1 简述

单桩承载力(pile capacity)是指在荷载作用下，地基和桩体本身的强度和稳定性均得到保证，变形也在容许范围内，保证结构物的正常使用时，单桩所能承受的最大荷载。

决定单桩承载力的因素有两个：①桩身的材料强度；②地层的支承力。取二者中的较小值。

桩的承载力主要由后者决定，材料强度往往不能充分利用，只有端承桩、超长桩及桩身质量有缺陷的桩，才能由桩身材料强度来控制桩的承载力。地层的支承力除了土体本身的性质之外，还取决于桩土之间的相互作用，这与桩的参数及桩的施工工艺有关。

单桩承载力只是一个概念，实际设计时使用单桩竖向承载力特征值R_a。

单桩竖向承载力特征值(characteristic value of the vertical bearing capacity of single pile)是指单桩竖向极限承载力标准值除以安全系数后的数值。即

$$R_a=\frac{Q_{uk}}{K} \tag{3-7}$$

式中，R_a——单桩竖向承载力特征值，kN；

Q_{uk}——单桩竖向极限承载力标准值，kN；

K——安全系数,《建筑桩基技术规范》(JGJ 94—2008)规定: $K=2$。

单桩竖向极限承载力标准值 Q_{uk} (standard value of ultimate vertical bearing capacity of single pile)是指在竖向荷载作用下,不丧失稳定性,不产生过大变形时,单桩所能承受的最大荷载。

不丧失稳定性是指: 单桩作为细长受压杆,其桩身不允许发生突然的纵向弯曲失稳而破坏; 单桩的持力层土体要有足够的支持力,不发生整体剪切破坏及刺入破坏,不会使单桩发生急剧的、不停滞的下沉。

不产生过大变形是指: 单桩在长期荷载作用下,不会出现不适于继续承载的变形,因为建筑物和构筑物对于沉降与水平位移都有限值。

3.2.4.2 根据桩身材料强度确定

按桩身材料强度确定单桩竖向承载力时,将桩视为轴心受压杆件,桩身材料按《混凝土结构设计规范》(GB 50010—2010)计算。对于钢筋混凝土桩,有

$$N \leqslant \varphi(\psi_c f_c A_p + 0.9 f'_y A_g) \tag{3-8}$$

式中,N——荷载效应基本组合下的单桩竖向承载力设计值,kN;

f_c——混凝土的轴心抗压强度设计值,kPa;

f'_y——纵向钢筋的抗压强度设计值,kPa;

A_p——桩身的横截面面积,m^2;

A_g——纵向钢筋的横截面面积,m^2;

φ——桩的稳定系数,对低承台桩基,考虑土的侧向约束时可取 $\varphi=1.0$,但对穿过很厚软黏土层($c_u<10$ kPa)和可液化土层的端承桩或高承台桩基,其值应小于1.0;

ψ_c——基桩成桩工艺系数,混凝土预制桩、预应力混凝土空心桩取0.85,干作业非挤土灌注桩取0.90,泥浆护壁和套管护壁非挤土灌注桩、部分挤土灌注桩及挤土灌注桩取0.7~0.8,软土区挤土灌注桩取0.6。

尚须注意,只有当桩顶以下 $5d$(d 为桩径)范围内桩身箍筋间距不大于100 mm,且符合相关构造要求时才考虑纵向主筋对桩身受压承载力的作用,否则上式中 $f'_y A_g$ 项为零。此外,对高承台基桩、桩身穿越可液化土层或不排水抗剪强度小于10 kPa的软弱土层中的基桩,还应考虑桩身挠曲对轴向偏心力矩增大的影响。

3.2.4.3 根据静载试验确定

静荷载试验是评价单桩承载力最为直观和可靠的方法,除了考虑到地基土的支承能力外,也计入了桩身材料强度对于承载力的影响。

对于甲级、乙级建筑桩基,应通过静荷载试验确定单桩竖向极限承载力。只有对地质条件简单的乙级桩基,可参考地质条件相同的试桩资料,结合静力触探等原位测试和经验参数综合确定极限承载力; 对于丙级建筑桩基,可以根据原位测试和经验参数确定。对于地基条件复杂、桩施工质量可靠性低及本地区采用的新桩型或新工艺等情况下的桩基也须通过静荷载试验确定单桩竖向极限承载力。

1. 试验时间

对于预制桩，由于打桩时土中产生的孔隙水压力有待消散，土体因打桩扰动而降低的强度随时间逐渐恢复，因此，为了使试验能真实反映桩的承载力，要求在桩身强度满足设计要求的前提下，砂类土间歇时间不少于 10 d，粉土和黏性土不少于 15 d，饱和黏性土不少于 25 d。

2. 试验数量

在同一条件下的试桩数量，不宜少于总数的 1%，并不应少于 3 根。工程总桩数在 50 根以内时不应少于 2 根。

3. 试验装置

试验装置主要由加载装置、反力装置和沉降观测仪表三部分组成(图 3-10)。桩顶的油压千斤顶对桩顶施加压力，千斤顶的反力由锚桩、压重平台的重力来平衡。安装在基准梁上的百分表或电子位移计用于量测桩顶的沉降。

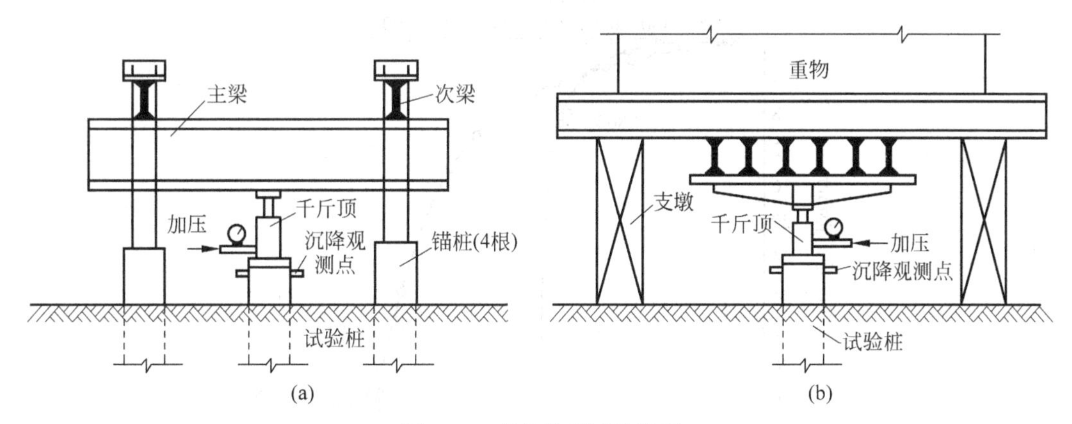

图 3-10　单桩静载试验装置

(a) 锚桩横梁反力装置；(b) 压重平台反力装置

试验桩也常简称为试桩。试桩与锚桩(或与压重平台的支墩、地锚等)之间、试桩与支承基准梁的基准桩之间以及锚桩与基准桩之间都应有一定的间距，以减少彼此的相互影响，保证量测精度。

4. 试验方法

试验加载的方法有慢速维持荷载法、快速维持荷载法、等贯入速率法、等时间间隔加载法及循环加载法等。工程中常用的是慢速维持荷载法，即进行逐级加载，每级荷载值为预估极限荷载的 1/15～1/10，第一级荷载可加倍施加。每级加载后间隔 5，15，30，45，60 min 时各测读一次，以后每隔 40 min 测读一次，直到沉降稳定为止。当每小时的沉降不超过 0.1 mm 并连续出现两次时，可认为已达到稳定，继续施加下一级荷载。

5. 终止加载条件

当出现下列情况之一时可终止加载：

(1) 某级荷载下，桩顶沉降量为前一级荷载下沉降量的 5 倍；

(2) 某级荷载下，桩顶沉降量大于前一级荷载下沉降量的 2 倍，且经 24 h 尚未达到相对稳定；

(3) 已达到设计要求的最大加载量；

(4) 当荷载-沉降曲线呈缓变型时，可加载至桩顶总沉降量 60～80 mm，特殊情况下可按具体要求加载至桩顶累计沉降量超过 80 mm。

终止加载后进行卸载，每级卸载值为每级加载值的 2 倍；每级卸载后 15 min、30 min、60 min 各测读一次即可卸载下一级荷载，全部卸载后间隔 3～4 h 再测读一次。

6. 单桩竖向极限承载力的确定

一般认为，当桩顶发生剧烈或不停滞的沉降时，桩处于破坏状态，相应的荷载称为极限荷载(极限承载力，Q_u)。由桩的静荷载试验结果给出荷载与桩顶沉降关系 Q-s 曲线，再根据 Q-s 曲线特性，采用下述方法确定单桩竖向极限承载力 Q_u。

每根桩在竖向抗压静荷载试验后，都可整理出单桩荷载-沉降(Q-s)曲线，如图 3-11 所示。

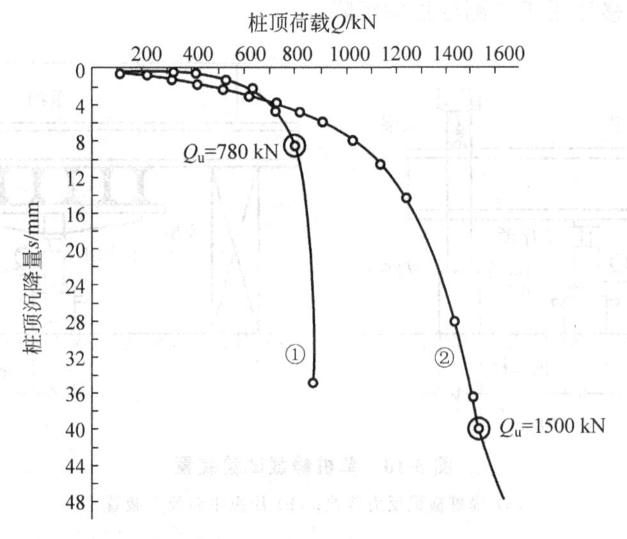

图 3-11 单桩 Q-s 曲线

对于试桩中的第 i 根桩，若试桩曲线为陡降型 Q-s 曲线(图 3-11 中的曲线①)，可取曲线发生明显陡降的起始点所对应的荷载值作为单桩竖向极限承载力 Q_{ui}。对于缓变型 Q-s 曲线(如图中曲线②所示)，一般可取 $s=40$～60 mm 对应的荷载值作为 Q_{ui}。对于大直径桩可取 $s=(0.03$～$0.06)d$ (d 为桩端直径)所对应的荷载值(大桩径取低值，小桩径取高值)，对于细长桩($l/d>80$)，可取 $s=60$～80 mm 对应的荷载值作为该桩的 Q_{ui}。

测出每根试桩的极限承载力值 Q_{ui} 后，可按下列规定通过统计确定单桩竖向极限承载力标准值 Q_{uk}。

(1) 参加统计的所有试桩，当满足级差不超过平均值的 30%时，取其平均值为单桩竖向极限承载力标准值 Q_{uk}。

(2) 若级差超过平均值的 30%，应分析级差过大的原因，结合工程具体情况综合确定，必要时增加试桩数量。

(3) 桩数为 3 根或 3 根以下的柱下承台，或工程桩抽检数量少于 3 根时，应取低值。

3.2.4.4 根据静力触探试验确定

静力触探是将圆锥形的金属探头以静力方式按一定的速率均匀压入土中。根据探头构造的不同,又可分为单桥探头和双桥探头两种。鉴于单桥探头只能测得侧阻力与端阻力之和,而无法精确得知各自的大小,故不提倡使用。在此介绍根据双桥静力触探结果确定单桩竖向极限承载力标准值的方法。

双桥探头可同时测出 f_s 和 q_c,《建筑桩基技术规范》(JGJ 94—2008)在总结各地经验的基础上提出,当按双桥探头静力触探资料确定混凝土预制桩单桩竖向极限承载力标准值 Q_{uk} 时,对于黏性土、粉土和砂土,如无当地经验时可按下式计算:

$$Q_{uk}=u\sum\beta_i f_{si}l_i+\alpha q_c A_p \tag{3-9}$$

式中,Q_{uk}——单桩竖向极限承载力标准值,kN;

u——桩的截面周长,m;

β_i——第 i 层土桩侧摩阻力综合修正系数;

f_{si}——第 i 层土的探头平均侧阻力,kPa;

l_i——按土层划分的第 i 层土的桩长,m;

α——桩端阻力修正系数,黏土与粉土取 2/3,饱和砂土取 1/2;

q_c——桩端平面上下探头阻力,kPa;

A_p——桩底横截面面积,m^2。

对于黏性土和粉土:

$$\beta_i=10.04f_{si}^{-0.55} \tag{3-10}$$

对于砂类土:

$$\beta_i=5.05f_{si}^{-0.45} \tag{3-11}$$

3.2.4.5 根据桩基规范经验公式确定

利用经验公式确定单桩承载力的方法是一种沿用多年的传统方法,它广泛适用于各种桩型,尤其是预制桩积累的经验颇为丰富。所用的承载力参数是根据它们与土性指标之间的换算关系,在利用当地的静载试验资料进行统计分析的基础上,通过必要的对比分析和调整后得出的。

经验法适用于具备以下条件之一时采用:①无试桩条件;②初步设计阶段;③附近工程有试桩资料,且沉桩工艺相同、地质条件相近时;④重要工程中的附属建筑物;⑤桩数较少的重要建筑物,并经技术论证;⑥小港口中的建筑物。

《建筑桩基技术规范》(JGJ 94—2008)针对不同的常用桩型,推荐了下述不同的估算表达式。

1. 中小直径桩

根据《建筑桩基技术规范》(JGJ 94—2008),当桩径 $d<0.8$ m 时,单桩竖向极限承载力标准值 Q_{uk} 可按下式计算:

$$Q_{uk}=Q_{sk}+Q_{pk}=u_p\sum q_{sik}l_i+q_{pk}A_p \tag{3-12}$$

式中,Q_{sk}——单桩极限侧阻力标准值,kN;

Q_{pk}——单桩极限端阻力标准值，kN；

u_p——桩身周长，m；

q_{sik}——桩侧第 i 层土的极限侧阻力标准值，kPa，无当地资料时，可按表 3-3 取值；

q_{pk}——桩的极限端阻力标准值，kPa，无当地资料时，可按表 3-4 取值；

l_i——桩周第 i 层土的厚度，m；

A_p——桩端面积，m^2。

表 3-3　桩的极限侧阻力标准值 q_{sik}　　kPa

土的名称	土的状态		混凝土预制桩	水下钻(冲)孔桩	干作业钻孔桩
填土	—		22～30	20～28	20～28
淤泥	—		14～20	12～18	12～18
淤泥质土	—		22～30	20～28	20～28
黏性土	流塑	$I_L>1$	24～40	21～38	21～38
	软塑	$1\geqslant I_L>0.75$	40～55	38～53	38～53
	可塑	$0.75\geqslant I_L>0.50$	55～70	53～68	53～66
	硬可塑	$0.50\geqslant I_L>0.25$	70～86	68～84	66～82
	硬塑	$0.25\geqslant I_L>0$	86～98	84～96	82～94
	坚硬	$I_L\leqslant 0$	98～105	96～102	94～104
红黏土	$0.7<a_w\leqslant 1$		13～32	12～30	12～30
	$0.5<a_w\leqslant 0.7$		32～74	30～70	30～70
粉土	稍密	$e>0.9$	26～46	24～42	24～42
	中密	$0.9\geqslant e\geqslant 0.75$	46～66	42～62	42～62
	密实	$e<0.75$	66～88	62～82	62～82
粉细砂	稍密	$10<N\leqslant 15$	24～48	22～46	22～46
	中密	$15<N\leqslant 30$	48～66	46～64	46～64
	密实	$N>30$	66～88	64～86	64～86
中砂	中密	$15<N\leqslant 30$	54～74	53～72	53～72
	密实	$N>30$	74～95	72～94	72～94
粗砂	中密	$15<N\leqslant 30$	74～95	74～95	76～98
	密实	$N>30$	95～116	95～116	98～120
砾砂	稍密	$5<N_{63.5}\leqslant 15$	70～110	50～90	60～100
	中密、密实	$N_{63.5}>15$	116～138	116～130	112～130
圆砾、角砾	中密、密实	$N_{63.5}>10$	160～200	135～150	135～150
碎石、卵石	中密、密实	$N_{63.5}>10$	200～300	140～170	150～170
全风化软质岩	—	$30<N\leqslant 50$	100～120	80～100	80～100
全风化硬质岩	—	$30<N\leqslant 50$	140～160	120～140	120～150
强风化软质岩	—	$N_{63.5}>10$	160～240	140～200	140～220
强风化硬质岩	—	$N_{63.5}>10$	220～300	160～240	160～260

注：①对于尚未完成自重固结的填土和以生活垃圾为主的杂填土，不计算其侧阻力；② a_w 为含水比，$a_w=w/w_L$，其中 w 为土的天然含水率，w_L 为土的液限；③N 为标准贯入锤击数，$N_{63.5}$ 为重型圆锥动力触探击数；④全风化、强风化软质岩和全风化、强风化硬质岩指其母岩分别为 $f_{rk}\leqslant 15$ MPa、$f_{rk}>30$ MPa 的岩石，f_{rk} 为岩石饱和单轴抗压强度标准值。

表 3-4 桩的极限端阻力标准值 q_{pk} MPa

土的名称	土的状态		混凝土预制桩		泥浆护壁钻孔桩		干作业钻孔桩	
			桩长 l/m	q_{pk}	桩长 l/m	q_{pk}	桩长 l/m	q_{pk}
黏性土	软塑	$1\geqslant I_L>0.75$	$l\leqslant 9$	0.21～0.85	$5\leqslant l<10$	0.15～0.25	$5\leqslant l<10$	0.20～0.40
			$9<l\leqslant 16$	0.65～1.40	$10\leqslant l<15$	0.25～0.30	$10\leqslant l<15$	0.40～0.70
			$16<l\leqslant 30$	1.20～1.80	$15\leqslant l<30$	0.30～0.45	$l\geqslant 15$	0.70～0.95
			$l>30$	1.30～1.90	$l\geqslant 30$	0.30～0.45	—	—
	可塑	$0.75\geqslant I_L>0.50$	$l\leqslant 9$	0.85～1.70	$5\leqslant l<10$	0.35～0.45	$5\leqslant l<10$	0.50～0.70
			$9<l\leqslant 16$	1.40～2.20	$10\leqslant l<15$	0.45～0.60	$10\leqslant l<15$	0.80～1.10
			$16<l\leqslant 30$	1.90～2.80	$15\leqslant l<30$	0.60～0.75	$l\geqslant 15$	1.00～1.60
			$l>30$	2.30～3.60	$l\geqslant 30$	0.75～0.80	—	—
	硬可塑	$0.50\geqslant I_L>0.25$	$l\leqslant 9$	1.50～2.30	$5\leqslant l<10$	0.80～0.90	$5\leqslant l<10$	0.85～1.10
			$9<l\leqslant 16$	2.30～3.30	$10\leqslant l<15$	0.90～1.00	$10\leqslant l<15$	1.50～1.70
			$16<l\leqslant 30$	2.70～3.60	$15\leqslant l<30$	1.00～1.20	$l\geqslant 15$	1.70～1.90
			$l>30$	3.60～4.40	$l\geqslant 30$	1.20～1.40	—	—
	硬塑	$0.25\geqslant I_L>0$	$l\leqslant 9$	2.50～3.80	$5\leqslant l<10$	1.10～1.20	$5\leqslant l<10$	1.60～1.80
			$9<l\leqslant 16$	3.80～5.50	$10\leqslant l<15$	1.20～1.40	$10\leqslant l<15$	2.20～2.40
			$16<l\leqslant 30$	5.50～6.00	$15\leqslant l<30$	1.40～1.60	$l\geqslant 15$	2.60～2.80
			$l>30$	6.00～6.80	$l\geqslant 30$	1.60～1.80	—	—
粉土	中密	$0.9\geqslant e\geqslant 0.75$	$l\leqslant 9$	0.95～1.70	$5\leqslant l<10$	0.30～0.50	$5\leqslant l<10$	0.80～1.20
			$9<l\leqslant 16$	1.40～2.10	$10\leqslant l<15$	0.50～0.65	$10\leqslant l<15$	1.20～1.40
			$16<l\leqslant 30$	1.90～2.70	$15\leqslant l<30$	0.65～0.75	$l\geqslant 15$	1.40～1.60
			$l>30$	2.50～3.40	$l\geqslant 30$	0.75～0.85	—	—
	密实	$e<0.75$	$l\leqslant 9$	1.50～2.60	$5\leqslant l<10$	0.65～0.90	$5\leqslant l<10$	1.20～1.70
			$9<l\leqslant 16$	2.10～3.00	$10\leqslant l<15$	0.75～0.95	$10\leqslant l<15$	1.40～1.90
			$16<l\leqslant 30$	2.70～3.60	$15\leqslant l<30$	0.90～1.00	$l\geqslant 15$	1.60～2.10
			$l>30$	3.60～4.40	$l\geqslant 30$	1.10～1.20	—	—
粉砂	稍密	$10<N\leqslant 15$	$l\leqslant 9$	1.00～1.60	$5\leqslant l<10$	0.35～0.50	$5\leqslant l<10$	0.50～0.95
			$9<l\leqslant 16$	1.50～2.30	$10\leqslant l<15$	0.45～0.60	$10\leqslant l<15$	1.30～1.60
			$16<l\leqslant 30$	1.90～2.70	$15\leqslant l<30$	0.60～0.70	$l\geqslant 15$	1.50～1.70
			$l>30$	2.10～3.00	$l\geqslant 30$	0.65～0.75	—	—
	中密、密实	$N>15$	$l\leqslant 9$	1.40～2.20	$5\leqslant l<10$	0.60～0.75	$5\leqslant l<10$	0.90～1.00
			$9<l\leqslant 16$	2.10～3.00	$10\leqslant l<15$	0.75～0.90	$10\leqslant l<15$	1.70～1.90
			$16<l\leqslant 30$	3.00～4.50	$15\leqslant l<30$	0.90～1.10	$l\geqslant 15$	1.70～1.90
			$l>30$	3.80～5.50	$l\geqslant 30$	1.10～1.20	—	—
细砂	中密、密实	$N>15$	$l\leqslant 9$	2.50～4.00	$5\leqslant l<10$	0.65～0.85	$5\leqslant l<10$	1.20～1.60
			$9<l\leqslant 16$	3.60～5.00	$10\leqslant l<15$	0.90～1.20	$10\leqslant l<15$	2.00～2.40
			$16<l\leqslant 30$	4.40～6.00	$15\leqslant l<30$	1.20～1.50	$l\geqslant 15$	2.40～2.70
			$l>30$	5.30～7.00	$l\geqslant 30$	1.50～1.80	—	—
中砂	中密、密实	$N>15$	$l\leqslant 9$	4.00～6.00	$5\leqslant l<10$	0.85～1.05	$5\leqslant l<10$	1.20～1.60
			$9<l\leqslant 16$	5.50～7.00	$10\leqslant l<15$	1.10～1.50	$10\leqslant l<15$	2.00～2.40
			$16<l\leqslant 30$	6.50～8.00	$15\leqslant l<30$	1.50～1.90	$l\geqslant 15$	2.40～2.70
			$l>30$	7.50～9.00	$l\geqslant 30$	1.90～2.10	—	—

续表

土的名称	土的状态		混凝土预制桩		泥浆护壁钻孔桩		干作业钻孔桩	
			桩长 l/m	q_{pk}	桩长 l/m	q_{pk}	桩长 l/m	q_{pk}
粗砂	中密、密实	$N>15$	$l\leqslant 9$	5.70～7.50	$5\leqslant l<10$	1.50～1.80	$5\leqslant l<10$	2.90～3.60
			$9<l\leqslant 16$	7.50～8.50	$10\leqslant l<15$	2.10～2.40	$10\leqslant l<15$	4.00～4.60
			$16<l\leqslant 30$	8.50～10.00	$15\leqslant l<30$	2.40～2.60	$l\geqslant 15$	4.60～5.20
			$l>30$	9.50～11.00	$l\geqslant 30$	2.60～2.80	—	—
砾砂	中密、密实	$N>15$	$l\leqslant 16$	6.00～9.50	$5\leqslant l<15$	1.40～2.00	$l\geqslant 5$	3.50～5.00
			$l>16$	9.00～10.50	$l\geqslant 15$	2.00～3.20	—	—
角砾圆砾	中密、密实	$N_{63.5}>10$	$l\leqslant 16$	7.00～10.00	$5\leqslant l<15$	1.80～2.20	$l\geqslant 5$	4.00～5.00
			$l>16$	9.50～11.50	$l\geqslant 15$	2.20～3.60	—	—
碎石卵石	中密、密实	$N_{63.5}>10$	$l\leqslant 16$	8.00～11.00	$5\leqslant l<15$	2.00～3.00	$l\geqslant 5$	4.50～6.50
			$l>16$	10.50～13.00	$l\geqslant 15$	3.00～4.00	—	—
全风化软质岩	—	$30<N\leqslant 50$	$l\geqslant 9$	4.00～6.00	$l\geqslant 5$	1.00～1.60	$l\geqslant 5$	1.20～2.00
全风化硬质岩	—	$30<N\leqslant 50$	$l\geqslant 9$	5.00～8.00	$l\geqslant 5$	1.20～2.00	$l\geqslant 5$	1.40～2.40
强风化软质岩	—	$N_{63.5}>10$	$l\geqslant 9$	6.00～9.00	$l\geqslant 5$	1.40～2.20	$l\geqslant 5$	1.60～2.60
强风化硬质岩	—	$N_{63.5}>10$	$l\geqslant 9$	7.00～11.00	$l\geqslant 5$	1.80～2.80	$l\geqslant 5$	2.00～3.00

注：①对于砂土和碎石类土，要综合考虑土的密实度、桩端进入持力层的深径比 h_b/d 确定，土越密实，h_b/d 越大，取值越高；②预制桩的岩石极限端阻力指桩端支承于中风化、微风化基岩表面或进入强风化岩、软质岩一定深度条件下的极限端阻力；③全风化、强风化软质岩和全风化、强风化硬质岩指其母岩分别为 $f_{rk}\leqslant 15$ MPa、$f_{rk}>30$ MPa 的岩石，f_{rk} 为岩石饱和单轴抗压强度标准值。

2. 大直径桩

当桩径 $d\geqslant 0.8$ m 时，单桩承载力的取值常由沉降控制，极限端阻力随桩径的增大而减小，持力层为无黏性土时尤其如此。由于大直径桩一般为钻孔、冲孔、挖孔灌注桩，在无黏性土的成孔过程中将使孔壁因应力解除而松弛，故侧阻力的降幅随孔径的增大而增大。

《建筑桩基技术规范》(JGJ 94—2008)推荐大直径单桩的竖向极限承载力标准值按下式计算：

$$Q_{uk}=Q_{sk}+Q_{pk}=u_p\sum\psi_{si}q_{sik}l_i+\psi_p q_{pk}A_p \tag{3-13}$$

式中，Q_{sk}——单桩极限侧阻力标准值，kN；

Q_{pk}——单桩极限端阻力标准值，kN；

u_p——桩身周长，m；

ψ_{si}——大直径桩侧摩阻力尺寸效应系数，按表 3-5 取值；

q_{sik}——桩侧第 i 层土的极限侧阻力标准值，kPa，无当地经验值时，可按表 3-3 取值，对于扩底桩变截面以上 $2d$(d 为桩径)长度范围内不计侧阻力；

l_i——桩周第 i 层土中的桩长，m；

ψ_p——大直径桩端阻力尺寸效应系数，按表 3-5 取值；

q_{pk}——桩径为 0.8 m 的极限端阻力标准值，可通过深层平板荷载试验确定，kPa，当深层荷载板试验无法确定时，可采用当地经验值或按表3-4取值，对于清底干净的干作业挖孔桩，可按表3-6取值；

A_p——桩端面积，m^2。

表3-5 大直径灌注桩侧摩阻力尺寸效应系数ψ_{si}、端阻力尺寸效应系数ψ_p

土 类 别	黏性土、粉土	砂土、碎石类土
ψ_{si}	$(0.8/d)^{1/5}$	$(0.8/d)^{1/3}$
ψ_p	$(0.8/D)^{1/4}$	$(0.8/D)^{1/3}$

注：d为直孔段的桩径，D为桩端直径。当为等直径桩时，取$D=d$。

表3-6 干作业挖孔桩（清底干净，$D=0.8$ m）极限端阻力标准值q_{pk} kPa

名 称		状 态		
黏性土		$0.25<I_L\leqslant 0.75$	$0<I_L\leqslant 0.25$	$I_L\leqslant 0$
		800～1800	1800～2400	2400～3000
粉土		—	$0.75<e\leqslant 0.9$	$e\leqslant 0.75$
		—	1000～1500	1500～2000
砂土、碎石类土		稍密	中密	密实
	粉砂	500～700	800～1100	1200～2000
	细砂	700～1100	1200～1800	2000～2500
	中砂	1000～2000	2200～3200	3500～5000
	粗砂	1200～2200	2500～3500	4000～5500
	砾砂	1400～2400	2600～4000	5000～7000
	圆砾、角砾	1600～3000	3200～5000	6000～9000
	卵石、碎石	2000～3000	3300～5000	7000～11000

注：①q_{pk}取值宜考虑桩端持力层土的状态及桩进入持力层的深度效应。设h_b为桩进入持力层的深度，当$h_b\leqslant D$时，q_{pk}取低值；当$D<h_b\leqslant 4D$时，q_{pk}取中值；当$h_b>4D$时，q_{pk}取高值。D为桩端直径。②砂土密实度可根据标准贯入击数N判定，$N\leqslant 10$为松散，$10<N\leqslant 15$为稍密，$15<N\leqslant 30$为中密，$N>30$为密实。③当桩的长径比$l/d<8$时，q_{pk}宜取较低值。④当对沉降要求不严格时，q_{pk}可取高值。

3.2.5 单桩竖向承载力特征值

《建筑桩基技术规范》(JGJ 94—2008)规定：单桩竖向承载力特征值R_a取其极限承载力标准值Q_{uk}的一半，即按式(3-7)计算。

对于端承型桩基、桩数少于4根的摩擦型柱下独立桩基，或由于地基性质、使用条件等因素不宜考虑承台效应时，基桩竖向承载力特征值R应取单桩竖向承载力特征值，即$R=R_a$；否则，对符合条件的摩擦型桩基，根据承台效应确定其复合基桩的竖向承载力特征值R。

3.2.6 计算题

【例3-1】 求单桩竖向承载力特征值

某工程中采用截面为0.5 m×0.5 m的混凝土预制桩，桩长10 m，承台底面位于地下2.0 m处。施工场地的地层条件如下：①±0.00～−2.0 m为填土层；②−2.0～−7.0 m为粉质黏土层，$\gamma=18.2\ \mathrm{kN/m^3}$，$w=30\%$，$w_L=35\%$，$w_P=18\%$；③−7.0～−10.0 m为粉土

层，$\gamma=19.0\ \mathrm{kN/m^3}$，$e=0.78$；④$-10.0\sim-15.0$ m 为中密中砂层，$\gamma=19.5\ \mathrm{kN/m^3}$，$N=20$。若不考虑承台效应，求此单桩竖向承载力特征值。

【解答】

分析：共有 4 个地层，第①层土由于承台施工被挖去，桩顶位于第②层土顶部，桩底位于第④层土。桩身在第②、③、④层土中的长度分别为 5 m、3 m、2 m，桩长共 10 m。分别求出②～④层土的侧摩阻力和第④层土的端阻力，累计后得到 Q_{uk}，除以安全系数后得到 R_a。

(1) 求 q_{sik}(各层土的极限侧阻力标准值)

第②层：粉质黏土

液性指数

$$I_L=\frac{w-w_P}{w_L-w_P}=\frac{0.30-0.18}{0.35-0.18}=\frac{0.12}{0.17}\approx 0.71$$

查表 3-3 并插值，得

$$q_{s2k}=\left[55+\frac{0.75-0.71}{0.75-0.50}\times(70-55)\right]\ \mathrm{kPa}=57.4\ \mathrm{kPa}$$

第③层：粉土，为

$$q_{s3k}=\left[46+\frac{0.9-0.78}{0.90-0.75}\times(66-46)\right]\ \mathrm{kPa}=62\ \mathrm{kPa}$$

第④层：中砂，为

$$q_{s4k}=\left[54+\frac{20-15}{30-15}\times(74-54)\right]\ \mathrm{kPa}\approx 60.67\ \mathrm{kPa}$$

(2) 求 q_{pk}(桩底处所在地层的极限端阻力标准值)

桩底位于第④层：中砂。查表 3-4，中砂，中密，$N>15$，桩长$=10$ m，得 $q_{pk}=5500\sim 7000$ kPa，因 $N=20$，比低限 $N=15$ 略大，可取较小值，取 $q_{pk}=6000$ kPa。

(3) 求 Q_{uk}(单桩竖向极限承载力标准值)

一般预制桩的单桩竖向极限承载力标准值按式(3-12)估算：

$$\begin{aligned}Q_{uk}&=u_p\sum q_{sik}l_i+q_{pk}A_p\\&=[(4\times0.5)\times(57.4\times5+62\times3+60.67\times2)+6000\times(0.5\times0.5)]\ \mathrm{kN}\\&=(1188.68+1500)\ \mathrm{kN}=2688.68\ \mathrm{kN}\end{aligned}$$

(4) 求 R_a(单桩竖向承载力特征值)

$$R_a=\frac{1}{k}Q_{uk}=\frac{1}{2}Q_{uk}=\frac{1}{2}\times2688.68\ \mathrm{kN}=1344.34\ \mathrm{kN}$$

提示：在查桩的极限侧阻力标准值(q_{sik})及端阻力标准值(q_{pk})时，表 3-3 和表 3-4 中给出的是一个数值范围，推荐根据土的状态指标，插值得到精确的对应值。但要注意的是，一定要留意 q_{sik} 或 q_{pk} 的值与土的状态指标(如 I_L，e，N 等)呈正相关或是负相关，以便确定是正向插值或是反向插值，否则插值结果就是错误的。如在表 3-3 中，I_L 值越大，q_{sik} 值越小；e 值越大，q_{sik} 值越小；N 值越大，q_{sik} 值越大。

3.3　抗拔桩

抗拔桩(uplift pile)是指承受竖向上拔力的桩。

如图 3-12 所示,对于高耸结构物(如高压输电塔、电视塔、微波通信塔、烟囱等)桩基、承受巨大浮托力作用的构筑物(如地下室、地下油罐、取水泵房等)桩基、承受巨大水平荷载的构筑物(如码头、桥台、挡土墙等)桩基,以及一些特殊条件的建筑物(如地震荷载作用或建于膨胀土、冻土等特殊土地基之上)的桩基,会有部分桩或全部桩承受上拔力,此时须验算桩的抗拔承载力。

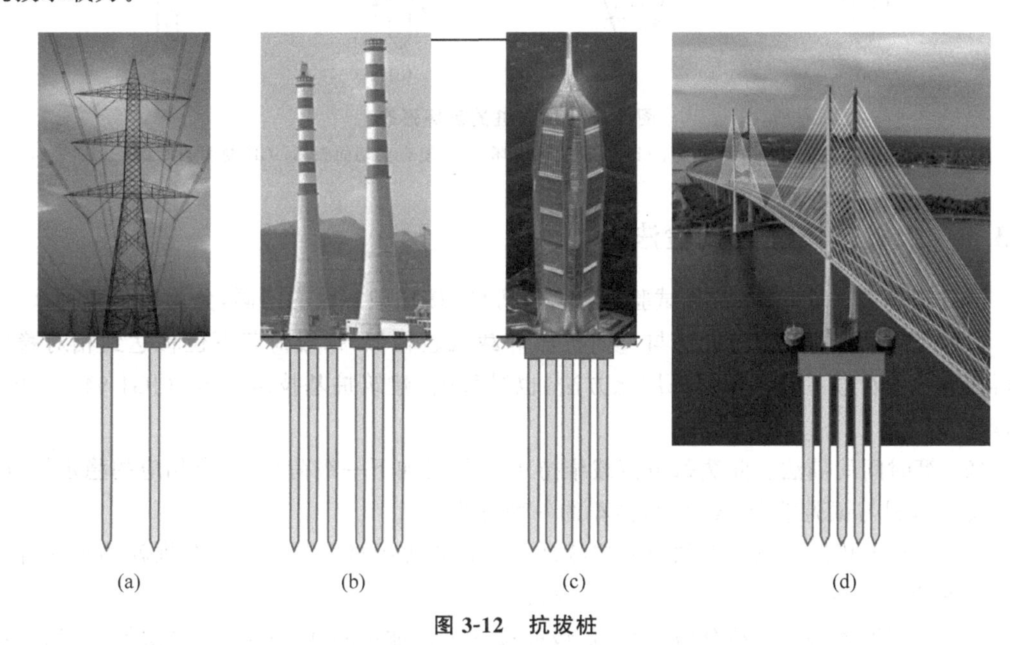

图 3-12　抗拔桩

(a) 输电塔桩;(b) 烟囱桩;(c) 高层建筑桩;(d) 悬索桥/斜拉桥桩

桩的抗拔极限承载力的计算公式一般可以分成两类。第一类是理论计算公式,此类公式是先假定桩的破坏模式,然后以土的抗剪强度和侧压力系数等主要参数进行承载力计算。假定的破坏模式也多种多样,通常有桩周土体破坏、复合剪切面破坏、桩身拔断等形式,如图 3-13 所示。第二类为经验公式,以试桩实测资料为基础,建立起桩的抗拔侧阻力与抗压侧阻力之间的关系和抗拔破坏模式。第一类公式,由于抗拔剪切破坏面的不同假设和成桩挤土效应的影响,使得桩周土体强度指标的确定较为复杂和困难。因此,现在一般用经验公式计算抗拔桩的极限承载力。

影响抗拔桩极限承载力的因素主要有桩周土质条件、桩长、桩的类型和施工方法。

当桩的上拔变形量约为抗压桩极限荷载的下沉变形量的 1/5～1/10 时,桩顶上拔力即达到极限峰值。桩入土深度最好大于 20 倍桩径。

由于一级建筑物桩基的重要性,以及经验公式中计算参数的局限性,为慎重起见,在桩基规范中规定:对于甲级、乙级建筑桩基,基桩的抗拔极限承载力应通过现场单桩抗拔静荷载试验确定。单桩抗拔静荷载试验及抗拔极限承载力标准值取值可按现行行业标准《建筑基桩检测技术规范》(JGJ 106—2014)选取,如无当地经验值,对群桩基础及设计等级为丙级的建筑桩基,基桩的抗拔极限承载力取值可按后述的经验公式法计算。

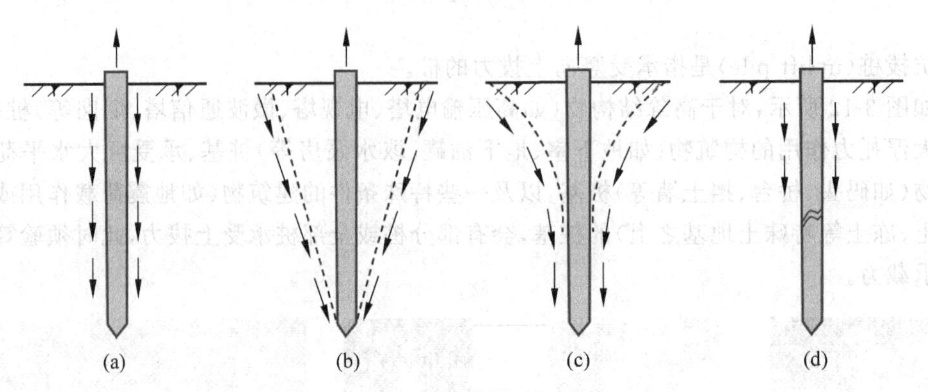

图 3-13 抗拔桩的破坏形态

(a) 桩-土界面剪切破坏;(b) 桩周土体破坏;(c) 复合剪切面破坏;(d) 桩身拔断

3.3.1 单桩抗拔静载试验法

同抗压静载试验一样,抗拔试验也有多种方法,按加载方法的不同,分为以下几种。

(1) 慢速维持荷载法。此法与竖向抗压静载试验相似,每级荷载下位移达到相对稳定后再加下一级荷载。许多国家采用此方法,也是我国《建筑桩基技术规范》(JGJ 94—2008)推荐的方法。

(2) 等时间间隔法。此法每级荷载维持 1 h,然后加下一级荷载,没有相应的稳定标准。这是美国材料与试验学会(ASTM)推荐的一种方法。

(3) 连续上拔法。以一定的速率连续加载。这是美国材料与试验学会推荐的另一种方法。其推荐的加载速率为 0.5～1.0 mm/min。

(4) 循环加载法。加载分级进行,每级荷载均进行加载和卸载(到零)多次循环,稳定后再加下一级荷载。此方法为原苏联国家标准规定的方法之一。

实际中的抗拔桩所受的荷载往往呈间歇性或周期性,应选择一种体现出荷载特点的试验方法。

3.3.2 经验公式法

经验公式法是建立在圆柱状模型破坏模式基础上的,认为桩的抗拔侧阻力与抗压侧阻力相似,但随着上拔量的增加,抗拔侧阻力会因为土层松动及侧面积减少等原因而低于抗压侧阻力,故利用抗压侧阻力确定抗拔侧阻力时,引入了抗拔折减系数 λ,此系数是根据大量的试验资料统计得出的。

桩基受拔可能会出现下列情形:①单桩基础受拔;②群桩基础中部分基桩受拔,此时上拔力引起的破坏对基础来讲不是整体性的;③群桩基础的所有基桩均承受上拔力,此时基础便可能整体受拔破坏。对这 3 种情形的抗拔承载力按下述方法计算。

(1) 桩基础呈非整体破坏时,基桩的抗拔极限承载力标准值 T_{uk} 为

$$T_{uk}=\sum\lambda_i q_{sik}u_i l_i \tag{3-14}$$

式中，T_{uk}——基桩抗拔极限承载力标准值，kN。

λ_i——桩周第 i 层土的抗拔系数，可按表 3-7 取值，kN。

u_i——桩周第 i 层土中的桩身周长，m。等直径桩为 πd；对扩底桩，自桩底起往上 $(4\sim10)d$ 范围内取 $u_i=\pi D$，在此范围以外时取 $u_i=\pi d$。其中 D 为扩底桩的直径，d 为直桩的直径。

q_{sik}——桩侧表面第 i 层土的抗压极限侧阻力标准值，kPa，可按表 3-3 取值。

l_i——桩周第 i 层土中的桩长，m。

表 3-7 抗拔系数 λ_i

土类	砂土	黏性土、粉土
λ_i	0.50～0.70	0.70～0.80

注：$l/d \leqslant 20$ 时，λ_i 取小值。其中，l 为桩长，d 为直桩的直径。

(2) 当群桩基础呈整体破坏时，基桩的抗拔极限承载力标准值 T_{gk} 为

$$T_{gk}=\frac{1}{n}u_l\sum\lambda_i q_{sik}l_i \tag{3-15}$$

式中，u_l——桩群外围周长，指沿最外围桩的边缘切线围成的区域的周长，m；

n——群桩基础中的总桩数。

其他参数的含义及取值同式(3-14)下的解释。

3.4 水平受力桩

3.4.1 水平荷载下单桩的工作性状

建筑工程中的桩基础大多以承受竖向荷载为主，但在风荷载、地震荷载、机械制动荷载或土压力、水压力等作用下，也将承受一定的水平荷载。尤其是桥梁工程中的桩基，除了满足桩基的竖向承载力要求之外，还必须对桩基的水平承载力进行验算。

作用于桩顶的水平荷载包括：长期作用的水平荷载(如上部结构传递的水平力、侧向土压力、侧向水压力、拱的推力等)、反复作用的水平荷载(如风力、波浪力、船舶撞击力以及机械制动力等水平荷载)和地震作用所产生的水平力。

桩能够承担水平荷载的能力称为**单桩水平承载力**(horizontal bearing capacity of single pile)。单桩水平承载力确定时须同时满足以下三个条件：①桩周土不丧失稳定性；②桩身不发生断裂破坏；③建筑物不会因桩顶水平位移过大而影响其正常使用。

竖直单桩的水平承载力远小于其竖向承载力，对高桩码头这类以承受水平荷载为主或其他承受较大水平荷载的建筑物桩基，若仅用竖直桩不合适也不经济，这时可考虑采用斜桩或叉桩来承担水平荷载。一般认为，外荷载合力 R 与竖直线所成的夹角 $\theta\leqslant5^\circ$ 时用竖直桩；当 $5^\circ<\theta\leqslant15^\circ$ 时用斜桩；当 $\theta>15^\circ$ 或受双向荷载时宜采用叉桩。

从桩的水平承载力的定义可知：不仅要求桩身不断裂，还要求桩周土不丧失稳定性、桩顶位移不能过大。故影响桩的水平承载力的因素主要有：桩周土的土质条件、桩的入土深度、桩的断面尺寸、桩的截面刚度、桩身材料强度、桩间距、桩顶嵌固条件、建筑物对水平位移的要求等。

目前确定单桩水平承载力的途径有两类：一类是通过水平静荷载试验获得，另一类是通过理论计算求得。二者中以前者更为可靠。

水平荷载下桩的工作性状取决于桩-土之间的相互作用。对于长桩来说，桩的水平承载力由桩的水平位移和桩身弯矩所控制，而对于短桩，桩的水平承载力则由水平位移和倾斜控制。

为保证建筑物能正常使用，按工程经验，应控制桩顶水平位移不大于 10 mm，而对水平位移敏感的建筑物，则不应大于 6 mm。

3.4.2 水平受力弹性桩的内力与位移

3.4.2.1 土的水平抗力

当桩入土较深，桩的刚度较小时，桩的工作状态如同一个埋在弹性介质里的弹性杆件，采用文克尔地基模型研究桩在水平荷载和土抗力共同作用下的挠度曲线，通过挠曲线微分方程的解答，求出桩身各截面的弯矩与剪力方程，并以此验算桩的强度。

按文克尔假定，桩侧土作用在桩上的抗力 p(kN/m)可以用下式表示：

$$p = k_h x b_0 \tag{3-16}$$

式中，b_0——桩的计算宽度，m，取值按表 3-8 确定；

x——水平位移，m；

k_h——土的水平抗力系数(或称水平基床系数或地基系数)，kN/m^3。

表 3-8 桩身截面计算宽度 b_0 m

截面宽度 b 或直径 d/m	圆 桩	方 桩
>1 m	$0.9(d+1)$	$b+1$
≤1 m	$0.9(1.5d+0.5)$	$1.5b+0.5$

注：表中的 b 指方桩的截面宽度，d 指圆桩的直径。

通常假设桩侧水平抗力系数 $k_h = kz^n$，其具体形式将直接影响挠曲微分方程的求解和截面内力的计算。k_h 的假设方法有常数法、k 法、m 法、c 法，如图 3-14 所示，其特点与适用性如表 3-9 所示。

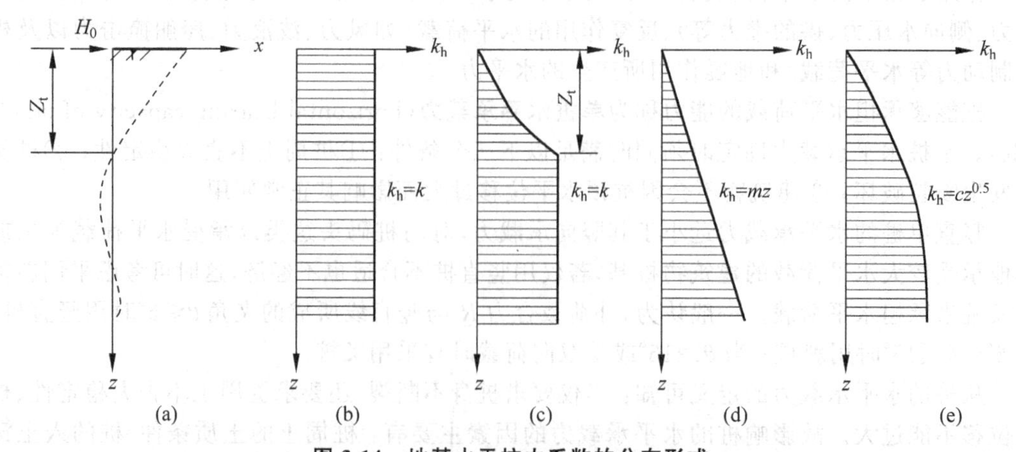

图 3-14 地基水平抗力系数的分布形式

(a) 水平受力；(b) 常数法；(c) k 法；(d) m 法；(e) c 法

表 3-9 地基水平抗力系数的计算方法

方法	n 值	假 设	适 用 性
常数法	$n=0$	假定水平抗力系数沿桩的深度均匀分布	与实际误差较大
k 法	$n=1,n=2,n=0$	假定在桩身第一挠度零点 z_t 以上沿深度按直线($n=1$)或抛物线($n=2$)变化，其下沿桩的深度均匀分布($n=0$)	计算一般预制桩或灌注桩的内力和水平位移
m 法	$n=1$	假定水平抗力系数随深度成比例增加	桩的水平位移较大时
c 法	$n=0.5$	假定水平抗力系数随深度呈抛物线分布	桩的水平位移较小时

3.4.2.2 弹性桩的内力和位移

下面介绍对于水平受力弹性桩，基于 m 法求解的内力和位移。m 法中，$k_h=mz$，其中 m 为比例系数。

1. 计算参数

单桩在水平荷载作用下所引起的桩周土的抗力不仅分布于荷载作用平面内，而且桩的截面形状对抗力也有影响。计算时简化为平面受力，桩的截面计算宽度 b_0 按表 3-8 取值。

计算桩身抗弯刚度 EI 时，桩身的弹性模量 E，对于混凝土桩，可采用混凝土的弹性模量 E_c 的 0.85 倍($E=0.85E_c$)。

2. 单桩的挠曲微分方程

设单桩在桩顶竖向荷载 N_0、水平荷载 H_0、弯矩 M_0 和地基水平抗力 $p(z)$ 作用下产生挠曲，其弹性挠曲线微分方程为

$$EI\frac{\mathrm{d}^4x}{\mathrm{d}z^4}+N_0\frac{\mathrm{d}^2x}{\mathrm{d}z^2}=-p \tag{3-17}$$

由于 N_0 的影响很小，所以忽略 $N_0\dfrac{\mathrm{d}^2x}{\mathrm{d}z^2}$项，注意到式(3-16)以及 m 法时取 $k_h=mz$ 的假定，得桩的挠曲微分方程为

$$\frac{\mathrm{d}^4x}{\mathrm{d}z^4}+\frac{mb_0}{EI}zx=0 \tag{3-18}$$

令

$$\alpha=\sqrt[5]{\frac{mb_0}{EI}} \tag{3-19}$$

将式(3-19)代入式(3-18)，则得

$$\frac{\mathrm{d}^4x}{\mathrm{d}z^4}+\alpha^5zx=0 \tag{3-20}$$

式中，α——桩的水平变形系数，m^{-1}；

m——桩侧土水平抗力系数的比例系数，按《建筑桩基技术规范》(JGJ 94—2008)中的表 5.7.5 取值；

b_0——桩身的计算宽度，m，按表 3-8 取值；

EI——桩身抗弯刚度，按《建筑桩基技术规范》(JGJ 94—2008)的5.7.2条的规定计算。

求解式(3-20)时，注意到材料力学中的挠度 x、转角 φ、弯矩 M 和剪力 V 之间的微分关系，利用幂级数积分后，可得桩身各截面的内力、变形以及沿桩身抗力的简捷表达式如下。

水平位移

$$x_z=\frac{H_0}{\alpha^3 EI}A_x+\frac{M_0}{\alpha^2 EI}B_x \tag{3-21}$$

转角

$$\varphi_z=\frac{H_0}{\alpha^2 EI}A_\varphi+\frac{M_0}{\alpha EI}B_\varphi \tag{3-22}$$

弯矩

$$M_z=\frac{H_0}{\alpha}A_M+M_0 B_M \tag{3-23}$$

剪力

$$V_z=H_0 A_Q+\alpha M_0 B_Q \tag{3-24}$$

水平抗力

$$p_z=\frac{\alpha H_0 A_p}{b_0}+\frac{\alpha^2 M_0 B_p}{b_0} \tag{3-25}$$

式中 $A_x,B_x,\cdots,A_p,\cdots,B_p$ 为系数，取决于 αl 和 αz，可从有关设计规范或手册查得。表3-10列出了长桩($\alpha l\geqslant 4.0$)的系数值。按上式计算出的单桩水平抗力、内力、变形随深度的变化如图3-15所示。

表3-10 长桩内力和变形计算常数表(仅列出了 $\alpha l\geqslant 4.0$ 的部分)

αz	A_x	A_φ	A_M	A_Q	A_p	B_x	B_φ	B_M	B_Q	B_p
0.0	2.441	−1.621	0	1.000	0	1.621	−1.751	1.000	0	0
0.5	1.650	−1.502	0.458	0.761	0.825	0.870	−1.254	0.975	−0.137	0.435
1.0	0.970	−1.196	0.723	0.289	0.970	0.361	−0.793	0.851	−0.351	0.361
1.5	0.466	−0.818	0.755	−0.140	0.699	0.063	−0.418	0.641	−0.467	0.094
2.0	0.147	−0.471	0.614	−0.388	0.294	−0.076	−0.156	0.407	−0.449	−0.151
3.0	−0.087	−0.070	0.193	−0.361	−0.262	−0.095	0.063	0.076	−0.191	−0.284
4.0	−0.108	−0.003	0	−0.001	−0.432	−0.015	0.085	0	0	−0.059

3. 桩顶的水平位移

桩顶位移是控制水平承载力的主要因素。桩的长短不同，水平受力桩的工作性状也不同。在桩基分析中，一般以实际桩长 l 和水平变形系数 α 的乘积 αl(换算长度)来区分桩的长短：换算长度 $\alpha l\geqslant 4$ 的桩称为长桩或柔性桩；$\alpha l<4$ 的桩称为短桩或刚性桩。刚性桩的桩顶水平位移可根据桩的换算长度 αl 和桩端支承条件，从表3-11中查出位移系数 A_x 和 B_x，然后代入式(3-21)求出。

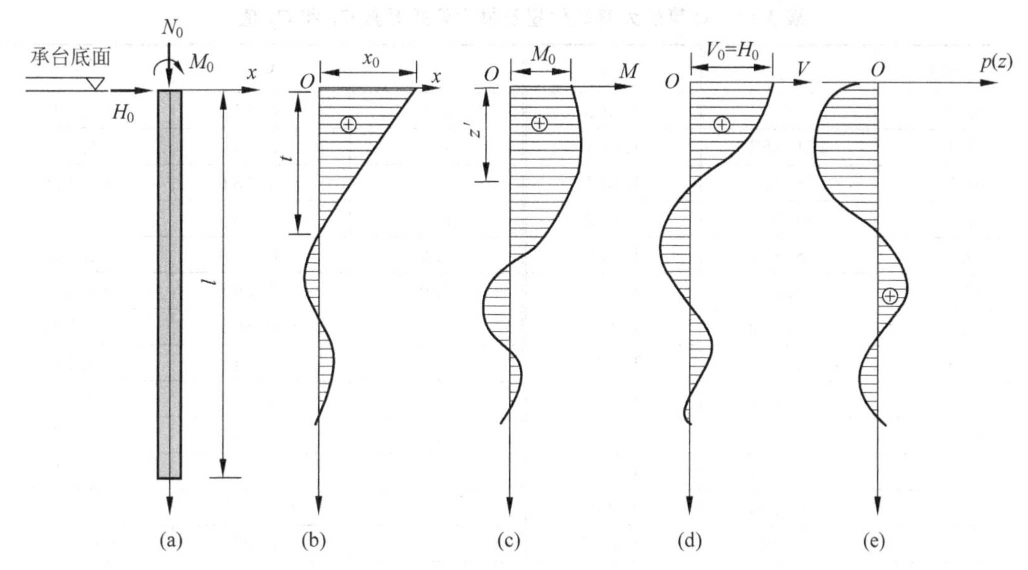

图 3-15　单桩内力与位移曲线

(a) 水平桩受力图；(b) 水平位移 x 分布；(c) 弯矩 M 分布；(d) 剪力 V 分布；(e) 水平抗力 p 分布

表 3-11　各类桩的桩顶位移系数 $A_x(z=0)$和 $B_x(z=0)$

αl	桩端支撑在土上		桩端支撑在岩石上		桩端嵌固在岩石中	
	$A_x(z=0)$	$B_x(z=0)$	$A_x(z=0)$	$B_x(z=0)$	$A_x(z=0)$	$B_x(z=0)$
0.5	72.004	192.026	48.006	96.037	0.042	0.125
1.0	18.030	24.106	12.049	12.149	0.329	0.494
1.5	8.101	7.349	5.498	3.889	1.014	1.028
2.0	4.737	3.418	3.381	2.081	1.841	1.468
3.0	2.727	1.758	2.406	1.568	2.385	1.586
≥4.0	2.441	1.621	2.419	1.618	2.401	1.600

4. 桩身最大弯矩及其位置

水平受力桩配筋计算时，设计人员最关心的是桩身的最大弯矩值及其所在位置。为了简化，将桩顶荷载 H_0、M_0 和桩的水平变形系数 α 作为基本参数，引入系数

$$C_1=\frac{\alpha M_0}{H_0} \tag{3-26}$$

由系数 C_1 从表 3-12 中查得相应的换算深度 $h_1(=\alpha z)$，便可求得最大弯矩的深度

$$z_0=\frac{h_1}{\alpha} \tag{3-27}$$

由系数 C_1 从表 3-12 查得相应的系数 C_2，便可求得桩身最大弯矩

$$M_{\max}=C_2 M_0 \tag{3-28}$$

表 3-12 适合于 $\alpha l \geqslant 4.0$ 即桩长 $l \geqslant 4.0/\alpha$ 的长桩。对 $l<4.0/\alpha$ 的刚性桩，则不能用此法计算。

表 3-12 计算最大弯矩位置及最大弯矩系数 C_1 和 C_2 值

$h_1=\alpha z$	C_1	C_2	$h_1=\alpha z$	C_1	C_2
0.0	∞	1.000	1.4	−0.145	−4.596
0.1	131.252	1.001	1.5	−0.299	−1.876
0.2	34.186	1.004	1.6	−0.434	−1.128
0.3	15.544	1.012	1.7	−0.555	−0.740
0.4	8.781	1.029	1.8	−0.665	−0.530
0.5	5.539	1.057	1.9	−0.768	−0.396
0.6	3.710	1.101	2.0	−0.865	−0.304
0.7	2.566	1.169	2.2	−1.048	−0.187
0.8	1.791	1.274	2.4	−1.230	−0.118
0.9	1.238	1.441	2.6	−1.420	−0.074
1.0	0.824	1.728	2.8	−1.635	−0.045
1.1	0.503	2.299	3.0	−1.893	−0.026
1.2	0.246	3.876	3.5	−2.994	−0.003
1.3	0.034	23.438	4.0	−0.045	−0.011

3.4.3 单桩水平承载力特征值(R_h)

单桩基础中单桩水平承载力特征值 R_h($R_h=R_{ha}$)按以下方法确定。

(1) 对于受水平荷载较大的设计等级为甲级、乙级的建筑桩基,单桩水平承载力特征值应通过单桩水平静载试验确定。

(2) 对于钢筋混凝土预制桩、钢桩、桩身正截面配筋率不小于0.65%的灌注桩,可根据静载试验结果取地面处水平位移为10 mm(对于水平位移敏感的建筑物取水平位移6 mm)所对应的荷载的75%为单桩水平承载力特征值。

(3) 对于桩身配筋率小于0.65%的灌注桩,可取单桩水平静载试验的临界荷载的75%为单桩水平承载力特征值。

(4) 当缺少单桩水平静载试验资料时,可按桩基规范推荐公式估算单桩水平承载力特征值。

关于这一部分的详细内容,参见《建筑桩基技术规范》(JGJ 94—2008)。

3.5 群桩基础

在实际工程中,除少量大直径桩基础外,一般都是群桩基础。

3.5.1 群桩效应

群桩基础受竖向荷载后,由于承台、桩、土的相互作用使桩侧摩阻力、桩端阻力、沉降等性状发生与单桩明显不同的变化,承载力往往不等于各单桩承载力之和,这种现象称为**群桩效应**(effect of pile group)。群桩效应的效果可用群桩效应系数度量。

群桩效应系数 η(pile group effect coefficient)是指实际的群桩承载力与各单桩承载力之和的比值。对于砂土、长桩和在大间距条件下 $\eta\geqslant1.0$,工程设计中常取 $\eta=1.0$。

1. **端承型群桩基础**

由于端承型桩基持力层坚硬，桩顶沉降较小，桩侧摩阻力不易发挥，桩顶荷载基本上通过桩身直接传到桩端处的地层中。而桩端处承压面积很小，各桩端的压力彼此互不影响（图3-16），因此可近似认为端承型群桩基础中各基桩的工作性状与单桩基本一致；同时，由于桩的变形很小，桩间土基本不承受荷载，群桩基础的承载力就等于各单桩的承载力之和；群桩的沉降量也与单桩基本相同，即群桩效应系数$\eta=1.0$。

2. **摩擦型群桩基础**

摩擦型群桩主要通过每根桩侧的摩擦阻力将上部荷载传递到桩周及桩端土层中。且一般假定桩侧摩阻力在土中引起的附加应力σ_z按某一角度α沿桩长向下扩散分布，至桩端平面处，压力分布如图3-17中桩端阴影部分所示。当桩数少，桩中心距s_a较大时，例如$s_a>6d$，桩端平面处各桩传来的压力互不重叠或重叠不多（图3-17(a)），此时群桩中各桩的工作情况与单桩一致，故群桩的承载力等于各单桩承载力之和。但当桩数较多，桩距较小时，例如常用桩距$s_a=(3\sim4)d$时，桩端处地基中各桩传来的压力将相互重叠（图3-17(b)）。桩端处压力比单桩时大得多，桩端以下压缩土层的厚度也比单桩要深，此时群桩中各桩的工作状态与单桩的迥然不同，其承载力小于各单桩承载力之总和，沉降量则大于单桩的沉降量。显然，若限制群桩的沉降量与单桩沉降量相同，则群桩中每一根桩的平均承载力就比单桩时要低，此时群桩效应系数$\eta<1.0$。

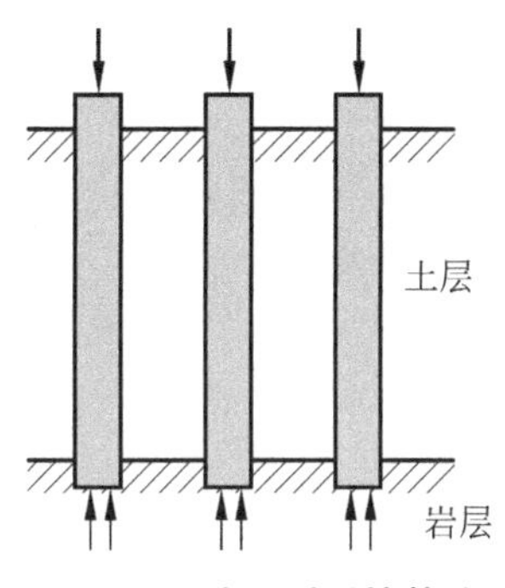

图3-16 端承型群桩基础

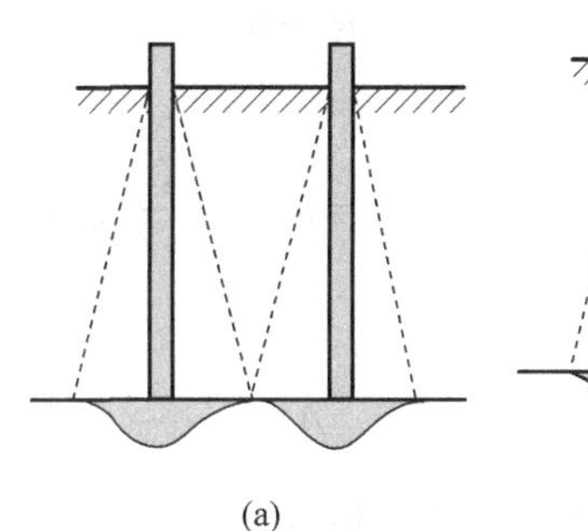

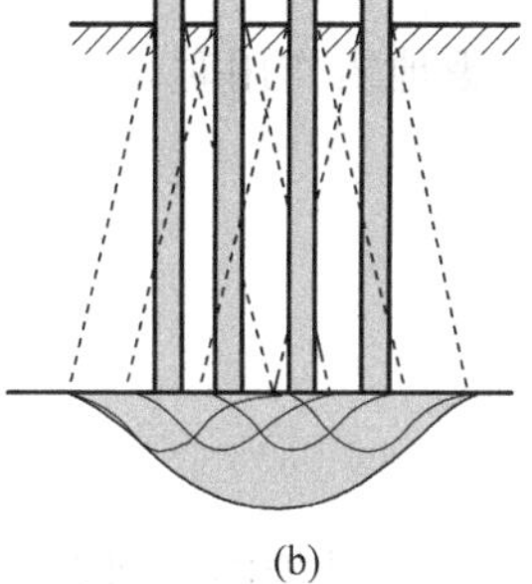

图3-17 摩擦型群桩桩端平面上的压力分布

(a) 桩距大；(b) 桩距小

3.5.2 承台效应

承台效应(pile cap effect)是指由于桩顶承台的嵌固作用而使基桩的承载力得以提高的现象。承台效应的效果可用承台效应系数度量。

承台效应系数η_c(pile cap effect coefficient)是指承台嵌固下各基桩的承载力之和与未使用承台的各单桩承载力之和的比值。该系数与桩中心距与桩径之比、承台宽度与桩长之比有关。

在荷载作用下，由桩和承台底地基土共同承担荷载的桩基称为复合桩基。这种基础下的每根桩称为**复合基桩**(composite foundation pile)。

承台分担荷载是以桩基的整体下沉为前提的，故只有在桩基沉降不会危及建筑物的安全和正常使用，且承台底不与软土直接接触时，才宜于开发利用承台底土反力的潜力。因此，在下列情况下，通常不能考虑承台的荷载分担效应：①承受经常出现动力作用时，如铁路桥梁桩基；②承台下存在可能产生负摩擦力的土层时，如湿陷性黄土、欠固结土、新填土、高灵敏度软土以及可液化土，或由于降水使地基土固结而与承台脱开时；③在饱和软土中沉入密集桩群时，这会引起超静孔隙水压力和土体隆起，随着时间推移，桩间土逐渐固结下沉而与承台脱离等。

3.5.3 基桩竖向承载力特征值 *R* 的确定

1. 不考虑承台效应

对于端承型桩基、桩数少于 4 根的摩擦型柱下独立桩基，或由于地层土性、使用条件等因素不宜考虑承台效应时，桩基竖向承载力特征值取单桩竖向承载力特征值，即 $R=R_a$。

2. 考虑承台效应

对于符合下列条件之一的摩擦型桩基，宜考虑承台效应确定其复合基桩的竖向承载力特征值：①上部结构整体刚度较好、体型简单的建(构)筑物；②对差异沉降适应性较强的排架结构和柔性构筑物；③按变刚度调平原则设计的桩基刚度相对弱化区；④软土地基的减沉复合疏桩基础。

考虑承台效应的复合基桩竖向承载力特征值可按下列公式确定。

不考虑地震作用时，

$$R=R_a+\eta_c f_{ak} A_c \tag{3-29}$$

考虑地震作用时，

$$R=R_a+\frac{\zeta_a}{1.25}\eta_c f_{ak} A_c \tag{3-30}$$

其中

$$A_c=\frac{A-nA_{ps}}{n} \tag{3-31}$$

式中，R——基桩的竖向承载力特征值，kN。

R_a——单桩竖向承载力特征值，kN。

η_c——承台效应系数，可按表 3-13 取值。当承台底为可液化土、湿陷性土、高灵敏度软土、欠固结土、新填土，且沉桩施工可能引起超孔隙水压力和土体隆起时，不考虑承台效应，取 $\eta_c=0$。

f_{ak}——承台下 1/2 承台宽度且不超过 5 m 深度范围内各层土的地基承载力特征值按厚度加权的平均值，kPa。

A_c——计算基桩所对应的承台底净面积，m^2。

A_{ps}——桩身截面面积，m^2。

A——承台计算域面积，m^2。对于柱下独立桩基，A 为承台总面积；对于桩筏基础，A 为柱、墙筏板的 1/2 跨距和悬臂边 2.5 倍筏板厚度所围成的面积；桩集中布置于单片墙下的桩筏基础，取墙两边各 1/2 跨距围成的面积，按条形承台计算 η_c。

ζ_a——地基抗震承载力调整系数，按《建筑抗震设计规范》(GB 50011—2010)的规定取值。

表 3-13 承台效应系数 η_c

B_c/l	s_a/d				
	3	4	5	6	>6
≤0.4	0.06～0.08	0.14～0.17	0.22～0.26	0.32～0.38	0.50～0.80
0.4～0.8	0.08～0.10	0.17～0.20	0.26～0.30	0.38～0.44	
>0.8	0.10～0.12	0.20～0.22	0.30～0.34	0.44～0.50	
单排桩条形承台	0.15～0.18	0.25～0.30	0.38～0.45	0.50～0.60	

注：①表中 s_a/d 为桩中心距与桩径之比，B_c/l 为承台宽度与桩长之比。当计算基桩为非正方形排列时，$s_a=\sqrt{A/n}$，其中，A 为承台计算域面积，n 为总桩数。②对于桩布置于墙下的箱、筏承台，η_c 可按单排桩条形承台取值。③对于单排桩条形承台，当承台宽度小于 1.5d 时，η_c 按非条形承台取值。④对于采用后注浆灌注桩的承台，η_c 宜取低值。⑤对于饱和黏性土中的挤土桩基、软土地基上的桩基承台，η_c 宜取低值的 0.8 倍。

3.5.4 桩顶荷载效应计算

桩顶荷载效应分为荷载效应和地震荷载效应，相应的荷载效应组合分为荷载效应标准组合、地震荷载效应和荷载效应标准组合。

3.5.4.1 基桩桩顶荷载效应计算

对于一般建筑物和受水平力(包括力矩和水平剪力)较小的高层建筑群桩基础，当桩基中桩径相同时，通常可假定：①承台是刚性的；②各桩刚度相同。

在《建筑桩基技术规范》(JGJ 94—2008)第 5.1 部分规定，可按下列公式计算基桩的桩顶荷载效应，如图 3-18 所示。

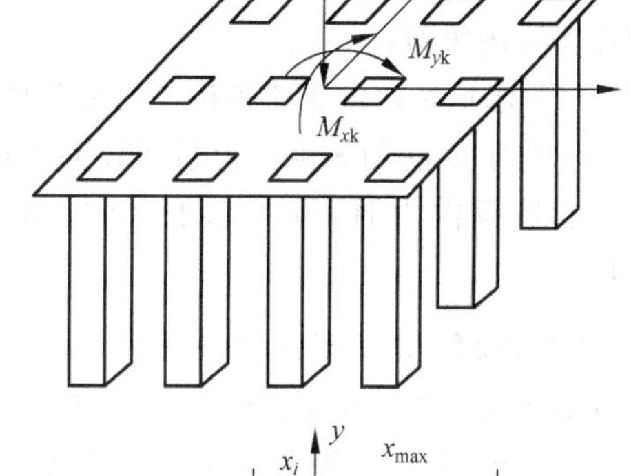

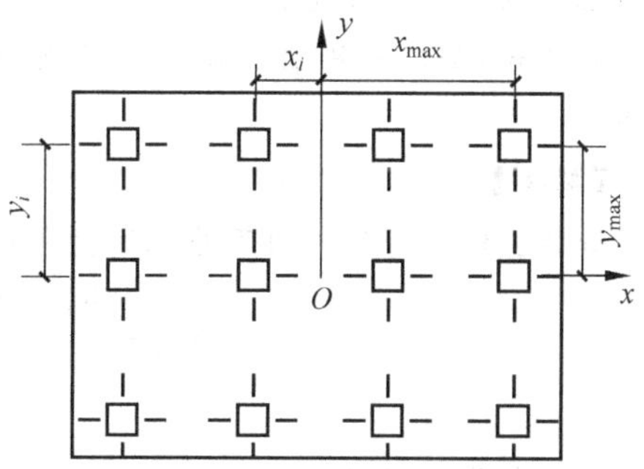

图 3-18 桩顶荷载效应计算简图

轴心竖向力作用下，

$$N_k=\frac{F_k+G_k}{n} \tag{3-32}$$

偏心荷载作用下，

$$N_{ik}=\frac{F_k+G_k}{n}\pm\frac{M_{xk}y_i}{\sum_{j=1}^{n}y_j^2}\pm\frac{M_{yk}x_i}{\sum_{j=1}^{n}x_j^2} \tag{3-33}$$

水平力为

$$H_{ik}=\frac{H_k}{n} \tag{3-34}$$

式中，N_k——荷载效应标准组合轴心竖向力作用下，基桩或复合基桩的平均竖向力，kN；

F_k——荷载效应标准组合下作用于承台顶面的竖向力，kN；

G_k——承台和承台上土自重标准值，对稳定的地下水位以下部分应扣除水的浮力，kN；

n——桩基中的桩数；

N_{ik}——荷载效应标准组合偏心竖向力作用下，第 i 根基桩或复合基桩的竖向力，kN；
M_{xk}——荷载效应标准组合下，作用于承台底面的外力对通过桩群形心的 x 轴的力矩；
y_i——第 i 个基桩或复合基桩轴线至 x 轴的距离；
y_j——第 j 个基桩或复合基桩轴线至 x 轴的距离；
M_{yk}——荷载效应标准组合下，作用于承台底面的外力对通过桩群形心的 y 轴的力矩；
x_i——第 i 个基桩或复合基桩轴线至 y 轴的距离；
x_j——第 j 个基桩或复合基桩轴线至 y 轴的距离；
H_{ik}——荷载效应标准组合下，作用于第 i 根基桩或复合基桩的水平力；
H_k——荷载效应标准组合下，作用于桩基承台底面的水平力。

3.5.4.2 地震荷载效应

对于主要承受竖向荷载的抗震设防区低承台桩基，当同时满足下列条件时，计算桩顶荷载效应时可不考虑地震作用：

(1) 按《建筑抗震设计规范》(GB 50011—2010)规定可不进行天然地基和基础抗震承载力计算的建筑物；

(2) 建筑场地位于建筑抗震的有利地段。

对位于 8 度和 8 度以上抗震设防区的高大建筑物低承台桩基，在计算各基桩的荷载效应和桩身内力时，可考虑承台(包括地下墙体)与基桩的协同工作和土的弹性抗力作用。

【例 3-2】 求基桩上的荷载

已知某条形基础宽 7 m，如图 3-19 所示，其上作用有偏心垂直荷载 $F_k=1800$ kN/m，偏心距为 0.4 m，每延米基础上布置 5 根直径为 300 mm 的桩，试计算中间桩和边桩所受的荷载值。

【解答】

分析：偏心荷载作用下基桩所受荷载值按式(3-33)求解。

$$N_{ik}=\frac{F_k+G_k}{n}\pm\frac{M_{xk}y_i}{\sum_{j=1}^{n}y_j^2}\pm\frac{M_{yk}x_i}{\sum_{j=1}^{n}x_j^2}$$

(1) 求偏心弯矩

沿条形基础的长度方向作为 y 轴，条形基础的宽度方向作为 x 轴，建立如图 3-20 所示的坐标系，则偏心荷载的作用相当于在轴心竖向荷载作用下，在 y 轴上叠加一个竖向力 F_k 对 y 轴的弯矩 M_{yk}。

取 1 m 长度的条形基础进行分析，则有

$$M_{yk}=F_k\times e=1800\times 0.4\ \text{kN·m}=720\ \text{kN·m}$$
$$M_{xk}=0$$

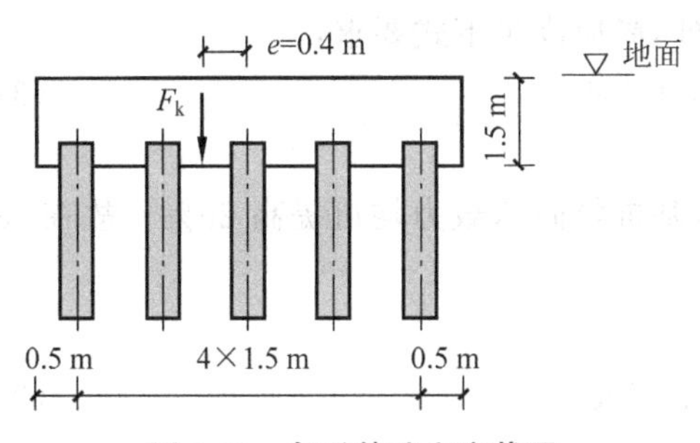

图 3-19 条形基础宽度截面

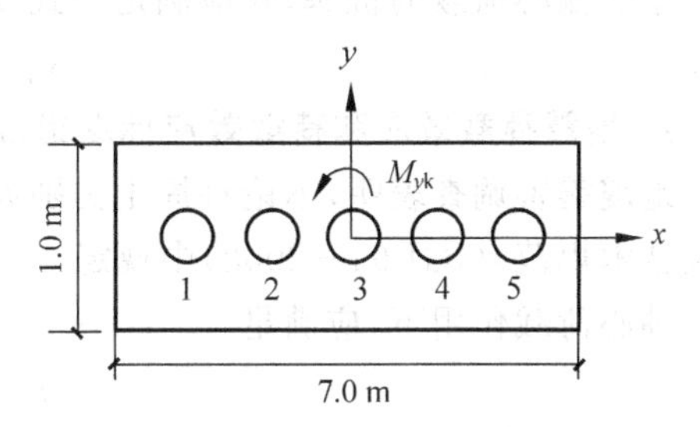

图 3-20 桩位布置俯视图

(2) 中心桩上的荷载 N_{3k}

取 1 m 长度的条形基础进行分析,基础宽度中心线上的桩(图 3-20 中标号为 3 的桩)承担的荷载为

$$N_{3k}=\frac{F_k+G_k}{n}-\frac{M_{yk}x_3}{\sum_{j=1}^{n}x_j^2}$$

$$=\left(\frac{1800+20\times1.5\times(7.0\times1.0)}{5}-\frac{720\times0}{0+2\times1.5^2+2\times3^2}\right)\ \text{kN}=402\ \text{kN}$$

注: x_3 指第 3 根桩中心到群桩形心(y 轴)的距离。

(3) 左边桩上的荷载 N_{1k}

取 1 m 长度的条形基础进行分析,最左边的桩承担的荷载为

$$N_{1k}=\frac{F_k+G_k}{n}+\frac{M_{yk}x_1}{\sum_{j=1}^{n}x_j^2}$$

$$=\left(\frac{1800+20\times1.5\times(7.0\times1.0)}{5}+\frac{720\times3.0}{0+2\times1.5^2+2\times3^2}\right)\ \text{kN}$$

$$=(402+96)\ \text{kN}=498\ \text{kN}$$

(4) 右边桩上的荷载 N_{5k}

取 1 m 长度的条形基础进行分析,最右边的桩上承担的荷载为

$$N_{5k}=\frac{F_k+G_k}{n}-\frac{M_{yk}x_5}{\sum_{j=1}^{n}x_j^2}=(402-96)\ \text{kN}=306\ \text{kN}$$

3.5.5 基桩竖向承载力验算

基桩竖向承载力验算时有以下两种情形。

1. 荷载效应标准组合

承受轴心荷载的桩基,应符合下式要求:

$$N_k\leqslant R \tag{3-35}$$

承受偏心荷载的桩基，除应满足上式要求外，尚应满足下式要求：

$$N_{kmax} \leqslant 1.2R \tag{3-36}$$

2. 地震荷载效应和荷载效应标准组合

地震震害调查表明，不论桩周土类别如何，基桩竖向承载力均可提高25%。故在《建筑桩基技术规范》(JGJ 94—2008)中规定：

轴心荷载作用下，应满足

$$N_{Ek} \leqslant 1.25R \tag{3-37}$$

偏心荷载作用下，除应满足上式外，还应满足

$$N_{Ekmax} \leqslant 1.5R \tag{3-38}$$

式中，N_k——荷载效应标准组合轴心竖向力作用下，基桩或复合基桩的平均竖向力，kN；

N_{Ek}——地震荷载效应和荷载效应标准组合下，基桩或复合基桩的平均竖向力，kN；

R——基桩或复合基桩竖向承载力特征值，kN；

N_{kmax}——荷载效应标准组合偏心竖向力作用下，桩顶最大竖向力，kN；

N_{Ekmax}——地震荷载效应和荷载效应标准组合下，基桩或复合基桩的最大竖向力，kN。

此外，无论哪种荷载效应组合，基桩在竖向压力下承载力设计值还应满足桩身承载力的要求。

【例3-3】 桩基竖向承载力验算

如图3-21所示，已知某厂房柱截面尺寸为400 mm×600 mm，柱底传至承台顶面的内力设计值分别为：F_k=3500 kN，M_k=520 kN·m，H_k=45 kN。承台埋深2 m，地质资料见表3-14，地下水位在地面下2 m处，建筑桩基安全等级为二级。选定粉土层作为持力层，采用截面边长为300 mm的混凝土预制桩，桩端进入持力层深度1.0 m。(1)求单桩竖向极限承载力标准值；(2)求单桩竖向承载力特征值；(3)若考虑承台效应，但不考虑地震作用时，求复合基桩竖向承载力特征值；(4)试验算此题中的基桩竖向承载力。

表3-14 地层参数

土层	厚度/m	重度γ/(kN/m^3)	孔隙比e	饱和度s_t/%	塑性指数I_P	液性指数I_L	内摩擦角φ/(°)	地基承载力特征值f_{ak}/kPa
① 杂填土	2	16.8						
② 黏土	11	18.7	1.0	95.2	18.6	1.0	23	225
③ 粉土	未穿透	19.6	0.75	96.1	8.2	0.64	25	486

【解答】

(1) 求Q_{uk}(单桩竖向极限承载力标准值)

① 单桩极限侧阻力标准值Q_{sk}

黏土层：由I_L=1.0，查表3-3得

$$q_{sik}=40\ \text{kPa}$$

粉土层：由e=0.75，查表3-3得

$$q_{sik}=66\ \text{kPa}$$

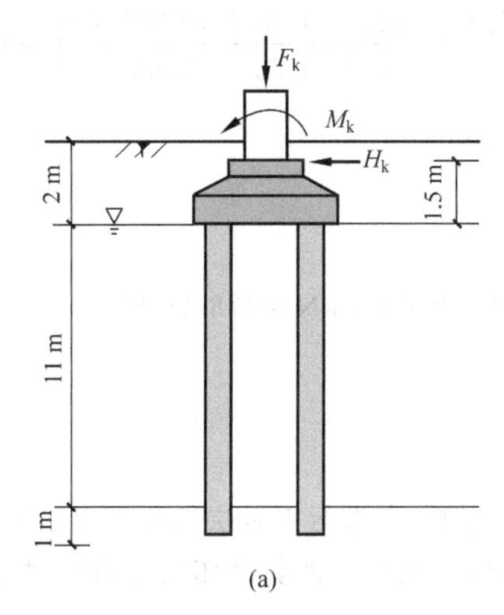

(a)

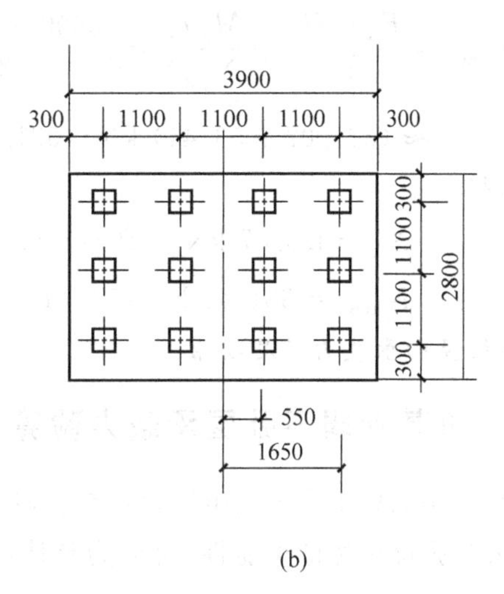

(b)

图 3-21 承台及桩位布置

则

$$Q_{sk}=u_p\sum q_{sik}l_i=(4\times0.3)\times(40\times11+66\times1.0)\ \text{kN}=607.2\ \text{kN}$$

② 单桩极限端阻力标准值 Q_{pk}

桩端为粉土层，$e=0.75$，桩长 $l=12$ m，混凝土预制桩，查表 3-4 得 $q_{pk}=1400\sim2100$ kPa，取 $q_{pk}=1700$ kPa，则

$$Q_{pk}=q_{pk}A_p=1700\times(0.3\times0.3)\ \text{kN}=153\ \text{kN}$$

③ 单桩竖向极限承载力标准值 Q_{uk}

$$Q_{uk}=Q_{sk}+Q_{pk}=(607.2+153)\ \text{kN}=760.2\ \text{kN}$$

(2) 求 R_a(单桩竖向承载力特征值)

$$R_a=Q_{uk}/2=760.2/2\ \text{kN}=380.1\ \text{kN}$$

(3) 求 R(复合基桩竖向承载力特征值)

当考虑承台效应，但不考虑地震作用时，应由式(3-29)求复合基桩竖向承载力特征值。

已知桩中心距 $s_a=1.1$ m，桩边长 $d=0.3$ m，承台宽度 $B_c=2.8$ m，桩长 $l=12$ m，故有 $s_a/d=1.1/0.3\approx3.67$，$B_c/l=2.8/12\approx0.23$，查表 3-13，取承台效应系数 $\eta_c=0.10$。则有

$$A_c=(A-nA_{ps})/n=(2.8\times3.9-12\times0.3\times0.3)/12\ \text{m}^2\approx0.82\ \text{m}^2$$

故复合基桩竖向承载力特征值

$$R=R_a+\eta_c f_{ak}A_c=(380.1+0.10\times225\times0.82)\ \text{kN}=398.55\ \text{kN}$$

(4) 基桩竖向承载力验算

承台以上土重及承台重

$$G_k=\gamma_G dA=20\times2\times(2.8\times3.9)\ \text{kN}=436.8\ \text{kN}$$

$$N_k=\frac{F_k+G_k}{n}=\frac{3500+436.8}{12}\ \text{kN}\approx328.07\ \text{kN}$$

$$N_{\mathrm{kmax}}=\frac{F_{\mathrm{k}}+G_{\mathrm{k}}}{n}+\frac{M_{y}x_{i}}{\sum x_{i}^{2}}=\left[\frac{3500+436.8}{12}+\frac{(520+45\times 1.5)\times 1.65}{6\times(0.55^{2}+1.65^{2})}\right]\ \mathrm{kN}$$

$$\approx(328.07+53.41)\ \mathrm{kN}=381.48\ \mathrm{kN}$$

经比较,得

$$N_{\mathrm{k}}=328.07\ \mathrm{kN}<R=398.55\ \mathrm{kN}$$

$$N_{\mathrm{kmax}}=381.48\ \mathrm{kN}<1.2R=1.2\times 398.55\ \mathrm{kN}=478.26\ \mathrm{kN}$$

所以,基桩竖向承载力满足要求。

3.5.6 桩基软弱下卧层承载力验算

当桩端平面以下受力层范围内存在软弱下卧层时,应进行下卧层的承载力验算。根据下卧层发生强度破坏的可能性,可分为整体冲剪破坏和基桩冲剪破坏两种情况,如图 3-22 所示。

1. 桩距 $s_a \leqslant 6d$ 的群桩基础

根据《建筑桩基技术规范》(JGJ 94—2008)第 5.4 部分的规定,对桩距不超过 $6d$ 的群桩基础,当桩端持力层以下受力层范围内存在承载力低于桩端持力层 1/3 的软弱下卧层时,应进行下卧层的承载力验算。验算时要求:

$$\sigma_{z}+\gamma_{\mathrm{m}}z\leqslant f_{\mathrm{az}} \tag{3-39}$$

对于桩距 $s_a \leqslant 6d$ 的群桩基础,一般看作整体冲剪破坏(图 3-22(a)),按下式计算下卧层顶面处的附加应力:

$$\sigma_{z}=\frac{F_{\mathrm{k}}+G_{\mathrm{k}}-1.5(A_{0}+B_{0})\cdot\sum q_{sik}l_{i}}{(A_{0}+2t\cdot\tan\theta)(B_{0}+2t\cdot\tan\theta)} \tag{3-40}$$

以上两式中,σ_z——作用于软弱下卧层顶面处的附加应力,kPa;

γ_{m}——软弱层顶面以上各土层重度按厚度加权的平均值(地下水位以下取浮重度),$\mathrm{kN/m^3}$;

z——地面至软弱层顶面的厚度,m;

f_{az}——软弱下卧层经深度修正的地基承载力特征值,kPa;注意,不要进行宽度修正,因为下卧层受压区应力分布并非均匀,而是呈内大外小;另外,既然是软弱下卧层,则多为软弱黏性土,故深度修正系数取 1.0;

F_{k}——荷载效应标准组合下作用于承台顶面的竖向力,kN;

G_{k}——承台及承台上土的自重标准值,对稳定的地下水位以下部分应扣除水的浮力,kN;

A_0——桩群外缘矩形底面的长边边长,m;

B_0——桩群外缘矩形底面的短边边长,m;

q_{sik}——桩周第 i 层土的极限侧阻力标准值,kPa;当无经验时,根据成桩工艺按表 3-3 取值;

l_i——第 i 层土中的桩长,m;

t——桩底至软弱下卧层顶面之间的持力层厚度，m；

θ——桩端硬持力层压力扩散角，按表3-15取值。

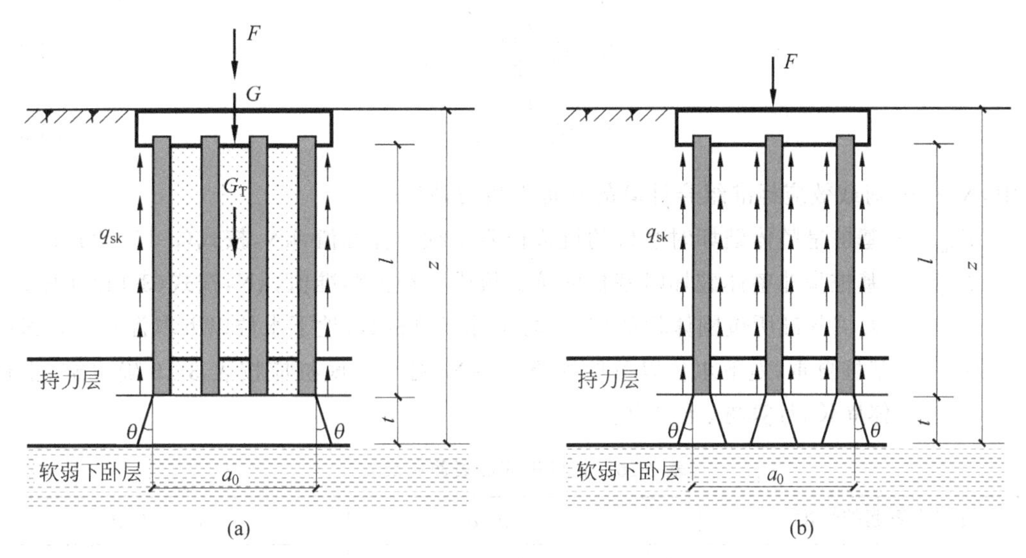

图3-22 软弱下卧层承载力验算

(a) 整体冲剪破坏；(b) 基桩冲剪破坏

表3-15 桩端硬持力层压力扩散角 θ

E_{s1}/E_{s2}	$t<0.25B_0$	$t=0.25B_0$	$0.25B_0<t<0.50B_0$	$t\geqslant 0.50B_0$
1	0°	4°	根据 t 值和 E_{s1}/E_{s2} 值内插	12°
3		6°		23°
5		10°		25°
10		20°		30°

注：E_{s1} 及 E_{s2} 分别为持力层及软弱下卧层的压缩模量。

2. 桩距 $s_a>6d$ 的群桩基础以及单桩基础

对于桩距 $s_a>6d$ 且各桩端的压力扩散线不相交于硬持力层中（即硬持力层厚度 $t<0.5(s_a-d_e)c\cdot\tan\theta$）的群桩基础（图3-22(b)），以及单桩基础，应作基桩冲剪破坏考虑，可推出下卧层顶面 σ_z 的表达式为

$$\sigma_z=\frac{4(N_k-u_p\sum q_{sik}l_i)}{\pi(d_e+2t\cdot\tan\theta)^2} \tag{3-41}$$

式中，N_k——荷载效应标准组合下的桩顶荷载，kN；

u_p——桩的截面周长，m；

d_e——桩端等代圆直径，圆形桩的 $d_e=d$（d 为桩径），方桩的 $d_e=1.13b$（b 为桩边长）；按表3-15确定 θ 时取 $B_0=d_e$。

3.5.7 桩基竖向抗拔承载力验算

桩的抗拔承载力主要取决于桩身材料强度及桩与土之间的抗拔侧阻力和桩身自重。

《建筑桩基技术规范》(JGJ 94—2008)规定，承受上拔力的桩基，应按下列公式同时验证群桩基础呈整体破坏和呈非整体破坏时的基桩抗拔承载力：

$$N_k \leqslant \frac{T_{gk}}{2} + G_{gp} \tag{3-42}$$

$$N_k \leqslant \frac{T_{uk}}{2} + G_p \tag{3-43}$$

式中，N_k——荷载效应标准组合计算的基桩上拔力，kN；

T_{gk}——基桩呈整体破坏时基桩的抗拔极限承载力标准值，kN，按式(3-15)计算；

T_{uk}——基桩呈非整体破坏时基桩的抗拔极限承载力标准值，kN，按式(3-14)计算；

G_{gp}——群桩基础所包围体积的桩、土总重除以总桩数，地下水位以下取浮重度，kN；

G_p——基桩自重，地下水位以下取浮重度，kN，对于扩底桩应按表3-16确定桩、土柱体周长，计算桩、土自重。

表 3-16　扩底桩破坏表面周长 u_i

自桩底算起的长度 l_i	$\leqslant(4\sim10)d$	$>(4\sim10)d$
u_i	πD	πd

注：d 为桩径；D 为扩底部分桩径；l_i 对于软土取低值，对于卵石、砾石取高值，l_i 的取值随内摩擦角增大而增大。

3.5.8　基桩水平承载力验算

受水平荷载的一般建筑物和水平荷载较小的高大建筑物，其单桩基础中的单桩和群桩中的基桩应满足下式要求：

$$H_{ik} \leqslant R_h \tag{3-44}$$

式中，H_{ik}——荷载效应标准组合下，作用在第 i 个基桩桩顶处的水平力。常取 $H_{ik}=H_k/n$，其中 H_k 指总的水平力，n 为桩数。

3.5.9　桩的负摩阻力验算

对于摩擦型基桩，可取桩身计算中性点以上侧阻力为零，按下式验算基桩承载力：

$$N_k \leqslant R_a \tag{3-45}$$

对于端承型基桩，除应满足上式要求外，尚应考虑负摩阻力引起基桩的下拉荷载 Q_g^n，按下式验算基桩承载力：

$$N_k + Q_g^n \leqslant R_a \tag{3-46}$$

式中，R_a——基桩竖向承载力特征值，kN，在此只计入中性点以下部分桩的侧阻力和端阻力；

N_k——基桩上的桩顶荷载，kN；

Q_g^n——基桩上的下拉荷载，kN。

当土层不均匀或建筑物对不均匀沉降较敏感时，尚应将负摩阻力引起的下拉荷载计入附加荷载进行桩基沉降验算。

3.5.10 桩基沉降计算

《建筑桩基技术规范》(JGJ 94—2008)第5.5节对桩基沉降整体上有如下要求。

(1) 总要求：建筑桩基沉降变形计算值不应大于桩基沉降(变形)允许值(表3-17)。

(2) 桩基沉降变形指标有4个：沉降量、沉降差、整体倾斜、局部倾斜。

(3) 桩基沉降变形指标的选用：由于土层厚度与性质不均匀、荷载差异、体型复杂、相互影响等因素引起的地基沉降变形，对于砌体承重结构应由局部倾斜控制；对于多层或高层建筑和高耸结构应由整体倾斜值控制；当其结构为框架、框架-剪力墙、框架-核心筒结构时，尚应控制柱(墙)之间的差异沉降。

(4) 建筑桩基应进行沉降计算的场合包括：设计等级为甲级的非嵌岩桩和非深厚坚硬持力层的建筑桩基；设计等级为乙级的体型复杂、荷载分布显著不均匀或桩端平面以下存在软弱土层的建筑桩基；软土地基上多层建筑的减沉复合疏桩基础。

表3-17 建筑桩基沉降(变形)允许值

变形特征		允许值
砌体承重结构基础的局部倾斜		0.002
各类建筑相邻柱(墙)基的沉降差	(1) 框架、框架-剪力墙、框架-核心筒结构	$0.002l_0$
	(2) 砌体墙填充的边排柱	$0.0007l_0$
	(3) 当基础不均匀沉降时不产生附加应力的结构	$0.005l_0$
单层排架结构(柱距为6 m)桩基的沉降量		120 mm
桥式吊车轨面的倾斜(按不调整轨道考虑)	纵向	0.004
	横向	0.003
多层和高层建筑的整体倾斜	$H_g \leqslant 24$	0.004
	$24 < H_g \leqslant 60$	0.003
	$60 < H_g \leqslant 100$	0.0025
	$H_g > 100$	0.002
高耸结构桩基的整体倾斜	$H_g \leqslant 20$	0.008
	$20 < H_g \leqslant 50$	0.006
	$50 < H_g \leqslant 100$	0.005
	$100 < H_g \leqslant 150$	0.004
	$150 < H_g \leqslant 200$	0.003
	$200 < H_g \leqslant 250$	0.002
高耸结构基础的沉降量	$H_g \leqslant 100$	350 mm
	$100 < H_g \leqslant 200$	250 mm
	$200 < H_g \leqslant 250$	150 mm
体型简单的剪力墙结构高层建筑桩基最大沉降量	—	200 mm

注：l_0 为相邻柱(墙)两测点间距离；H_g 为自室外地面算起的建筑物高度(m)。

1. 单桩沉降的计算

竖向荷载作用下的单桩沉降由下述三部分组成：①桩身弹性压缩引起的桩顶沉降；②桩侧摩阻力引起的桩周土中的附加应力以压力扩散角向下传递，致使桩端下部土体压缩而产生的桩端沉降；③桩端荷载引起桩端下部土体压缩所产生的桩端沉降。

目前单桩沉降计算方法主要有下述几种：荷载传递分析法、弹性理论法、剪切变形传递法、有限单元分析法、其他简化方法。这些计算方法的详细介绍可参见有关书籍。

2．群桩沉降的计算

群桩的沉降主要由桩间土的压缩变形(包括桩身压缩、桩端贯入变形)和桩端平面以下土层受群桩荷载共同作用产生的整体压缩变形两部分组成。由于群桩的沉降性状涉及群桩几何尺寸(如桩间距、桩长、桩数、桩基础宽度与桩长的比值等)、成桩工艺、桩基施工与流程、土的类别与性质、土层剖面的变化、荷载大小与持续时间以及承台设置方式等众多复杂因素，因此，目前尚没有较为完善的桩基础沉降计算方法。《建筑地基基础设计规范》(GB 50007—2011)推荐的群桩沉降计算方法，不考虑桩间土的压缩变形对沉降的影响，采用单向压缩分层总和法计算桩基础的最终沉降量。

3.5.11 减沉疏桩基础

以控制地基的沉降为目的，直接用沉降量指标来确定桩数的桩基，称为减沉疏桩基础。

优点：可充分发挥天然地基的承载力潜力，减小桩基沉降量，减少用桩数量，通常比地基处理等方法更经济。

设计要点：①减沉疏桩基础按摩擦桩设计，且桩端同样应选择较好的持力层；②以控制沉降为目的，充分发挥桩间土的承载力，不足部分由桩来承担，据此设计桩的数量等参数；③若能确定桩、土承载的比例，也可据此设计桩的参数，包括桩的极限承载力、桩径、桩长、用桩量；④验算桩身强度和桩端下卧层的承载力。

减沉复合疏桩基础设计应遵循两个原则：一是桩和桩间土在受力过程中始终确保两者共同承担荷载，因此单桩的承载力宜控制在较小的范围，桩的横截面尺寸一般宜选择 200～400 mm，桩应穿透上部软土层，桩端支承于相对较硬土层；二是桩距 s_a 要大于5～6倍的桩径，以确保桩间土的荷载分担比足够大。

减沉复合疏桩基础承台有两种形式，一种是筏式承台，多用于地基承载力小于荷载要求和建筑物对差异沉降控制较严或带地下室的情况；另一种是条形承台，多用于无地下室的多层住宅。

减沉复合疏桩基础，在确定承台形式后可按下列公式确定承台面积和桩数：

$$A_c = \frac{\xi(F_k + G_k)}{f_{ak}} \tag{3-47}$$

$$n \geqslant \frac{F_k + G_k - \eta_c f_{ak} A_c}{R_a} \tag{3-48}$$

式中，A_c——桩基承台总净面积，m^2；

f_{ak}——承台底地基承载力特征值，kPa；

ξ——承台面积控制系数，$\xi \geqslant 0.60$；

n——基桩数；

η_c——桩基承台效应系数。

由于桩数明显较少，桩距一般在5～6倍桩径以上，一般可近似地认为减沉复合疏桩基础总的极限承载力等于桩基中所有各单桩的极限承载力与承台下地基土无桩条件下的极限承载力之和，从而得出复合疏桩基础的承载力验算式为

$$F_k + G_k \leqslant nR_a + \eta_c f_{ak} A_c \tag{3-49}$$

减沉复合疏桩基础除满足承载力要求外，还应进行地基的沉降验算。减沉复合疏桩基础沉降计算参见《建筑桩基技术规范》(JGJ 94—2008)。

3.5.12 变刚度调平设计

变刚度调平设计(design of pile foundation optimized by stiffness to reduce differential settlement)是指考虑上部结构形式、荷载和地层分布以及相互荷载效应，通过调整桩径、桩长、桩距等改变基桩支承刚度分布，以使建筑物沉降趋于均匀、承台内力降低的设计方法。

变刚度调平设计的目标是减小差异沉降和承台内力。

按变刚度调平设计的桩基，宜进行上部结构-承台-桩-土的共同作用分析。变刚度调平设计的常见做法有以下几种。

(1) 对于主裙楼连体建筑，当高层主体采用桩基时，裙房(含纯地下室)的地基或桩基刚度宜相对弱化，可采用天然地基浅基础、复合地基、疏桩或短桩基础。

(2) 对于框架—核心筒结构高层建筑桩基，应强化核心筒区域桩基刚度(如适当增加桩长、桩径、桩数，采用后注浆等措施)，相对弱化核心筒外围桩基刚度(如采用复合桩基、视地层条件减小桩长等)。

(3) 对于框架—核心筒结构高层建筑，在天然地基承载力满足浅基础要求的情况下，宜于核心筒区域局部设置增强刚度、减小沉降的摩擦型桩。

(4) 对于大体量筒仓、储罐的摩擦型桩基，宜按内强外弱原则布桩。

如图3-23所示，变刚度调平方案设计可以采用局部桩基增强、变桩距、变桩径、变桩长等桩基变刚度方案。

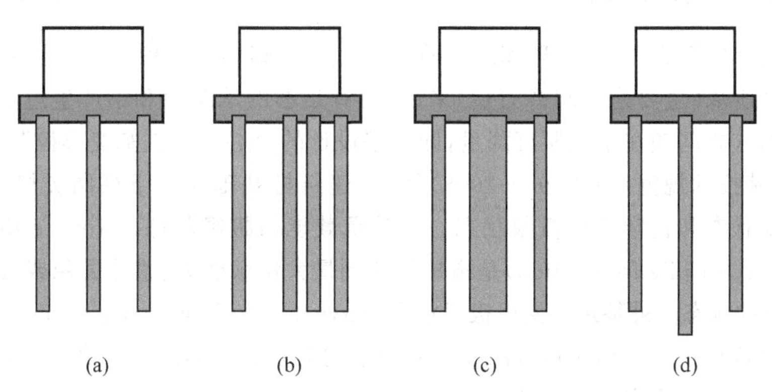

图3-23 变刚度调平设计方法

(a) 局部增强；(b) 变桩距；(c) 变桩径；(d) 变桩长

3.5.13 桩箱、桩筏基础

若高层建筑的地基土质软弱，仅用箱形(或筏形)基础无法满足地基承载力的要求时，可以在箱形(或筏形)基础底板下做承重桩基础。这类箱基(或筏基)加桩基的基础，简称桩箱(或桩筏)基础。桩箱(桩筏)基础可将上部结构荷载的一部分通过桩传递到更深处的土体，另一部分由箱基或筏基底板下的土体承受。关于这一部分的详细内容，请参阅相关专著。

3.6 桩基础设计

3.6.1 概述

3.6.1.1 桩基设计等级

根据建筑规模、功能特征、对差异变形的适用性、场地地基和建筑物体型的复杂性以及由于桩基问题可能造成建筑物破坏或影响正常使用的程度，将桩基设计分为三个安全等级，如表 3-18 所示。

表 3-18 建筑桩基设计等级

设计等级	建筑类型
甲级	(1) 重要的建筑 (2) 30 层以上或高度超过 100 m 的高层建筑 (3) 体型复杂且层数相差超过 10 层的高低层(含纯地下室)连体建筑 (4) 20 层以上框架-核心筒结构及其他对差异沉降有特殊要求的建筑 (5) 场地和地基条件复杂的 7 层以上的一般建筑及坡地、岸边建筑 (6) 对相邻既有工程影响较大的建筑
乙级	除甲级、丙级以外的建筑
丙级	场地和地基条件简单、荷载分布均匀的 7 层及 7 层以下的一般建筑

3.6.1.2 桩基设计原则

桩基础设计应符合安全、合理和经济的要求。对桩和承台来说，应有足够的强度、刚度和耐久性；对地基(主要是桩端持力层)来说，要有足够的承载力和不产生过量的变形。但大多数桩基的首要问题在于控制沉降量，即桩基设计的核心是按桩基变形控制设计。

《建筑桩基技术规范》(JGJ 94—2008)规定，建筑桩基础应按下列两类极限状态设计：承载能力极限状态和正常使用极限状态。**桩基承载能力极限状态**(ultimate limit states of bearing capacity of pile foundation)是指桩基达到最大承载能力、整体失稳或发生不适于继续承载的变形的状态。**桩基正常使用极限状态**(serviceability limit states of pile foundation)是指桩基达到建筑物正常使用所规定的变形限值或耐久性要求的某项限值的状态。

桩基设计应满足下列基本条件：①单桩承受的竖向荷载不应超过单桩竖向承载力特征值；②桩基础的沉降不得超过建筑物的沉降允许值；③对位于坡地岸边的桩基应进行桩基稳定性验算。

3.6.1.3 设计内容及流程

桩基设计内容和流程如图 3-24 所示。

(1) 取得所需设计资料

桩基设计前必须具备的资料主要有建筑物类型及其规模、岩土工程勘察报告、施工机具和技术条件、环境条件、检测条件及当地桩基工程经验等。

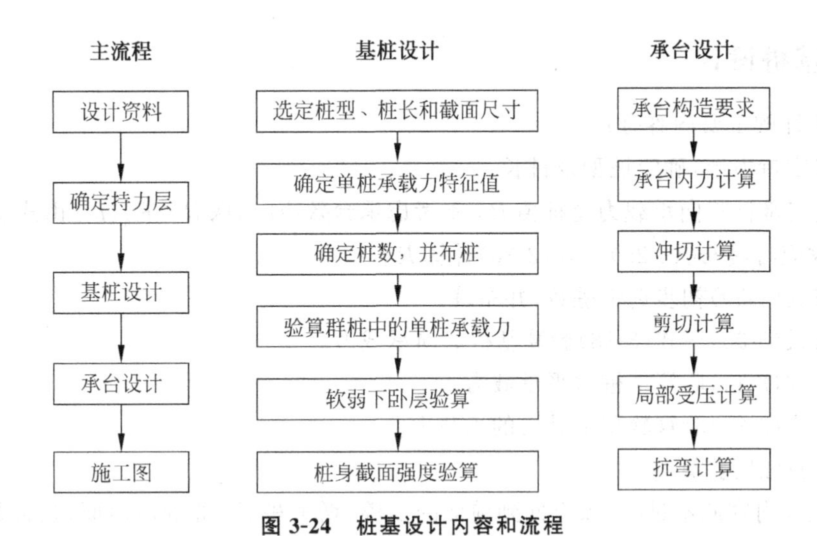

图 3-24 桩基设计内容和流程

（2）基桩设计

若为单桩基础，则单桩的计算内容为：桩的侧摩阻力、端阻力、桩身轴力、位移、桩侧负摩阻力、单桩竖向承载力。应综合勘察报告、荷载情况、使用要求、上部结构条件等确定桩基持力层；选择桩材，确定桩的类型、外形尺寸和构造；确定单桩承载力特征值；根据上部结构荷载情况，初步估算桩的数量和平面布置。

若为群桩基础，则群桩的设计内容为：承台下土对荷载的分担作用、基桩的竖向承载力设计值、群桩桩顶荷载效应的简化计算、桩基础的基桩竖向承载力验算、桩基础下卧层承载力验算、群桩基础的沉降计算。

（3）承台设计

承台设计内容包括：确定承台材料、承台埋深、外形尺寸、承台配筋。

承台验算内容包括：局部抗压强度验算、抗冲切验算、抗剪验算、抗弯验算（抗裂性、变形验算）。

（4）绘施工图

绘制桩和承台的结构及施工详图。

3.6.1.4 桩基设计中的荷载组合

《建筑桩基技术规范》(JGJ 94—2008)第3.1.7条规定：

确定桩数和布桩时，应采用传至承台底面的荷载效应标准组合；相应的抗力应采用基桩或复合基桩承载力特征值。

计算荷载作用下的桩基沉降和水平位移时，应采用荷载效应准永久组合；计算水平地震作用、风载作用下的桩基水平位移时，应采用水平地震作用、风载效应标准组合。

验算坡地、岸边建筑桩基的整体稳定性时，应采用荷载效应标准组合；抗震设防区，应采用地震荷载效应和荷载效应的标准组合。

在计算桩基结构承载力、确定尺寸和配筋时，应采用传至承台顶面的荷载效应基本组合。当进行承台和桩身裂缝控制验算时，应分别采用荷载效应标准组合和荷载效应准永久组合。

3.6.2 基桩设计

基桩设计的主要内容有：

(1) 选定持力层，确定桩型及桩长。

(2) 确定基桩竖向承载力特征值 R；不考虑承台效应时，取 $R=R_a$，R_a 由式(3-7)求出。考虑承台效应时，按式(3-29)或式(3-30)计算 R。

(3) 按式(3-50)初步选定桩数，并布桩。

(4) 按式(3-35)～式(3-38)验算基桩竖向承载力。

(5) 按式(3-44)验算基桩水平承载力。

(6) 按式(3-39)验算软弱下卧层的承载力。

(7) 桩身强度验算。

凡是验算内容通不过时，须返回到前面的步骤，增大桩长、桩身截面面积、桩数，甚至更换持力层深度等参数，然后再重复上述计算与验算，直到满足所有验算为止。

3.6.2.1 桩型、桩长和截面尺寸

桩基设计时，首先应根据建筑物的结构类型、荷载情况、地层条件、施工能力及环境限制(噪声、振动)等因素，选择预制桩或灌注桩的类别、桩的截面尺寸和长度以及桩端持力层等。

1. 桩型选择

根据地层条件，判断是使用预制桩这是灌注桩，端承桩还是摩擦桩，挤土桩还是非挤土桩。选择时可参考《钻掘工艺学》的相关内容。

2. 桩长拟定

桩长取决于持力层深度。桩身进入持力层的深度一般为$(1\sim3)d$，其中 d 为桩径。

桩端最好进入坚硬土层或岩层，采用嵌岩桩或端承桩；当坚硬土层埋藏很深时，则宜采用摩擦桩基，桩端应尽量达到低压缩性、中等强度的土层中。桩端进入持力层的深度，对于黏性土、粉土不宜小于 $2d$，砂类土不宜小于 $1.5d$，碎石类土不宜小于 $1d$。当存在软弱下卧层时，桩端以下硬持力层厚度不宜小于 $3d$。

端承桩嵌入微风化或中等风化岩体的最小深度，不宜小于 $0.4d$ 且不小于 0.5 m，以确保桩端与岩体接触密实。嵌岩桩或端承桩桩端以下 3 倍桩径范围内应无软弱夹层、断裂破碎带、洞穴和空隙分布，这对于荷载很大的一柱一桩(大直径灌注桩)基础尤为重要。

3. 截面尺寸选择

选择桩的截面尺寸时主要考虑成桩工艺和结构的荷载情况。一般混凝土预制桩的截面边长不应小于 200 mm，预应力混凝土预制实心桩的截面边长不宜小于 350 mm。从楼层数和荷载大小来看(如为工业厂房，可将荷载折算为相应的楼层数)，10 层以下的建筑桩基，可考虑采用直径 500 mm 左右的灌注桩和边长 400 mm 的预制桩；10～20 层的可采用直径 800～1000 mm 的灌注桩和边长 450～500 mm 的预制桩；20～30 层的可用直径 1000～1200 mm 的钻(冲、挖)孔灌注桩和边长等于或大于 500 mm 的预制桩；30～40 层的可用直径大于 1200 mm 的钻(冲、挖)孔灌注桩和边长 500～550 mm 的预应力混凝土管桩和大直径钢管桩。

3.6.2.2 确定基桩竖向承载力特征值 *R*

按3.5.3节的方法确定 R 值。

3.6.2.3 桩数与布置

1. **桩的数量**

初估桩数时，一般不考虑承台效应(即暂时假设 $R=R_a$)，按下式计算：

$$n \geqslant \frac{F_k + G_k}{R} \tag{3-50}$$

式中，n——初估的桩数，取整数；

F_k——桩基承台顶面的竖向力标准值，kN；

G_k——承台及其上土自重的标准值，kN；

R——基桩或复合基桩竖向承载力标准值，kN。

有偏心竖向力时，将 n 扩大1.1～1.2倍。

2. **桩的中心距**

桩的间距过大，则承台体积增加，造价提高；间距过小，则桩的承载能力不能充分发挥，且给施工造成困难。一般桩的最小中心距应为(3～4)d，参见表3-19(《建筑桩基技术规范》(JGJ 94—2008)的表3.3.3)。对于大面积桩群，尤其是挤土桩，桩的最小中心距还应按表列数值适当加大。

表3-19 桩的最小中心距

土类与成桩工艺		排数≥3、桩数≥9的摩擦型桩基	其他情况
非挤土灌注桩		$3.0d$	$3.0d$
部分挤土桩	非饱和土、饱和非黏性土	$3.5d$	$3.0d$
	饱和黏性土	$4.0d$	$3.5d$
挤土桩	非饱和土、饱和非黏性土	$4.0d$	$3.5d$
	饱和黏性土	$4.5d$	$4.0d$
沉管夯扩、钻孔挤扩桩	非饱和土、饱和非黏性土	取 $2.2D$ 和 $4.0d$ 中的较大值	取 $2.0D$ 和 $3.5d$ 中的较大值
	饱和黏性土	取 $2.5D$ 和 $4.5d$ 中的较大值	取 $2.2D$ 和 $4.0d$ 中的较大值
钻孔、挖孔扩底桩		$2D$ 或 $D+2.0$ m(当 $D>2$ m)	$1.5D$ 或 $D+1.5$ m(当 $D>2$ m)

注：①d 为圆桩设计直径或方桩设计边长，D 为扩大端设计直径；②当纵横向桩距不相等时，其最小中心距应满足"其他情况"一栏的规定；③当为端承桩时，非挤土灌注桩的"其他情况"一栏可减小至 $2.5d$。

3. **桩的布置**

桩在平面内可布置成方形(或矩形)或三角形。条形基础下的桩可采用单排或双排布置，也可采用不等距布置。常用布桩形式如图3-25所示。

承台下布桩应遵循下列基本原则。

(1) 基桩受力尽量均匀。为保证桩群中各基桩的桩顶荷载和桩顶沉降尽可能均匀，布桩时应尽量使群桩的形心位置与上部结构荷载的合力作用点重合或接近。

(2) 使桩基础有较大的抗弯能力。布桩时应考虑使桩基础在弯矩方向有较大的抗弯截

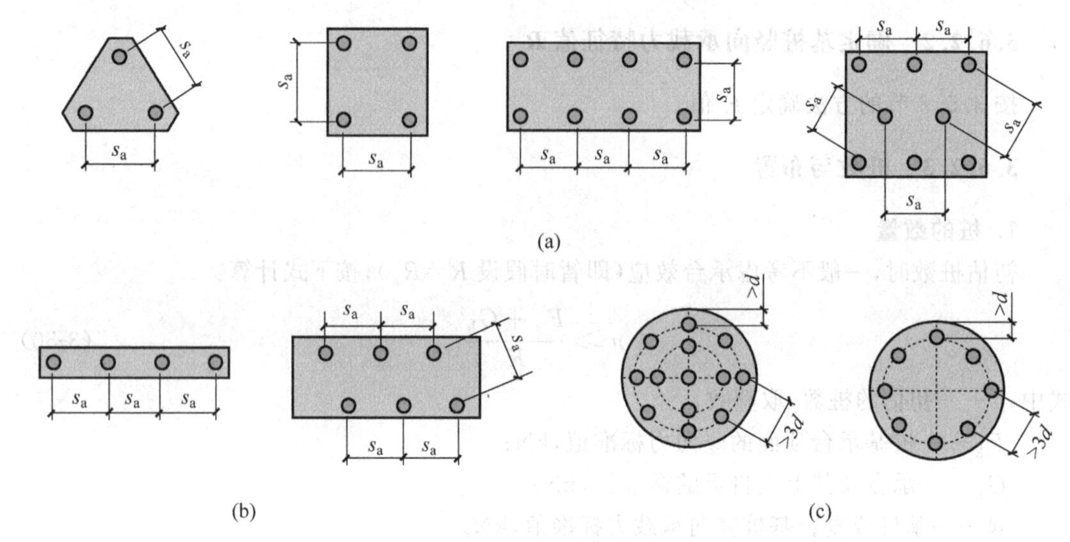

图 3-25 常用布桩形式

(a) 柱下桩基；(b) 墙下桩基；(c) 环形桩基

s_a—桩间距；d—桩径

面模量，以增强桩基础的抗弯能力。对于柱下单独桩基础可采用外密内疏的布置方式，尽可能将桩布置在靠近承台的外围部分，并使基桩受水平力和力矩较大方向有较大抗弯截面模量，如将力矩较大的方向设计为承台长边，以及在横墙外延线上布置探头桩。

3.6.2.4 群桩中的基桩承载力验算

群桩中的基桩承载力验算内容包括竖向力验算、水平力验算、负摩阻力验算，参见 3.5.5 节～3.5.9 节。

3.6.2.5 桩基软弱下卧层承载力验算

桩基软弱下卧层承载力验算的内容参见 3.5.6 节。

3.6.2.6 桩身强度验算

钢筋混凝土轴心受压桩正截面受压承载力应符合《建筑桩基技术规范》(JGJ 94—2008)第 5.8.2 条的规定，具体如下。

(1) 当桩顶以下 $5d$ 范围的桩身螺旋式箍筋间距不大于 100 mm，且符合《建筑桩基技术规范》(JGJ 94—2008)第 4.1.1 条规定时，

$$N \leqslant \psi_c f_c A_p + 0.9 f'_y A'_s \tag{3-51}$$

式中，N——桩顶轴向压力设计值的基本组合值，kN；

ψ_c——工作条件系数，非预应力预制桩取 0.75，预应力桩取 0.55～0.65，灌注桩取 0.6～0.8(水下灌注桩、长桩或混凝土强度等级高于 C35 时用低值)；

f_c——混凝土轴心抗压强度设计值，kPa；

A_p——桩身横截面面积，m^2；

f'_y——纵向主筋抗压强度设计值，kPa；

A'_s——纵向主筋截面面积，m^2。

(2) 桩身配筋不符合第(1)条规定时，

$$N \leqslant \psi_c f_c A_p \tag{3-52}$$

式中各符号的含义同式(3-51)。

3.6.2.7　桩身结构设计

1. 钢筋

桩的主筋应经计算确定。构造上对配筋有以下要求。

配筋率：打入式预制桩的最小配筋率不宜小于0.8%；静压预制桩不宜小于0.6%；预应力桩不宜小于0.5%；灌注桩不宜小于0.2%～0.65%(小直径桩取大值)。桩顶以下3～5倍桩身直径范围内，箍筋宜适当加强、加密。

配筋长度：①水平荷载和弯矩较大的桩，配筋长度应通过计算确定。②桩基承台下存在淤泥、淤泥质土或液化土层时，配筋长度应穿过淤泥、淤泥质土层或液化土层。③坡地岸边的桩、8度及8度以上地震区的桩、抗拔桩、嵌岩端承桩应通长配筋。④钻孔灌注桩构造钢筋的长度不宜小于桩长的2/3；桩施工在基坑开挖前完成时，其钢筋长度不宜小于基坑深度的1.5倍。

直径：预制桩的主筋(纵向)应按计算选用4～8根直径为14～25 mm的钢筋。箍筋直径可取6～8 mm，间距≤200 mm，在桩顶和桩尖处应适当加密。

2. 混凝土

预制桩的混凝土强度等级不宜小于C30，采用静压法沉桩时，可适当降低，但不宜小于C20；预应力混凝土桩的混凝土强度等级不宜小于C40。预制桩的混凝土强度必须达设计强度的100%才可起吊和搬运。灌注桩的混凝土强度等级一般不应小于C15，水下浇灌时不应小于C20，混凝土预制桩尖不应小于C30。预制桩主筋的混凝土保护层不应小于30 mm，桩上需埋设吊环，位置由计算确定。预制桩除了满足上述计算之外，还应考虑运输、起吊和锤击过程中的各种强度验算。

3.6.3　承台设计

承台将桩联结成一个整体，并把建筑物的荷载传到桩上，因而承台应有足够的强度和刚度。桩基承台可分为柱下独立承台、柱下或墙下条形承台(梁式承台)，以及筏板承台和箱形承台等。

承台设计包括确定承台材料、形状、高度、底面标高和平面尺寸以及强度验算，并应符合构造要求。桩基承台强度验算包括承台的抗冲切、抗剪切、抗弯强度验算。

3.6.3.1　承台构造

承台的平面尺寸一般由上部结构、桩数及布桩形式决定。承台的剖面形状可做成锥形、台阶形或平板形。

(1) 承台宽度：承台的最小宽度不应小于500 mm。

(2) 承台厚度：条形承台和柱下独立桩基承台的最小厚度为300 mm。筏形、箱形承台板的厚度应满足整体刚度、施工条件及防水要求。高层建筑平板式和梁板式筏形承台的最小厚度不应小于 400 mm，墙下布桩的剪力墙结构筏形承台的最小厚度不应小于 200 mm。

(3) 边缘距离：为满足桩顶嵌固及抗冲切的需要，边桩中心至承台边缘的距离不应小于桩的直径或边长，且桩的外边缘至承台边缘的距离不小于 150 mm。对于墙下条形承台，考虑到墙体与条形承台的相互作用可增强结构的整体刚度，并不至于产生桩顶对承台的冲切破坏，桩的外边缘至承台边缘的距离不应小于 75 mm。

(4) 承台埋深：承台埋深不应小于 600 mm，季节性冻土、膨胀土地区的承台宜埋设在冰冻线、大气影响线以下。

(5) 承台配筋：对于矩形承台，钢筋应按双向均匀通长布置，钢筋直径不应小于 10 mm，间距不应大于 200 mm；对于三桩承台，钢筋应按三向板带均匀布置，且最里面的三根钢筋围成的三角形应在柱截面范围内。柱下独立桩基承台的最小配筋率不应小于 0.15%。为保证群桩与承台之间连接的整体性，桩顶嵌入承台的长度，对于大直径桩不宜小于 100 mm，对于中等直径桩不宜小于 50 mm。

(6) 混凝土：承台混凝土强度等级不应低于 C20。纵向钢筋的混凝土保护层厚度不应小于 70 mm，当有混凝土垫层时，不应小于 50 mm。

3.6.3.2 受冲切计算

若承台有效高度不足，将产生冲切破坏。其破坏方式可分为沿柱(墙)边的冲切和单一基桩对承台的冲切两类。

柱下桩基独立承台冲切计算内容有两项：柱对承台的冲切及角桩对承台的冲切。

1. 柱对承台的冲切计算

冲切破坏锥体应采用自柱(墙)边或承台变阶处至相应桩顶边缘连线所构成的锥体，锥体斜面与承台底面的夹角不应小于45°，如图 3-26 所示。

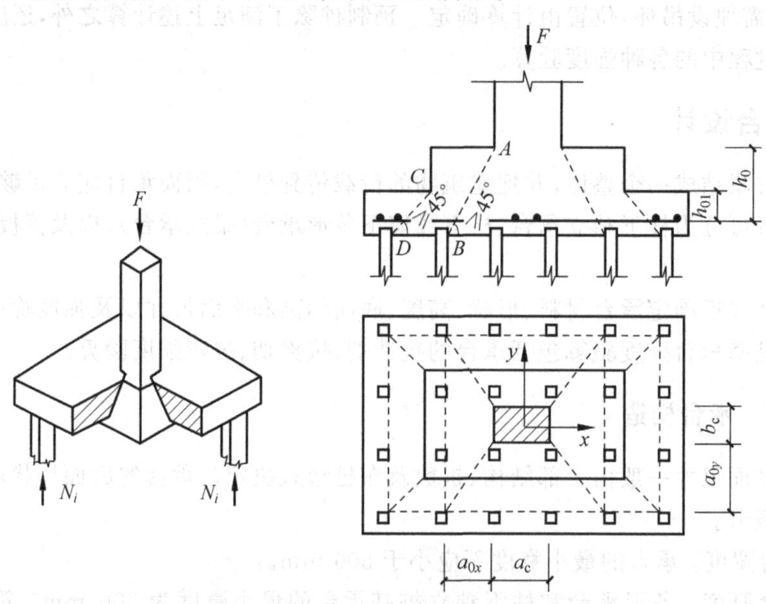

图 3-26　柱对承台的冲切计算示意

柱对承台的冲切，按下列公式计算：

$$F_l \leqslant 2[\beta_{0x}(b_c + a_{0y}) + \beta_{0y}(a_c + a_{0x})]\beta_{hp} f_t h_0 \tag{3-53}$$

$$F_l = F - \sum N_i \tag{3-54}$$

$$\beta_{0x} = \frac{0.84}{\lambda_{0x} + 0.2} \tag{3-55}$$

$$\lambda_{0x} = \frac{a_{0x}}{h_0} \tag{3-56}$$

$$\beta_{0y} = \frac{0.84}{\lambda_{0y} + 0.2} \tag{3-57}$$

$$\lambda_{0y} = \frac{a_{0y}}{h_0} \tag{3-58}$$

式中，F_l——不计承台及其上填土自重，作用在冲切破坏锥体上相应于荷载的基本组合时的冲切力设计值，kN。冲切破坏锥体应采用自柱边或承台变阶处至相应桩顶边缘连线构成的锥体，锥体与承台底面的夹角不小于45°，如图3-26中的连线AB、CD。

β_{0x}——冲切系数。

b_c——柱的短边边长(柱的y方向边长)，m。

a_{0y}——y方向的柱边或变阶处至破坏锥体底部相应桩内缘的水平距离，m。当$a_{0y}<0.2h_0$时，取$a_{0y}=0.2h_0$；当$a_{0y}>h_0$时，取$a_{0y}=h_0$。

β_{0y}——冲切系数。

a_c——柱的长边边长(柱的x方向边长)，m。

a_{0x}——x方向的柱边或变阶处至破坏锥体底部相应桩内缘的水平距离，m。当$a_{0x}<0.2h_0$时，取$a_{0x}=0.2h_0$；当$a_{0x}>h_0$时，取$a_{0x}=h_0$。

β_{hp}——受冲切承载力截面高度影响系数，$\beta_{hp}=0.9\sim1.0$。当$h\leqslant800$ mm时，取$\beta_{hp}=1.0$；当$h\geqslant2000$ mm时，取$\beta_{hp}=0.9$。

f_t——承台混凝土抗拉强度设计值，kPa。

h_0——承台冲切破坏锥体的有效高度，m。

λ_{0x}——冲跨比，取值范围为0.25～1.0。当$\lambda_{0x}<0.25$时，取$\lambda_{0x}=0.25$；当$\lambda_{0x}>1.0$时，取$\lambda_{0x}=1.0$。

λ_{0y}——冲跨比，取值范围为0.25～1.0。当$\lambda_{0y}<0.25$时，取$\lambda_{0y}=0.25$；当$\lambda_{0y}>1.0$时，取$\lambda_{0y}=1.0$。

F——荷载基本组合下柱根部轴力设计值，kN。

$\sum N_i$——冲切破坏锥体底面范围内各桩的竖向净反力设计值之和，kN。

对于圆柱及圆桩，计算时应将其截面换算成方柱及方桩，即取换算柱截面边长$b_c=0.8d_c$(d_c为圆柱直径)，换算桩截面边长$b_p=0.8d$(d为圆桩直径)。

对于柱下两桩承台，宜按深受弯构件计算受弯、受剪承载力，不需要进行受冲切承载力计算。

对中、低压缩性土上的承台，当承台与地基土之间没有脱空现象时，可根据地区经验适当减小柱下桩基独立承台受冲切计算的承台厚度。

2．角桩对承台的冲切计算

对位于柱(墙)冲切破坏锥体以外的基桩，可按下列规定计算承台受基桩冲切的承载力。

1) 多桩矩形承台的角桩冲切计算

多桩矩形承台受角桩冲切的承载力按下列公式计算，如图 3-27 所示。

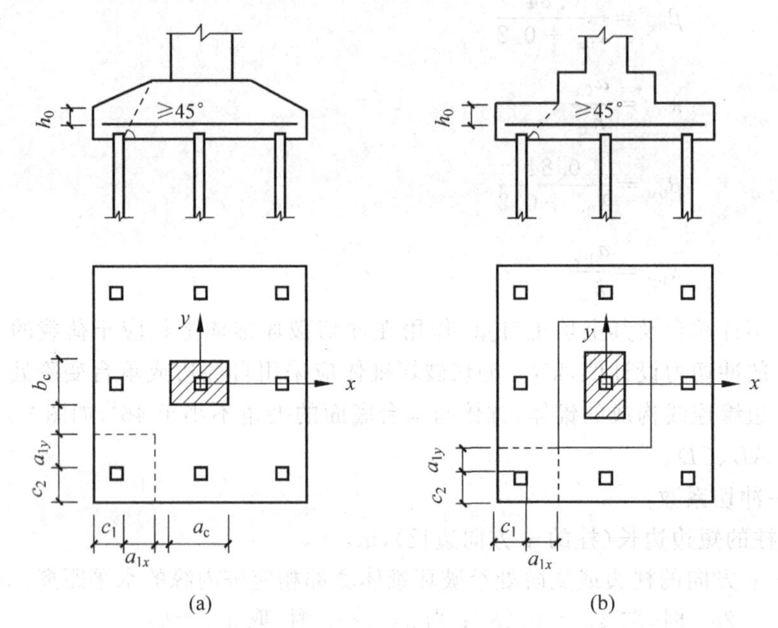

图 3-27 多桩矩形承台角桩冲切计算示意

(a) 锥形承台；(b) 台阶形承台

$$N_l \leqslant \left[\beta_{1x}\left(c_2+\frac{a_{1y}}{2}\right)+\beta_{1y}\left(c_1+\frac{a_{1x}}{2}\right)\right]\beta_{hp}f_t h_0 \tag{3-59}$$

$$\beta_{1x}=\frac{0.56}{\lambda_{1x}+0.2} \tag{3-60}$$

$$\beta_{1y}=\frac{0.56}{\lambda_{1y}+0.2} \tag{3-61}$$

$$\lambda_{1x}=\frac{a_{1x}}{h_0} \tag{3-62}$$

$$\lambda_{1y}=\frac{a_{1y}}{h_0} \tag{3-63}$$

式中，N_l——不计承台及其上土重，角桩桩顶相应于荷载的基本组合时的竖向力设计值，kN。

a_{1x}——从承台底角桩顶内边缘引 45°冲切线与承台顶面相交点至角桩内边缘的 x 方向的水平距离，m。当柱边或承台变阶处位于该 45°线以内时，取柱边或承台变阶处与桩内边缘的水平距离。

a_{1y}——从承台底角桩顶内边缘引 45°冲切线与承台顶面(或承台变阶处)相交点至角桩内边缘的 y 方向的水平距离，m。当柱边或承台变阶处位于该 45°线以内时，取柱边或承台变阶处与桩内边缘的水平距离。

β_{1x}——角桩冲切系数。

β_{1y}——角桩冲切系数。

c_1——x 方向从角桩内边缘到承台外边缘的距离，m。

c_2——y 方向从角桩内边缘到承台外边缘的距离，m。

h_0——承台外边缘的有效高度，m。

λ_{1x}——角桩冲跨比，其值应在 0.25～1.0 范围内。当 $\lambda_{1x}<0.25$ 时，取 $\lambda_{1x}=0.25$；当 $\lambda_{1x}>1.0$ 时，取 $\lambda_{1x}=1.0$。

λ_{1y}——角桩冲跨比，其值应在 0.25～1.0 范围内。当 $\lambda_{1y}<0.25$ 时，取 $\lambda_{1y}=0.25$；当 $\lambda_{1y}>1.0$ 时，取 $\lambda_{1y}=1.0$。

2）三桩三角形承台角桩对承台的冲切验算

对于三桩三角形承台可按下列公式计算受角桩冲切的承载力，如图 3-28 所示。

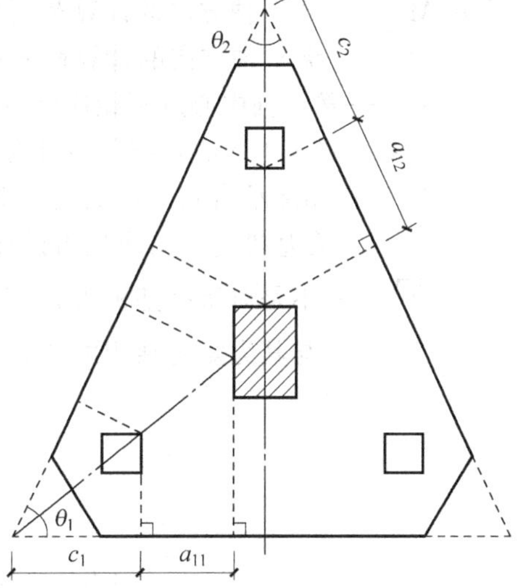

图 3-28 三桩三角形承台角桩冲切计算示意

底部角桩：

$$N_l \leqslant \beta_{11}(2c_1+a_{11})\tan\frac{\theta_1}{2}\beta_{hp}f_t h_0 \tag{3-64}$$

$$\beta_{11}=\frac{0.56}{\lambda_{11}+0.2} \tag{3-65}$$

$$\lambda_{11}=\frac{a_{11}}{h_0} \tag{3-66}$$

顶部角桩：

$$N_l \leqslant \beta_{12}(2c_2+a_{12})\tan\frac{\theta_2}{2}\beta_{hp}f_t h_0 \tag{3-67}$$

$$\beta_{12}=\frac{0.56}{\lambda_{12}+0.2} \tag{3-68}$$

$$\lambda_{12}=\frac{a_{12}}{h_0} \tag{3-69}$$

式中，λ_{11}、λ_{12}——角桩冲跨比，其值应满足 0.25～1.0 的要求。当其值<0.25 时取 0.25，当其值>1.0 时取 1.0。

a_{11}、a_{12}——从承台底角桩顶内边缘引 45°冲切线与承台顶面相交点至角桩内边缘的水平距离，m。当柱（墙）边或承台变阶处位于该 45°线以内时，则取由柱（墙）边或承台变阶处与桩内边缘连线为冲切锥体的锥线。

3.6.3.3 受弯计算

承台的受弯计算，可先求得承台内力，然后按《混凝土结构设计规范》（GB 50010—2010）的配筋公式配置正截面受力钢筋。

1. 柱下两桩条形承台和多桩矩形承台

根据承台模型试验资料，柱下多桩矩形承台在配筋不足情况下将产生弯曲破坏，其破坏特征呈梁式破坏。所谓梁式破坏，指挠曲裂缝在平行于柱边两个方向交替出现，最大弯矩产生在平行于柱边两个方向的屈服线处。利用极限平衡原理可得两个方向的承台正截面弯矩计算公式。

两桩条形承台和多桩矩形承台弯矩计算截面取在柱边和承台变阶处，如图 3-29 所示，按下列公式计算：

$$M_x = \sum N_i y_i \tag{3-70}$$

$$M_y = \sum N_i x_i \tag{3-71}$$

式中，M_x——绕 x 轴方向的计算截面处的弯矩设计值，kN·m；

M_y——绕 y 轴方向的计算截面处的弯矩设计值，kN·m；

x_i——第 i 桩中心点到相应计算截面 x 轴方向的距离，m；

y_i——第 i 桩中心点到相应计算截面 y 轴方向的距离，m；

N_i——扣除承台和承台上土自重设计值后，在荷载效应基本组合下，第 i 个基桩或复合基桩的竖向净反力设计值，kN；

$\sum$——不是对所有基桩求和，而只是对计算截面有作用的基桩的竖向净反力设计值与其力矩的乘积之和。

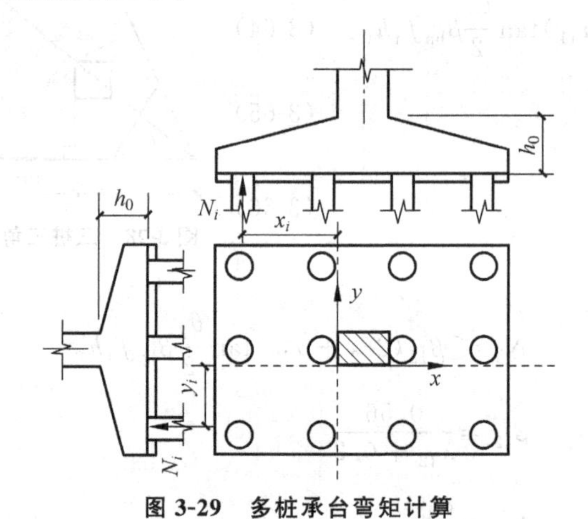

图 3-29　多桩承台弯矩计算

根据计算的柱边截面和截面高度变化处的弯矩，分别计算同一方向各截面的配筋量后，取各向的最大值按双向均布配置。

2. 柱下独立桩基三桩承台

柱下独立桩基三桩承台的正截面弯矩设计值应符合下列要求。

1) 等边三桩承台

等边三桩承台如图 3-30(a)所示，有

$$M = \frac{1}{3} N_{\max}\left(s_a - \frac{\sqrt{3}}{4} b_c\right) \tag{3-72}$$

式中，M——通过承台形心至各边边缘正交截面范围内板带的弯矩设计值，kN·m。

$N_{\max}$——不计承台及其上土重，在荷载效应基本组合下三桩中最大基桩或复合基桩竖向反力设计值，kN。

s_a——桩中心距，m。

b_c——方柱边长，m；对圆柱取 $b_c = 0.8d_c$，d_c 为圆柱直径。

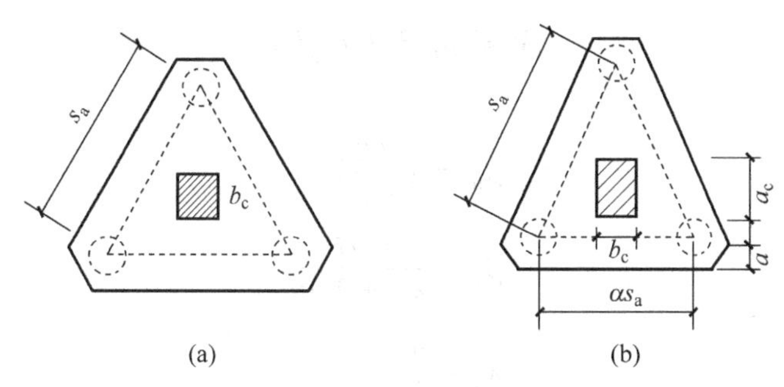

图 3-30 三桩承台弯矩计算

(a) 等边三桩承台；(b) 等腰三桩承台

2）等腰三桩承台

等腰三桩承台如图 3-30(b)所示，有

$$M_1=\frac{1}{3}N_{\max}\left(s_a-\frac{0.75}{\sqrt{4-\alpha^2}}a_c\right) \tag{3-73}$$

$$M_2=\frac{1}{3}N_{\max}\left(\alpha s_a-\frac{0.75}{\sqrt{4-\alpha^2}}b_c\right) \tag{3-74}$$

式中，M_1——通过承台形心至两腰边缘正交截面范围内板带的弯矩设计值，kN·m；

M_2——通过承台形心至底边边缘正交截面范围内板带的弯矩设计值，kN·m；

s_a——承台长边方向桩中心距，m；

α——承台短边方向桩中心距与承台长边方向桩中心距之比，当 $\alpha<0.5$ 时，应按变截面的两桩承台设计；

a_c——垂直于承台底边的柱截面边长，m；

b_c——平行于承台底边的柱截面边长，m。

3. 柱下或墙下条形承台梁

正截面弯矩设计值一般按弹性地基梁法进行分析，地基的计算模型根据地基土的特性选取。通常采用文克尔假定，将基桩视为弹簧支承，其刚度系数可由静荷载试验的 Q-s 曲线确定，具体计算可参见有关文献。当桩端持力层较硬且桩轴线不重合时，可视桩为不动支座，按连续梁计算。

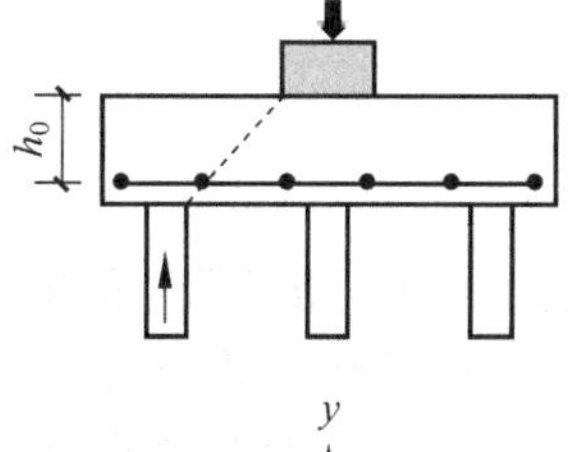

3.6.3.4 受剪计算

柱(墙)下桩基承台，应分别对柱(墙)边、变阶处和桩边连线形成的贯通承台的斜截面的受剪承载力进行验算。当承台悬挑边有多排基桩形成多个斜截面时，应对每个斜截面的受剪承载力进行验算。柱下独立桩基承台斜截面受剪承载力应对双向进行验算。

1. Ⅰ—Ⅰ截面 承台抗剪验算

如图 3-31 所示，在Ⅰ—Ⅰ截面处，柱边与桩边连线形成的斜截面受剪承载力验算公式为

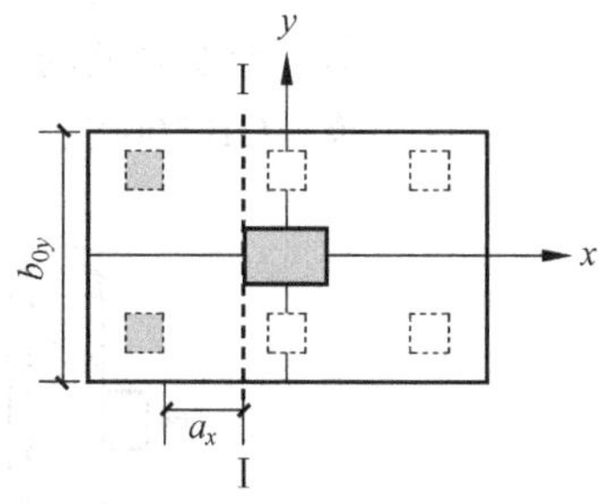

图 3-31 Ⅰ—Ⅰ截面处承台斜截面受剪计算

$$V \leqslant \beta_{hs}\beta_x f_t b_{0y} h_0 \tag{3-75}$$

其中

$$\beta_{hs}=\left(\frac{800}{h_0}\right)^{\frac{1}{4}} \tag{3-76}$$

$$\beta_x=\frac{1.75}{\lambda_x+1.0} \tag{3-77}$$

$$\lambda_x=\frac{a_x}{h_0} \tag{3-78}$$

式中，V——不计承台及其上土重，在荷载效应基本组合下，斜截面的最大剪力设计值，等于斜截面以外各桩相应竖向净反力之和，kN。

β_{hs}——受剪承载力截面高度影响系数。当 $h_0<800$ mm 时，取 $h_0=800$ mm；当 $h_0>2000$ mm 时，取 $h_0=2000$ mm；当 800 mm$\leqslant h_0 \leqslant$2000 mm 时，按式(3-76)计算。

β_x——Ⅰ—Ⅰ截面(垂直于 x 方向)的承台剪切系数。

f_t——承台混凝土轴心抗拉强度设计值，kPa。

h_0——承台冲切破坏锥体的有效高度，m。

b_{0y}——承台计算截面处的计算宽度，m。对于矩形承台，$b_{0y}=b$，b 为承台宽度。阶梯形承台变阶处的计算宽度、锥形承台的计算宽度参见《建筑地基基础设计规范》(GB 50007—2011)附录 U。

λ_x——计算截面 x 方向的剪跨比，取值范围为 0.25～3.0。当 $\lambda_x<0.25$ 时，取 $\lambda_x=0.25$；当 $\lambda_x>3.0$ 时，取 $\lambda_x=3.0$。

a_x——柱边或承台变阶处至 x 方向计算桩内边缘的距离，m。

2. **Ⅱ—Ⅱ截面承台抗剪验算**

如图 3-32 所示，在Ⅱ—Ⅱ截面处，柱边与桩边连线形成的斜截面受剪承载力验算公式为

$$V \leqslant \beta_{hs}\beta_y f_t b_{0x} h_0 \tag{3-79}$$

其中

$$\beta_y=\frac{1.75}{\lambda_y+1.0} \tag{3-80}$$

$$\lambda_y=\frac{a_y}{h_0} \tag{3-81}$$

式中，β_y——Ⅱ—Ⅱ截面(垂直于 y 轴方向)的承台剪切系数。

b_{0x}——承台计算截面处的计算宽度，m。对于矩形承台，$b_{0x}=l$，l 为承台长度。阶梯形承台变阶处的计算宽度、锥形承台的计算宽度参见《建筑地基基础设计规范》(GB 50007—2011)附录 U。

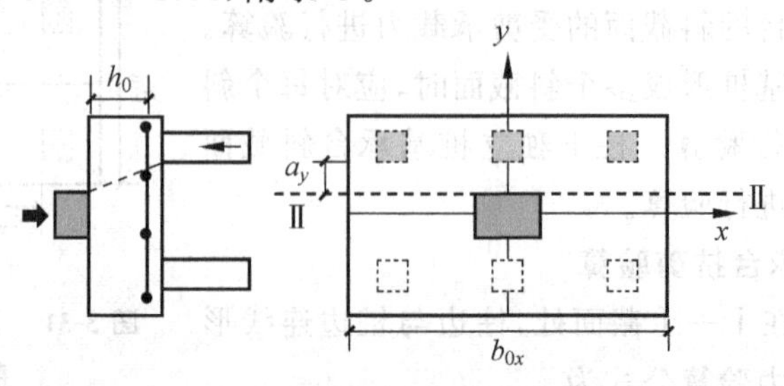

图 3-32 Ⅱ—Ⅱ截面处承台斜截面受剪计算

λ_y——计算截面 y 方向的剪跨比，取值范围为 0.25～3.0。当 $\lambda_y<0.25$ 时，取 $\lambda_y=0.25$；当 $\lambda_y>3.0$ 时，取 $\lambda_y=3.0$。

a_y——柱边或承台变阶处至 y 方向计算桩内边缘的距离，m。

3.6.3.5　局部受压验算

对于柱下桩基承台，当混凝土强度等级低于柱或桩的强度等级时，应按《混凝土结构设计规范》(GB 50010—2010)验算柱下或桩上承台的局部受压承载力。当进行承台的抗震验算时，尚应根据《建筑抗震设计规范》(GB 50011—2010)对承台的受弯、受冲切、受剪切承载力进行抗震调整。

作为总结，承台设计的一般步骤如下。

(1) 根据构造要求确定承台的基本尺寸，并将荷载值由标准组合转换为基本组合，通常取基本组合值为标准组合值的 1.35 倍。

(2) 验算承台的抗冲切能力。按式(3-53)计算柱对承台的冲切，按式(3-59)验算角桩对承台的冲切。

(3) 用式(3-70)～式(3-74)验算承台正截面的弯矩，然后按式(2-54)对正截面配筋。

(4) 用式(3-75)以及式(3-79)验算承台斜截面的抗剪能力。

(5) 必要时进行承台的局部受压验算。

(6) 必要时进行承台的抗震验算。

【例 3-4】　桩基础设计题

某二级建筑桩基如图 3-33 所示，柱截面尺寸为 450 mm×600 mm，作用在基础顶面的荷载设计值为 $F_k=2400$ kN，作用于长边的弯矩为 $M_k=180$ kN·m，水平力为 $H_k=120$ kN。拟采用预制混凝土方桩，桩的截面尺寸为 350 mm×350 mm，桩长 12 m。已确定基桩竖向承载力特征值 R_a-500 kN，水平承载力特征值 $R_h=45$ kN，承台混凝土强度等级为 C20，配置 HRB335 钢筋。不考虑承台效应，试设计此桩基础。

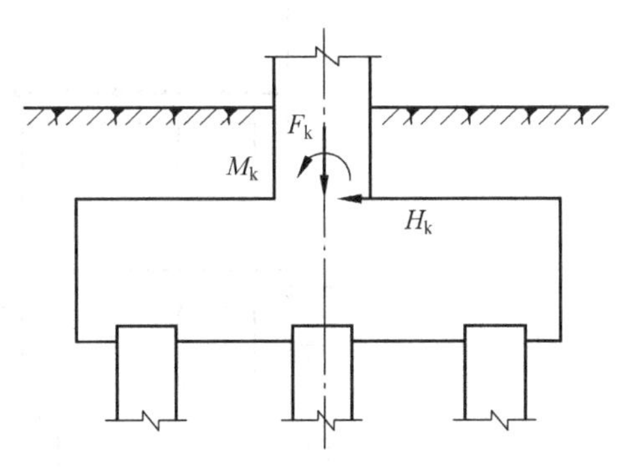

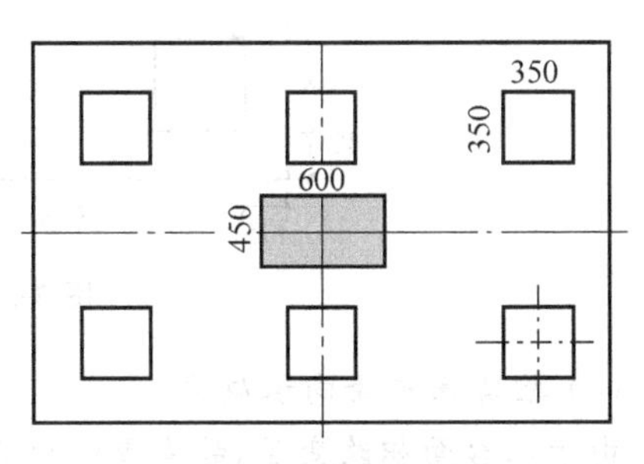

图 3-33　初始条件

【解答】

(1) 选定持力层，及桩型、桩断面、桩长

已知桩型：预制混凝土方桩；桩断面：350 mm×350 mm；桩长：12 m。

由混凝土强度等级为 C20 查得 $f_t=1100$ kPa，$f_c=960$ kPa。

由 HRB335 级钢筋查得 $f_y=300$ MPa。

(2) 确定基桩竖向承载力特征值 R

已知 $R_a=500$ kN，由于不考虑承台效应，

故 $R=R_a=500$ kN。

(3) 初步选定桩数及承台尺寸

根据《建筑桩基技术规范》(JGJ 94—2008)第 3.1.7 条规定，计算桩数时应用荷载的标准组合。

假设：基底埋深 $d=1.30$ m，承台尺寸$=3$ m$\times2$ m，承台高 $h=0.80$ m，桩顶伸入承台 50 mm，钢筋混凝土保护层厚度取 35 mm，则承台有效高度为 $h_0=(0.80-0.05-0.035)$ m$=0.715$ m，承台及土的混合平均重度 $\gamma_G=20$ kN/m^3。

先不考虑偏心作用，初定桩数

$$G_k=\gamma_G dA=20\times1.30\times(3\times2)\ \text{kN}=156\ \text{kN}$$

$$n\geqslant\frac{F_k+G_k}{R}=\frac{2400+156}{500}\approx5.1$$

取 $n=6$。

布桩时，桩距 s_a 一般$\geqslant3d$，故取 $s_a=3d=3\times0.35$ m$=1.05$ m。

桩外缘距承台边缘距离不应小于 150 mm，取 175 mm。

初步选定的承台尺寸为：

长：$2\times(1.05+0.35)$ m$=2.80$ m

宽：$(1.05+2\times0.35)$ m$=1.75$ m

初步确定的承台埋深及尺寸如图 3-34 所示。

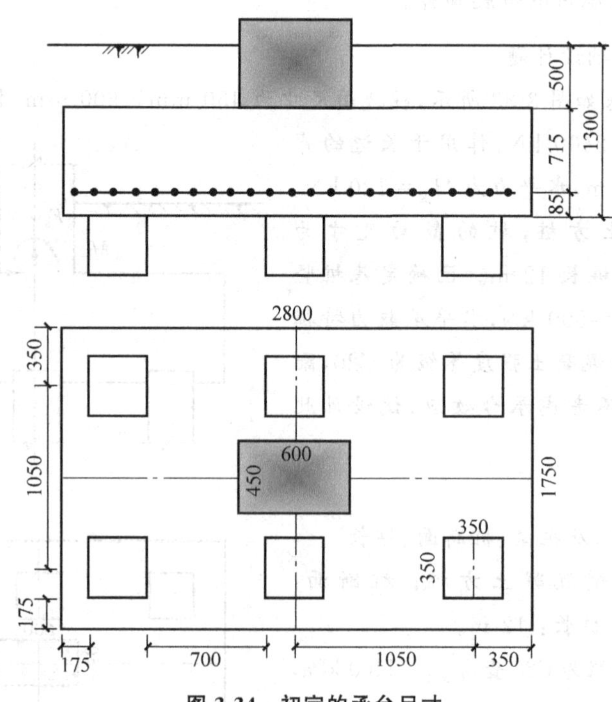

图 3-34 初定的承台尺寸

(4) 验算基桩竖向承载力

由于承台面积改变了，故需重新计算承台自重，及验算基桩竖向承载力。

$$G_k=\gamma_G dA=20\times1.3\times(2.8\times1.75)\ \text{kN}=127.4\ \text{kN}$$

验算基桩平均竖向力：

$$N_k=\frac{F_k+G_k}{n}=\frac{2400+127.4}{6}\ \text{kN}\approx 421.2\ \text{kN}<R_a=500\ \text{kN}$$

故基桩平均竖向力满足要求。

偏心作用下基桩最大竖向力计算公式为

$$N_{ik}=\frac{F_k+G_k}{n}\pm\frac{M_{xk}y_i}{\sum y_j^2}\pm\frac{M_{yk}x_i}{\sum x_j^2}$$

由题中条件知，仅在一个方向有弯矩，从图3-34中看，需计算各弯矩对 y 轴部分的影响，M_{xk} 略去。N_{ik} 最大值的桩在左侧的两桩上，有

$$M_{yk}=M_k+H_kh=(180+120\times 0.8)\ \text{kN}\cdot\text{m}=276\ \text{kN}\cdot\text{m}$$

$$N_{k\max}=\frac{F_k+G_k}{n}+\frac{M_{yk}x_{\max}}{\sum x_j^2}=\left(421.2+\frac{276\times 1.05}{4\times 1.05^2}\right)\ \text{kN}$$

$$\approx 486.9\ \text{kN}<1.2R_a=600\ \text{kN}$$

基桩最大竖向力验算结果：符合要求。

(5) 验算基桩水平承载力

基桩上的平均水平力

$$H_{ik}=\frac{H_k}{n}$$

基桩中的水平力验算按式(3-44)进行，要求 $H_{ik}\leqslant R_h$，经计算得

$$H_{ik}=\frac{H_k}{n}=\frac{120}{6}\ \text{kN}=20\ \text{kN}<R_h=45\ \text{kN}$$

故基桩中的水平力满足验算要求。

(6) 软弱下卧层承载力验算

由于本题未提供有关地层的详细数据，故略去对软弱下卧层承载力的验算。

下面开始针对承台进行计算。由于承台尺寸已初步确定，故对承台的设计变成了对承台的受力验算。

(7) 荷载组合值的转换

由于承台设计部分要求使用荷载的基本组合值，故首先将荷载的标准组合值转换为基本组合值，以便后面使用，如表3-20所示。

表3-20　转换后的基本组合值

指　标	标准组合	基本组合
基础顶面荷载设计值	$F_k=2400$ kN	$F=1.35F_k=1.35\times 2400$ kN$=3240$ kN
对 y 轴总弯矩	$M_{yk}=276$ kN·m	$M_y=1.35M_{yk}=1.35\times 276$ kN·m$=372.6$ kN·m
基桩桩顶平均净竖向力	—	$N=F/n=3240/6$ kN$=540$ kN
基桩桩顶最大净竖向力	—	$N_{\max}=\frac{F}{n}+\frac{M_yx_{\max}}{\sum x_j^2}=\left(540+\frac{372.6\times 1.05}{4\times 1.05^2}\right)$ kN ≈ 628.7 kN

(8) 承台抗冲切验算

须验算柱和角桩对承台的冲切力。

① 柱对承台冲切验算

柱下矩形独立承台验算按式(3-53)进行。

如图 3-35 所示，由于冲切破坏锥体下面不含有任何桩，故

$$\sum N_i = 0$$

$$F_l = F - \sum N_i = F - 0 = F = 3240\ \text{kN}$$

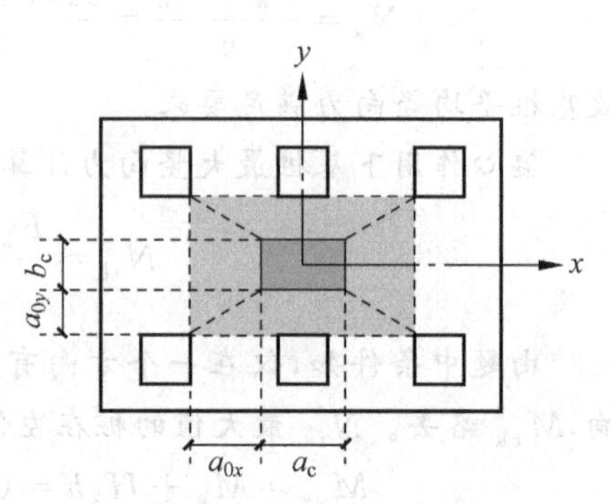

图 3-35 冲切破坏锥体计算尺寸

从图 3-34 和图 3-35 可以得出：$a_{0x}=0.575$ m，$a_{0y}=0.125$ m，且已知：$h_0=0.715$ m，$a_c=0.6$ m，$b_c=0.45$ m，$s_a=1.05$ m，则有

$$\lambda_{0x}=\frac{a_{0x}}{h_0}=\frac{0.575}{0.715}=0.804 \quad (\text{介于 } 0.25\sim1.0 \text{ 之间，不需对 } \lambda_{0x} \text{ 进行修正})$$

$$\beta_{0x}=\frac{0.84}{\lambda_{0x}+0.2}=\frac{0.84}{0.804+0.2}\approx 0.837$$

$$\lambda_{0y}=\frac{a_{0y}}{h_0}=\frac{0.125}{0.715}\approx 0.175<0.25, \quad \text{取 } \lambda_{0y}=0.25$$

$$\beta_{0y}=\frac{0.84}{\lambda_{0y}+0.2}=\frac{0.84}{0.25+0.2}\approx 1.867$$

因 $h=800$ mm，故取 $\beta_{hp}=1.0$。

柱下承台的抗冲切验算要求满足式(3-53)：

$$F_l \leqslant 2[\beta_{0x}(b_c+a_{0y})+\beta_{0y}(a_c+a_{0x})]\beta_{hp} f_t h_0$$

方程式右侧为

$$2[\beta_{0x}(b_c+a_{0y})+\beta_{0y}(a_c+a_{0x})]\beta_{hp} f_t h_0$$
$$=2\times[0.837\times(0.45+0.125)+1.867\times(0.6+0.575)]\times1.0\times1100\times0.715\ \text{kN}$$
$$=2\times(0.4813+2.1937)\times786.5\ \text{kN}\approx 4207.8\ \text{kN}$$

已知 $F_l=3240$ kN，可见柱对承台的冲切验算满足要求。

② 角桩对承台的冲切验算

如图 3-36 所示，本题中 $h=0.8$ m，柱边位于从角桩向上引 45°冲切线的锥体内，故取

$$a_{1x}=\text{角桩内缘至柱边的距离}=a_{0x}=0.575\ \text{m}$$

$$a_{1y}=a_{0y}=0.125\ \text{m}$$

$$\lambda_{1x}=\frac{a_{1x}}{h_0}=\frac{0.575}{0.715}\approx 0.804$$

$$\lambda_{1y}=\frac{a_{1y}}{h_0}=\frac{0.125}{0.715}\approx 0.175$$

按桩基规范要求，λ_{1x}、λ_{1y} 取值应在 0.25~1.0 之间，故取 $\lambda_{1y}=0.25$，则

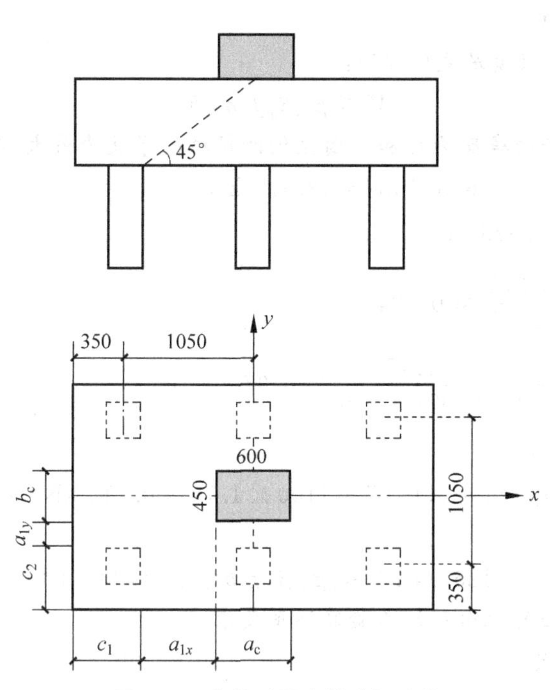

图 3-36 角桩对承台的冲切验算

$$\beta_{1x}=\frac{0.56}{\lambda_{1x}+0.2}=\frac{0.56}{0.804+0.2}\approx 0.558$$

$$\beta_{1y}=\frac{0.56}{\lambda_{1y}+0.2}=\frac{0.56}{0.25+0.2}\approx 1.244$$

$$c_1=c_2=0.525\ \text{m}$$

多桩矩形承台的角桩对承台的冲切验算按式(3-59)进行：

$$N_l\leqslant\left[\beta_{1x}\left(c_2+\frac{a_{1y}}{2}\right)+\beta_{1y}\left(c_1+\frac{a_{1x}}{2}\right)\right]\beta_{hp}f_t h_0$$

方程式左侧：

N_l 指不计承台及其上土重，在荷载效应基本组合下，作用于角桩的反力设计值；由于左侧两角桩上的净反力最大，故按此最大值验算较为安全。故取

$$N_l=N_{max}=628.7\ \text{kN}$$

方程式右侧：

$$\left[\beta_{1x}\left(c_2+\frac{a_{1y}}{2}\right)+\beta_{1y}\left(c_1+\frac{a_{1x}}{2}\right)\right]\beta_{hp}f_t h_0$$

$$=\left[0.558\times\left(0.525+\frac{0.125}{2}\right)+1.244\times\left(0.525+\frac{0.575}{2}\right)\right]\times 1.0\times 1100\times 0.715\ \text{kN}$$

$$=(0.3278+1.0108)\times 786.5\ \text{kN}\approx 1052.8\ \text{kN}$$

所以，式(3-59)成立，满足角桩冲切验算要求。

(9) 承台抗剪验算

多桩矩形承台斜截面的抗剪能力按式(3-75)以及式(3-79)验算。

① 在Ⅰ—Ⅰ截面处

如图 3-31 所示,要求满足式(3-75):

$$V \leqslant \beta_{hs}\beta_x f_t b_{0y} h_0$$

V 为斜截面以外竖向净反力之和。因左侧两根桩的净反力最大,故取

$$V = 2N_{max} = 2 \times 628.7\ \text{kN} = 1257.4\ \text{kN}$$

$$a_x = a_{1x} = 0.575\ \text{m}$$

$$\lambda_x = \frac{a_x}{h_0} = \frac{0.575}{0.715} \approx 0.804$$

$$\beta_x = \frac{1.75}{\lambda_x + 1.0} = \frac{1.75}{0.804 + 1.0} \approx 0.97$$

$$b_{0y} = b = 1.75\ \text{m}$$

$$\beta_{hs}\beta_x f_t b_{0y} h_0 = 1.0 \times 0.97 \times 1100 \times 1.75 \times 0.715\ \text{kN} \approx 1335.1\ \text{kN}$$

可见

$$V = 1257.4\ \text{kN} < \beta_{hs}\beta_x f_t b_{0y} h_0 = 1335.1\ \text{kN}$$

基桩对Ⅰ—Ⅰ截面的承台剪切力验算满足要求。

② 在Ⅱ—Ⅱ截面处

如图 3-32 所示,要求满足式(3-79):

$$V \leqslant \beta_{hs}\beta_y f_t b_{0x} h_0$$

斜截面以外竖向净反力之和

$$V = 3N = 3 \times 540\ \text{kN} = 1620\ \text{kN}$$

$$a_y = a_{1y} = 0.125\ \text{m}$$

$$\lambda_y = \frac{a_y}{h_0} = \frac{0.125}{0.715} \approx 0.175 < 0.25, \quad \text{取}\ \lambda_y = 0.25$$

$$\beta_y = \frac{1.75}{\lambda_y + 1.0} = \frac{1.75}{0.25 + 1.0} = 1.4$$

$$b_{0x} = \text{承台计算截面处的计算宽度} = 2.8\ \text{m}$$

$$\beta_{hs}\beta_y f_t b_{0x} h_0 = 1.0 \times 1.4 \times 1100 \times 2.8 \times 0.715\ \text{kN} \approx 3083.1\ \text{kN}$$

可见,符合 $V \leqslant \beta_{hs}\beta_y f_t b_{0x} h_0$ 的要求,即承台在Ⅱ—Ⅱ截面的抗剪承载力满足要求。

(10) 抗弯计算与配筋设计

用式(3-70)、式(3-71)验算承台正截面的抗弯能力。

① 对Ⅰ—Ⅰ截面配筋

考虑承台左侧两桩反力对Ⅰ—Ⅰ截面的弯矩 M_y,如图 3-37 所示,则有

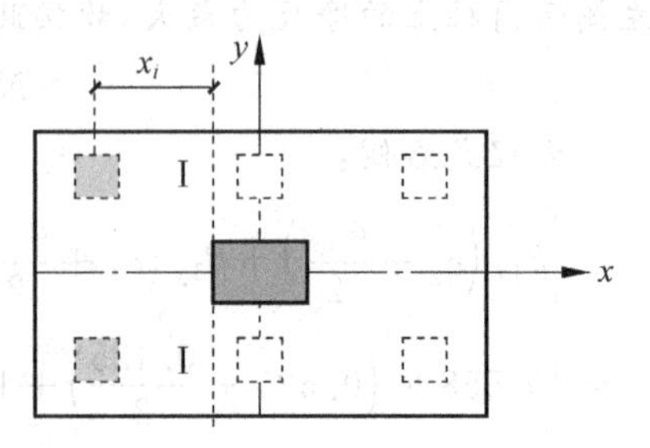

图 3-37　Ⅰ—Ⅰ截面承台受弯计算

$$M_y = \sum N_i x_i = 2N_{max} x_i$$

$$= 2 \times 628.7 \times 0.75\ \text{kN}\cdot\text{m}$$

$$= 943.05\ \text{kN}\cdot\text{m}$$

所需钢筋面积

$$A_s=\frac{M_y}{0.9f_yh_0}=\frac{943.05\times10^6}{0.9\times300\times715}\ \mathrm{mm}^2\approx4885\ \mathrm{mm}^2$$

配筋：按《建筑桩基技术规范》(JGJ 94—2008)第4.2.3条规定，四桩以上承台，纵向受力筋直径不小于12 mm，间距不大于200 mm，最小配筋率不小于0.15%。故配置20根直径18 mm钢筋，记作20ϕ18，A_s=5089.4 mm^2，沿平行于x轴方向布置。

② 对Ⅱ—Ⅱ截面配筋

Ⅱ—Ⅱ截面配筋如图3-38所示。

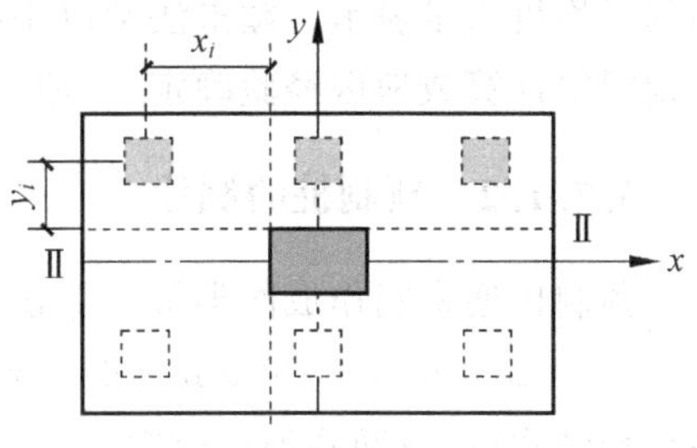

图3-38 Ⅱ—Ⅱ截面承台受弯计算

承台上方三根桩反力对柱的上边缘水平面产生的弯矩为

$$M_x=\sum N_iy_i=3Ny_i=3\times540\times0.3\ \mathrm{kN\cdot m}=486\ \mathrm{kN\cdot m}$$

钢筋面积

$$A_s=\frac{M_x}{0.9f_yh_0}=\frac{486\times10^6}{0.9\times300\times715}\ \mathrm{mm}^2\approx2517.5\ \mathrm{mm}^2$$

配筋：按《建筑桩基技术规范》(JGJ 94—2008)第4.2.3条规定，配置17根直径14 mm钢筋，记作17ϕ14，A_s=2616.9 mm^2，沿平行于y轴方向布置。

至此，关于基桩和承台的所有验算通过，证明选定的承台尺寸和基桩尺寸及所选定的材料合适。

3.7 桩基施工

本节介绍预制桩施工、钢桩施工、灌注桩施工和承台施工。

3.7.1 预制桩施工

预制桩(prefabricated pile)是指在工厂或现场预制后，在设计位置上用沉桩设备沉入土中的桩。预制桩通常为钢筋混凝土桩。

桩沉入地层的方法不同，桩孔处原位土和桩周土所受的排挤和扰动作用也不同，会引起桩周土天然结构、物理状态和应力状态的变化，从而对桩的承载力、沉降及周围环境产生影响，此即**桩的设置效应**(setting effect of pile)。

3.7.1.1 概述

预制桩由钢筋混凝土材料制成，具有以下特点：制作方便，材料强度高，能承受较大荷载；施工速度快，不受地下水或潮湿环境影响，机械化程度高，施工质量比灌注桩易于保证，且价格低。但桩在施工时，对土的挤密作用较严重，穿过厚砂层或硬土层较困难，桩截面尺寸有限且截桩困难。

预制桩通常用于以下五类情形：①不需要考虑打入时的噪声和振动的环境；②持力层

以上为松软地层；③持力层顶面起伏变化不大，易控制桩长的地层；④水下桩基工程；⑤大面积打桩工程。

预制桩沉桩深度一般应根据地质资料及结构设计要求估算。施工时从最后贯入度和桩尖设计标高两方面控制。最后贯入度是指沉至某标高时，每次锤击的沉入量，通常以最后每阵的平均贯入量表示。锤击法常以10次锤击为一阵，振动沉桩以1 min为一阵。最后贯入度则根据计算或地区经验确定，一般可取最后两阵的平均贯入度为10～50 mm/阵。

3.7.1.2 预制桩的制作

预制桩通常制作成两类桩。①普通钢筋混凝土预制桩，其截面尺寸通常为：实心方桩，250 mm×250 mm～600 mm×600 mm；空心管桩，直径400～600 mm。②预应力钢筋混凝土预制管桩，主筋施加拉应力，混凝土受压应力，抗弯抗拉性能增强。此类桩的直径一般为400～1000 mm；现场预制长度一般为25～30 m，工厂预制分节长度一般在12 m以内，桩长可接至60 m；单桩承载力可达6000 kN。

预应力混凝土管桩可采用先张法预应力工艺和离心成型法制作。经高压蒸汽养护生产的预应力管桩称为高强混凝土管桩(PHC桩)，桩身混凝土强度等级不低于C80；未经高压蒸汽养护生产的预应力管桩称为混凝土管桩(PC桩)，桩身混凝土强度等级为C60～C80。

建筑桩基钢筋混凝土预制桩混凝土强度等级不得低于C30，截面边长不应小于200 mm；预应力钢筋混凝土实心桩的混凝土强度等级不得低于C40，截面边长不宜小于350 mm，钢筋混凝土预制桩的纵向主筋保护层厚度不宜小于30 mm。

钢筋混凝土预制桩的桩身配筋应按吊运、打桩及桩在使用中的受力等条件计算确定。钢筋混凝土预制桩的最小配筋率$\rho_{\min}$在锤击法沉桩时不宜小于0.8%，静压法沉桩时不宜小于0.6%，主筋直径不宜小于ϕ14 mm。箍筋直径常为ϕ6～8 mm，间距不大于200 mm，并在桩段两端部位适当加密。打入桩桩顶(4～5)d长度范围内箍筋应加密，并设置钢筋网片，一般为3层钢筋网片，间距常为50 mm，以增强桩头强度，承受巨大的冲击荷载。

钢筋混凝土桩的接头是桩身结构的关键部位，必须保证其有足够的强度以传递轴力、弯矩和剪力。桩段之间的连接方法有角钢帮焊法、钢板焊接法、法兰连接法及硫黄胶泥连接法等，如图3-39所示。

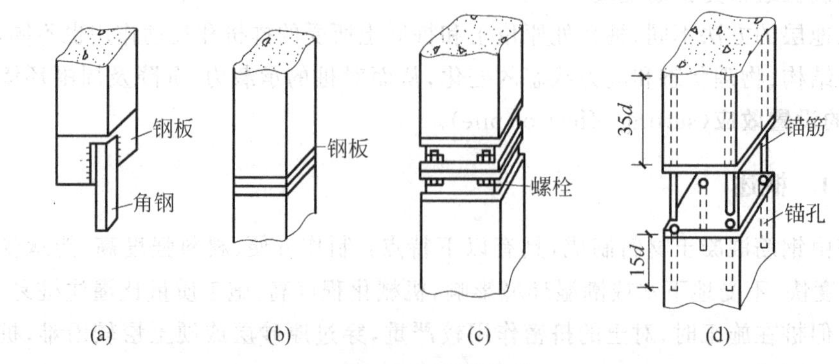

图3-39 接桩方法

(a) 角钢帮焊；(b) 钢板焊接；(c) 法兰连接；(d) 硫黄胶泥连接

3.7.1.3　预制桩的起吊、运输和堆放

预制桩应达到设计强度的 70%方可起吊，吊点位置和数量应符合设计规定。当吊点少于或等于 3 个时，其位置应按正负弯矩相等的原则计算确定；当吊点多于 3 个时，其位置应按反力相等的原则计算确定。吊桩时桩的受力如图 3-40 所示，不同桩长时需要的起吊点数及起吊位置如图 3-41 所示。预制桩应达到设计强度的 100%方可运输，否则必须进行强度和抗裂验算。堆放层数应根据地基强度和堆放时间确定，一般不宜超过 4 层。

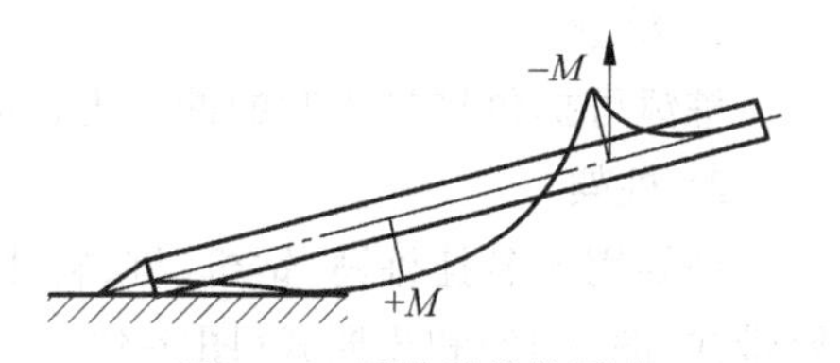

图 3-40　吊装时桩的受力

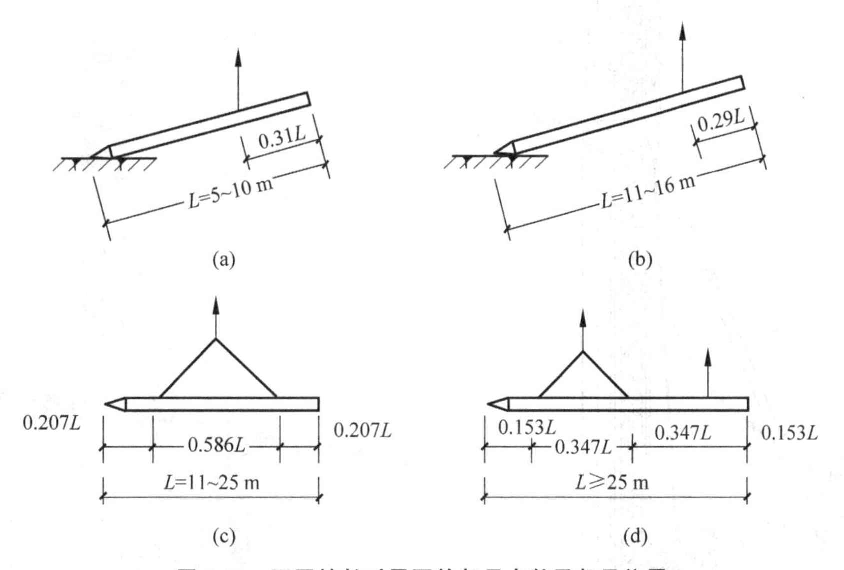

图 3-41　不同桩长时需要的起吊点数及起吊位置

预应力混凝土空心桩的堆放应符合下列规定：堆放场地应平整坚实，最下层与地面接触的垫木应有足够的宽度和高度；堆放时桩应稳固，不得滚动；应按不同规格、长度及施工打桩顺序分别堆放；当场地条件许可时，宜单层堆放；当叠层堆放时，外径为 500～600 mm 的桩不宜超过 4 层，外径为 300～400 mm 的桩不宜超过 5 层；叠层堆放桩时，应在垂直于桩长方向的地面上设置两道垫木，垫木应分别位于距桩端 1/5 桩长处；底层最外缘的桩应在垫木处用木楔塞紧；垫木宜选用耐压的枕木，不得使用有棱角的金属构件。

3.7.1.4　沉桩

预制桩的沉桩方法主要有锤击沉桩法、振动沉桩法、静压沉桩法。

1. 锤击沉桩

利用桩锤锤击桩头的冲击能克服土体对桩的阻力，破坏其静力平衡，使桩体下沉，达到新的静力平衡状态。如此反复，使桩不断下沉。

此方法适用于地基土为松散的碎石土(不含大卵石或漂石)、砂土、粉土以及可塑黏性土的情况。

锤击沉桩法施工速度快，机械化程度高，适应范围广，但施工时有振动、噪声，不宜在人口密集的区域内施工。

锤击沉桩法施工使用的主要设备及机具，以及它们的作用如下。

1）桩锤

桩锤可提供桩打入时的冲击力，其形式有柴油锤、气动锤、落锤、液压锤等。

2）桩架

桩架用于悬挂桩锤、钻机、桩、料斗等，并导正桩锤的方向。桩架可分为简易式、轨道式、履带式（图 3-42）和步履式（图 3-43）。

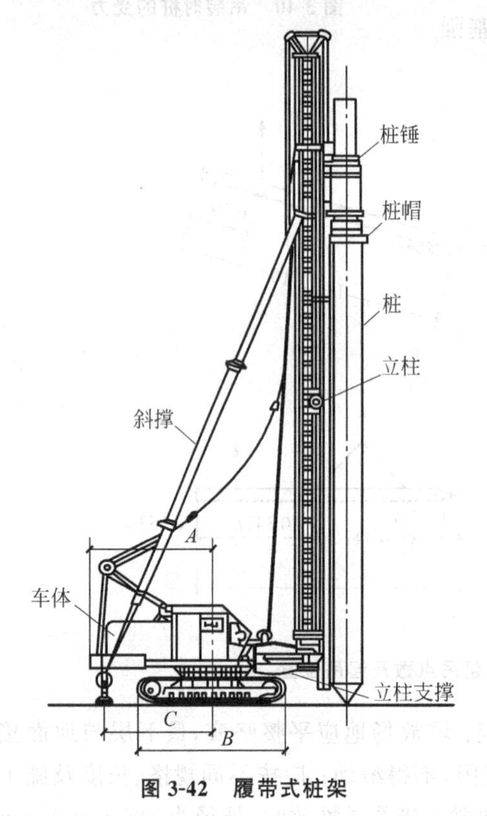

图 3-42　履带式桩架

图 3-43　步履式桩架

3）其他辅助装置

辅助装置还有桩帽、锤垫、桩垫、送桩器等。桩帽（图 3-44）用于保护桩头，使桩头受到的锤击应力均匀分布，保证桩的垂直度。锤垫直接承受锤的强大冲击力，保护锤和桩帽免于破坏，使桩帽均匀传递冲击力。桩垫设置在桩帽下部和桩顶之间，直接承受锤的强大冲击力，使锤击应力均匀传递至桩顶，保护桩顶不被击碎。桩顶的设计标高一般不在地表，而是在地表以下，采用送桩器（图 3-45）完成最后的打入工作。

打桩工艺：准备工作→桩架就位→吊桩就位→扣桩帽、落锤、脱吊钩→低锤轻打→正式打桩→（接桩，截桩）。

确定打桩顺序时应注意：对于密集桩群，自中间向两个方向或四周对称施打；当一侧毗邻建筑物时，由毗邻建筑物处一侧向另一方向施打；根据基础的设计标高，宜先深后浅；根据桩的规格，宜先大后小，先长后短。

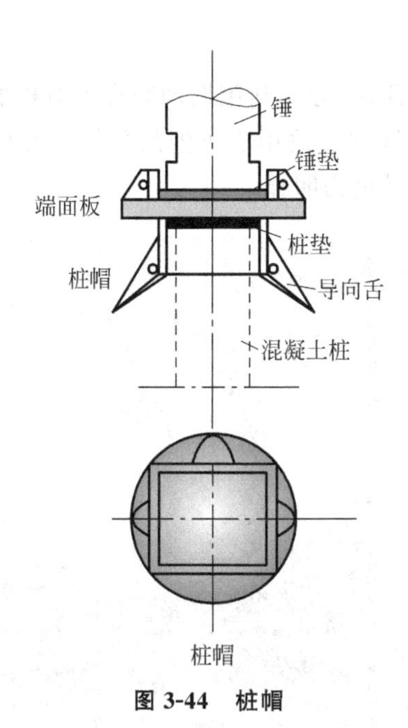

图 3-44 桩帽

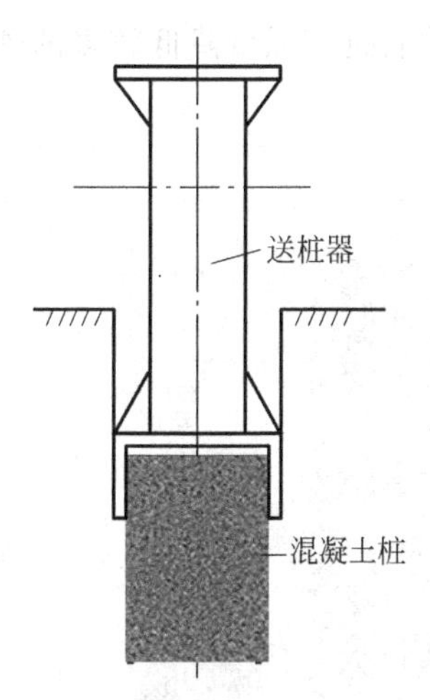

图 3-45 送桩器

打桩时要重锤低击，开始要轻打；注意贯入度变化，做好打桩记录(编号、每米锤击数、桩顶标高、最后贯入度、……)。当遇到贯入度剧变，桩身突然发生倾斜、位移或有严重回弹，桩顶或桩身出现严重裂缝、破碎等情况时，应暂停打桩，分析原因，采取相应措施。

打桩终止原则如下：

(1) 桩尖位于坚硬、硬塑的黏性土、碎石土、中密以上的砂土或风化岩等土层时，以贯入度控制为主，桩尖进入持力层的深度或桩尖标高可作为参考；

(2) 贯入度已达到设计值而桩尖标高未达到设计标高时，应继续锤击 3 阵(每阵 10 击)，每阵的平均贯入度不应大于规定的值；

(3) 桩尖位于其他软土层时，以桩尖设计标高控制为主，贯入度可作为参考；

(4) 贯入度应通过试桩试验确定。

当采用射水法沉桩时，应符合下列规定：①射水法沉桩宜用于砂土和碎石土地层；②沉桩至最后 1～2 m 时，应停止射水，并锤击至规定标高，终锤控制标准可按《建筑桩基技术规范》(JGJ 94—2008)第 7.4.6 条有关规定执行。

施打大面积密集桩群时，应采取下列辅助措施：①采用预钻孔沉桩。预钻孔孔径可比桩径(或方桩对角线)小 50～100 mm，深度可根据桩距、土的密实度和渗透性确定，宜为桩长的 1/3～1/2；施工时应随钻随打；桩架宜具备钻孔、锤击双重性能。②对饱和黏性土地基，应设置袋装砂井或塑料排水板。袋装砂井直径宜为 70～80 mm，间距宜为 1.0～1.5 m，深度宜为 10～12 m；塑料排水板的深度、间距与袋装砂井相同。③应设置隔离板桩或地下连续墙；可开挖地面防震沟，并可与其他措施结合使用，防震沟沟宽可取 0.5～0.8 m，深度按土质条件确定。

应控制打桩速率和日打桩量，24 h 内休止时间不应少于 8 h；沉桩结束后，宜普遍实施一次复打；应对不少于总桩数 10%的桩顶的上涌量和水平位移进行监测；沉桩过程中应加强邻近建筑物、地下管线等的观测和监护。

2. 振动沉桩

振动沉桩是将大功率的振动打桩机安装在桩顶，一方面利用振动减小土对桩的阻力，另一方面用向下的振动力将桩沉入土中(图 3-46)。该方法适用于可塑的黏性土和砂土层，尤其对受振动后抗剪强度降低较多的砂土等地基效果更为明显。

图 3-46 振动沉桩

振动法沉桩的特点：操作简单、效率高、工期短；桩的横向位移小，变形小，不易损坏桩材；耗电量大；持力层起伏较大时，桩长难以调节。

振动沉桩法适用于松软地基，不适用于硬黏土和砾石地层施工，难以沉入 30 m 以上的桩。

振动锤按振动频率分为低频、中频、高频、超高频。

(1) 低频锤：频率 15～20 Hz，振幅大(7～25 mm)，适于大直径桩，对邻近建筑物有影响。

(2) 中频锤：频率 20～60 Hz，振幅小(3～8 mm)，适于松散冲积地层、松散和中密砂层。

(3) 高频锤：频率 100～150 Hz，桩产生弹性波，冲切土体，冲击能量大。

(4) 超高频锤：频率 1500 Hz，高速微振动锤，振幅极小，沉桩速度极快，噪声和影响小。

3. 静压沉桩

静压沉桩是借助专用桩架自重和配重或结构物自重，以卷扬机滑轮组或电动油泵液压方式施加在桩顶或桩身上施加压力，当施加给桩的静压力达到或超过桩的入土阻力时，桩在自重和静压力作用下逐渐沉入地基土中，如图 3-47 所示。

静压沉桩具有施工时无噪声、无振动、无冲击力、无污染，桩顶不易损坏和沉桩精度高等优点。

静压沉桩法适用于液性指数大于 0.25 的黏土和粉质黏土及松散砂土地基；当存在厚度大于 2 m 的中密以上砂夹层时，不宜采用静压沉桩法。长桩分节压入时，接头较多会影

图 3-47 静压沉桩

响压桩效率。静压法难以沉入 30 m 以上的桩。

对于工程地质条件接近下列界限之一的地基土，静压沉桩比较困难：①天然含水率 $w<w_P$(塑限)；②天然重度 $\gamma_0>18\ \text{kN/m}^3$；③天然孔隙率 $e_0>0.95$；④内摩擦角 $\varphi>20°$；⑤压缩系数 $\alpha<0.03\ \text{cm/10 N}$；⑥塑性系数 $I_p<0.10$；⑦标准贯入锤击数 $N>10$。

压桩方法有：

(1) 压桩机法。压桩力为 800～2500 kN 的压桩机适合桩径 400～450 mm，桩长 30～35 m；压桩力为 3500～6000 kN 的压桩机适合桩径 450～500 mm，桩长 40 m。

(2) 吊载压入法。此方法吊载能力有限，适用于小型短桩。

压桩机主要由桩架、压梁或液压抱箍、桩帽、卷扬机、滑轮组或液压千斤顶等组成(图 3-48)。

压桩荷载传递到被压桩上的方法有通过滑轮组(图 3-48(a))、通过液压油缸(图 3-48(b))两种。利用压桩机自重或配重提供压桩时的反力。大面积压桩时，也可利用已压入的多根桩提供压桩反力，如图 3-49 所示。

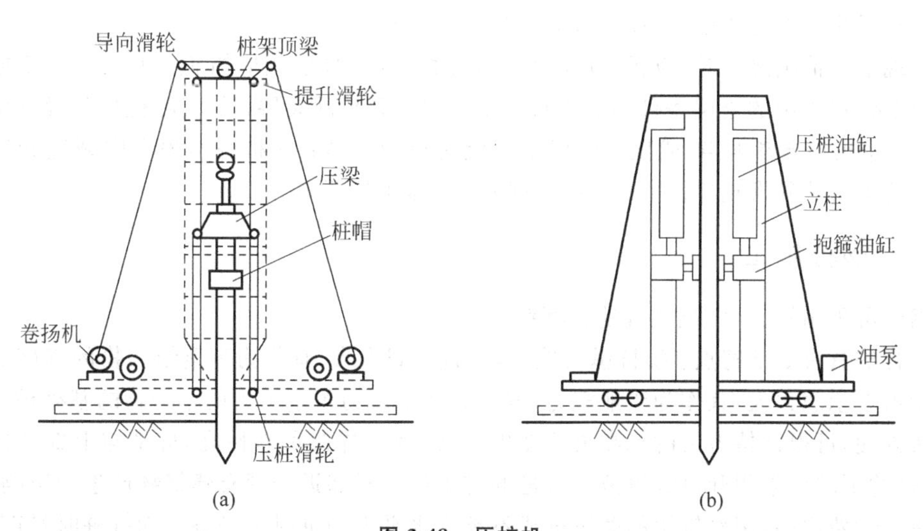

图 3-48 压桩机

(a) 滑轮组式；(b) 液压油缸式

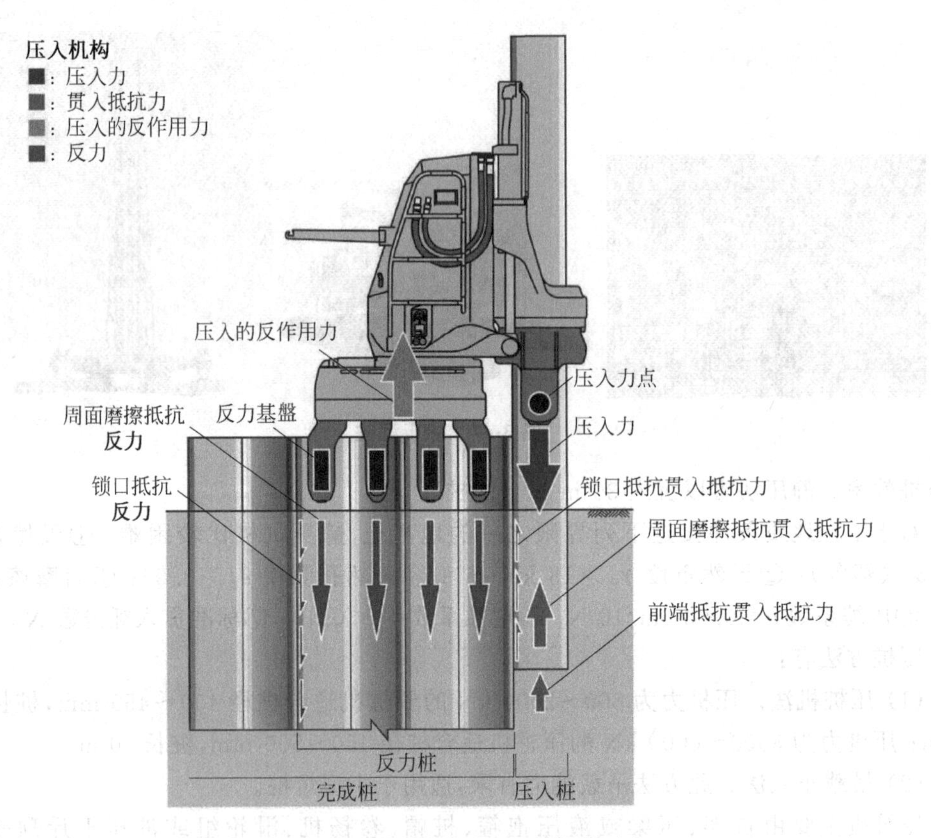

图 3-49　利用完成桩为压入桩提供反力

终压条件应符合下列规定：①应根据现场试压桩的试验结果确定终压标准。②终止压桩前的连续复压次数应根据桩长及地质条件等因素确定。对于入土深度大于或等于 8 m 的桩，复压次数可为 2～3 次；对于入土深度小于 8 m 的桩，复压次数可为 3～5 次。③稳定压桩力不得小于设计终压力，稳定压桩的时间宜为 5～10 s。

出现下列情况之一时，应暂停压桩作业，分析原因，采取相应措施：①压力表读数显示情况与勘察报告中的土层条件明显不符；②桩难以穿越硬夹层；③实际桩长与设计桩长相差较大；④出现异常响声，或压桩机械工作状态出现异常；⑤桩身出现纵向裂缝和桩头混凝土出现剥落等异常现象；⑥夹持机构打滑；⑦压桩机下陷。

3.7.2　钢桩施工

钢桩可采用管型、H 型或其他异型钢材。

钢管桩具有如下特点：①抗锤击性好，垂直承载力大，宜作为高重结构物的基础桩或长桩。②水平承载力大，宜作为受地震力、波浪力和土压力等水平力的结构物的基础桩。③施工灵活方便，可根据持力层的标高灵活变更桩长，现场焊接可靠性高，桩基与上部结构连接容易，桩的下端可采用开口式以减少打桩的排土量。对邻近的现有建筑物产生的影响小，吊运方便。④费用高，用作较短的摩擦桩或不承受水平力的桩时不经济。⑤打桩时噪声大，振动大。⑥采用大直径开口桩时，闭塞效应不够好。

H 型钢桩系一次轧制成型，与钢管桩相比，其挤土效应更弱，割焊与沉桩更便捷，穿透性能更强；其不足之处是侧向刚度较弱，打桩时桩身易向刚度较弱的一侧倾斜，甚至产生弯曲。

钢管桩由钢板卷焊而成，直径一般为 250～3000 mm，壁厚由有效厚度和防腐厚度组成，一般为 9～20 mm。有效厚度为管壁在外力作用下所需要的厚度，可按使用阶段的应力计算确定。腐蚀厚度为建筑物在使用年限内管壁腐蚀所需要的厚度，可通过钢桩的腐蚀情况实测或调查确定。无实测资料时，海水环境中钢桩的单面年平均腐蚀速率参考下列数据确定：(地面以上)大气区 0.05～0.1 mm/a，浪溅区 0.20～0.50 mm/a，水位变动区及水下区 0.12～0.20 mm/a，泥下区 0.05 mm/a。

钢桩的防腐处理应符合规定，可采用外表面涂防腐层、增加腐蚀余量和阴极保护等；当钢管桩内壁与外界隔绝时，可不考虑内壁防腐。

钢管桩的分段长度一般不超过 12～15 m，钢桩焊接接头应采用等强度连接。

钢桩的运输与堆放应符合下列规定：堆放场地应平整、坚实、排水通畅；桩的两端应有适当保护措施，钢管桩应设保护圈；搬运时应防止桩体撞击而造成桩端、桩体损坏或弯曲；钢桩应按规格、材质分别堆放。堆放层数：ϕ900 mm 的钢桩，不宜大于 3 层；ϕ600 mm 的钢桩，不宜大于 4 层；ϕ400 mm 的钢桩，不宜大于 5 层；H 型钢桩不宜大于 6 层。支点设置应合理，钢桩的两侧应采用木楔塞住。

钢桩的施工方法同上一节的预制桩的施工方法。

3.7.3 灌注桩施工

3.7.3.1 概述

灌注桩的优点：①与钢筋混凝土预制桩相比，造价低，配筋率低；②成孔方法丰富，适用于不同土层，还可按持力层深浅改变桩长；③施工噪声小；④承载力高，可做成扩底桩、变截面桩或支承在基岩上的桩，大大提高桩的承载力；⑤桩径可变范围大。

灌注桩的缺点：①灌注桩容易出现断桩、缩颈、混凝土离析和孔底虚土或沉渣过厚等质量问题。②孔底虚土、孔底沉渣和泥浆护壁不易清理干净，施工过程不易控制，同一工地的桩，承载力变异性较大。因灌注桩质量不够稳定，而要求的抽检桩数多，增加了检测费用。③采用泥浆护壁成孔工艺时占用场地大。

灌注桩根据成孔工艺可粗分为泥浆护壁灌注桩法、干作业成孔灌注桩法、沉管灌注桩法、爆扩成孔灌注桩法等。

1. 泥浆护壁灌注桩法

利用泥浆护壁的机械钻孔方法，通过循环泥浆将切削碾碎的岩土屑悬浮出孔外。

优点：施工过程中无挤土、无振动、噪声小，对邻近建筑物及地下管线危害较小，桩径不受限制。

缺点：泥浆沉淀不易清除，影响桩端承载力的发挥，造成较大沉降。

2. 干作业成孔灌注桩法

通过螺旋钻、人工挖孔方式，在无水或降水后的条件下，通过挖掘或钻探方法成孔。

优点：现场无泥浆处理问题，环保、高效、经济，孔底残渣易清理干净，施工过程中无挤土、无振动、噪声小。人工挖孔时可在孔内直接检查成孔质量，观察地层土质变化情况；桩底清孔除渣彻底、干净，易保证混凝土浇筑质量。

缺点：人工挖孔对安全要求较高，孔内挖掘属于有限密闭空间作业，孔内易形成有害气体、易燃气体积聚的环境，也存在因缺氧而危及挖掘人员安全的风险。地下水位以下挖掘时，需要边抽水、边挖掘、边支护，作业条件差，对漏电保护也有特殊要求。

3. **沉管灌注桩法**

利用锤击打桩设备或振动沉桩设备，将带有钢筋混凝土桩尖或带有活瓣式桩靴的钢管沉入土中，形成桩孔，然后放入钢筋笼并浇筑混凝土，随之拔出套管，利用拔管时的振动将混凝土捣实，便形成所需要的灌注桩。

优点：在钢管内无水环境中沉放钢筋笼和浇灌混凝土，保证了桩身混凝土的质量。

缺点：拔出套管时，如提管速度过快会造成缩颈、夹泥，甚至断桩；沉管过程的挤土效应除产生与预制桩类似的影响外，还可能使混凝土尚未结硬的邻桩被剪断。

4. **爆扩成孔灌注桩法**

钻孔爆扩成孔后，在孔底放入炸药，再灌入适量的混凝土，然后引爆，使孔底形成扩大头，再放入钢筋笼，浇筑桩身混凝土。

优点：成孔简单、节省劳力、成本低等。

缺点：检查质量不便，施工质量要求严格。

3.7.3.2 钢筋混凝土灌注桩构造

建筑桩基钢筋混凝土灌注桩一般按如下要求进行构造配置。

钢筋混凝土灌注桩桩身常为实心断面，混凝土强度等级不得低于C25，骨料粒径不大于40 mm；混凝土预制桩尖不得低于C30，钢筋混凝土灌注桩主筋的混凝土保护层厚度不应小于35 mm。

钢筋混凝土灌注桩的配筋，按照内力和抗裂性的要求布设，长摩擦桩应根据桩身弯矩分布情况分段配筋，短摩擦桩和端承桩也可按桩身最大弯矩通长配置。

(1) 配筋率：当桩身直径为300～2000 mm时，正截面配筋率可取0.20%～0.65%(小桩径取高值，大桩径取低值)；对受荷载特别大的桩、抗拔桩和嵌岩端承桩应根据计算确定配筋率，并不小于上述规定值。

(2) 配筋长度：端承桩和坡地岸边的基桩应沿桩身等截面或变截面通长配筋；桩径大于600 mm的摩擦桩配筋长度不应小于2/3桩长；对于桩端入土深度大于30 m的钻孔灌注桩，应配部分全长主筋，以保证沉桩标高。当受水平荷载时，配筋长度不宜小于$4.0/\alpha$(α为桩的水平变形系数)；受负摩阻力的桩、先成桩后开挖基坑而随地基土回弹的桩，其配筋长度应穿过软弱土层并进入稳定土层，进入的深度不应小于2～3倍桩身直径；抗拔桩及因地震作用、冻胀或膨胀力作用而受拔力的桩，应等截面或变截面通长配筋。

(3) 主筋：对于抗压桩和抗拔桩，其主筋不应少于6ϕ10；受水平荷载的桩的主筋不应少于8ϕ12；纵向主筋应沿桩身周边均匀布置，其净距不应小于60 mm。

(4) 箍筋：箍筋应采用直径不小于ϕ6～ϕ10@200～300 mm的螺旋式箍筋。

持力层承载力较高、上覆土层较差的抗压桩，以及桩端以上有较厚硬土层的抗拔桩，可采用扩底桩。

3.7.3.3 钻(冲)孔灌注桩

钻孔灌注桩(bored cast-in-situ pile)是指通过螺旋钻、正循环或反循环泥浆护壁回转钻进、振动钻进、冲击回转等方法成孔,然后清除孔底残渣,放入钢筋笼,灌注混凝土而形成的桩。

冲孔灌注桩(percussive drilled cast-in-situ pile)是指通过冲抓锥或冲击方法成孔,然后清除孔底残渣,放入钢筋笼,灌注混凝土而形成的桩。

钻孔和冲击成孔灌注桩简称为钻(冲)孔灌注桩,是指用钻机取土成孔,把桩孔位置处的土、碎石排出地面,然后清除孔底残渣,放入钢筋笼,灌注混凝土成桩。这种方法在施工过程中无挤土,可减少或避免锤打的噪声和振动,对周围环境影响较小,在工程中应用比较广泛。

灌注桩施工的主要工序是:施工准备→成孔→清孔→吊放钢筋笼→水下浇筑混凝土,如图 3-50 所示。

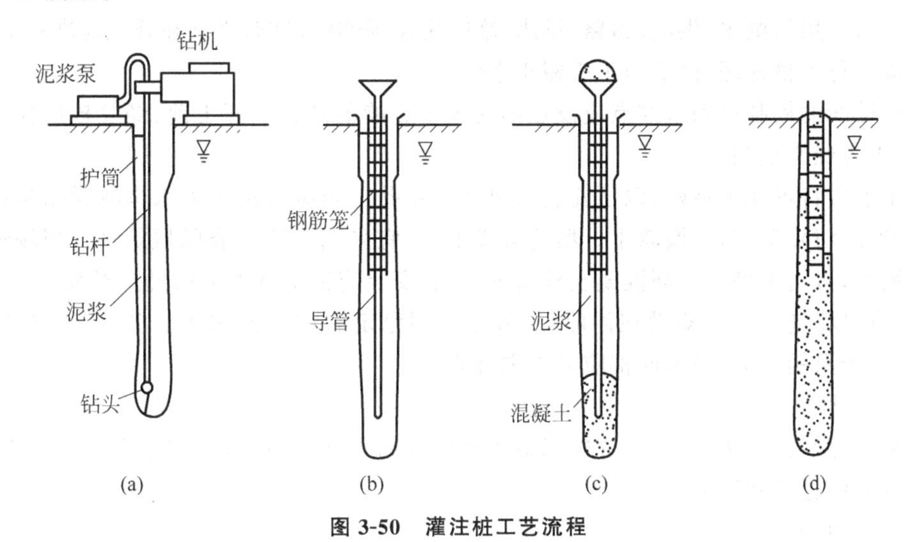

图 3-50 灌注桩工艺流程

(a) 成孔;(b) 下钢筋笼和灌注导管;(c) 水下浇筑混凝土;(d) 成桩

1. 施工准备

施工准备包括资料准备、场地准备、测量桩位、埋设护筒、泥浆制备、钻机安装等工作。

1) 资料准备

灌注桩施工应具备下列资料:建筑场地岩土工程勘察报告;桩基工程施工图及图纸会审纪要;建筑场地和邻近区域内的地下管线、地下构筑物、建筑物等的调查资料;主要施工机械及其配套设备的技术性能资料;桩基工程的施工组织设计;水泥、砂、石、钢筋等原材料及其制品的质检报告;有关荷载、施工工艺的试验参考资料。

钻孔灌注桩施工设计应包括以下 9 方面的内容。

(1) 工程概况和设计要求。包括工程类型、地理位置、交通运输条件、桩的规格、工作量(含成孔工作量、灌注混凝土工作量)、工程地质和水文地质情况、工程质量要求、持力层情况、设计荷载、工期要求等。

(2) 施工工艺方案。在确定成孔工艺方法和灌注方案的基础上绘制出工艺流程图。计算成孔与灌注速度,确定工程进度、顺序和总工期,绘制出工程进度表。

(3) 施工力量部署。提出工地人员组成与岗位分工,并列表说明各岗人数和职责范围。

(4) 编制主要消耗材料和备件数量、规格表,并按工期进度提出材料分期分批进场要求。

(5) 工艺技术设计,包括成孔和成桩两方面。成孔工艺包括设备安装调试、钻头选型、护筒埋设、冲洗液类型、循环方式和净化处理方法、清孔要求、成孔施工的技术参数和成孔质量检查措施等。成桩工艺包括编制钢筋笼制作图和技术要求,混凝土配比和配制工序,混凝土灌注工艺和灌注质量检查,混凝土现场取样、养护和送检的技术要求等。

(6) 验桩要求。包括验桩数量、检验方法和有关设备及材料计划。

(7) 安全生产和全面质量管理措施。

(8) 冬、雨季施工措施等。

(9) 竣工技术资料。

2) 场地准备

桩基施工用的供水、供电、道路、排水、临时房屋等临时设施,必须在开工前准备就绪,施工场地应进行平整处理,保证施工机械正常作业。

基桩轴线的控制点和水准点应设在不受施工影响的地方。开工前,经复核后应妥善保护,施工中应经常复测。

施工前应将场地平整好,以便安装钻架进行钻孔。当墩台位于无水岸滩时钻架位置处应整平夯实,清除杂物,挖换软土。场地有浅水时,宜采用土或草袋围堰筑岛。当场地为深水或陡坡时,可用木桩或钢筋混凝土桩搭设支架,安装施工平台支承钻机。深水中在水流较平稳时,也可将施工平台架设在浮船上,就位锚固稳定后在水上钻孔。水中支架的结构强度、刚度和船只的浮力、稳定性都应事先进行验算。

3) 测量桩位

平整清理好施工场地后,设置桩基轴线定位点和水准点,根据桩位平面布置施工图,定出每根桩的位置并做好标志。

4) 埋设护筒

钻孔灌注桩成孔时的护筒主要起 4 方面的作用:①控制桩位,导正钻具;②保护孔口,防止孔口土层坍塌;③提高孔内的水头高度,增加对孔壁的静水压力以稳定孔壁;④护筒顶面可作为测量钻孔深度、钢筋笼下放深度、混凝土面位置及导管埋深的基准面。

护筒制作要求坚固、耐用、不易变形、不漏水、装卸方便和能重复使用,一般用薄钢板(4~8 mm 厚)或钢筋混凝土制成。护筒内径应比钻头直径稍大,对于回转钻进须增大 0.1~0.2 m,对于冲击或冲抓钻须增大 0.2~0.3 m。护筒顶面高出地面 0.4~0.6 m,上部开 1~2 个溢浆孔。护筒埋设深度在黏土中不宜小于 1 m,在砂土中不宜小于 1.5 m。其高度要满足孔内泥浆液面高度的要求,孔内泥浆面应保持高出地下水位 1 m 以上。护筒埋设要求稳固、准确。

5) 泥浆制备

泥浆的作用可概括为护壁、携砂排土、润滑钻具、冷却钻头等。泥浆由水、黏土(或膨润土)和添加剂组成,泥浆制备方法应根据土质条件确定。

6) 钻机安装

钻机安装时,成孔中心应对准桩位中心,钻孔过程中钻机(架)必须保持平稳,不发生位移、倾斜和沉陷。

2. 成孔

钻孔应根据地质条件选用合适的钻进方法、钻具组合，应采取防止塌孔的措施，完成钻孔工作。根据地层条件和钻孔要求，选用正循环泥浆护壁钻进、反循环泥浆护壁钻进、冲击钻进、冲抓锥、螺旋钻进等方式钻孔至设计的深度。关于这方面的内容，参见钻掘工艺相关的图书。

3. 清孔

钻孔达到设计标高后，应立即进行清孔。清孔的目的是除去孔底沉淀的钻渣和泥浆，以保证灌注的钢筋混凝土质量，确保桩的承载力。清孔方法有：抽浆清孔、掏渣清孔、换浆清孔、喷射清孔等。清孔后的孔底沉渣允许厚度应符合相关规范的规定。

抽浆清孔法是直接用反循环钻机、空气吸泥机、水力吸泥机或离心吸泥泵等将孔底含钻渣泥浆吸出达到清孔目的。

掏渣清孔法是用掏渣筒捞除钻渣，仅适用于冲抓、冲击钻孔的各类土层摩擦桩的初步清孔及在不稳定土层中清孔。

换浆清孔是指钻孔完成后，在不停钻、不进尺的情况下，用低密度泥浆替换孔内悬浮钻渣和相对密度较大的泥浆，直至达到设计泥浆密度的要求。换浆清孔时间一般需 4～6 h。此法适用于各类土层正循环钻孔的摩擦桩。

喷射清孔法是在灌注混凝土前对孔底进行高压射水或鼓风数分钟，使剩余少量沉淀物飘浮后立即灌注水下混凝土，可配合其他清孔方法使用。

4. 吊放钢筋笼

清孔后应立即安放钢筋笼、浇筑混凝土。吊放钢筋笼时应保持垂直、缓缓放入，防止碰撞孔壁。

利用钻机的钻架、吊车等起吊钢筋笼。为保证钢筋笼不变形，宜采用上部和中部两点起吊法。为了保证钢筋笼在孔内与桩孔同轴，可在钢筋笼四周设置用混凝土制成的小滑轮，以保证下放时顺利。当钢筋笼吊至孔口时，应扶正并缓缓下入孔内，严禁摆动碰撞孔壁。接笼时后笼与前笼对正，主筋焊牢后继续下放钢筋笼，直至设计深度。

钢筋笼吊装完毕后，应进行二次清孔，安置导管，并应进行孔位、孔径、垂直度、孔深、沉渣厚度等检验，合格后立即灌注混凝土。

5. 灌注混凝土

目前我国多采用导管法灌注水下混凝土。导管法的施工过程如图 3-51 所示。将导管居中插入到离孔底 0.3～0.4 m 处，导管上口接漏斗，在接口处设隔水栓，以隔绝混凝土与导管内水的接触。在漏斗中储备足够数量的混凝土后，放开隔水栓使漏斗中储备的混凝土连同隔水栓向孔底猛落，将导管内的水挤出，混凝土沿导管下落至孔底堆积，并使导管埋在混凝土内，此后向导管内连续灌注混凝土。导管下口埋入孔内混凝土中 1～1.5 m，以保证钻孔内的水不会重新流入导管。随着混凝土不断由漏斗、导管灌入孔内，钻孔内初期灌注的混凝土及其上的水或泥浆不断被顶托升高，相应地不断提升导管和拆除导管，直至灌注混凝土完毕。

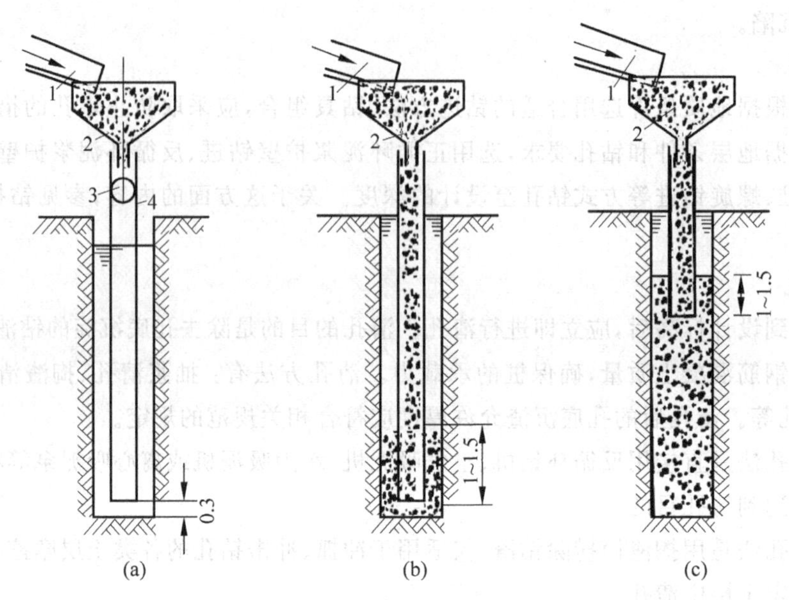

图 3-51 水下灌注混凝土(尺寸单位：m)
1—倒入混凝土的料槽；2—漏斗；3—隔水栓；4—导管

导管是内径为 0.2～0.4 m 的钢管，壁厚 3～4 mm，每节长 1～2 m，最下面一节导管较长，一般为 3～4 m。导管两端用法兰盘及螺旋连接，并用橡胶圈密封防止漏水。

隔水栓通常为直径较导管内径小 20～30 mm 的木球或混凝土球，要求隔水栓能在导管内滑动自如，不致卡管。

漏斗顶端应比桩顶高出至少 3 m，当桩顶在水面以下时，应比水面高出至少 3 m，以保证在灌注桩顶混凝土时，管内混凝土的压力仍大于管外混凝土及其上面的水或泥浆重力。

为保证水下混凝土的质量，设计混凝土配合比时，要将混凝土强度等级提高 20%；混凝土应有必要的流动性，坍落度宜在 180～220 mm 范围内，水灰比宜为 0.5～0.6，并可适当提高含砂率，含砂率宜采用 40%～50%；为了改善混凝土的和易性，可在其中掺入减水剂和粉煤灰。所用水泥的初凝时间不宜大于 2.5 h，水泥强度等级不宜低于 42.5 级，每立方米混凝土的水泥用量不小于 350 kg。为防卡管，石料尽可能用卵石，适宜直径为 5～30 mm，最大粒径不应超过 40 mm。

灌注水下混凝土是钻孔灌注桩施工最后一道关键性工序，其施工质量将严重影响到成桩质量，施工中应注意以下几点。

(1) 混凝土拌和必须均匀，在运输和灌注过程中无显著离析、泌水，并有足够的流动性。

(2) 每根桩的灌注时间不应太长，尽量在 8 h 内灌完，以防先期灌注的混凝土失去流动性而导致提升导管困难，通常要求每小时的灌注高度不小于 10 m。灌注混凝土必须连续作业，避免中断，混凝土的搅拌和运输设备应满足连续作业的要求。

(3) 在灌注过程中，要随时测量和记录孔内混凝土灌注高程和导管入孔长度，导管埋入混凝土的深度任何时候都不得小于 1 m，一般控制在 2～4 m 以内，提管时控制和保证导管埋入混凝土面内有 3～5 m 深度。防止导管提升过猛、管底提离混凝土面或埋入过浅，而使导管内进水造成断桩夹泥。但也要防止导管埋入过深，而造成导管内混凝土流不出或导管被混凝土埋住凝结，不能提升，导致中止浇灌而成断桩。

(4) 灌注的桩顶高程应比设计值预加一定高度(0.5～1.0 m)，此范围的浮浆和混凝土应凿除，以确保桩顶混凝土的质量。

待桩身混凝土达到设计强度，按规定检验后方可灌注系梁、盖梁或承台。

在成孔与灌注混凝土上提导管过程中，若控制不好，可能会形成缩颈桩和吊脚桩。**缩颈桩**(diameter reduced pile)又称瓶颈桩，指部分桩径缩小、桩身截面面积不符合设计要求的桩。**吊脚桩**(end suspended pile)是指桩底部的混凝土缺失，或桩底混凝土中混进了泥砂而形成松软层的桩。

3.7.3.4 长螺旋钻孔压灌桩

为了弥补普通灌注桩难于除去的桩底虚土以及克服桩身缩颈的缺点，北京市机械施工公司创造了长螺旋钻孔压灌桩法，又称**后插笼桩法**(post inserting reinforced steel cage method)、压灌桩法。

压灌桩法(long auger drilled pressure grouting pile)是指用长螺旋钻机钻进成孔后，在不清孔的情况下，直接从改装后的中空螺旋钻杆中压入流态混凝土或水泥浆，在螺旋钻具上提的同时，逐渐往钻孔内注浆并将浮土顶替出孔外，待孔中充满混凝土或水泥浆体后，再用振动器在孔中压入钢筋笼的一种成桩工艺，如图 3-52 及图 3-53 所示。

图 3-52 长螺旋压灌桩后插笼法

该工法典型的钻孔直径是 400～1000 mm，桩长通常在 30 m 以内。

与普通水下灌注桩施工工艺相比，长螺旋钻孔压灌桩施工不需要泥浆护壁，无泥皮，无沉渣，无泥浆污染，施工速度快，造价较低。

利用正反循环钻机完成一根深 25 m、ϕ800 mm 的灌注桩需 3～8 h，而压灌桩施工同样一根桩仅需 30～60 min。

压灌桩法适用于地下水位以上、易塌孔且长螺旋钻机可以钻进的地层，如黏性土、粉土、黄土等土质地基。

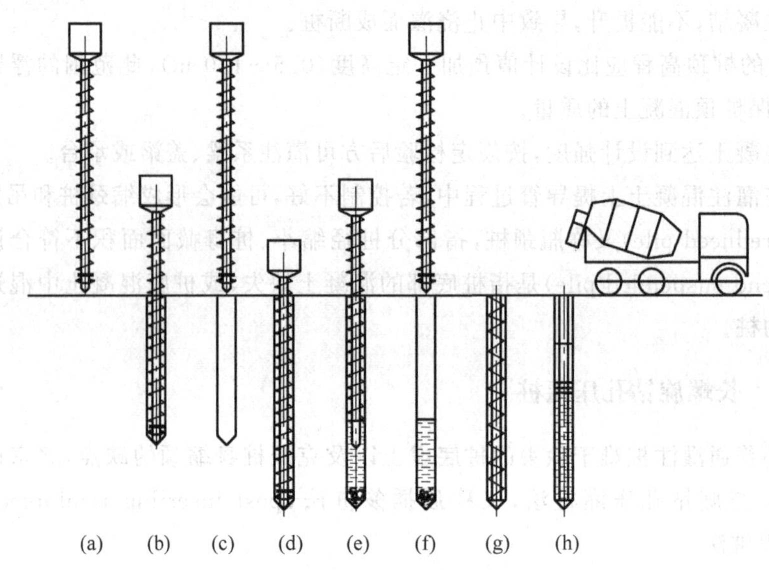

图 3-53 长螺旋钻孔压灌桩的施工工艺

(a) 钻机就位；(b) 开始钻孔；(c) 提钻甩土；(d) 钻至孔深；
(e) 边提钻边注浆；(f) 测孔深；(g) 吊放钢筋笼；(h) 成桩

3.7.3.5 沉管灌注桩

1. 概述

沉管灌注桩(driven cast-in-place pile)是指利用锤击、振动、静压等方法将底部封闭的钢管(也称套管)挤入土中，然后在套管内放置钢筋笼，边灌注混凝土边拔套管而形成的灌注桩。

沉管灌注桩的施工设备简单，沉桩速度快，成本低，但很易产生缩颈、断桩、局部夹土、混凝土离析和强度不足等质量问题。

根据使用的桩锤和成桩工艺，沉管灌注桩可分为锤击沉管灌注桩、振动沉管灌注桩、静压沉管灌注桩、振动冲击沉管灌注桩和沉管夯扩灌注桩等。

沉管灌注桩适用于除含有大卵石、孤石等地质条件外的黏性土、砂性土、砂土地基。尤其对软地基、含有承压水和流砂等的不良地质土层，由于采用了套管，可以避免钻孔灌注桩施工中可能产生的流砂、坍孔的危害和由泥浆护壁所带来的排渣等弊病，也适合进行斜桩施工。但桩的直径较小，常用的尺寸在 0.6 m 以下，桩长常在 20 m 以内。锤击沉管灌注桩的常用桩径(预制桩尖的直径)为 300～500 mm，桩长常在 20 m 以内，可打至硬塑黏土层或中、粗砂层。振动沉管灌注桩的直径一般为 400～500 mm，可打至硬塑黏土层或中、粗砂层。在黏性土中，振动沉管灌注桩的沉管穿透能力比锤击沉管灌注桩稍差，承载力也比锤击沉管灌注桩低些。

与一般钻孔灌注桩相比，沉管灌注桩避免了一般钻孔灌注桩桩端沉渣造成的桩身下沉、承载力不足的问题，同时也有效改善了桩身表面浮浆现象。但是施工质量不易控制，拔管过快容易造成桩身缩颈，而且由于是挤土桩，先期浇筑好的桩易受到挤土效应而产生倾斜、断裂甚至错位。

用于沉管的钢管下端有两种构造：一种是开口，在沉管时套以钢筋混凝土预制桩尖，拔管时，桩尖留在桩底孔中；另一种是管端带有活瓣桩尖，沉管时，桩尖活瓣合拢，灌注混凝土后拔管时活瓣打开。

沉管灌注桩施工中应注意下列事项。

(1) 拔管时应先振后拔，慢灌慢拔，边振边拔。拔管速度宜控制在每分钟 1.5 m 之内，在软土中不宜大于每分钟 0.8 m。边振边拔以防管内混凝土被吸住上拉而缩颈，每拔出 0.5～1.0 m 要停拔并振动 5～10 次，如此反复进行，直至将套管全部拔出。对用混凝土桩尖锤击沉入的桩管，拔管时采用振动锤反打法拔出，拔管速度不宜大于 0.8～1.0 m/min，反打的打击频率不宜小于 70 次/min，以在拔管时起到振动密实混凝土作用。

(2) 在软土中沉管时，由于排土挤压作用会使周围土侧移及隆起，有可能挤断邻近已完成但混凝土强度还不高的灌注桩，因此桩距不宜小于 3～3.5 倍桩径，宜采用间隔跳打的施工方法，避免对邻桩挤压过大。在淤泥及含水率饱和的软土层振动拔管时，应采用反插法施工，即每次拔管高度 0.5～1.0 m，再往下反插深度 0.3～0.5 m，如此拔插，直至桩管全部拔出。

(3) 由于沉管的挤压作用，在软黏土中或软、硬土层交界处所产生的孔隙水压力较大或侧压力大小不一而易产生混凝土桩缩颈。为了避免这种现象，可采取扩大桩径的“复打”措施，即在灌注混凝土并拔出套管后，立即在原位重新沉管再灌注混凝土。复打后的桩，其横截面增大，承载力提高，但其造价也相应增加，对邻近桩的挤压力也增大。

2. 锤击沉管灌注桩

锤击沉管灌注桩的机械设备由桩管(钢管、套管)、桩锤、桩架、卷扬机滑轮组、行走机构组成。

锤击沉管灌注桩适用于一般黏性土、淤泥质土、砂土和人工填土地基，不能在密实的砂砾石、漂石层中使用。

如图 3-54 所示，锤击沉管灌注桩的施工程序一般为：桩孔定位→埋设混凝土预制桩尖→桩机就位→锤击沉管→灌注混凝土→边拔管、边锤击、边继续灌注混凝土(中间插入吊放钢筋笼)→成桩。

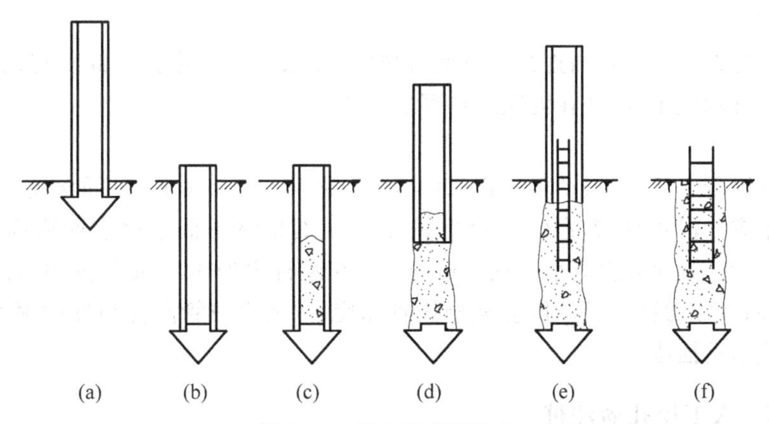

图 3-54 锤击沉管灌注桩

(a) 就位；(b) 沉入套管；(c) 开始浇筑混凝土；(d) 边锤击边拔管，并继续浇筑混凝土；(e) 下钢筋笼，并继续浇筑混凝土；(f) 成桩

3. **振动冲击沉管灌注桩**

振动冲击沉管灌注桩是利用振动桩锤(又称为激振器)或振动冲击锤将桩管沉入土中,然后灌注混凝土而成。与锤击沉管灌注桩相比,振动冲击沉管更适合于稍密及中密的砂土地基施工。振动沉管灌注桩和振动冲击沉管桩的施工工艺相似,只是前者用振动锤沉桩,后者用振动带冲击的桩锤沉桩。

振动冲击沉管灌注桩应根据土质情况和荷载要求,选用单振法(单打法)、复振法(复打法)或反插法施工。单振法适用于含水率较小的土层,且宜采用预制桩尖;反插法及复振法适用于饱和土层。

1) 单振法

单振法即一次拔管法,桩管内灌满混凝土后,应先振动 5～10 s,再开始拔管,应边振边拔,每拔出 0.5～1.0 m,停拔,振动 5～10 s;如此反复,直至桩管全部拔出,如图 3-55 所示。在一般土层内,拔管速度宜为 1.2～1.5 m/min,用活瓣桩尖时宜慢,用预制桩尖时可适当加快;在软弱土层中宜控制在 0.6～0.8 m/min。

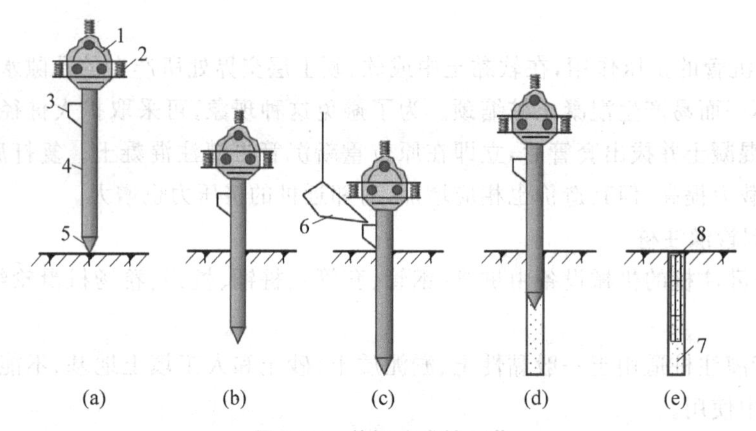

图 3-55 单振法成桩工艺

(a) 桩机就位;(b) 沉管;(c) 下料;(d) 拔出钢管;(e) 在顶部混凝土内插入钢筋笼并浇筑混凝土
1—振动锤;2—减振弹簧;3—加料口;4—桩管;5—桩尖;6—下料口;7—混凝土桩;8—钢筋笼

2) 复振法

这种方法是在同一桩孔内连续进行两次单打,或根据需要进行局部复打,施工时,应保证前后两次沉管轴线重合,并在混凝土初凝之前进行。

3) 反插法

桩管灌满混凝土后,先振动再拔管,每次拔管高度 0.5～1.0 m,反插深度 0.3～0.5 m;在拔管过程中应分段添加混凝土,保持管内混凝土面始终不低于地表面或高于地下水位 1.0～1.5 m 以上,拔管速度应小于 0.5 m/min;在距桩尖处 1.5 m 范围内,宜多次反插以扩大桩端截面;穿过淤泥夹层时,应减慢拔管速度,并减少拔管高度和反插深度,在流动性淤泥中不宜使用反插法。

3.7.3.6 人工挖孔灌注桩

人工挖孔灌注桩(pile with man-excavated shaft)也称**挖孔灌注桩**(excavated cast-in-situ pile),是指利用人工或机械挖掘成孔,逐段边开挖边支护,到达设计深度后再进行扩孔、放入钢筋笼及浇灌混凝土而成的桩。

人工挖孔桩一般被设计成端承桩，以中风化岩或微风化岩作持力层，也有以强风化岩作持力层者。挖孔桩的桩身长度宜限制在 40 m 内。

挖孔桩的优点是可直接观察地层情况，孔底易清除干净，设备简单，噪声小，场区各桩可同时施工，桩径大，适应性强，又较经济；缺点是桩孔内空间狭小、劳动条件差，可能遇到流砂、塌孔、有害气体、缺氧、触电和上面掉下重物等危险状况而造成伤亡事故，在松砂层(尤其是地下水位下的松砂层)、极软弱土层、地下水涌水量大且难以抽水的地层中难以施工或无法施工。

人工挖孔桩的桩身直径一般为 800～2000 mm，也有桩径达 3500 mm 以上的实例。当持力层承载力低于桩身混凝土受压承载力时，桩端可扩底，但扩底直径不宜大于 3 倍桩身直径，最大扩底直径可达 4500 mm 以上。当桩长小于 8 m 时，桩身直径(不含护壁)不应小于 0.8 m；当桩长为 8～15 m 时，桩身直径不宜小于 1.0 m；当桩长为 15～20 m 时，桩身直径不宜小于 1.2 m；当桩长大于 20 m 时，桩身直径应适当加大。

挖孔灌注桩适用于无水或少水的较密实的各类土层中，用于城市跨线桥、立交桥及高层建筑。挖孔桩在挖孔过深(超过 20 m)或孔壁土质易于坍塌，或渗水量较大的情况下，应慎重考虑。对可能发生流砂或含较厚的软黏土层，施工较困难时，需要加强孔壁支撑。

挖孔桩施工的主要工序如下。

1. 施工准备

施工前应平整场地，清除现场四周及坡地悬石、浮土等一切不安全的因素，孔口四周做好围护和排水设备，防止土、石、杂物流入孔内，安装提升设备，布置好出渣道路，必要时孔口应搭雨棚。

2. 挖掘桩孔

挖掘桩孔一般采用人工开挖，挖土应均匀、对称、同步进行。挖土过程中要随时检查桩孔尺寸和平面位置，防止误差。

人工挖孔，必须注意施工安全，下孔人员必须佩戴安全帽和安全绳，对孔壁的稳定及吊具设备等应经常检查。孔深超过 1 m 时，应经常检查孔内二氧化碳浓度，如果二氧化碳浓度超过 0.3%，应采取通风措施。经检查孔内无毒后施工人员才可以下孔。应根据孔内渗水情况，做好孔内排水工作。挖孔达到设计高程后，应进行孔底处理。

3. 护壁和支撑

挖孔桩挖掘过程中，开挖和护壁两个工序必须连续作业，以确保孔壁不塌。应根据地质、水文条件等情况因地制宜选择支撑和护壁方法。对透水土层，还可采用高压注浆的方式形成止水或弱透水层后再开挖。

人工挖孔桩施工应采取下列安全措施。

(1) 孔内必须设置应急软爬梯供人员上下；使用的电葫芦、吊笼等应安全可靠，并配备自动卡紧保险装置，不得使用麻绳和尼龙绳吊挂或脚踏井壁凸缘上下；电葫芦宜用按钮式开关，使用前必须检验其安全起吊能力。

(2) 每日开工前必须检测井下的有毒、有害气体，并应有相应的安全防范措施；当桩孔开挖深度超过 10 m 时，应配备专门向井下送风的设备，风量不宜少于 25 L/s；孔口四周必须设置护栏，护栏高度宜为 0.8 m。

(3) 当遇有局部或厚度不大于 1.5 m 的流动性淤泥和可能出现涌土涌砂时，护壁施工可按下列方法处理：①将每节护壁的高度减小到 300～500 mm，并随挖、随验、灌注混凝土；②采用钢护筒或有效的降水措施。

(4) 挖至设计标高后，应清除护壁上的泥土和孔底残渣、积水，并应进行隐蔽工程验收。验收合格后，应立即封底和灌注桩身混凝土。

(5) 浇筑桩身混凝土时，混凝土必须通过溜槽；当落距超过 3 m 时，应采用串筒，串筒末端距孔底高度不宜大于 2 m；也可用导管泵送；混凝土宜采用插入式振捣器振实。

3.7.3.7 灌注桩后注浆

灌注桩后注浆法(post grouting for cast-in-situ pile)是指在灌注桩成桩后一定时间，通过预设在桩身内的注浆导管及与之相连的桩端、桩侧处的注浆阀注入水泥浆，从而提高桩承载力的一种方法。

灌注桩后注浆工法可用于各类钻、挖、冲孔灌注桩及地下连续墙的沉渣(虚土)、泥皮和桩底、桩侧一定范围土体的加固。

该技术的基本原理是在钢筋笼底部和侧面预先埋设注浆装置，成桩后 2～30 天内实施后注浆，固化桩底沉渣和桩侧泥皮，并加固桩底和桩侧一定范围的土体，从而大幅提高桩的承载力，减小沉降。

灌注桩后注浆法的特点：①前置的压浆阀管构造简单，安装方便，成本低，可靠性高，适用于不同钻具成孔的锥形和平底形孔底；②压浆作业可在成桩后 30 d 内实施，不与成桩作业交叉，不破坏桩身混凝土；③压浆模式、压浆量可根据土层性质、承载力增幅的要求进行调整，桩基承载力可提高 60%～120%；④用于压浆的钢管可与桩身完整性超声波检测管结合使用，钢管注浆后可取代等截面的钢筋，降低后压浆的附加费用。

桩侧注浆时，钢筋笼上设置带单向阀的注浆管 1～2 根，如图 3-56 所示。在桩底注浆前数天，进行桩侧非破损注浆，额定压力≥6 MPa，流量为 50～150 L/min，水灰比为 0.5～0.55。

桩底注浆时，钢筋笼底部安置 1～2 根带单向阀的注浆钢管，如图 3-57 所示。注浆阀可插入沉渣及桩底土一定深度(如 50～200 mm)，注浆阀外部装有保护套，下入孔中时可防止阀膜被刺破，注浆时通过注浆压力顶破阀膜，使浆液顺利流出。

图 3-56 插接桩侧压浆阀

图 3-57 旋接桩端压浆阀

通过灌注桩后注浆法,可使桩数减少至44%～74%。将桩距调至最优((3.5～4.5)d)。

灌注桩后注浆法的施工工艺如图3-58所示。

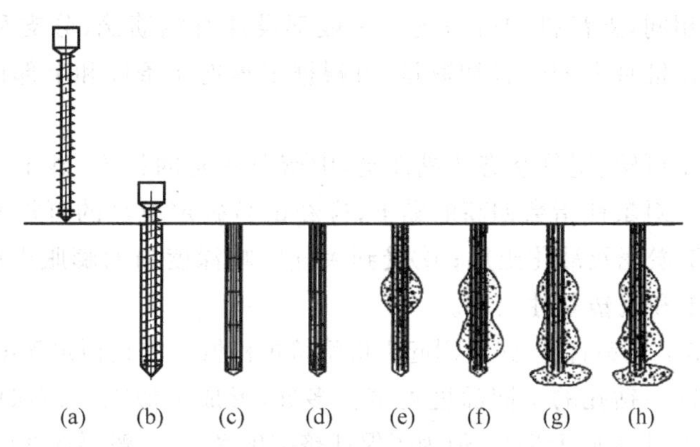

图3-58　螺旋成孔灌注桩后注浆法施工工艺流程

(a) 钻机就位;(b) 钻至孔深;(c) 吊放钢筋笼;(d) 灌注混凝土;
(e) 桩侧上部注浆;(f) 桩侧下部注浆;(g) 桩端注浆;(h) 养护及清理桩头

桩端注浆的注浆压力应根据土层性质及注浆点深度确定,对于风化岩、非饱和黏性土及粉土,注浆压力宜为3～10 MPa;对于饱和土层注浆压力宜为1.2～4.0 MPa,软土宜取低值,密实黏性土宜取高值。

后注浆作业开始前,宜进行注浆试验,优化并最终确定注浆参数。

注浆顺序:在饱和土中宜先桩侧后桩端;对于非饱和土宜先桩端后桩侧;多断面桩侧注浆应先上后下;桩侧桩端注浆间隔时间不宜少于2 h。

满足下列条件之一时可终止注浆:①注浆总量和注浆压力均达到设计要求;②注浆总量已达到设计值的75%,且注浆压力超过设计值。

当注浆压力长时间低于正常值或地面出现冒浆或周围桩孔串浆时,应改为间歇注浆,间歇时间宜为30～60 min,或调低浆液水灰比。

灌注桩后注浆桩的压浆质量通过钢筋笼中预先埋设的超声检测管检测,根据压灌前后桩身波速的变化进行判断。桩端和桩侧的完整性和承载力通过静荷载试验、预埋的桩身应力计或高应变动测法检验。

3.7.3.8　挤扩支盘桩

支盘桩(bored pile with expanded branches)是在普通钻孔灌注桩基础上改进的可多处改变桩身截面形状的桩型。支盘桩单桩由桩身、分支和承力盘三部分组成。桩身是用常规钻探方法形成的直孔部分;分支是用挤扩设备挤出的断面为一字形或十字形的部分;承力盘是通过旋转或反复挤扩形成的锥体部分。鉴于支盘桩多以挤扩方式施工而成,故也称为挤扩支盘桩。

支盘桩的特点:①单桩承载力高。支盘桩的单桩承载力是普通混凝土灌注桩的2～3倍,为预制桩的1.5～2倍。②沉降量小。桩的整体沉降量一般情况下可减小50%～90%不等。③节约原材料。可节约原材料40%～70%,节省工程造价20%～30%。④适应性强,施工周期短。⑤施工设备和工艺简单。支盘桩施工时,只需在常规钻孔工序中增加支、盘的挤扩工序，形成局部扩大断面的钻孔，随后的下钢筋笼和混凝土灌注工序和普通的钻孔灌注桩工序并无差异。

与普通直杆桩相同，支盘桩的桩身内部一般都设计有钢筋笼，分支和承力盘内没有钢筋；分支与承力盘在桩身上的位置和数量，可根据工程地质条件和上部荷载大小进行灵活设计。

支盘桩工法适于可塑、坚硬状态的黏性土，中密及密实的粉土、砂土、碎石土，全风化岩和强风化软质岩石。对塑性指数偏高的黏土，应经试验确定成盘的可靠性。支和盘的挤扩应避开下列土层：①淤泥及液化土层；②受到大气影响深度内的膨胀土层；③自重湿陷性黄土层；④坚硬岩土和流塑黏性土层。

支盘桩施工过程：先钻直孔，然后用起重机将挤扩机械下放到预定深度处挤扩，如图 3-59 所示。挤扩时可在同一钻孔的不同深度处挤扩多处，形成类似糖葫芦状的变截面桩。挤扩可由上向下进行，也可由下向上进行，但为了保证挤扩出底盘，一般要选择由下向上的顺序，在下一个位置挤扩完毕后，用起重设备将主机起吊到上一个支、盘位置，依次实现所有支、盘的挤扩施工。现在已有回转式挤扩机，可通过旋转形成圆锥形的截面，极大地提高了施工效率。

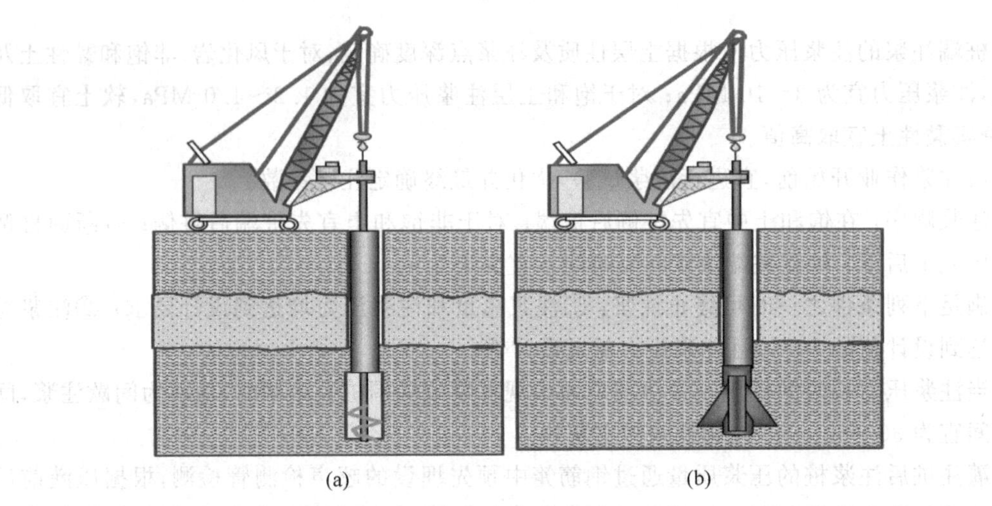

图 3-59 挤扩施工

(a) 钻直孔；(b) 挤扩

3.7.3.9 夯扩桩

夯扩桩也称复合载体夯扩桩，是指先用锤击沉管等方法施工出直孔，然后在桩端的套管保护下进行夯扩。夯扩时使用细长锤，细长锤的贯入量一般控制在 50～150 mm。终锤时要求细长锤的下端打出套管 30～50 mm，以保证护筒内填料全部击出护筒外，如图 3-60 所示。

复合载体夯扩桩的技术特点：①单桩竖向极限承载力高，可达 800～3200 kN，相当于普通灌注桩承载能力的 3.5 倍，并可通过调整施工控制参数，调节单桩的承载能力；②施工工艺简单，施工质量易于控制，施工中无须场地降水、基坑开挖等工序，减少了工程量，缩短了工期，施工速度快，处理一栋 5000 m^2 楼房的地基仅需要 10～15 d；③在施工过程中，具有无污染、低噪声等特点，并可消纳大量建筑碎砖、混凝土块等建筑垃圾，变废为宝，保护环境。

适用地层：不含大块孤石的填土、粉土、湿陷性黄土，一般黏性土等软弱地基。持力层厚度应大于 3 m。

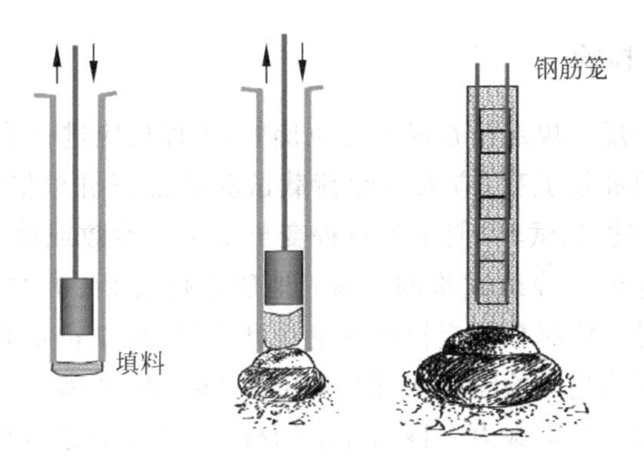

图 3-60 夯扩桩

3.7.4 承台施工

承台施工的主要工作是基坑开挖、与桩顶钢筋的连接、承台钢筋绑扎、支模板、浇筑混凝土。

绑扎钢筋前应将灌注桩桩头浮浆部分和预制桩桩顶锤击破碎部分去除，桩体及其主筋埋入承台。承台混凝土应一次浇筑完成，混凝土入槽宜采用平铺法。对大体积混凝土施工，应采取有效措施防止温度应力引起裂缝。

3.7.5 桩基检验

桩基工程的检验按时间顺序可分为三个阶段：施工前检验、施工中检验和施工后检验。

3.7.5.1 施工前检验

施工前应严格对桩位进行检验。

预制桩及钢桩施工前应进行下列检验：成品桩应按选定的标准图或设计图制作，现场应对其外观质量及桩身混凝土强度进行检验；应对接桩用焊条、压桩用压力表等材料和设备进行检验。

灌注桩施工前应进行下列检验：混凝土拌制前应对原材料质量、混凝土配合比、坍落度、混凝土强度等级等进行检查；钢筋笼制作时应对钢筋规格、焊条规格/品种、焊口规格、焊缝长度、焊缝外观和质量、主筋和箍筋的制作偏差等进行检查，钢筋笼制作允许偏差应符合规范的要求。

3.7.5.2 施工中检验

预制桩及钢桩施工过程中应进行下列检验：打入(静压)深度、停锤标准、静压终止压力值、桩身(架)垂直度；接桩质量、接桩间歇时间及桩顶完整状况；每米进尺锤击数、最后 1.0 m 进尺锤击数、总锤击数、最后三阵贯入度及桩尖标高等。

灌注桩施工过程中应进行下列检验：灌注混凝土前，应按照桩基规范施工质量要求，对已成孔的中心位置、孔深、孔径、垂直度、孔底沉渣厚度进行检验；应对钢筋笼安放的实际位置等进行检查，并填写相应质量检测、检查记录；干作业条件下成孔后应对大直径桩桩端持力层进行检验。

3.7.5.3 施工后检验

根据不同桩型应按规范规定检查成桩桩位偏差，工程桩应进行承载力和桩身质量检验。

有下列情况之一的桩基工程，应采用静荷载试验对工程桩单桩竖向承载力进行检测：工程施工前已进行单桩静载试验，但施工过程变更了工艺参数或施工质量出现异常时；施工前工程未按规定进行单桩静载试验的工程；地质条件复杂、桩的施工质量可靠性低时；采用新桩型或新工艺时。检测数量应根据桩基设计等级、施工前取得试验数据的可靠性因素，按现行行业标准《建筑基桩检测技术规范》(JGJ 106—2014)确定。

对专用抗拔桩和对水平承载力有特殊要求的桩基工程，应进行单桩抗拔静载试验和水平静载试验检测。

对于桩身质量，除对预留混凝土试件进行强度等级检验外，尚应进行现场检测。检测方法可采用可靠的动测法，对于大直径桩还可采取钻芯法、声波透射法；检测数量可根据现行行业标准《建筑基桩检测技术规范》(JGJ 106—2014)确定。

3.7.5.4 桩身质量检验方法

桩身质量的检验方法有：开挖检查法、钻芯法、声波透射法、动测法、静载试验法。

1. 开挖检查法

开挖检查法只限于对所暴露的桩身进行观察检查。

2. 钻芯法

钻芯法(core drilling method)是指通过对桩体上钻取的芯样进行室内试验，从而判别桩身质量和承载能力的方法。

对钻孔灌注桩按总桩数5%～10%的比例进行钻探取芯验桩。使用直径不小于76 mm的金刚石钻头进行钻进，钻取的混凝土芯样直径不小于59 mm，芯样采取率要求在98%以上，不得低于95%。

保存好混凝土芯样。对混凝土芯进行现场素描，作出质量评述。说明芯样的凝固情况、连续性、密实性，桩基有无沉渣，基岩持力层的岩性和标高，质量病害类型和所处位置等；绘制桩身实际剖面图，标明实际桩长、桩顶和桩底标高、钢筋笼位置、嵌岩深度、与基岩胶结情况等。不同位置取三个相同尺寸的混凝土芯作为一组试样。

3. 声波透射法

声波透射法(acoustic transmission method)是指在预埋声测管之间发射并接收声波，通过实测声波在混凝土介质中传播的时间、频率和波幅衰减等声学参数的相对变化，对桩身完整性进行检测的方法。

预先在桩中埋入3～4根金属空管，利用超声波在不同强度(或不同弹性模量)的混凝土中传播速度的变化来检测桩身质量。可检测桩身缺陷程度及位置，判定桩身完整性类别。试验时在其中一根管内放入发射器，而在其他管中放入接收器，通过测读并记录不同深度处声波的传递时间来分析判断桩身质量。

4. 动测法

动测法分为锤击激振、机械阻抗、水电效应、共振等小应变动测，PDA（打桩分析仪）等大应变动测，以及PIT（桩身结构完整性分析仪）综合测试法等。

低应变法（low strain integrity testing）是指采用低能量瞬态或稳态方式在桩顶激振，实测桩顶部的速度-时程曲线，或在实测桩顶部的速度-时程曲线的同时，还测量桩顶部的力-时程曲线，通过波动理论的时域分析或频域分析，对桩身完整性进行判定的检测方法。

高应变法（high strain dynamic testing）是指用重锤冲击桩顶，实测桩顶附近的速度和力-时程曲线，通过波动理论分析，对单桩竖向抗压承载力和桩身完整性进行判定的检测方法。

5. 静载试验法

静载试验法（static loading test）是指在桩顶部逐级施加竖向压力，或竖向上拔力，或水平推力，观测桩顶部随时间产生的沉降，或上拔位移，或水平位移，以确定相应的单桩竖向抗压承载力，或单桩竖向抗拔承载力，或单桩水平承载力的试验方法。

不同检测方法可以实现的检测目的如表3-21所示。

表3-21　不同检测方法可以实现的检测目的

检测方法	检测目的
单桩竖向抗压静载试验	确定单桩竖向抗压极限承载力 判定竖向抗压承载力是否满足设计要求 通过桩身应变、位移、桩侧、桩端阻力测试，验证高应变法的单桩竖向抗压承载力检测结果
单桩竖向抗拔静载试验	确定单桩竖向抗拔极限承载力 判定竖向抗拔承载力是否满足设计要求 通过桩身应变、位移测试，估算桩的抗拔侧阻力
单桩水平静载试验	确定单桩水平临界荷载和极限承载力，推定土抗力参数 判定水平承载力或水平位移是否满足设计要求 通过桩身应变、位移测试，估算桩身弯矩
钻芯法	检测灌注桩桩长、桩身混凝土强度、桩底沉渣厚度，判定或鉴别桩端持力层岩土性状，判定桩身完整性
低应变法	检测桩身缺陷及其位置，判定桩身完整性
高应变法	判定单桩竖向抗压承载力是否满足设计要求 检测桩身缺陷及其位置，判定桩身完整性 分析桩侧和桩端阻力 追踪打桩过程
声波透射法	检测灌注桩桩身缺陷及其位置，判定桩身完整性

在《建筑基桩检测技术规范》(JGJ 106—2014)第3.2.5条款中要求的基桩检测开始时间为：①当采用低应变法或声波透射法检测时，受检桩混凝土强度不应低于设计强度的70%，且不应低于15 MPa；②当采用钻芯法检测时，受检桩的混凝土龄期应达到28 d，或受检桩同条件养护试件强度应达到设计强度要求；③承载力检测前的休止时间，除应符合上述规定外，当无成熟的地区经验时，尚不应少于表3-22规定的时间。

表 3-22 休止时间

土的类别		休止时间/d
砂土		7
粉土		10
黏性土	非饱和	15
	饱和	25

注：对于泥浆护壁灌注桩，宜延长休止时间。

3.7.5.5 桩基质量验收

选择验收时的检测桩时，宜符合下列规定：①施工质量有疑问的桩；②局部地基条件出现异常的桩；③承载力验收时完整性检测中判定为Ⅲ类的桩；④设计方认为重要的桩；⑤施工工艺不同的桩。

成孔的控制深度应符合下列要求。

(1) 摩擦型桩。摩擦桩应以设计桩长控制成孔深度；端承摩擦桩必须保证设计桩长及桩端进入持力层的深度。当采用锤击沉管法成孔时，桩管入土深度控制应以标高为主，以贯入度控制为辅。

(2) 端承型桩。当采用钻(冲)、挖掘成孔时，必须保证桩端进入持力层的设计深度；当采用锤击沉管法成孔时，桩管入土深度控制以贯入度为主，以控制标高为辅。

基桩验收应包括下列资料：①岩土工程勘察报告、桩基施工图、图纸会审纪要、设计变更单及材料代用通知单等；②经审定的施工组织设计、施工方案及执行中的变更单；③桩位测量放线图，包括工程桩位线复核签证单；④原材料的质量鉴定证书；⑤半成品如预制桩、钢桩等产品的合格证；⑥施工记录及隐蔽工程验收文件；⑦成桩质量检查报告；⑧单桩承载力检测报告；⑨基坑挖至设计标高的基桩竣工平面图及桩顶标高图；⑩其他必须提供的文件和记录。

承台工程验收应包括下列资料：①承台钢筋、混凝土的施工与检查记录；②桩头与承台的锚筋、边桩离承台边缘距离、承台钢筋保护层记录；③桩头与承台防水构造及施工质量；④承台厚度、长度和宽度的量测记录及外观情况描述等。

3.8 沉井基础

沉井(open caisson)是一种在地面上制作的井筒状结构。

沉井基础(open caisson foundation)是指沉井下沉到设计深度后进行封底，用作建(构)筑物下部构造的一种深基础形式。

沉井施工时，利用人工或机械方法清除井内土石，并借助其自重或添加压重等措施克服井壁摩阻力，逐节下沉至设计标高，如图 3-61 所示。开挖期间，沉井作为地下围护结构，最后经过混凝土封底并填塞井孔后，作为结构物的基础。

目前主要有两个沉井相关的规范：中国工程建设标准化协会发布的《给水排水工程钢筋混凝土沉井结构设计规程》(CECS 137—2015)，以及上海市城乡建设和交通委员会发布

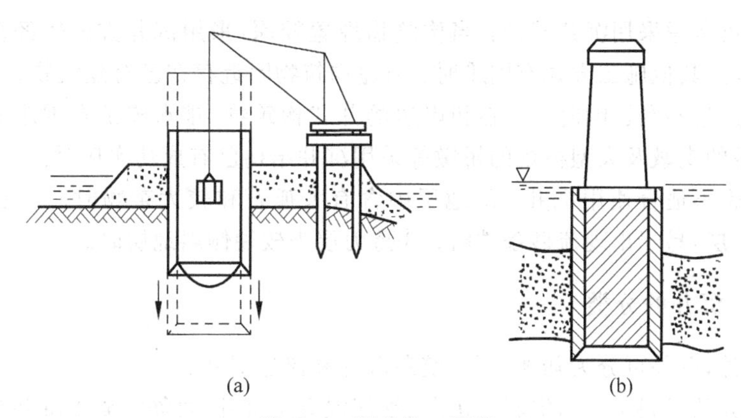

图 3-61 沉井施工示意

(a) 沉井下沉；(b) 沉井基础

的《沉井与气压沉箱施工技术规程》(DG/TJ 08—2084—2011)。

3.8.1 概述

3.8.1.1 沉井的特点

沉井的主要特点如下。

(1) 工法特殊。沉井结构作为施工时的挡土和挡水围护结构物，施工工艺简便，技术稳妥可靠，无须特殊专业设备；开挖限制在沉井范围内，土方量和占地面积不大；省去了开挖支护的费用。沉井不但可以作为地下结构的永久基础部分，而且在挖土下沉的过程中可作为临时性的支护结构，节省了降水、排水、支护的费用。

(2) 沉井基础断面尺寸大，埋深大，承载力和刚度高，整体性强，稳定性好，不同于一般的桩、墩、墙基础，能承受较大的垂直和水平荷载，可做成补偿性基础，避免过大沉降，保证基础稳定性。

(3) 沉井内部空间可被用作地下建筑物的一部分。

3.8.1.2 应用领域

从用途上讲，沉井主要用于以下场合。

(1) 构筑物类。在工业建筑中构筑物若埋置较深，可做成沉井，沉井下沉就位封底后即成为构筑物的一部分，如水泵房、污水池、集水井、油库等。

(2) 基础类。桥梁工程中的墩台基础可以做成各种形状的沉井，在沉井下沉就位后封底，在井筒内部填筑钢筋混凝土材料构成基础。如桥梁墩台基础、高层建筑物基础。如江阴大桥北锚墩沉井，总下沉深度 58 m，承受悬索桥主缆 6.4×10^5 kN 的拉力，上部 30 m 采用排水下沉，下部 28 m 采用不排水下沉，总排土量 20.41 万 m^3，采用空气幕助沉技术，堪称当时世界最大沉井。

(3) 基坑支护类。软弱基础上的深基础施工、顶管工程中的临时工作井、接收井等，施工过程中可使用沉井技术挡土。这类沉井作为临时性施工设施，在施工结束后失去其使用价值。

下列情况可考虑采用沉井基础：当构筑物埋置较深，采用沉井方式较经济时；当构筑物埋置很深，采用其他施工方式有困难时；新建构筑物附近存在已有建筑物，开挖施工可能对已有建筑物产生不利影响时；江心和岸边的井式构筑物，排水施工有困难时；建筑物的地下室、拱管桥的支墩及大型桥梁的桥墩等采用沉井结构已有成功实例时。

但以下地带不适合使用沉井：①地层中含有大孤石和较大杂物时；②地下水下的细砂、粉砂和粉土层，易于出现流砂条件时；③持力层为较硬倾斜地层时。

3.8.1.3 沉井的分类

按场地条件，沉井可分为陆地沉井、筑岛沉井和浮运沉井。

按制造沉井的材料可分为混凝土沉井、钢筋混凝土沉井、竹筋混凝土沉井和钢沉井。

按沉井的平面形状可分为圆形、矩形和圆拱形三种基本类型，根据井孔的布置方式，又可分为单孔、双孔及多孔沉井。

对平面尺寸较大的沉井，可在沉井中设隔墙，构成双孔或多孔沉井，以改善井壁受力条件及均匀取土下沉。

按沉井的立面形状可分为柱形、阶梯形和锥形沉井(图 3-62)。柱形沉井受周围土体约束较均衡，下沉过程中不易发生倾斜，井壁接长较简单，模板可重复利用，但井壁侧阻力较大，当土体密实、下沉深度较大时，易出现下部悬空，造成井壁拉裂，故一般用于入土不深或土质较松软的情况。阶梯形沉井和锥形沉井可以减小土与井壁的摩阻力，但施工较复杂，消耗模板多，沉井下沉过程中易发生倾斜，多用于土质较密实、沉井下沉深度大，且要求沉井自重不太大的情况。通常锥形沉井井壁坡度为 1/20～1/40，阶梯形井壁的台阶宽为 100～200 mm。

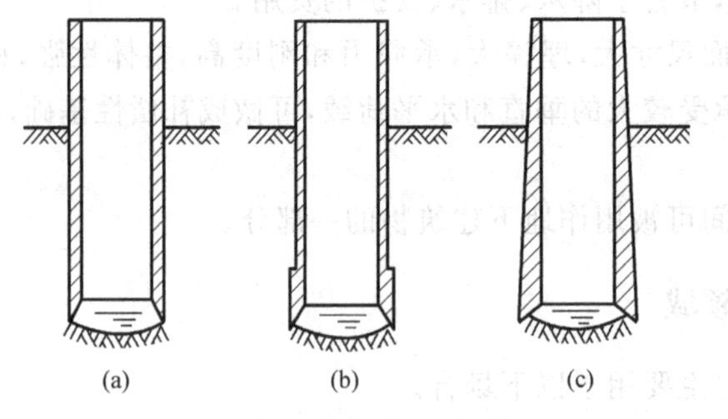

图 3-62 沉井的立面形状

(a) 柱形；(b) 阶梯形；(c) 锥形

3.8.2 沉井构造

3.8.2.1 陆地沉井的构造

沉井一般由井壁、刃脚、隔墙、井孔、凹槽、封底和顶板等组成(图 3-63)。钢筋混凝土的配筋率一般大于 1%。有时井壁中还预埋射水管等其他部分。

沉井结构各组成部分的作用如下。

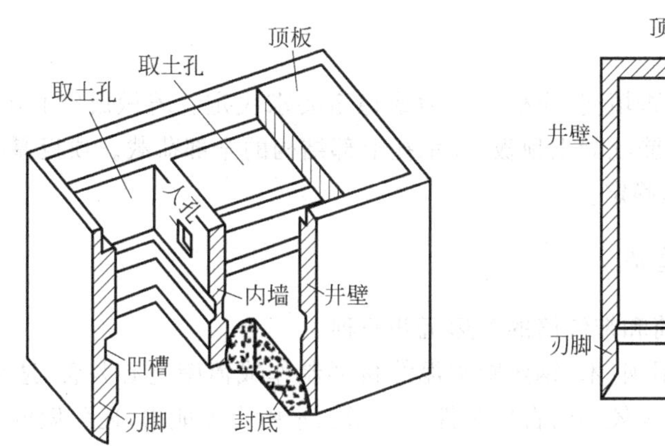

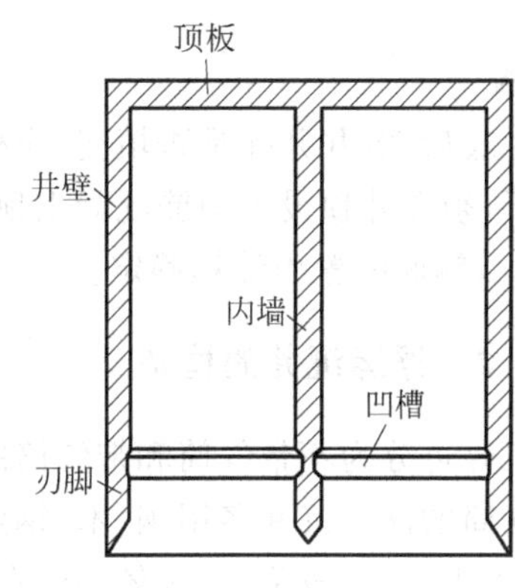

图 3-63　沉井基础的基本构造

1. 井壁

井壁(wall)是指沉井或沉箱与土体接触的结构外壁。

沉井的外壁是沉井的主体部分,在沉井下沉过程中起挡土、挡水及利用本身自重克服土与井壁间摩阻力下沉的作用。当沉井施工完毕后,就成为传递上部荷载的基础或基础的一部分。因此,井壁必须具有足够的强度和一定的厚度,并根据施工过程中的受力情况配置竖向及水平向钢筋。一般壁厚为 0.80～1.50 m,最薄不宜小于 0.4 m。

2. 刃脚

刃脚(caisson curb)是沉井井壁下端的尖角部分,其主要功能是减小下沉阻力。它应具有一定强度,以免在下沉过程中损坏。刃脚底平面称为踏面,踏面宽度一般为 10～20 cm。可使用角钢加固的钢刃脚。刃脚的高度一般为 0.6～1.5 m。

3. 内墙

内墙是沉井结构内部的墙体,其作用是将沉井空腔分隔成多个井孔,便于控制挖土下沉,防止或纠正倾斜和偏移,并加强沉井刚度,减小井壁挠曲应力。内墙厚度一般小于井壁,为 0.5～1.0 m。内墙底面应高出刃脚底面 0.5 m 以上。如为人工挖土,还应在内墙下端设置过人孔,以便工作人员在井孔间往来。

4. 井孔(取土孔)

井孔为挖土排土的工作场所和通道。其尺寸应满足施工要求,最小边长不宜小于 3 m。井孔应对称布置,以便对称挖土,保证沉井均匀下沉。

5. 凹槽

凹槽位于刃脚内侧上方,高约 1.0 m,深度一般为 150～300 mm。它用于沉井封底时使井壁与封底混凝土较好地结合,使封底混凝土底面反力更好地传给井壁。

6. 射水管

当沉井下沉较深,土阻力较大,估计下沉困难时,可在井壁中预埋射水管组。射水管应均匀布置,以利于通过控制水压和水量来调整下沉方向。一般水压不小于 600 kPa。如使用泥浆润滑套施工方法,应有预埋的压浆管路。

7. 封底

沉井沉至设计标高,经井底清理整平后,在刃脚踏面以上至凹槽处浇筑混凝土形成封底。

8. **顶板**

沉井封底后，沉井井孔是否填充，应根据受力或稳定要求决定。若做成空心沉井基础，或仅填砂石，须在井顶设置钢筋混凝土顶板，以承托上部结构的全部荷载。顶板厚度一般为1.5～2.0 m，钢筋配置由计算确定。

3.8.2.2 浮运沉井的构造

浮运沉井可分为不带气筒和带气筒的浮运沉井两种。

不带气筒的浮运沉井多用钢、木、钢丝网水泥等材料制作成薄壁空心井管，适用于水不太深、流速不大、河床较平、冲刷较小的自然条件。为增加水中自浮能力，还可做成带临时性底板的浮运沉井，浮运就位后，灌水下沉，到达河床后，打开临时性底板，再按一般沉井施工。

当水深流急、沉井较大时，可采用带气筒的浮运沉井。此类沉井由双壁钢沉井底节、单壁钢壳、钢气筒等组成。双壁钢沉井底节是一个可自浮于水中的壳体结构，底节以上的井壁采用单壁钢壳，既可防水，又可作为接高时灌注沉井外圈混凝土的模板的一部分。钢气筒为沉井提供所需浮力，下沉时通过充放气可调节沉井的上浮、下沉或偏斜校正，当沉井落至河床后，除去气筒即成为取土井孔。

3.8.3 沉井施工

沉井基础施工分为陆地施工和水域施工。陆地施工前应详细了解场地的地质和水文条件。水中施工应做好河流汛期、河床冲刷、通航及漂流物等的调查研究，充分利用枯水季节，制订详细的施工计划及必要的措施，确保施工安全。

3.8.3.1 陆地沉井施工

陆地沉井施工的一般工序如下。

1. **清整场地**

要求施工场地平整干净。若天然地面土质较硬，可在其上直接制造沉井。否则应换土或在基坑处铺填不小于0.5 m厚夯实的砂或砂砾垫层，防止沉井在混凝土浇筑之初因地面沉降不均产生裂缝。为减小下沉深度，也可挖一浅坑，在坑底制作沉井，但坑底应高出地下水位0.5～1.0 m。

2. **制作第一节沉井**

制造沉井前，应先在刃脚处对称铺满垫木，以支承第一节沉井的重量。垫木数量可按垫木底面压力不大于100 kPa计算，其布置应方便抽出垫木。垫木一般为枕木或方木，其下铺一层厚约0.3 m的砂，垫木间的间隙用砂填实。然后在刃脚位置处放上刃脚角钢，竖立内模，绑扎钢筋，再立外模浇筑第一节沉井。模板应有较大刚度，以免挠曲变形。

3. **拆模及垫木抽除**

当沉井混凝土强度达设计强度70%时可拆除模板，达设计强度后方可抽除垫木。撤除时应分区、依次、对称、同步地向沉井外抽出。

4. **除土下沉**

沉井宜采用不排水除土下沉，在稳定的土层中，也可采用排水除土下沉。可采用人工或机械除土。人工除土视野清晰,便于清除井内障碍物,应用较广,但应有安全措施。不排水下沉时,可使用空气吸泥机、抓斗、水力吸泥机等除土。通过黏土、胶结层除土困难时,可采用高压射水破坏土层。

5. 接高沉井

当第一节沉井下沉至一定深度(井顶露出地面不小于0.5 m,或露出水面不小于1.5 m)时,停止除土,连接下节沉井。连接前刃脚不得掏空,并应尽量纠正上节沉井的倾斜,凿毛顶面,立模,然后对称均匀浇筑混凝土,待强度达到设计要求后再拆模继续下沉。

6. 设置井顶防水围堰

若沉井顶面低于地面或水面,应在沉井顶部施作临时性防水围堰。常见的有土围堰、砖围堰和钢板桩围堰。若水深流急,围堰高度大于5.0 m时,宜采用钢板桩围堰。

7. 基底检验和处理

沉井沉至设计标高后,应检验基底地质情况是否与设计相符。排水下沉时可直接检验;不排水下沉时进行水下检验,必要时可用钻机取样进行检验。

当基底达到设计要求后,应对地基进行必要的处理。砂性土或黏性土地基,一般可在井底铺一层砾石或碎石至刃脚底面以上200 mm。岩石地基,应凿除风化岩层,若岩层倾斜,还应凿成阶梯形。要确保井底浮土、软土清除干净,使封底混凝土与地基结合紧密。

8. 沉井封底

基底检验合格后应及时封底。排水下沉时,如渗水量上升速度≤6 mm/min,可采用普通混凝土封底;否则宜用水下混凝土封底。若沉井面积大,可采用多导管先外后内、先低后高依次浇筑。封底一般为素混凝土,但必须与地基紧密结合,不得存在夹层、夹缝。

9. 井孔填充和顶板浇筑

封底混凝土达到设计强度后,再排干井孔中的水。如井孔中不填料或仅填砾石,则井顶应浇筑钢筋混凝土顶板,以支承上部结构,且应保持无水施工。然后砌筑井上构筑物。并随后拆除临时性的井顶围堰。

3.8.3.2 水域沉井施工

在水域中进行沉井施工时,若水较浅,可先筑岛,然后按照陆地沉井法施工;若水较深,可先预制沉井管节,然后浮运到位后将沉井下放并固定。

1. 水中筑岛

当水深小于3 m,流速≤1.5 m/s时,可采用砂或砾石在水中筑岛,周围用草袋围护(图3-64(a));若水深或流速大时,可采用围堰防护筑岛(图3-64(b));当水深较大(通常<15 m)或流速较大时,宜采用钢板桩围堰筑岛(图3-64(c))。岛面应高出最高施工水位0.5 m以上,砂岛地基强度应符合要求。后续施工与陆地沉井施工相同。

2. 浮运沉井

若水深较大(如大于10 m),人工筑岛困难或不经济时,可采用浮运法施工。即将沉井在岸边做成空体结构,或采用其他措施(如带钢气筒等)使沉井浮于水上,利用在岸边铺成的滑道滑入水中,然后用绳索牵引至设计位置。在悬浮状态下,逐步将水或混凝土注入空体中,使沉井徐徐下沉至河底。若沉井较高,可分段制造,在悬浮状态下逐节接长下沉至河底,但整个过程应保证沉井本身稳定。当刃脚切入河床一定深度后,即可按一般沉井下沉方法

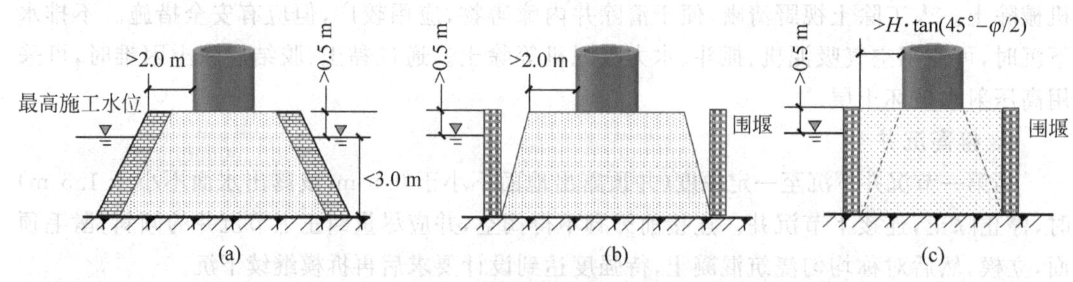

图 3-64　水中筑岛下沉沉井

(a) 草袋围护；(b) 围堰筑岛；(c) 钢板桩围堰

施工。

3.8.3.3　减阻措施

当沉井深度很大，井侧土质较好时，井壁与土层间的摩阻力很大，若采用增加井壁厚度或压重等办法受限时，通常可设置空气幕或泥浆润滑套来减小井壁摩阻力。

空气幕减阻(friction reducing by air curtain)法又称壁后压气法、空气喷射法、空气膜法等，是指通过沉井井壁上的管路，在井壁外侧与地层的空隙中注入空气，利用空气帷幕来降低井壁摩阻力的方法。

泥浆套法(mud curtain method)是指用泥浆浸润并包裹沉井外壁以减小沉井下沉中侧摩阻力的方法，如图 3-65 所示。泥浆润滑套使井壁与土体间的干摩擦变为充满泥浆的润滑接触，极大地降低了井壁摩阻力。

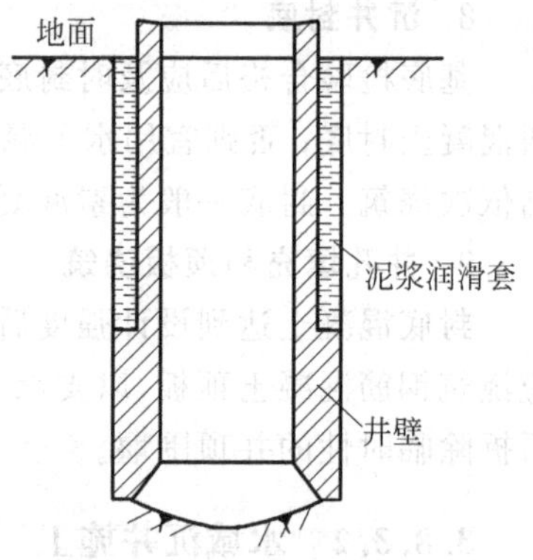

图 3-65　泥浆套剖面图

不采用润滑措施时，黏性土与井壁间的摩阻力为 10～50 kPa，砂性土与井壁间的摩阻力为 12～25 kPa，使用泥浆润滑后，黏性土或砂土与井壁间的摩阻力可降到仅有 3～5 kPa。采用的泥浆配合比(质量比)一般为：黏土 35%～45%，水 55%～65%，分散剂碳酸钠 0.4%～0.6%。

3.8.3.4　沉井事故

沉井下沉中易发生倾斜、不下沉、突沉、流砂等事故。

(1) 沉井倾斜。由于挖土不对称或土性不均匀，下沉中的沉井常常发生倾斜。防止倾斜的办法是施工中加紧跟踪监测，发现倾斜时立即在相反一侧加紧挖土、压重或射水。

(2) 不下沉或下沉太慢。原因主要是沉井自身重力克服不了井壁摩阻力，或刃脚下遇到大的障碍物所致。解决方法是从增加沉井自重和减小沉井外壁摩阻力两个方面来考虑。增加沉井自重的方法有在沉井顶上堆加重物(如钢轨、铁块或砂袋等)，迫使沉井下沉。减小沉井外壁摩阻力的方法除空气幕法和泥浆套法外，还可将沉井设计成阶梯形、钟形，以减小沉井外壁与土体间的接触面积，增大其间隙。

(3) 突沉。在软土地区，井壁摩阻力较小，当刃脚下的土被挖除时，沉井支承削弱，或排水过多、挖土太深、出现流砂时，容易使沉井产生较大的倾斜或超沉。防止突沉的措施一般是控制均匀挖土，减小刃脚处的挖土深度等方法。在设计时可采用增大刃脚踏面宽度或增设底梁的措施提高刃脚阻力。

(4) 流砂。在饱和粉、细砂层中排水下沉时，若土中动水压力的水力梯度大于某一临界值，就会出现流砂现象，若不采取适当措施将造成沉井严重倾斜。防止流砂的措施主要有向井内灌水、采用井点或深井泵降水等。

3.8.4 结构计算

沉井施工完毕后，由于其本身就是结构物的基础，所以应按基础的要求进行各项验算，但在施工过程中，沉井是挡土、挡水的结构物，因而还要对沉井本身进行结构设计和计算。故沉井的设计计算包括沉井作为整体深基础的计算和施工过程中的结构计算两大部分。

1. 沉井作为整体深基础的设计与计算

沉井作为整体深基础的设计主要是根据上部结构特点、荷载大小以及水文地质情况，结合沉井的构造要求及施工方法，首先拟定出沉井埋深、高度和分节及平面形状和尺寸，井孔大小及布置，井壁厚度和尺寸，封底混凝土和顶板厚度等，然后再进行沉井基础的计算。

当沉井埋深较浅时可不考虑井侧土体横向抗力的影响，按浅基础计算；当埋深较大时，井侧土体的约束作用不可忽视，此时在验算地基应力、变形及沉井的稳定性时，应考虑井侧土体弹性抗力的影响，按刚性桩计算内力和土体抗力。但对泥浆套施工的沉井，只有采取了恢复侧面土体约束能力措施后方可考虑。

沉井作为整体深基础的主要验算有基底压力验算、横向抗力验算、墩台顶面水平位移验算。

2. 沉井施工过程中的结构强度计算

在沉井施工及使用过程的不同阶段，作用在沉井上的荷载也不尽相同。沉井结构强度必须满足各阶段最不利荷载作用的要求。沉井各部分设计时，必须了解和确定不同阶段最不利荷载作用状态，拟定出相应的计算图式，然后计算截面应力，进行配筋设计以及结构抗力分析与验算，以保证沉井结构在施工各阶段中的强度和稳定。

沉井结构在施工过程中主要进行下列验算：沉井自重下沉验算、底节沉井的竖向挠曲验算、沉井刃脚受力计算、井壁受力计算、混凝土封底及顶盖计算。

沉井结构的详细设计可参照《给水排水工程钢筋混凝土沉井结构设计规程》(CECS 137—2015)进行。

3.9 地下连续墙

地下连续墙(underground diaphragm wall)简称地连墙。

3.9.1 概述

地下连续墙是在地面利用专业设备，在泥浆护壁的情况下，沿已构筑好的导墙钻挖一段深槽，在槽内放置钢筋笼并浇筑混凝土，筑成一段钢筋混凝土墙，再将每个墙段顺次施工并连接成整体，形成的一条连续地下墙体。

地下连续墙可起到围护、防渗、承重作用，广泛用于构(建)筑物的基础和深基坑支护结构，如建筑物、地铁车站、桥梁、码头、泵房、水处理设施，甚至深埋的下水道等的基础或用作施工时的围护结构。

地下连续墙工法具有以下优点。

(1) 地下连续墙墙体刚度大、整体性好、强度高，基坑周围地面沉降小，能保证施工期间深基坑的安全和基坑外围建筑物和地下设施的安全。

(2) 施工过程机械化程度高，精度高，速度快，适用于各种土质条件，能可靠保证工程质量和工期要求。

(3) 基础外墙常用于基坑开挖时的临时围护结构，节约了基坑支护费用。且地下连续墙支护的工程具备实施逆作法的条件，可进一步加快施工进度，降低工程造价。

地下连续墙按墙体材料可分为钢筋混凝土墙(现浇和预制)、塑性混凝土墙、固化灰浆墙等形式；按墙的用途可分为防渗墙、临时挡土墙、永久挡土(承重)墙、基础用地下连续墙；按成墙方式可分为排桩式、槽板式、组合式地下连续墙。

1. 排桩式地连墙

利用回转钻具成孔，放入钢筋笼，浇筑混凝土成单桩，再将相邻单桩依次连接，形成一道连续墙体。其设计和施工可归类于钻孔灌注桩。排桩式地连墙是最早出现的地连墙形式之一，但由于这种墙体的整体性和防渗性不好，垂直精度不高，后来逐渐被槽板式地连墙所取代。目前排桩式地连墙主要用于临时挡土墙或防渗墙，施工深度一般为10～25 m。

2. 槽板式地连墙

通过抓斗(图3-66)、多头钻等方式在地下钻掘出深槽，吊放钢筋笼入槽，在泥浆护壁的条件下进行水下混凝土浇筑，形成一段墙体，再将每段墙体连接起来，形成一道完整的地连墙。这是最典型且常用的施工地下连续墙的方法。

3. 组合式地连墙

它是将排桩式和槽板式组合，或由预制拼装芯板和胶凝泥浆固结而成的组合墙。

图3-66 抓斗式挖槽机

3.9.2 设计

地下连续墙既是地下工程施工时的围护结构，又是永久建筑的地下部分，其设计首先应考虑地下连续墙的应用目的和施工方法，然后决定结构的类型和构造，并进行验算，使它具有足够的强度、刚度和稳定性。

地下连续墙基础的设计计算一般包括：入土深度与墙体厚度确定、槽幅设计及槽段划分、导墙设计、槽壁稳定验算、连续墙承载力计算、内力计算及配筋设计、连续墙接头设计等内容。

地下连续墙的构造要求主要有以下方面。

分段长度：单元墙段长度应根据整体平面布置、受力情况、槽壁稳定性、环境条件和施工条件等确定，可取 4～8 m。

墙体厚度：由计算确定，不宜小于 600 mm。同时，也应考虑成槽机械能力。

混凝土：墙体、支撑、环梁(含竖肋)及内衬的混凝土强度等级均不应低于 C25，应能满足地下连续墙防渗要求，当地下水具有侵蚀性时，应选择适用的抗侵蚀混凝土。

钢筋：地下连续墙钢筋笼的钢筋配置应满足结构受力和吊装要求。

接头形式：墙体单元槽段间可采用接头管接头、钢隔板或接头箱等接头形式。

地下连续墙设计的详细内容可参见：上海市工程建设规范《地下连续墙施工规程》(DG/TJ 08—2073—2010)、天津市工程建设标准《钢筋混凝土地下连续墙施工技术规程》(DB29—103—2010)、交通运输部《公路桥涵地基与基础设计规范》(JTG 3363—2019)等。

3.9.3 施工

3.9.3.1 施工流程

地下连续墙施工时逐段进行，每段施工过程如图 3-67 所示。

(1) 开挖导槽，修筑导墙，在始终充满泥浆的沟槽中利用专用挖槽机挖槽(图 3-67(a))。

(2) 在槽段两端放入接头管(也称锁口管)或接头箱(图 3-67(b))。

(3) 将已制备的钢筋笼下沉到槽段内的设计高度，当钢筋笼太长，一次吊放有困难时，也可在导墙上进行分段连接，逐步下沉(图 3-67(c))。

(4) 在钢筋笼中插入混凝土灌注导管，浇筑混凝土(图 3-67(d))。

(5) 待混凝土初凝后，拔去接头管，槽段成墙(图 3-67(e))。

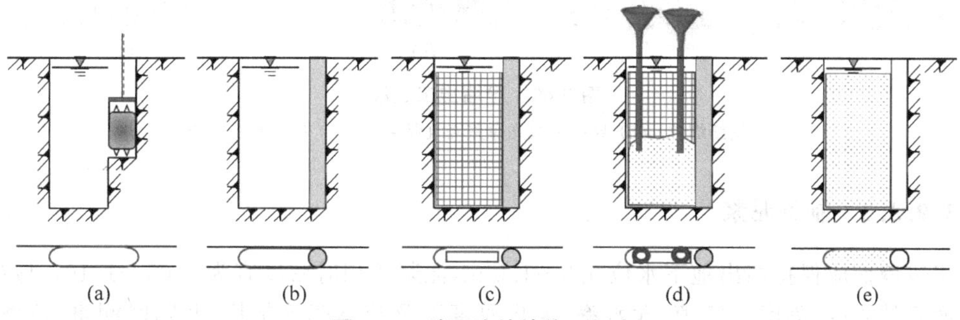

图 3-67 地下连续墙施工顺序

(a) 成槽；(b) 放入接头管；(c) 放入钢筋笼；(d) 浇筑混凝土；(e) 拔管成墙

3.9.3.2　修筑导墙

1. 导墙的作用

地下连续墙成槽前应构筑导墙，其作用主要有以下几种。

(1) 控制地下连续墙的施工精度。导墙位于地下连续墙的墙面线两侧，其中心与地下连续墙相一致，规定了沟槽的位置和走向，可作为量测挖槽标高与垂直度的标准。导墙顶部比场地地面更坚硬、更平整，有利于导向钢轨的架设和定位。

(2) 保持地面土体稳定。由于地基表层比深层土质差，且经常受到邻近荷载影响或受地面超载影响，容易坍塌，而导墙则可以起到挡土作用。

(3) 重物支撑台。施工期间，导墙可承受钢筋笼、灌注混凝土用的导管、接头管，以及其他施工机械的动、静荷载。

(4) 维持泥浆液面。导墙内存蓄的泥浆，可平衡槽壁侧向的水、土压力，有利于保持槽壁稳定。

2. 导墙的断面形式

导墙一般采用强度等级不低于 C20 的钢筋混凝土现场浇筑，也可采用预制钢筋混凝土装配式结构。导墙的断面形式如图 3-68 所示。

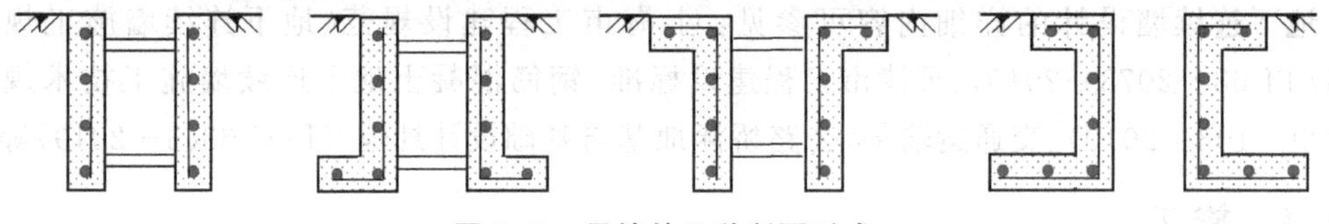

图 3-68　导墙的几种断面形式

3. 导墙的施工流程

导墙的施工流程为：平整场地→测量定位→挖槽→绑扎钢筋→支模板→浇筑混凝土→拆模并设置横撑→导墙外侧回填黏土压实，部分过程如图 3-69 所示。

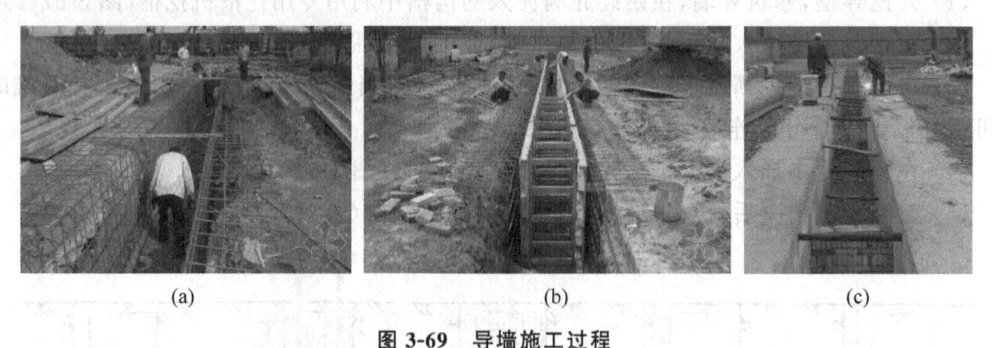

(a)　(b)　(c)

图 3-69　导墙施工过程

(a) 钢筋绑扎；(b) 导墙模板支撑并浇筑混凝土；(c) 导墙施工完毕

3.9.3.3　制备泥浆

泥浆液面应保持高出地下水位 0.5～1.0 m，泥浆的相对密度宜为 1.05～1.10。应严格控制泥浆的浓度、黏度、pH 值、含水率、泥皮厚度以及胶体率等指标，并随时测量、调整，以满足设计要求，保证导墙的稳定性。

3.9.3.4 成槽施工

开挖槽段是地下连续墙施工中的重要环节，而挖槽的精度又决定了墙体制作精度，所以它是决定施工进程和质量的关键工序。地下连续墙通常是分段施工的，每一段称为一个槽段，一个槽段是一次混凝土浇筑单位。单元槽段应综合考虑地质条件、结构要求、周围环境、机械设备、施工条件等因素进行划分。单元槽段长度宜为4～8 m。

一般土质较软、深度在15 m左右时，可选普通抓斗；密实的砂层或含砾石的土层可选用多头钻或加重型液压抓斗；含有大颗粒砾石或基岩中成槽时以冲击钻为宜。

在浇筑地下连续墙之前，必须清除以沉渣为主的槽底沉淀物，目前清底的基本方法有置换法和沉淀法。

置换法是在挖槽结束后就对槽底进行清扫，在土渣还没沉淀之前就用新泥浆把槽内泥浆置换出槽外，槽底沉渣厚度控制在200 mm以内，且槽底以上200 mm处泥浆的相对密度不大于1.20。

沉淀法是在土渣沉淀到槽底之后进行清底，一般在插入钢筋笼之前或之后清底，但后者受钢筋笼妨碍，不可能完全清理干净。常用的清底方式有三种：导管吸泥泵方式、气举反循环方式和泥浆泵方式。

3.9.3.5 吊入钢筋笼

1. 钢筋笼的制作

钢筋笼加工场地和制作平台应平整，在制作平台上，应按设计图纸的钢筋品种、长度和排列间距，从上到下，按横筋→纵筋→桁架→纵筋→横筋顺序铺设并绑扎钢筋，钢筋交叉处采用焊接连接，如图3-70所示。分节制作的钢筋笼在制作时应试拼装，采用焊接或机械连接，主筋接头搭接长度应满足设计要求。

2. 钢筋笼的吊装

如图3-71所示，钢筋笼起吊是将钢筋笼由水平状态转成垂直状态的过程。

图3-70 绑扎钢筋笼

图3-71 钢筋笼吊装

应在清槽合格后立即吊入钢筋笼，用起重机整段吊起。钢筋笼吊起时，顶部要用一根横梁(常用工字钢)，其长度要和钢筋笼尺寸相适应。起吊过程中不能使钢筋笼产生弯曲变形。为了不使钢筋笼在空中晃动，钢筋笼下端可系绳索，用人力控制。插入钢筋笼时，使其稳妥且缓慢、垂直而准确地插入到槽内。不得使钢筋笼摆动，以免造成槽壁坍塌。

3.9.3.6 浇筑混凝土

1. 插入灌注导管

在地下连续墙槽段的泥浆中灌注混凝土，灌注之前，需向钢筋笼中插入灌注导管。导管的数量与槽段长度有关，槽段长度小于 4 m 时，可用一根导管；槽段长度大于 4 m 时，应使用两根或两根以上导管。导管宜采用直径为 200～300 mm 的多节钢管，管节连接应密封、牢固，施工前应试拼并进行水密性试验。导管水平布置距离不应大于 3 m，距槽段两侧端部不应大于 1.5 m。导管下端距离槽底宜为 300～500 mm。导管内应放置隔水栓。

2. 混凝土配制

水下混凝土应具备良好的和易性，初凝时间应满足浇筑要求，现场混凝土坍落度宜为(200±20) mm，水灰比不宜大于 0.6，水泥用量不少于 370 kg/m^3，混凝土的骨料宜选用中砂、粗砂及粒径不大于 40 mm 的卵石或碎石。

3. 水下浇筑混凝土

钢筋笼吊放就位后应及时灌注混凝土，间隔不宜超过 4 h，导管下口插入混凝土深度宜为 2～4 m，相邻两导管间混凝土高差应小于 0.5 m，不宜过浅或过深。过浅则混凝土呈覆盖式流动，容易把混凝土表面的浮浆卷入混凝土内，影响混凝土强度；过深则导管内外压差小，混凝土流动不畅，当内外压力差平衡时，混凝土无法进入槽内。因此，导管底端埋入混凝土深度不得小于 1.5 m，也不宜大于 6 m。

在施工过程中，混凝土浇筑应均匀连续，间隔时间不宜超过 30 min。混凝土搅拌好之后，一般应在 1.5 h 内浇入槽，在高温天气时，由于混凝土凝固较快，必须在搅拌好后 1 h 内浇完，否则应掺入适当的缓凝剂。

混凝土浇筑面宜高出设计标高 300～500 mm，凿去浮浆后的墙顶标高和墙体混凝土强度应满足设计要求。

3.9.3.7 槽段连接

地下连续墙槽段之间的连接是地下连续墙设计和施工中一个需着重考虑的问题，划分单元槽段时必须考虑槽段之间的接头位置，以保证地下连续墙的整体性。一般接头应避免设在转角处以及墙内部结构的连接处。地下连续墙的接头可分为两大类：施工接头和结构接头。

1. 施工接头

施工接头是指地下连续墙槽段和槽段之间的接头，也称为墙段接头。地下连续墙施工接头连接方式有圆形接头管(锁口管)接头(图 3-72)、接头箱接头(图 3-73)，接头箱中可采用穿孔钢板接头和钢筋搭接接头等，可弥补接头管式接头连接处无钢筋的缺点，使地下连续墙形成连续的刚性墙体。

2. 结构接头

结构接头是指地下连续墙与主体结构构件(底板、楼板、墙、梁、柱等)相连的接头，也称为墙面接头。设计结构接头时，既要考虑其承受剪力与弯矩的能力，又要考虑施工要求，目前常用的结构接头连接方法有：预埋钢筋接驳器连接(锥螺纹接头、直螺纹接头)、预埋连接钢筋、预埋连接钢板、预埋连接构件等方法，可以根据受力情况选用。

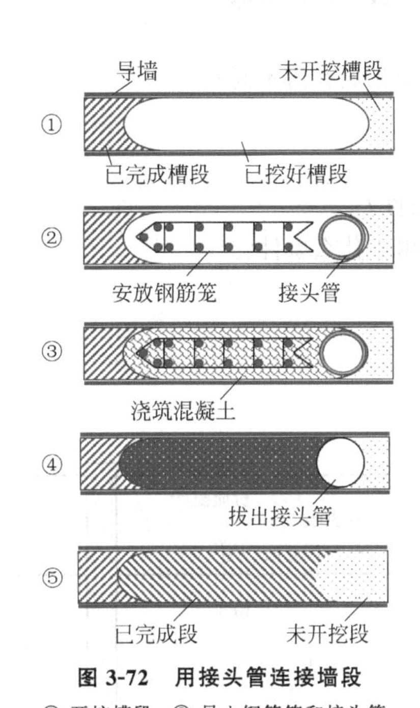

图 3-72 用接头管连接墙段

① 开挖槽段；② 吊入钢筋笼和接头管；③ 浇筑混凝土；④ 拔出接头管；⑤ 完成槽段施工

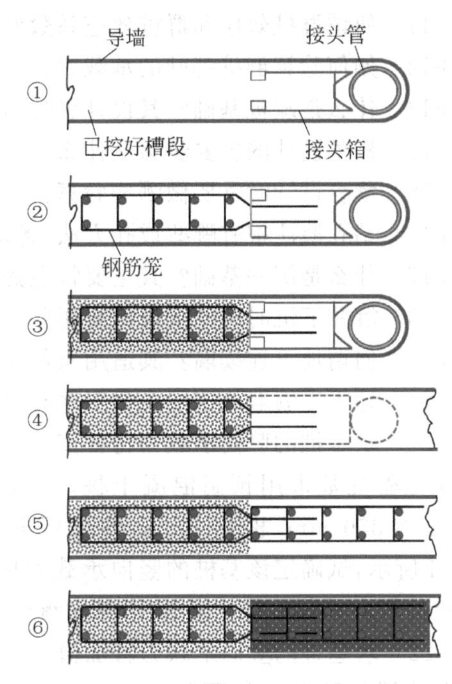

图 3-73 用接头箱连接墙段

① 插入接头箱；② 吊入钢筋笼；③ 浇筑混凝土；④ 吊出接头箱；⑤ 吊入新槽段的钢筋笼；⑥ 浇筑新槽段的混凝土

总之，地下连续墙的施工顺序为修筑导墙→开挖单元槽段→放置接头管或接头箱→吊放钢筋笼→浇筑混凝土→拔出接头管或接头箱，重复上述步骤，直至完成整体地下连续墙施工。待各槽段连接完成并达到设计强度后，即可进行基坑开挖，然后浇筑地下连续墙顶盖钢筋混凝土。

习题

3-1 何谓深基础？深基础有哪些类型？

3-2 简述桩基础的适用场合。

3-3 简述单桩轴向荷载的传递机理。

3-4 桩侧摩阻力是如何形成的？它的分布规律是怎样的？

3-5 什么是桩的负摩阻力？它产生的条件是什么？

3-6 什么是中性点？如何确定中性点的位置？

3-7 如何计算桩侧负摩阻力？

3-8 桩的抗拔承载力如何确定？同样尺寸的桩，抗压桩和抗拔桩相比，一般哪种承载力大？

3-9 说明单桩水平承载力特征值的确定方法。

3-10 桩侧水平抗力大小与哪些因素有关？

3-11　何谓群桩效应和群桩效应系数？什么情况下会出现群桩效应？

3-12　如何验算群桩基础的承载力？

3-13　什么是疏桩基础？其设计思想与常规桩基础相比有何不同？

3-14　桩基设计的主要步骤是什么？

3-15　承台设计时需要做哪些验算？

3-16　钻孔灌注桩有哪些成孔方法，各适用什么条件？

3-17　什么是沉井基础？其主要特点是什么？适用于什么条件？

3-18　沉井下沉时的助沉措施有哪些？

3-19　何谓地下连续墙？其适用条件是什么？

3-20　地下连续墙施工的主要工序有哪些？

3-21　求基桩的竖向承载力特征值

某工程桩基采用预制混凝土桩，桩截面尺寸为350 mm×350 mm，桩长10 m，各土层分布情况如图3-74所示，试确定该基桩的竖向承载力标准值Q_{uk}和基桩的竖向承载力特征值R（不考虑承台效应）。

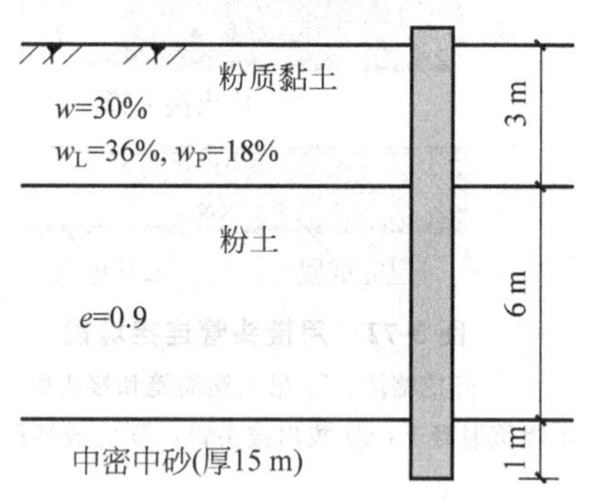

图3-74　习题3-21用图

3-22　求基桩的竖向承载力特征值

某建筑工程桩基础，预制桩桩径为450 mm，桩长10 m，穿越厚度$l_1=3$ m、液性指数$I_L=0.75$的黏土层，进入密实的中砂层，厚度$l_2=7$ m。桩基同一承台中共设3根桩，桩顶离地面1.5 m。试确定该预制桩的竖向极限承载力标准值和基桩竖向承载力特征值。

3-23　求桩的承载力

某建筑场地的地质条件为：地层共有三层，分别如下。第①层：粉质黏土，标高0～−2 m，$\gamma=18.4$ kN/m^3，$w=30.6\%$，$w_L=35\%$，$w_P=18\%$；第②层：粉土，标高−2～−9 m，$\gamma=18.9$ kN/m^3，$w=24.5\%$，$e=0.78$，$w_L=25\%$，$w_P=16.5\%$；第③层：中密中砂，标高−9～−14 m，$\gamma=19.2$ kN/m^3，$N=20$。求预制桩在各层土的桩周侧阻力标准值q_{sik}和桩端承载力标准值q_{pk}。

3-24　求桩的抗拔力

某建筑场地的地质条件为：地层共有三层，分别如下。第①层：粉质黏土，标高0～−2 m，$\gamma=18.4$ kN/m^3，$w=30.6\%$，$w_L=35\%$，$w_P=18\%$；第②层：粉土，标高−2～−9 m，$\gamma=18.9$ kN/m^3，$w=24.5\%$，$e=0.78$，$w_L=25\%$，$w_P=16.5\%$；第③层：中密中砂，标高−9～−14 m，$\gamma=19.2$ kN/m^3，$N=20$。承台底部埋深为1 m，钢筋混凝土预制方桩边长300 mm，桩长9 m。若该桩用作抗拔桩，问单桩的抗拔力有多大？

3-25　单桩承载力验算

某混凝土桩基，柱传到基础顶面的标准组合荷载为：$F_k=2200$ kN，$M_k=600$ kN·m，$H_k=50$ kN。地质剖面及各层土的物理力学指标如表3-23所示。采用边长400 mm的预制钢筋混凝土方桩，桩位布置如图3-75所示。工程桩数5根，承台的平面尺寸为3.0 m×3.0 m，桩的入土深度15 m，承台埋深2 m。试进行单桩承载力验算。

表 3-23　土的物理力学指标

层序	土 层 名 称	重度 $\gamma/(\mathrm{kN/m^3})$	孔隙比 e	液性指数 I_L	压缩模量 E_s/MPa	地基承载力特征值 f_a/kPa
①	填土	17	—	—	—	—
②	粉质黏土	18.5	0.92	0.8	2.8	120
③	淤泥质黏土	18	1.30	1.3	2.0	70
④	黏土	18.5	0.75	0.6	7.0	180

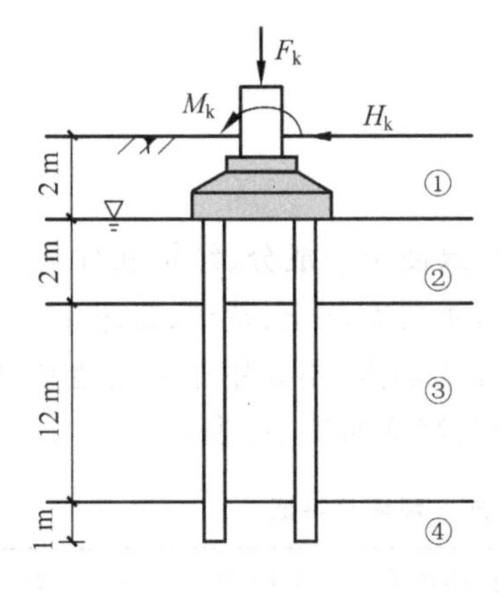

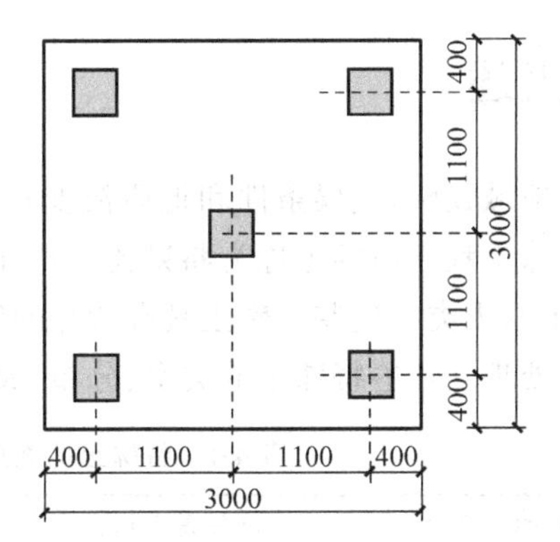

图 3-75　习题 3-25 用图

3-26　桩基承载力验算

某群桩基础中桩的布置及承台尺寸如图 3-76 所示，其中桩采用 $d=500$ mm 的钢筋混凝土预制桩，桩长 12 m，承台埋深 1.2 m。自地面起的土层分布：第一层为 3 m 厚的杂填土，第二层为 4 m 厚的可塑状态黏土，其下为很厚的中密中砂层。上部结构传至承台的轴心荷载标准值为 F_k-5400 kN，弯矩 $M_k=1200$ kN·m。试验算该桩基础是否满足设计要求。

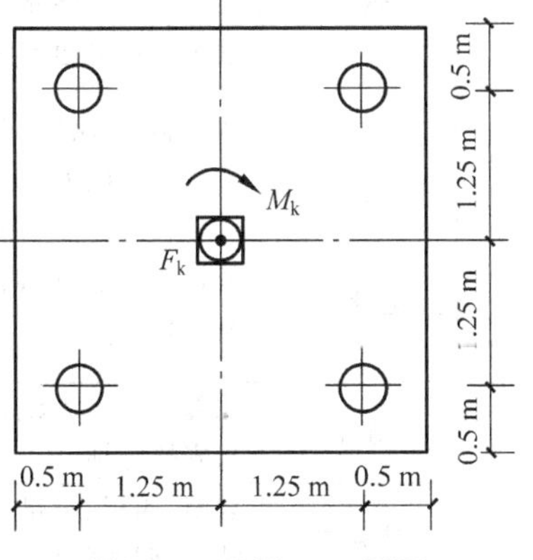

图 3-76　习题 3-26 用图

3-27　桩基础设计

某场地自地面起的土层分布情况为：第一层为杂填土，厚 1.0 m；第二层为淤泥，软塑状态，厚 6.5 m；第三层为粉质黏土，$I_L=0.25$，厚度较大。现需设计一框架内柱的预制桩基础：柱底在地面处的竖向荷载为 $F_k=1800$ kN，弯矩为 $M_k=200$ kN·m，水平荷载 $H_k=100$ kN，初选的预制桩截面尺寸为 350 mm×350 mm。试设计该桩基础。

第4章 特殊土地基

4.1 概述

中国地域辽阔，气候条件和地质演变过程不同，致使土的成分、结构和性质差异较大。将具有特殊工程性质的土称为**特殊土**(special soil)，主要有软土、黄土、膨胀土、冻土、红黏土、盐渍土六大类。这些特殊土具有特殊的结构与受力弱点，不宜用作天然地基，通常需要进行地基处理。这些特殊土的类型、分布、成土环境与特征如表4-1所示。

表4-1 特殊土的类型、分布、成土环境与特征

序号	土类名称	主要分布区域	自然环境与成土环境	主要工程特征
1	软土	东南沿海，如天津、连云港、上海、宁波、温州、福州等，内陆湖泊地区也有局部分布	滨河、三角洲沉积，湖泊沉积，及水流搬运沉积而成	强度低，压缩性大，渗透性小
2	黄土	西北内陆地区，如青海、甘肃、宁夏、陕西、山西、河南等	干旱、半干旱气候环境，降雨量少，蒸发量大，年降水量小于500 mm，由风搬运沉积而成	湿陷性
3	膨胀土	云南、贵州、广西、四川、安徽、河南等	温暖湿润，雨量充沛，年降雨量700～1700 mm，具备良好化学风化条件	膨胀和收缩特性
4	冻土	北部地区，青藏高原和大小兴安岭等地	高纬度寒冷地区	冻胀性、融陷性
5	红黏土	云南、四川、贵州、广西，以及鄂西、湘西等地	碳酸盐系。北纬33°以南，温暖湿润气候，以残坡积土为主	土质不均匀，结构性裂隙发育
6	盐渍土	新疆、青海、西藏、甘肃、宁夏、内蒙古等内陆地区，及部分滨海地区	荒漠半荒漠地区；年降雨量小于100 mm而蒸发量高达3000 mm以上的内陆地区；沿海受海水浸渍或海退影响的地区	盐胀性、融陷性和腐蚀性

特殊土相关的规范主要有：《岩土工程勘察规范》(GB 50021—2001)(2009年版第6部分)、《建筑地基基础设计规范》(GB 50007—2011)、《软土地区岩土工程勘察规程》(JGJ 83—2011)、《湿陷性黄土地区建筑规范》(GB 50025—2018)、《冻土地区建筑地基基础设计规范》(JGJ 118—2011)、《膨胀土地区建筑技术规范》(GB 50112—2013)、《盐渍土地区建筑技术规范》(GB/T 50942—2014)等。

4.2 软弱地基

软弱地基是指主要由软土(淤泥、淤泥质土等)、填土(素填土、冲填土、杂填土)、液化土(饱和松散砂土和粉土)或其他高压缩性土层构成的地基。

4.2.1 软土

软土(soft soil)是指天然孔隙比大于或等于1.0,天然含水率大于液限的细粒土,包括淤泥、淤泥质土、泥炭、泥炭质土等。

淤泥(silt)是指天然含水率大于液限、天然孔隙比不小于1.5的黏土。**淤泥质土**(silty soil)是指天然含水率大于液限、天然孔隙比在1.0~1.5之间的土。**泥炭**(peat)是指有机质含量大于60%的土。**泥炭质土**(peaty soil)是指有机质含量小于或等于60%且大于10%的土。

1. 软土的分布

软土形成于静水或缓流环境,并经过沉积、生物化学作用。按沉积环境,软土的成因可分为:滨海环境(滨海相)沉积、海陆过渡环境沉积(三角洲沉积)、河流环境(河相)沉积、湖泊环境(湖相)沉积、沼泽环境(沼泽相)沉积等。如上海、天津塘沽、浙江的温州和宁波、江苏连云港等地的沉积为滨海相沉积;长江和珠江地区的沉积属三角洲沉积;河流的中下游地区属河流环境沉积;洞庭湖、洪泽湖、太湖及昆明滇池等为内陆湖相沉积;内蒙古、大兴安岭、小兴安岭、南方和西南的森林地区为沼泽相沉积。

另外,广西、云南、贵州还存在山地型软土,是由泥岩、页岩、砂岩为主的风化产物经水力搬运至低洼处,在长期饱水软化和微生物作用下形成的。这类软土的突出特点是分布面积不是很大,但厚度变化大。

2. 软土的特性

软土的主要物理力学特性如下。

(1) 含水率(w)高。$w=35\%\sim80\%$。

(2) 孔隙比(e)大。e在1~2之间,有些达到6以上。

(3) 渗透性弱。软土的渗透性系数一般在$10^{-5}\sim10^{-8}$ cm/s之间。

(4) 压缩性高。正常固结的软土层的压缩系数a_{1-2}在0.5~1.5 MPa^{-1}之间,有的高达4.5 MPa^{-1},压缩指数C_c为0.35~0.75。

(5) 抗剪强度低。软土的不排水抗剪强度c_u一般小于20 kPa,其变化范围在5~25 kPa之间;有效内摩擦角$\varphi'=12°\sim35°$,软土地基的承载力通常为50~80 kPa。

由于软土具有以上物理力学特性,因此在工程上表现出如下性质。

(1) **触变性**(thixotropy):指黏性土受到扰动后结构迅速破坏、强度丧失,而当扰动停止后,强度又逐渐恢复的性质。扰动可来自振动、搅拌、挤压等,受扰动后,软土易产生侧向滑动、沉降、基底向两侧挤出等现象。触变性的大小用**灵敏度**(sensitivity)S_t表示,指原状黏性土的强度与其含水率不变时的重塑土的强度的比值。一般S_t在3~4之间,个别可达10以上。软土扰动后,随着静置时间的增长,其强度又会逐渐有所恢复,但一般不能恢复到原来结构的强度。

(2) **流变性**(rheology behavior)：指软土在长期荷载作用下，随时间增长发生缓慢、长期的剪切变形，导致土的长期强度小于瞬间强度的性质。除了软土的排水固结变形，在剪应力作用下，软土还发生缓慢的剪切变形，导致抗剪强度衰减，在主固结沉降完成之后继续产生可观的次固结沉降，对斜坡、堤岸、码头和地基的稳定性产生不利影响。

3. 软土地基的危害

软土的上述特性，使得以软土作为建筑物的地基是十分不利的。

(1) 由于软土的强度很低，因此不能承受较大的建筑物荷载，否则就可能出现地基的局部破坏乃至整体滑动；在开挖较深的基坑时，可能出现基坑的隆起和坑壁的失稳现象。

(2) 由于软土的压缩性较高，建筑物基础的沉降量和沉降差均较大，导致建筑物开裂。根据统计，砌体承重结构四层以上房屋的最终沉降可达200～500 mm；而大型构筑物(如水池、油罐、粮仓和储气柜等)的沉降量一般超过500 mm，甚至达到1.5 m以上。

(3) 由于软土渗透性低，固结速率慢，次固结沉降大，因此建筑物沉降稳定历时较长，往往持续数年乃至数十年以上。

(4) 由于软土具有比较高的灵敏度，地基施工中产生振动、挤压和搅拌等作用时，就可能引起软土结构的破坏，降低软土的强度。

4. 软土地基评价

对软土地区拟建场地和地基进行岩土工程地质勘察时，应按《软土地区岩土工程勘察规程》(JGJ 83—2011)的要求进行评价。

5. 软土地基的工程措施

为弥补软土地基的缺陷，工程上常采取以下措施。

1) 建筑措施

(1) 建筑设计力求体形简单，荷载均匀。过长或体形复杂的建筑，应设置必要的沉降缝或在中间用连接框架隔开。

(2) 选用轻型结构，如框架轻板体系、钢结构以及选用轻质墙体材料。

2) 结构措施

(1) 选用筏形基础或箱形基础，以提高基础刚度，减小基底附加压力和不均匀沉降。

(2) 在墙和基础上设置多道圈梁，以增强基础刚度。

(3) 对软土地基中的重要构筑物，如桥梁、大型涵洞，采用桩基、桩筏、桩箱、沉井基础。

3) 地基处理措施

当地基承载力或变形不能满足设计要求时，选用机械压(夯)实、堆载预压、塑料排水袋或砂井真空预压、换填垫层、高压喷射注浆、深层搅拌、粉体喷射等方法对软土地基进行处理。

4) 施工措施

(1) 建筑物层高差异较大时，合理安排施工顺序，先施工高度大、质量大的部分，使其在施工期内先完成部分沉降，后施工高度低、质量小的部分，以减少部分差异沉降。

(2) 施工时注意保护基底土，在坑底保留200 mm厚左右，施工垫层时再挖除，避免扰动土体而破坏土的结构，如已被扰动，可挖去扰动部分，用砂、碎石回填处理。

(3) 对仓库、粮库、油罐、水池等构筑物，适当控制活荷载的施加速度，使软土逐步固结，地基强度逐步增长，以适应荷载增长的要求。

4.2.2 填土

填土的物质成分复杂，均匀性较差。根据其物质组成和堆填方式，填土分为素填土、杂填土、冲填土。

1. 素填土

素填土(plain fill)是指由碎石土、砂土、粉土和黏性土等一种或几种材料组成，不含杂物或含杂物很少的土。

2. 杂填土

杂填土(miscellaneous fill)是指由人类活动所形成的建筑垃圾、工业废弃物和生活垃圾等组成的无规则堆填物。杂填土的成分复杂，分布极不均匀，结构松散且无规律性。杂填土的主要特性是强度低、压缩性高和均匀性差。

3. 冲填土

冲填土(hydraulic fill)也称吹填土，是指由水力冲填泥砂形成的填土。一般是在江河航道疏浚、围海造地时，用挖泥船通过泥浆泵将泥砂水沉积而得到。

冲填土的工程性质主要取决于颗粒组成、均匀性和排水固结条件，在大多数情况下，冲填的物质是黏土和粉砂。以黏性土为主的冲填土往往是欠固结的，强度低且压缩性高，一般需经过人工处理才能作为建筑物地基；以砂性土或其他粗颗粒土组成的冲填土，性质与砂性土类似，可按砂性土考虑是否需要进行地基处理。

4.2.3 液化土

液化土主要指饱和粉砂、细砂和粉土。

处于饱和状态的这些土在静载作用下虽然具有较高的强度，但在动荷载作用下有可能发生液化或大量震陷变形。地基会因液化而丧失承载能力。如需要承担动力荷载，则这类地基也需要进行处理。

砂土的透水性大，适合采用地基处理方法消除其液化性。一般来说，松散砂土经过处理后常具有较好的承载能力和抗液化能力，可以作为良好的地基持力层。

4.3 湿陷性黄土地基

湿陷性土是指在一定压力作用下受水浸湿时，结构迅速破坏而发生显著附加下沉的土。地球上大多数地区都存在湿陷性土，主要为风积的砂和黄土、疏松的填土等，其中又以湿陷性黄土为主。

4.3.1 黄土的特征和分布

黄土(loess)是第四纪地质历史时期干旱和半干旱气候条件下的沉积物，具有多孔性和柱状节理，呈黄色或褐黄色，颗粒成分以粉粒(0.075～0.005 mm)为主，兼有砂粒和黏粒。

黄土在世界上的分布很广泛，约占陆地面积的9.3%，主要分布在中纬度的干旱、半干旱地区。如法国的中部和北部，东欧的罗马尼亚、保加利亚、俄罗斯、乌克兰等，美国密西西比河流域及西部地区。

黄土是我国地域分布最广的一种特殊土，广泛分布于北纬 34°～35°之间，面积达 64 万 km^2，沿黄河中下游发育，分布于甘肃、陕西、山西一带，青海、宁夏、河南有部分分布，其他省区如河北、山东、辽宁、黑龙江、内蒙古、新疆等地有零星分布。其中湿陷性黄土占 3/4。在这些黄土分布地区，一般气候较为干燥，降水量少，蒸发量大，年平均降水量多在 250～500 mm。我国具有世界上最大的黄土堆积厚度地层，最大厚度达 180～200 m。从西北黄土高原向东、西两个方向，黄土的厚度逐渐减薄，湿陷性逐渐降低。

黄土的成因主要是以风力搬运堆积为主，按形成条件分为原生黄土和次生黄土。**原生黄土**(primary loess)是指不具层理的风成黄土。**次生黄土**(redeposited loess)是指原生黄土经过流水冲刷、搬运和重新沉积而形成的黄土，它常具有层理和砾石夹层。

黄土形成年代越久，大孔结构退化越严重，土质越趋密实，强度增大，压缩性减小，湿陷性减弱，甚至不具有湿陷性；反之，形成年代越近，黄土特性越明显。

4.3.2 黄土湿陷性的成因

湿陷性(collapsibility)是指黄土在自重压力及附加压力之下，受水浸湿时，结构迅速破坏，强度随之降低，并产生显著附加下沉的现象。

黄土湿陷的内因是其特殊的结构与成分，外因是受水浸湿与荷载作用。

黄土的结构是在黄土发育的整个历史过程中形成的。干旱或半干旱的气候是黄土形成的必要条件。季节性的短期雨水把松散干燥的粉粒黏聚起来，而长期的干旱使土中水分不断蒸发，于是，少量的水分连同溶于其中的盐类都集中在粗粉粒的接触点处，可溶盐逐渐浓缩沉淀而成为胶结物。随着含水率的减少，土粒彼此靠近，颗粒间的分子引力以及结合水和毛细水的连接力也逐渐加大。这些因素都增强了土粒之间抵抗滑移的能力，阻止了土体的自重压密，于是形成了以粗粉粒为主体骨架的多孔隙黄土结构，并零星散布着较大的砂粒，如图 4-1 所示。附于砂粒和粗粒表面的细粉粒、黏粒、腐殖质胶体以及大量集合于大颗粒接触点处的各种可溶盐和水分子形成了胶结性连接，从而构成了矿物颗粒集合体。周边有几个颗粒包围着的孔隙就是肉眼可见的大孔隙，它可能是植物的根须造成的管状孔隙。

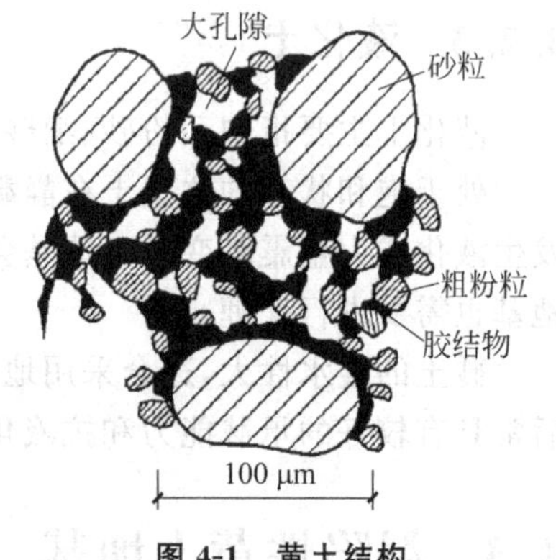

图 4-1 黄土结构

黄土受水浸湿时，盐类溶于水中，骨架强度随之降低，土体在上覆土层的自重应力或在附加应力与自重应力综合作用下，结构迅速破坏，土粒滑向大孔，粒间孔隙减少，表现出黄土湿陷现象。

黄土中胶结物的含量和成分以及颗粒的组成和分布，对于黄土的结构特点和湿陷性的强弱有重要的影响。胶结物含量越多，黏粒含量越多，黄土结构就越致密，湿陷性就越小，承载性能就越好；反之，黄土中的胶结物含量越少，黄土的结构就越疏松、强度就越低、湿陷性就越强。黄土中的盐类若以难溶的碳酸钙为主，则湿陷性就弱；若以石膏及易溶盐为主，则湿陷性就强。

黄土的湿陷性还与孔隙比、含水率及所受压力大小有关。天然孔隙比越大或天然含水率越小，则湿陷性越强。在天然孔隙比和含水率不变的情况下，压力增大，黄土湿陷量也增加，但当压力超过某一数值后，再增加压力，湿陷量反而减少。

4.3.3　黄土湿陷性的判别

1. 判别标准

区分黄土湿陷性的指标主要有湿陷系数和湿陷起始压力。

湿陷系数（δ_s）(coefficient of collapsibility)是指单位厚度的环刀试样，在一定压力下，下沉稳定后，试样浸水饱和所产生的附加下沉量。

湿陷起始压力（p_{sh}）(initial collapse pressure)是指湿陷性黄土浸水饱和条件下开始出现湿陷时的压力。

在工程中，用湿陷系数（δ_s）来判别土的湿陷性，当 $\delta_s<0.015$ 时，定为非湿陷性黄土；当 $\delta_s\geqslant 0.015$ 时，定为湿陷性黄土。还可将湿陷性黄土进一步细分为：当 $0.015\leqslant\delta_s\leqslant 0.03$ 时，湿陷性轻微；当 $0.03<\delta_s\leqslant 0.07$ 时，湿陷性中等；当 $\delta_s>0.07$ 时，湿陷性强烈。

从结构上讲，**非湿陷性黄土**(non-collapsible loess)是指在一定压力下受水浸湿后，土结构不会迅速破坏，且无显著附加下沉的黄土；**湿陷性黄土**(collapsible loess)是指在一定压力下受水浸湿，黄土结构迅速破坏，并发生显著附加下沉的黄土。

对于具有湿陷性的黄土，根据是否能承受其上覆土体的自重，又分为自重湿陷性黄土和非自重湿陷性黄土。**自重湿陷性黄土**(loess collapsible under overburden pressure)是指在上覆土的自重应力下受水浸湿，发生显著附加下沉的湿陷性黄土。**非自重湿陷性黄土**(loess non-collapsible under overburden pressure)是指在上覆土的自重压力下受水浸湿，不发生显著附加下沉的湿陷性黄土。

2. 湿陷系数的测量

室内测试湿陷系数的方法是：将原状不扰动土样装入侧限压缩仪内，逐级加压，在达到规定压力 p 且下沉稳定后，测量土样的高度，然后使土样浸水饱和，待附加下沉稳定后，再测出土样浸水后的高度。试验时，在 0～200 kPa 压力以内，每级加载增量宜为 50 kPa；大于 200 kPa 压力时，每级加载增量宜为 100 kPa。试验结束后，对试验数据进行整理，绘出如图 4-2 所示的曲线。

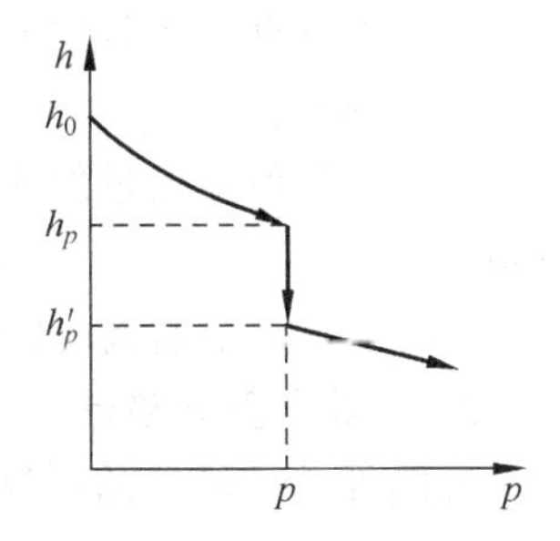

图 4-2　在压力 p 作用下浸水压缩曲线

h—试样高度；p—施加压力；其他符号的含义见下文解释。

湿陷系数按下式计算：

$$\delta_s=\frac{h_p-h'_p}{h_0} \tag{4-1}$$

式中，δ_s——湿陷系数；

h_0——试样的原始高度，mm；

h_p——保持天然湿度和结构的试样，加压至一定压力时，下沉稳定后的高度，mm；

h'_p——上述加压稳定后的试样，在浸水饱和作用下，附加下沉稳定后的高度，mm。

可见，湿陷系数与所施加的压力大小有关。对于同一种黄土，改变所加压力可得到不同的湿陷系数。

按照《湿陷性黄土地区建筑规范》(GB 50025—2018)，测量湿陷系数的试验压力按如下方法确定：①基底下 10 m 以内的土层，取试验压力为 200 kPa，10 m 以下至非湿陷性黄土顶面,用其上覆土的饱和自重压力(当压力大于 300 kPa 时,仍用 300 kPa)。②当基底压力大于 300 kPa 时,宜用实际压力。③对压缩性较高的新近堆积黄土,基底下 5 m 内的土层,宜用 100～150 kPa 压力;5～10 m 内的土层用 200 kPa 压力;10 m 以下至非湿陷性黄土顶面用上覆土的饱和自重压力。如基底标高不确定,则自地面下 1.5 m 处算起。

3. 湿陷起始压力的测量

如前所述,黄土的湿陷量是压力的函数。事实上存在一个压力界限值,若黄土所受压力低于这一数值,即使浸了水也只产生压缩变形而无湿陷现象。这一界限称为湿陷起始压力。湿陷起始压力可根据室内压缩试验或野外荷载试验确定,其分析方法可采用双线法或单线法。

4.3.4 场地湿陷类型的划分

1. 划分标准

建筑场地的湿陷类型,应按实测自重湿陷量 Δ'_{zs} 或按室内压缩试验累计得出的计算自重湿陷量 Δ_{zs} 判定。

自重湿陷量的实测值(measured collapse under overburden pressure)是指在湿陷性黄土场地,采用试坑浸水试验,全部湿陷性黄土层浸水饱和所产生的自重湿陷量。

自重湿陷量的计算值(computed collapse under overburden pressure)是指采用室内压缩试验,根据不同深度的湿陷性黄土试样的自重湿陷系数,考虑现场条件计算而得到的自重湿陷量累计值。

实测自重湿陷量 Δ'_{zs} 试验方法比较可靠,但费水、费时,受各种条件限制,往往不易做到。因此,《湿陷性黄土地区建筑规范》(GB 50025—2018)规定,除在新建区,对甲、乙类建筑物宜采用现场试坑浸水试验外,对一般建筑物可按计算自重湿陷量划分场地类型。

(1) 当自重湿陷量的实测值 Δ'_{zs} 或计算值 Δ_{zs} 小于或等于 70 mm 时,应定为非自重湿陷性黄土场地。

(2) 当自重湿陷量的实测值 Δ'_{zs} 或计算值 Δ_{zs} 大于 70 mm 时,应定为自重湿陷性黄土场地。

(3) 当自重湿陷量的实测值和计算值出现矛盾时,应按自重湿陷量的实测值判定。

2. 计算自重湿陷量

湿陷性黄土场地的计算自重湿陷量 Δ_{zs} 应按下式计算:

$$\Delta_{zs} = \beta_0 \sum_{i=1}^{n} \delta_{zsi} h_i \tag{4-2}$$

式中,Δ_{zs}——湿陷性黄土场地的计算自重湿陷量,mm。

β_0——因地区土质而异的修正系数,在缺乏实测资料时,按下列规定取值:陇西地区取 1.50;陇东、陕北、晋西地区取 1.20;关中地区取 0.90;其他地区取 0.50。

n——总计算土层内具有湿陷性的土层的数量。总计算厚度应从天然地面算起(当挖、填方的厚度和面积较大时,应自设计地面算起),至其下全部湿陷性黄土层的底面止,其中自重湿陷系数 $\delta_{zs} < 0.015$ 的土层不累计。

δ_{zsi}——第 i 层土在上覆土的饱和($S_t > 0.85$,S_t 为饱和度)自重应力下的湿陷系数,其测量方法同 δ_s,计算方法参见式(4-3)。

h_i——第 i 层土的厚度,mm。

3. 土的自重湿陷系数

自重湿陷系数(δ_{zs})(coefficient of self-weight collapsibility)是指单位厚度的环刀试样,在上覆土的饱和自重压力下,下沉稳定后,试样浸水饱和所产生的附加下沉量。

通过室内压缩试验,求黄土的自重湿陷系数的试验过程和求黄土湿陷系数的过程一样,自重湿陷系数按下式计算:

$$\delta_{zs}=\frac{h_z-h'_z}{h_0} \tag{4-3}$$

式中,δ_{zs}——自重湿陷系数;

h_0——试样的原始高度,mm;

h_z——保持天然湿度和结构的试样,加压至该试样上覆土的饱和自重压力时,下沉稳定后的高度,mm;

h'_z——上述加压稳定后的试样,在浸水饱和作用下,附加下沉稳定后的高度,mm。

4.3.5 地基湿陷等级的划分

1. 划分标准

根据地基湿陷量计算值 Δ_s 和场地自重湿陷量计算值 Δ_{zs} 的大小,将湿陷性黄土地基的湿陷等级分为四级:Ⅰ(轻微),Ⅱ(中等),Ⅲ(严重),Ⅳ(很严重),如表4-2所示。关于 Δ_{zs} 的计算见式(4-2),关于 Δ_s 的计算见式(4-4)。

表4-2 湿陷性黄土地基的湿陷等级

Δ_s/mm	湿陷等级		
	非自重湿陷性场地	自重湿陷性场地	
	$\Delta_{zs}\leqslant 70$ mm	70 mm$<\Delta_{zs}\leqslant 350$ mm	$\Delta_{zs}>350$ mm
$\Delta_s\leqslant 300$	Ⅰ(轻微)	Ⅱ(中等)	—
$300<\Delta_s\leqslant 700$	Ⅱ(中等)	Ⅱ(中等)或Ⅲ(严重)*	Ⅲ(严重)
$\Delta_s>700$	Ⅱ(中等)	Ⅲ(严重)	Ⅳ(很严重)

*:当总湿陷量的计算值 $\Delta_s\geqslant 600$ mm,自重湿陷量的计算值 $\Delta_{zs}\geqslant 300$ mm时,可判定为Ⅲ级,其他情况可判定为Ⅱ级。

2. 地基湿陷量的计算值

湿陷性黄土地基受水浸湿饱和,地基湿陷量的计算值按下式确定:

$$\Delta_s=\sum_{i=1}^{n}\beta\delta_{si}h_i \tag{4-4}$$

式中,Δ_s——地基的总湿陷量计算值,mm。

n——总湿陷量计算深度范围内的土层数。计算湿陷量 Δ_s 的计算深度,应从基础底面算起(如基底标高不确定时,自地面下1.50 m算起);在非自重湿陷性黄土场地,累计到基底下10 m(或地基压缩层)深度止;在自重湿陷性黄土场地,累计至非湿陷性黄土层的顶面止。其中湿陷系数 δ_s 小于0.015的土层不累计。

β——考虑基底下地基土的受水浸湿可能性和侧向挤出条件等因素的修正系数,在缺乏实测资料时,按下列规定取值:基底下0~5 m深度内,取 $\beta=1.50$;基底下

5～10 m 深度内，取 $\beta=1.0$；基底下 10 m 以下至非湿陷性黄土层的顶面，在自重湿陷性黄土场地，可取工程所在地区的 β_0 值，即按式(4-2)下的解释取值。

δ_{si}——第 i 层土的湿陷系数。

h_i——第 i 层土的厚度。

从上述讨论中可以发现，地基的湿陷量和场地的湿陷量存在以下差异：场地的湿陷量是指在计算总湿陷量时，仅考虑场地内某一深度处土体自重引起的湿陷下沉量；地基的湿陷量是指在计算总湿陷量时，除了考虑土体自重引起的湿陷下沉量之外，还要考虑地基中的附加压力引起的湿陷量。

【例 4-1】 求地基的湿陷等级

陕北某黄土勘察资料见表 4-3，建筑物为丙类建筑，基础埋深 2.5 m，试确定该地基的湿陷等级。

表 4-3 黄土测试结果

层　号	1		2		3		4	5	6
层厚/cm	4.0		5.0		6.0		3.0	5.0	7.0
自重湿陷系数(δ_{zs})	0.025		0.018		0.009		0.007	0.005	0.001
湿陷系数(δ_s)	0.032		0.026		0.020		0.018	0.012	0.006
分层厚/m	2.5	1.5	3.5	1.5	3.5	2.5	3.0	—	—
从基底开始的累计深度/m	0	1.5	5.0	6.5	10.0	12.5	15.5	—	—
β	(基底)	1.5	1.5	1.0	1.0	1.2	1.2	—	—

【解答】

提示：表 4-3 中 δ_{zs} 或 δ_s 小于 0.015 的地层在计算湿陷量时不予考虑，可以直接跳过。

(1) 计算自重湿陷量

自天然地面算起，至其下全部湿陷性黄土层底面止。陕北地区取 $\beta_0=1.2$，则

$$\Delta_{zs}=\beta_0\sum_{i=1}^{n}\delta_{zsi}h_i=1.2\times(0.025\times4000+0.018\times5000)\ \text{mm}=228\ \text{mm}>70\ \text{mm}$$

故该场地判定为自重湿陷性黄土场地。

(2) 计算湿陷量

基底下 0～5 m 深度内，取 $\beta=1.50$；基底下 5～10 m 深度内，取 $\beta=1.0$。自重湿陷性黄土场地湿陷量的计算深度，累计至非湿陷性黄土层的顶面止。基底下 10 m 以下至非湿陷性黄土层的顶面，在自重湿陷性黄土场地，可取工程所在地区的 β_0 值。则

$$\begin{aligned}\Delta_s=\sum_{i=1}^{n}\beta\delta_{si}h_i&=(1.5\times0.032\times1500+1.5\times0.026\times3500+1.0\times0.026\times1500+\\&\quad 1.0\times0.020\times3500+1.2\times0.020\times2500+1.2\times0.018\times3000)\ \text{mm}\\&=(72+136.5+39+70+60+64.8)\ \text{mm}=442.3\ \text{mm}\end{aligned}$$

(3) 确定地基的湿陷等级

由 $\Delta_{zs}=228$ mm，$\Delta_s=442.3$ mm，查表 4-2 可知，该湿陷性黄土地基的湿陷等级可判定为Ⅱ级(中等)。

4.3.6 消除黄土地基湿陷性的工程措施

1. 结构措施

主要的结构措施包括：选择适应差异沉降的结构体系和适宜的基础形式；加强建筑物的整体刚度，增设横墙，设置钢筋混凝土圈梁等。

2. 地基处理

湿陷性黄土地基处理的原理，主要是破坏湿陷性黄土的大孔结构，以便全部或部分消除地基的湿陷性，或采用桩基础穿透全部湿陷性黄土层，或将基础设置在非湿陷性黄土层上。目前对于湿陷性黄土常用的地基处理方法有：土或灰土垫层法、强夯法、重锤夯实法、土桩或灰土桩法、桩基础法、预浸水法、化学加固法等。

3. 防水措施

防水措施包括以下3方面。

(1) 场地防水措施。尽量选择排水畅通或利于场地排水的地形条件，避开受洪水或水库等影响可能引起地下水位上升的地段，确保管道和储水构筑物不漏水，场地内设置排水沟等。

(2) 单体建筑物的防水措施。建筑物周围必须设置具有一定宽度的混凝土散水，以便排泄屋面水；确保建筑物地面严密不漏水；室内的给水、排水管道应尽量明装，室外管道布置应尽量远离建筑物，检漏管沟应做好防水处理。

(3) 施工阶段的防水措施。施工场地应平整，做好临时性防洪、排水措施。大型基坑开挖时应防止地面水流入，坑底应保持一定坡度，以便于集水和排水。尽量缩短基坑暴露时间。

4.4 膨胀土地基

4.4.1 概述

膨胀土(expansive soil)是指土中黏粒成分主要由亲水性矿物组成，同时具有显著的吸水膨胀和失水收缩两种变形特性的黏性土。

4.4.1.1 胀缩机理

膨胀土形成于温和湿润且具备化学风化的条件下，硅酸盐分解后与钙、钾离子交换、吸附，之后形成了以伊利石-蒙脱石混合物为主的黏性土。

1. 影响膨胀土胀缩变形的内因

影响膨胀土胀缩变形的内因包括矿物成分、微观结构、黏粒含量、干密度、初始含水率及土的结构强度等。

膨胀土主要由蒙脱石、伊利石等亲水性矿物组成，具有既易吸水又易失水的强烈活动性。膨胀土多为面-面连接的叠聚体，比团粒结构具有更大的吸水膨胀和失水收缩能力。由于黏土颗粒细小，比面积大，因而具有很大的表面能，对水分子和水中阳离子的吸附能力强。因此土中黏粒含量越高，则土的胀缩性越强。

2. 影响膨胀土胀缩变形的外因

影响膨胀土胀缩变形的外因包括气候条件、地形地貌、树木、日照环境等。

气候条件：包括降雨量、蒸发量、气温、相对湿度和地温等。雨季土体吸水膨胀，旱季失水收缩。基础室内外两侧土的胀缩变形有明显差别，甚至外缩内胀，使建筑物受到反复的不均匀变形影响，导致建筑物开裂。

地形地貌：高地临空面之处，地基中水分蒸发条件好，地基土的胀缩变形也就剧烈。

树木：当无地下水或地表水补给时，由于树根的吸水作用，会加剧地基土的干缩变形，使近旁有成排树木的房屋产生裂缝，尤其在旱季更为明显。

日照环境：日照的强度和时间对胀缩影响明显。通常房屋向阳面开裂多，阴面开裂少。如果建筑物内外有补给水源，也会给膨胀土提供胀缩机会。

4.4.1.2 膨胀土的分布

膨胀土主要分布在热带和温带气候区的半干旱地区，其地理位置大致在北纬60°到南纬50°之间，涉及40多个国家和地区，如中国、美国、印度、澳大利亚，以及南美洲、非洲、中东等地都有分布。

我国的膨胀土主要分布在黄河以南，散布于广西、云南、湖北、河南、安徽、四川、河北、山西、山东、陕西、江苏、贵州、广东、江西、新疆、海南等20几个省(自治区)，总面积约在10万km^2以上。

膨胀土主要呈岛状分布，多出露于地形平缓，无明显自然陡坎的二级及二级以上的河谷阶地、山前和盆地边缘及丘陵地带。

4.4.1.3 特征

膨胀土中裂隙发育，有竖向、斜交和水平三种形式。在距地表1～2 m内，常有竖向张开裂隙，裂隙中常充填灰绿、灰白色黏土。在邻近边坡处，裂隙常构成滑坡的滑动面。膨胀土地区旱季地表常出现地裂，雨季则裂缝闭合，地裂上宽下窄，一般长10～80 m，深度多在3.5～8.5 m之间，壁面陡立而粗糙。

4.4.1.4 特性

膨胀土是一种吸水膨胀、失水收缩，具有较大胀缩变形能力的高塑性黏土。其主要物理力学性质如下。

(1) 含水率：天然含水率接近塑限，饱和度一般大于85%。

(2) 孔隙比：天然孔隙比在0.5～0.8之间。

(3) 塑性指数：大于17，多数在22～35之间。

(4) 液性指数：较小，通常小于0，在天然状态下呈坚硬或硬塑状态。

(5) 黏粒含量：较高，小于0.002 mm的颗粒超过20%。

(6) 自由膨胀率：一般大于40%，最高的大于70%，缩限一般大于12%。

(7) 压缩性：较小，易被误认为是较好的天然地基。c、φ值浸水前后相差大，尤其c值浸水后甚至下降到原来的$\frac{1}{3}$以下。

膨胀土表现出的工程特性如下。

(1) 胀缩性。膨胀土吸水后体积膨胀,使其上的建筑物隆起,如果膨胀受阻即产生膨胀力;膨胀土失水体积收缩,造成土体开裂,并使其上的建筑物下沉。

(2) 崩解性。膨胀土浸水后体积膨胀,发生崩解。强膨胀土浸水后几分钟即完全崩解,弱膨胀土则崩解缓慢且不完全。

(3) 多裂隙性。膨胀土中的裂隙分为垂直裂隙、水平裂隙和斜交裂隙三种。这些裂隙将土层分割成具有一定几何形状的块体,从而破坏了土体的完整性,容易造成边坡的塌滑。

(4) 超固结性。膨胀土大多具有超固结性,天然孔隙比小,密实度大,初始结构强度高。

(5) 风化性。膨胀土受气候因素影响很敏感,极易产生风化破坏作用。基坑开挖后,在风化作用下,土体很快会产生破裂、剥落,从而造成土体结构破坏,强度降低。受大气风化作用影响的深度各地不完全一样,云南、四川、广西地区至地表下 3～5 m,其他地区则在地表下 2 m 左右。

(6) 强度衰减性。膨胀土的抗剪强度为典型的变动强度,具有峰值强度极高而残余强度极低的特性。

4.4.1.5 膨胀土的危害

膨胀土具有显著的吸水膨胀和失水收缩特性,使建造在其上的建(构)筑物发生季节性的升降,致使房屋开裂、倾斜,公路路基破坏,堤岸、路堑产生滑坡,涵洞、桥梁等刚性结构物发生不均匀沉降,从而造成巨大财产损失。报报道,世界范围内,每年因膨胀土的胀缩造成的工程经济损失超过百亿美元,比洪水、飓风、地震造成损失的总和的 2 倍还多。

膨胀土对工程造成的危害主要表现在以下几方面。

1. 对建筑物的影响

膨胀土地基上易遭受破坏的大多为埋置较浅的低层建筑物,一般是 3 层以下的民房。房屋损坏具有季节性和成群性两大特点,房屋墙面角端的裂缝常表现为:在山墙上出现对称或不对称的倒八字形缝(山墙下的下沉量两侧大于中部),外纵墙下部出现水平缝,墙体外侧有水平错动,如图 4-3 所示。由于土体的胀缩交替,还会使墙体出现交叉裂缝。

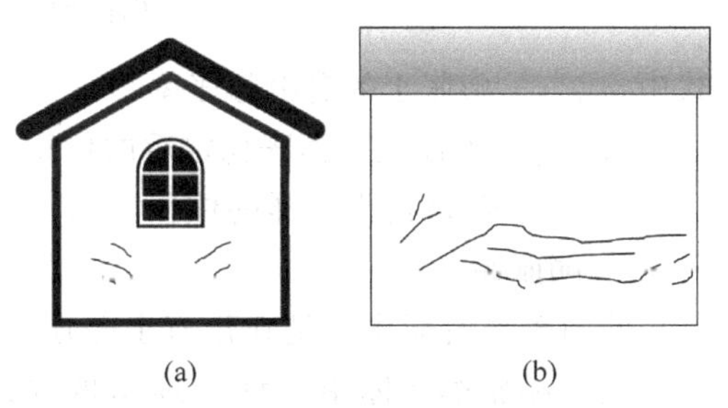

图 4-3 膨胀土地基上的房屋开裂

(a) 山墙上的对称倒八字形缝;

(b) 外纵墙的水平裂缝

2. 对桥涵工程的影响

在膨胀土地区,虽然桥梁主体工程的变形损害很少见到,但桥梁附属工程问题比较普遍,比如,桥台不均匀下沉,护坡开裂破坏,桥台与路堤之间结合带不均匀下沉等,甚至桥面也遭破坏,导致整座桥梁废弃、行车中断。

涵洞因基础埋置深度较浅,自重荷载又较小,一方面直接受地基土胀缩变形影响,另一方面还受洞顶回填膨胀土不均匀沉降与膨胀压力的影响,故变形破坏比较普遍。如涵洞翼墙和端墙的变形开裂,涵顶裂缝,洞底膨胀与开裂等。

3. 对道路交通工程的影响

膨胀土地区的道路,由于路基土中含水率的不均匀变化,从而引起不均匀收缩,并产生幅度很大的横向波浪形变形。雨季路面渗水，路基受水浸软化，在行车荷载下形成泥浆，并沿路面的裂缝和伸缩缝溅浆冒泥。

4. 对边坡稳定的影响

膨胀土地区的边坡坡面最易受大气风化的作用。在干旱季节蒸发强烈，坡面剥落；雨季因冲蚀而使坡面变得支离破碎。土体吸水饱和，在重力与渗透压力作用下，沿坡面向下产生塑流状溜塌。当雨季雨量集中时还会形成泥流，堵塞涵洞，淹埋路面，甚至引发破坏性滑坡。边坡上的房屋和构筑物沉降量大，会出现开裂和损毁。

4.4.2 膨胀土的工程特性指标

为评价膨胀土的胀缩特性，引入了 5 个指标，分别是：自由膨胀率、膨胀率、膨胀力、线缩率、收缩系数。

1. 自由膨胀率

自由膨胀率用于衡量膨胀土在无结构力影响和无压力作用下的膨胀特性，可反映土中的矿物成分及含量对膨胀性的影响。该指标用于初步判定是否为膨胀土。

室内试验时，将人工磨细的烘干土样经无颈漏斗注入容积为 10 mL 的量杯中，盛满刮平后，倒入盛有蒸馏水的 50 mL 的量筒中，用搅拌器上下均匀搅拌 10 次，使土样充分吸水膨胀并稳定后，测量其体积。水中增加的体积与原体积之比称为自由膨胀率。

或简言之，**自由膨胀率**(free swelling ratio)是指人工制备的烘干松散土样在水中膨胀稳定后，其体积增加值与原体积之比的百分率。

用公式表示为

$$\delta_{ef}=\frac{V_w-V_0}{V_0}\times 100\% \tag{4-5}$$

式中，δ_{ef}——膨胀土的自由膨胀率，%；

V_w——土样吸水膨胀稳定后的体积，mL；

V_0——吸水前干土样的体积，mL。

2. 膨胀率

不同于自由膨胀率是在没有上覆压力下进行的测试，膨胀率是在有上覆压力下进行的试验。膨胀率指标用于评价地基的胀缩等级、计算膨胀土地基的变形量和测量其膨胀力。

膨胀率 δ_{ep}(swelling ratio)是指固结仪中的环刀土样，在一定压力下浸水膨胀稳定后，其高度增加值与原高度之比的百分率。为了比较不同的膨胀土，我国统一规定的试验压力为 50 kPa。膨胀率的计算公式为

$$\delta_{ep}=\frac{h_w-h_0}{h_0}\times 100\% \tag{4-6}$$

其中，δ_{ep}——膨胀率；

h_w——土样浸水膨胀稳定后的高度，mm；

h_0——土样的原始高度，mm。

3. 膨胀力

由膨胀率的定义可知，对于同一种土，在不同的压力下可以测得不同的膨胀率，如图 4-4

所示。即膨胀率的值不是唯一的，提到膨胀率就一定要说明是在什么压力下测得的。

室内试验时，固结仪中的环刀土样，在体积不变时浸水膨胀产生的最大内应力称为**膨胀力**(swelling force)。如图 4-4 中的 p_e 点即为膨胀力。

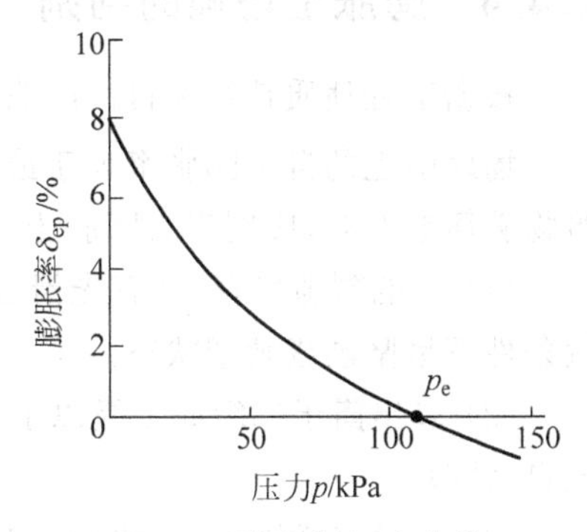

图 4-4　膨胀率-压力曲线

当基底压力大于或等于地基土的膨胀力时，膨胀土就不会发生向上的隆起变形。

4. **线缩率**

线缩率 δ_{sr}(linear shrinkage ratio)是指土的竖向收缩变形与原状土样高度之比。

试验时，将天然湿度下的环刀土样烘干或风干后，用其高度的减少值与原高度之比的百分率表示：

$$\delta_{sri}=\frac{h_0-h_i}{h_0}\times 100\% \tag{4-7}$$

式中，δ_{sri}——含水率为 w_i 时的线缩率；

h_0——土样的原始高度，mm；

h_i——含水率为 w_i 时的土样高度，mm。

5. **收缩系数**

由线缩率的定义可知，对于同一种土，在不同的含水率时得出的线缩率不同，据此，可以测得多组含水率与线缩率的数据，绘出如图 4-5 所示的收缩曲线。在该曲线的直线部分，可得出另一个指标——收缩系数。

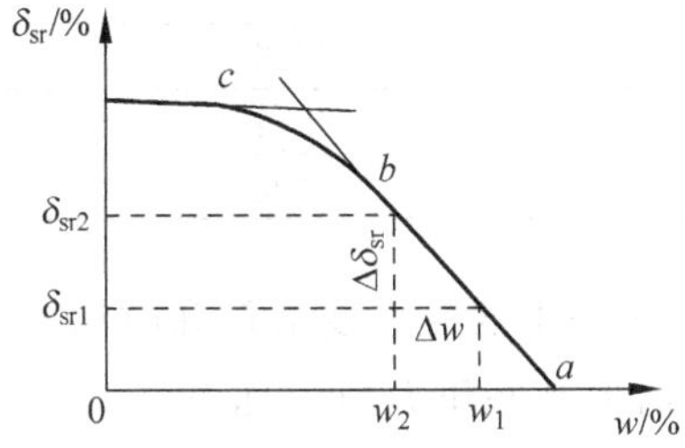

图 4-5　收缩曲线

收缩系数 λ_s(coefficient of shrinkage)是指环刀土样在直线收缩阶段内，含水率每减少 1%时所对应的竖向线缩率的变化值：

$$\lambda_s=\frac{\Delta\delta_{sr}}{\Delta w} \tag{4-8}$$

式中，λ_s——膨胀土的收缩系数；

$\Delta\delta_{sr}$——收缩过程中直线变化阶段，两点含水率之差对应的竖向线缩率之差，%；

Δw——直线收缩段内两点含水率之差，%，如图 4-5 所示。

4.4.3　膨胀潜势

膨胀潜势(swelling potential)是指在环境条件变化时，膨胀土可能产生胀缩变形或膨胀力的量度指标。

根据自由膨胀率 δ_{ef} 将膨胀潜势分为三级，如表 4-4 所示。

表 4-4　膨胀土的膨胀潜势

自由膨胀率 δ_{ef}/%	$40\leqslant\delta_{ef}<65$	$65\leqslant\delta_{ef}<90$	$\delta_{ef}\geqslant 90$
膨胀潜势	弱	中	强

4.4.4 膨胀土场地的判别

根据工程地质特征和自由膨胀率 δ_{ef} 来判断场地土是否为膨胀土。

场地中土的自由膨胀率大于或等于40%的黏性土，且场地具有下列工程地质特征及建筑物破坏形态时，应判定为膨胀土：

(1) 土的裂隙发育，常有光滑面和擦痕，有的裂隙中充填有灰白、灰绿等杂色黏土。自然条件下呈坚硬或硬塑状态。

(2) 多出露于二级或二级以上的阶地、山前和盆地边缘的丘陵地带，地形较平缓，无明显自然陡坎。

(3) 常见有浅层滑坡、地裂。新开挖坑(槽)壁易发生坍塌等现象。

(4) 建筑物多呈倒八字形、X形或水平裂缝，裂缝随气候变化而张开与闭合。

4.4.5 膨胀土地基的评价

应根据膨胀土的胀缩特性对低层砖混结构的影响程度对膨胀土地基进行分级。《膨胀土地区建筑技术规范》(GB 50112—2013)中规定，以50 kPa压力下测量的土的膨胀率来计算地基分级变形量 s_e，并以此作为划分膨胀土地基胀缩等级的标准，如表4-5所示。

表4-5 膨胀土地基的胀缩等级

地基分级变形量 s_e/mm	级别	破坏程度
$15 \leqslant s_e < 35$	Ⅰ	轻微
$35 \leqslant s_e < 70$	Ⅱ	中等
$s_e \geqslant 70$	Ⅲ	严重

表4-5中的地基分级变形量 s_e 也称为胀缩变形量，是膨胀土的膨胀变形量和收缩变形量的总和，计算时采用分层总和法求得。计算膨胀变形量时取基底压力为50 kPa。

胀缩变形量(value of swelling and shrinkage deformation)是指膨胀土吸水膨胀与失水收缩稳定后的总变形量。**膨胀变形量**(value of swelling deformation)是指在一定压力下膨胀土吸水膨胀稳定后的变形量。**收缩变形量**(value of shrinkage deformation)是指膨胀土失水收缩稳定后的变形量。

根据《膨胀土地区建筑技术规范》(GB 50112—2013)，膨胀土的胀缩变形量按下式计算：

$$s_e = \psi_e \sum_{i=1}^{n} (\delta_{epi} + \lambda_{si} \Delta w_i) h_i \tag{4-9}$$

式中，s_e——膨胀土地基的胀缩变形量，mm；

ψ_e——经验系数，可取0.7；

δ_{epi}——基底下第 i 层土在该层土的平均自重应力与平均附加应力之和作用下的膨胀率，由室内试验确定，%；

λ_{si}——第 i 层土的收缩系数，由室内试验确定；

Δw_i——地基土收缩过程中，第 i 层土可能发生的含水率变化的平均值，用小数表示；

h_i——第 i 层土的计算厚度，mm，一般为基底宽度的 0.4 倍；

n——自基础底面至计算深度 z_n 内所划分的土层数，计算深度应根据大气影响深度确定，如图 4-6 所示，有浸水可能时，可按浸水影响深度确定。

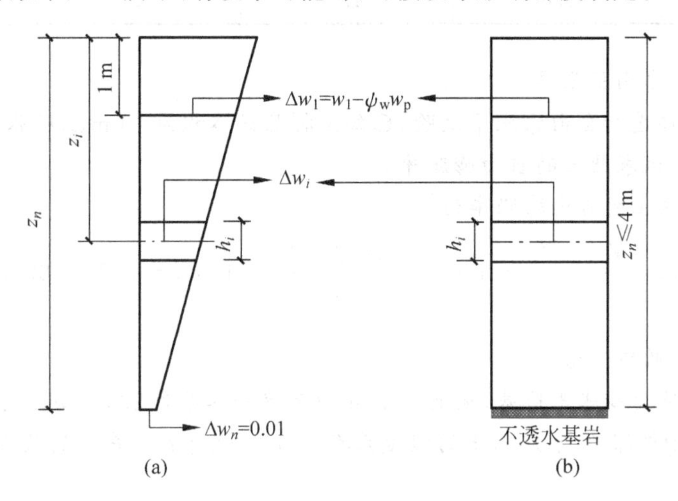

图 4-6　地基土收缩变形计算含水率变化示意

(a) 一般情况；(b) 地表下 4 m 深度内存在不透水基岩

大气影响深度(climate influenced depth)是指在自然气候影响下，由降水、蒸发和温度等因素引起地基土胀缩变形的有效深度。

在计算深度内，各土层的含水率变化值 Δw_i 按下式计算：

$$\Delta w_i = \Delta w_1 - (\Delta w_1 - 0.01)\left(\frac{z_i - 1}{z_n - 1}\right) \tag{4-10}$$

$$\Delta w_1 = w_1 - \psi_w w_p \tag{4-11}$$

式中，Δw_i——第 i 层土的含水率变化值，用小数表示；

Δw_1——地表下 1 m 处土的含水率变化值，用小数表示；

w_1——地表下 1 m 处土的天然含水率，用小数表示；

w_p——塑限含水率，用小数表示；

ψ_w——土的湿度系数，在自然气候影响下，地表下 1 m 处土层含水率可能达到的最小值与其塑限之比；

z_i——第 i 层土的深度，m；

z_n——计算深度，可取大气影响深度，m。

在地下 4 m 土层深度内存在不透水基岩时，可假定含水率变化值为常数(如图 4-6(b)所示)，在计算深度内有稳定地下水位时，可计算至水位以上 3 m。

膨胀土湿度系数指在自然气候影响下，地表下 1 m 深度处土层含水率的最小值与其塑限值之比，可根据当地记录资料确定；无资料时可按《膨胀土地区建筑技术规范》(GB 50112—2013)中的式(5.2.11)计算。

膨胀土的大气影响深度，应由各气候区的深层变形观测或含水率观测及地温观测资料确定；无资料时，可按表 4-6 选用。

表 4-6 大气影响深度 d_s m

土的湿度系数 ψ_w	0.6	0.7	0.8	0.9
大气影响深度 d_s	5.0	4.0	3.5	3.0

【例 4-2】 求自由膨胀率

对某膨胀土样进行自由膨胀率试验，已知土样原始体积为 10 mL，膨胀稳定后测得土样体积为 16.6 mL，试求此土的自由膨胀率。

【解答】 膨胀土的自由膨胀率为

$$\delta_{ef}=\frac{V_w-V_0}{V_0}\times 100\%=\frac{16.6-10}{10}\times 100\%=0.66=66\%$$

【例 4-3】 求收缩变形量

某建筑物场地为膨胀土地基，地表 1 m 处的天然含水率为 29%，塑限为 21%，土的收缩系数为 0.16，基础埋深为 2.0 m，土的湿度系数为 0.7，试计算地基土的收缩变形量。

【解答】

(1) 求 d_s

根据土的湿度系数 $\psi_w=0.7$，查表 4-6，得到大气影响深度 $d_s=4.0$ m。计算深度可取 $z_n=d_s=4.0$ m。

由于没有详细的地层资料，故认为需要计算收缩变形量的地层只有一层，厚度从基底处到大气影响深度处，即该层土厚 2.0 m，标高 −2.0～−4.0 m。

(2) 求各层土的 z_i

本题计算深度内(基底至大气影响深度之间的地层)只有一层土，该土层的中点深度为

$$z_i=[2.0+(4.0-2.0)/2]\ \text{m}=3.0\ \text{m}$$

(3) 求 Δw_1

地表下 1 m 处含水率变化值：

$$\Delta w_1=w_1-\psi_w w_P=29\%-0.7\times 21\%=0.143$$

(4) 求各土层的 Δw_i

本题计算深度内土层的含水率变化率平均值为

$$\Delta w_i=\Delta w_1-(\Delta w_1-0.01)\left(\frac{z_i-1}{z_n-1}\right)$$
$$=0.143-(0.143-0.01)\times\left(\frac{3.0-1}{4.0-1}\right)\approx 0.054$$

(5) 求 s_s

ψ_s 一般取 0.8，故计算深度内收缩变形量为

$$s_s=\psi_s\sum_{i=1}^{n}(\lambda_{si}\Delta w_i h_i)=0.8\times 0.16\times 0.054\times 2.0\ \text{m}\approx 0.014\ \text{m}=14\ \text{mm}$$

4.4.6 膨胀土地基的工程措施

膨胀土地基设计时，主要控制最大变形值，使其不超过允许值；当不满足要求时，应针

对膨胀土的胀缩特性从结构和施工等方面采取措施。

1. 场地选择

尽量布置在地面排水畅通或易于排水处理、地形条件简单、地质均匀、胀缩性较弱的场地，避开地裂、溶沟发育、地下水位变化大及存在浅层滑坡可能的地段。当地形不平坦时应避免大挖大填，坡度应小于14°，并尽可能设置低挡墙以防止土体溜滑。

2. 建筑设计

建筑物体形应力求简单并控制房屋长高比，必要时采用沉降缝隔开。屋面排水宜采用外排水，雨水管不应布置在沉降缝处，在雨水量较大地区，采用雨水明沟或管道排水。对现浇混凝土散水或室内地面，分隔缝不宜超过3 m，散水或地面与墙体之间设变形缝，并以柔性防水材料嵌缝。

3. 结构措施

膨胀土地区宜建造3层以上的高层房屋以加大基底压力，防止膨胀变形；承重砌体结构可采用实心砖墙，不得采用空心墙、砌块墙或无砂混凝土砌体，不宜采用砖拱结构、无砂大孔混凝土和无筋中型砌块等对变形敏感的结构；可适当设置钢筋混凝土圈梁，以加强建筑物的整体刚度。

4. 基础设计

基础不宜设置在季节性干湿变化剧烈的土层内，基础埋深宜超过大气影响深度，且不应小于1 m。较均匀的膨胀土地基，可采用条基；基础埋深较大或条基基底压力较小时，宜采用墩基；当大气影响深度较深，且膨胀土层厚，相对地基加固或墩式基础施工有困难或不经济时，可选用桩基穿越方案，桩端应进入非膨胀土层或大气影响急剧层以下的土层中。

5. 地基处理

消除膨胀土地基土胀缩性的方法有换填法、土性改良法等。

换填法施工时应使用非膨胀性黏土、砂石或灰土作为填料，换填厚度和宽度应通过计算确定。土性改良法通过在膨胀土中掺入石灰、水泥、粉煤灰等，提高土的强度，改善其渗透性。也可通过灌浆法封堵膨胀十中的裂隙，以减少水分的影响。

6. 施工措施

膨胀土地区还应注意消除局部热源和水源的影响。消除热源影响的措施有对供热管道采取架空和隔热措施。消除水源影响的措施有：①在房屋四周做好排水措施，不得形成积水；②不得采用集水的明沟排水；③室内外管沟必须做好防渗、防漏措施；④对绿化的浇灌设施及浇灌方法应有所控制。

4.5 冻土地基

4.5.1 概述

温度≤0℃，含有冰，且与土颗粒呈胶结状态的土称为**冻土**(frozen soil)。冻土是由矿物颗粒、冰、未冻水和气体4种物质组成的多成分多相体系，其中冰、未冻水和气体的含量随温度而变化。

虽然砂土和砾石中土的起始冻结温度为0℃，但可塑粉土却为−0.2～−0.5℃，硬黏土和粉质黏土为−0.6～−1.2℃。且无论温度多低，冻土中总有未冻结的水。故**冻土的含冰率**(ice amount in frozen soil)并不等于冻土融化时的含水率。

冻土地基的冻胀机理是土中含有足够的水分，水结晶成冰后能导致土颗粒发生位移，且有能够使水变成冰的负温度。水分由下部土体向冻结锋面迁移，使土在冻结面上形成冰夹层和冰透镜体，导致冻层膨胀。

季节性冻土的下部冻结边界线称为**冻深线**(frost line)，也称为冻结线。

当地基土的冻结线侵入到基础的埋置深度范围内时，将会引起基础冻胀，基础将受到地基土切向冻胀力及法向冻胀力的作用。在上述冻胀力作用下，建筑物基础将明显地表现出随季节而上抬和下落变化，当这种冻融变形超过房屋所允许的变形值时，便会产生各种形式的裂缝和破坏。

4.5.2 冻土分类

1. 按冻结时间分类

冻土按冻结状态持续时间长短可分为3类：瞬时冻土、季节性冻土和多年冻土。

瞬时冻土(instantaneous frozen soil)的冻结时间小于一个月，一般为数天或几个小时(夜间冻结)，冻结深度从几毫米至几十毫米，对建筑工程影响很小。

季节性冻土(seasonally frozen soil)是指地表层寒季冻结、暖季全部融化的土。季节冻土的冻结时间等于或大于一个月，冻结深度从几十毫米至1～2 m，它是每年冬季发生的周期性冻土。

多年冻土(permafrost)是指冻结状态延续2年或2年以上的土。

多年冻土分布在年平均气温约低于−2℃，冰冻期长达7个月以上的严寒地区。我国多年冻土主要分布在青藏高原、帕米尔高原及西部高山(包括祁连山、阿尔泰山和天山等)，东北的大小兴安岭和其他高山的顶部也有零星分布。我国的冻土总面积约为215万km^2，占我国国土总面积的20%左右。

2. 按冻胀性分类

季节冻土与多年冻土季节融化层土，根据土平均冻胀率η的大小可分为不冻胀土、弱冻胀土、冻胀土、强冻胀土和特强冻胀土五类，分类时尚应符合表4-7的规定。

表4-7 季节冻土与季节融化层土的冻胀性分类

土的名称	冻前天然含水率w/%	冻前地下水位距设计冻深的最小距离h_w/m	平均冻胀率η/%	冻胀等级	冻胀类别
碎(卵)石，砾砂、粗砂、中砂(粒径小于0.075 mm的颗粒含量不大于15%)，细砂(粒径小于0.075 mm的颗粒含量不大于10%)	不饱和	不考虑	$\eta\leqslant1$	Ⅰ	不冻胀
	饱和含水	无隔水层	$1<\eta\leqslant3.5$	Ⅱ	弱冻胀
	饱和含水	有隔水层	$3.5<\eta$	Ⅲ	冻胀

续表

土的名称	冻前天然含水率 w/%	冻前地下水位距设计冻深的最小距离 h_w/m	平均冻胀率 η /%	冻胀等级	冻胀类别
碎(卵)石，砾砂、粗砂、中砂(粒径小于 0.075 mm 的颗粒含量大于15%)，细砂(粒径小于 0.075 mm 的颗粒含量大于10%)	$w\leqslant12$	>1.0	$\eta\leqslant1$	Ⅰ	不冻胀
		≤1.0	$1<\eta\leqslant3.5$	Ⅱ	弱冻胀
	$12<w\leqslant18$	>1.0			
		≤1.0	$3.5<\eta\leqslant6$	Ⅲ	冻胀
	$w>18$	>0.5			
		≤0.5	$6<\eta\leqslant12$	Ⅳ	强冻胀
粉砂	$w\leqslant14$	>1.0	$\eta\leqslant1$	Ⅰ	不冻胀
		≤1.0	$1<\eta\leqslant3.5$	Ⅱ	弱冻胀
	$14<w\leqslant19$	>1.0			
		≤1.0	$3.5<\eta\leqslant6$	Ⅲ	冻胀
	$19<w\leqslant23$	>1.0			
		≤1.0	$6<\eta\leqslant12$	Ⅳ	强冻胀
	$w>23$	不考虑	$\eta>12$	Ⅴ	特强冻胀
粉土	$w\leqslant19$	>1.5	$\eta\leqslant1$	Ⅰ	不冻胀
		≤1.5	$1<\eta\leqslant3.5$	Ⅱ	弱冻胀
	$19<w\leqslant22$	>1.5			
		≤1.5	$3.5<\eta\leqslant6$	Ⅲ	冻胀
	$22<w\leqslant26$	>1.5			
		≤1.5	$6<\eta\leqslant12$	Ⅳ	强冻胀
	$26<w\leqslant30$	>1.5			
		≤1.5	$\eta>12$	Ⅴ	特强冻胀
	$w>30$	不考虑			
黏性土	$w\leqslant w_P+2$	>2.0	$\eta\leqslant1$	Ⅰ	不冻胀
		≤2.0	$1<\eta\leqslant3.5$	Ⅱ	弱冻胀
	$w_P+2<w\leqslant w_P+5$	>2.0			
		≤2.0	$3.5<\eta\leqslant6$	Ⅲ	冻胀
	$w_P+5<w\leqslant w_P+9$	>2.0			
		≤2.0	$6<\eta\leqslant12$	Ⅳ	强冻胀
	$w_P+9<w\leqslant w_P+15$	>2.0			
		≤2.0	$\eta>12$	Ⅴ	特强冻胀
	$w_P+15<w$	不考虑			

注：① w_P 为塑限含水率，%，w 为冻前天然含水率在冻层内的平均值；②盐渍化冻土不在表列；③塑性指数大于22时，冻胀性降低一级；④粒径小于 0.005 mm 的颗粒含量大于 60%时，为不冻胀土；⑤碎石类土当充填物大于全部质量的 40%时，其冻胀性按充填物土的类别判定；⑥隔水层指季节冻结层底部及以上的隔水层。

4.5.3 冻土的物理力学性质

反映冻土特性的指标有两类：冻胀性指标与融沉性指标。

1. 冻胀性

描述土冻胀性的指标有平均冻胀率、冻胀强度、冻胀力、冻结力、冻结强度、冻胀量等。

平均冻胀率(average heaving ratio)是指单位冻结深度的平均冻胀量。可表示为

$$\eta=\frac{\Delta z}{h'-\Delta z}\times 100\% \tag{4-12}$$

式中，η——平均冻胀率；

Δz——地表冻胀量(因冻胀引起的土层厚度增加量)，mm；

h'——冻层厚度，mm。

平均冻胀率用作冻土分类的划分依据，如表4-7所示。

冻胀强度(frozen strength)是指单位冻结深度的冻胀量，也称为**冻胀率**(frost heaving ratio)。

冻胀力(frost heave force)是指土在冻结时由于体积膨胀对基础产生的作用力。

按作用方向，冻胀力分为作用在基础底面的法向冻胀力和作用在侧面的切向冻胀力。冻胀力的大小除了与土质、土温、水文地质条件和冻结速度有密切关系外，还与基础埋深、材料和侧面的粗糙程度有关。无水源补给的封闭系统，冻胀力一般不大；有水源补给的敞开系统，冻胀力就可能成倍地增加。

冻结力(adfreeze strength)是指冻土与基础表面通过冰晶形成的胶结力。冻结力的作用方向总是与外力的合力作用方向相反，在冻土的融化层回冻期间，冻结力起着抗冻胀的锚固作用；当季节融化层融化时，位于多年冻土中的基础侧面则相应产生方向向上的冻结力，它又起到了抗基础下沉的承载作用。影响冻结力的因素很多，除了温度与含水率外，还有基础材料表面的粗糙度。基础表面粗糙度越大，冻结力也越大，所以在多年冻土地基设计中，应考虑冻结力 S_d 的作用，其数值可查表4-8确定。基础侧面总的长期冻结力 Q_d 按下式计算：

$$Q_d=\sum_{i=1}^{n}S_{di}A_{di} \tag{4-13}$$

式中，Q_d——基础侧面总的长期冻结力，kN；

A_{di}——第 i 层冻土与基础侧面的接触面积，m^2；

n——冻土与基础侧面接触的土层数；

S_{di}——第 i 层冻土的冻结强度。

表4-8 冻土与混凝土基础表面的长期冻结力 S_d kPa

土的平均温度/℃	−0.5	−1.0	−1.5	−2.0	−2.5	−3.0	−4.0
黏性土及粉土	60	90	120	150	180	210	280
碎石土	70	110	150	190	230	270	350
砂土	80	130	170	210	250	290	380

冻结强度(freezing strength)是指土与基础侧表面冻结在一起的剪切强度，是单位面积上的冻结力。

冻胀量(frost heave capacity)是指天然地基的冻胀量，有两种情况：无地下水源补给和有地下水源补给。对于无地下水源补给的，冻胀量等于在冻结深度范围内自由水在冻结时的体积；对于有地下水源补给的情况，冻胀量与冻胀时间有关，应该根据现场测试确定。

2. 融沉性

冻土在融化过程中，无外荷载条件下所产生的沉降称为**融化下沉**(thaw settlement)，简称融陷，其大小用融陷系数 A_0 表示：

$$A_0=\frac{\Delta h}{H}\times 100\% \tag{4-14}$$

式中，Δh——融陷量，mm；

H——融化层厚度，mm。

冻土融化后，在外力作用下产生的压缩变形称为**融化压缩**(thaw compressibility)，其大小用融化压缩系数 a_0 表示：

$$a_0=\frac{\dfrac{s_1-s_2}{h}}{p_2-p_1} \tag{4-15}$$

式中，p_1、p_2——分级荷载，MPa；

s_1、s_2——相应于 p_1、p_2 荷载下的稳定下沉量，mm；

h——试样高度，mm。

融陷系数 A_0 和融化压缩系数 a_0 在无试验资料时可参考表 4-9 和表 4-10 中的数值。

表 4-9　冻结黏性土融陷系数 A_0 和融化压缩系数 a_0 的参考值

冻土总含水率 w/%	$\leqslant w_P$	$w_P\sim w_P+7$	$w_P+7\sim w_P+15$	$w_P+15\sim50$	50～60	60～80	80～100
A_0/%	<2	2～5	5～10	10～20	20～30	30～40	>40
a_0/MPa^{-1}	<0.1	0.1～0.2	0.2～0.3	0.3～0.4	0.4～0.5	0.5～0.6	0.6～0.7

表 4-10　冻结砂类土、碎石类土融陷系数 A_0 和融化压缩系数 a_0 的参考值

冻土总含水率 w/%	<10	10～15	15～20	20～25	25～30	30～35	>35
A_0/%	0	0～3	3～6	6～10	10～15	15～20	>20
a_0/MPa^{-1}	0	<0.1	0.1	0.2	0.3	0.4	0.5

我国多年冻土地区，建筑物基底融化深度为 3 m 左右，所以对多年冻土融陷性进行分析评价也按 3 m 考虑。根据计算的融陷量及融陷系数，《冻土地区建筑地基基础设计规范》(JGJ 118—2011)将冻土的融陷性分为 5 级，融陷性评价如表 4-11 所示。

表 4-11　多年冻土按融陷量的划分

融陷性分级	Ⅰ	Ⅱ	Ⅲ	Ⅳ	Ⅴ
融陷系数 A_0/%	<1	1～5	5～10	10～25	>25
按 3 m 计算的融陷量/mm	<30	30～150	150～300	300～750	>750

注：Ⅰ—少冰冻土(不融陷土)：良好地基土，一般建筑物不用考虑冻融问题；Ⅱ—多冰冻土(弱融陷土)：较良好的地基土，一般可直接作为建筑物的地基；Ⅲ—富冰冻土(中融陷土)：有较大融陷量、压缩量和冻胀性，作为地基时应采用深基础或采取保温措施；Ⅳ—饱冰冻土(强融陷土)：融陷量大，作为天然地基时常造成建筑物的严重破坏，宜采用保持冻结原则设计，或采用桩基础、架空基础等；Ⅴ—含土冻层(极融陷土)：土中含大量冰，会发生严重融陷，不宜作为建筑地基，或需专门处理后作为地基。

4.5.4　多年冻土地基基础的设计

1. 多年冻土地基的设计原则

将多年冻土用作建筑物地基时,应根据冻土的稳定状态和修筑结构物后地基地温、冻深等可能发生的变化,分别采取两种原则设计,即保持冻结原则和容许融化原则。

1）保持冻结原则

保持基底多年冻土在施工和运营过程中处于冻结状态。适用于多年冻土较厚、地温较低(年平均地温低于－1.0℃)和冻土比较稳定的地基。

采取这一原则时,对地基土应按多年冻土物理力学指标进行基础工程设计和施工。相应可采取下列基础形式和措施,如采用架空通风基础、填土通风管基础、用粗颗粒土垫高的地基、桩基础、热桩基础、保温隔热地板,基础底面延伸至计算的最大融化深度之下、人工制冷降低土温的措施等。

2）容许融化原则

容许融化原则,容许基底下的多年冻土在施工和运营过程中融化,融化方式有自然融化和人工融化(预先融化)。

若多年冻土以自然融化作为设计状态,设计时应满足下列条件之一：厚度不大、地温较高(年平均地温为－0.5～1.0℃)的不稳定状态冻土；持力层范围内的地基处于塑性冻结状态；在最大融化深度范围内存在变形量为不允许的融沉、强融沉和融陷土及其夹层的地基；室温较高、占地面积较大的建筑,或热载体管道及给排水系统对冻层产生热影响的地基。

2. 多年冻土地区地基基础的设计计算内容

在多年冻土地区建筑物设计中,应对地基进行静力计算和热工计算。地基静力计算应包括承载力计算、变形计算和稳定性验算。确定冻土地基承载力时应计入地基土的温度影响。地基的热工计算应包括地温特征值计算、地基冻结深度计算、地基融化深度计算等。详见《冻土地区建筑地基基础设计规范》(JGJ 118—2011)。

4.5.5　防止融沉的措施

为保证冻土上建筑物的安全,应注意采取以下防融沉措施。

(1) 换填基底土。对采用融化原则的基底土可换填碎石、卵石、砾石或粗砂等,换填深度可到季节融化深度或到受压层深度。

(2) 选择好施工季节。采用保持冻结原则时基础宜在冬季施工；采用融化原则时,最好在夏季施工。

(3) 选择好基础形式。对融沉、强融沉土宜用轻型墩台,适当增大基底面积,减少压应力,或结合具体情况,加深基础埋置深度。

(4) 注意隔热措施。采取保持冻结原则时,施工中应注意保护地表植被,或以保温性能较好的材料铺盖地表,以减少热渗入量。施工和养护中,保证建筑物周围排水通畅,防止地表水灌入基坑内。如抗冻胀稳定性不够,可在季节融化层范围内按防冻胀措施处理。

4.6　盐渍土地基

4.6.1　概述

盐渍土(saline soil)是指易溶盐含量大于或等于 0.3%且小于 20%,并具有溶陷或盐胀等工程特性的土。**盐渍化**(salinization)是指土体中盐分的迁移和积聚,并最终达到一定的含盐量的过程。

沙漠化和盐渍化是当今世界十大环境问题之一。在我国,盐渍土分布范围广,且多具有腐蚀性、膨胀性、湿陷性等特性,对工业和农业生产都造成极大的危害,如对铁路、公路、水利、建筑等造成破坏的路基翻浆冒泥、边坡失稳、建筑物开裂、地下金属管线腐蚀等,严重地威胁着人类的生产和生活。

含盐量(salinity content)是指土中所含盐的质量与土颗粒质量之比。

溶解度(solubility)是指在一定温度下,某固态盐在 100 g 水中达到饱和状态时所溶解的质量。根据溶解度的大小,分为易溶盐、中溶盐和难溶盐。**易溶盐**(soluble salt)是指易溶于水的盐类,主要指氯盐、碳酸钠、碳酸氢钠、硫酸钠、硫酸镁等,在 20℃时,其溶解度为 9%~43%。**中溶盐**(medium dissolved salt)是指中等程度可溶于水的盐类,主要指硫酸钙,在 20℃时,其溶解度约为 0.2%。**难溶盐**(insoluble salt)是指难溶于水的盐类,主要指碳酸钙,在 20℃时,其溶解度约为 0.0014%。

1. 盐渍土的成因

盐渍土一般分布在地势比较低且地下水位较高的地段,如内陆洼地、盐湖和河流两岸的漫滩、低阶地、牛轭湖以及三角洲洼地、山间洼地等地段。盐渍土层厚度一般不大,从地表向下 1.5~4.0 m,盐渍土中盐分随季节、气候和地质条件的变化而变化。

盐渍土的成因主要取决于盐源、迁移和积聚这三个方面。

盐渍土中盐的来源主要有三种途径:第一是岩石在风化过程中分离出的少量盐;第二是海水侵入、倒灌等将盐渗入土中;第三是工业废水或含盐废弃物,使土体中含盐量增高。

盐渍土中盐的迁移和积聚主要靠风力或水流完成。在沙漠干旱地区,大风常将含盐的土粒或盐的晶体吹落到远处,积聚起来,使盐重新分布。地表水和地下水在流动过程中把所溶解的盐分带到低洼处。在含盐量很高的水流经过的地区,如遇到干旱气候环境,由于强烈蒸发,盐类析出并积聚在土体中便形成盐渍土。在滨海地区,地下水中的盐分通过毛细作用输送到地表,由于地表的蒸发作用,将盐分析出,形成盐渍土。

2. 盐渍土的分布

盐渍土在世界各地均有分布。中国、美国、俄罗斯、伊拉克、埃及、沙特阿拉伯、阿尔及利亚、印度,以及非洲、欧洲等许多国家和地区均分布有盐渍土。

盐渍土在我国分布面积较广,按地理区域划分,可分为沿海盐渍土和内陆盐渍土两个大区。它们主要分布在西北干旱地区的新疆、青海、西藏北部、甘肃、宁夏、内蒙古等地势低洼的盆地和平原,其次分布在华北平原、松辽平原等地。另外在滨海地区的辽东湾、渤海湾、莱州湾、杭州湾以及包括台湾在内的诸岛屿沿岸,也有相当面积的盐渍土存在。

有些盐渍土中以碳酸钠或碳酸氢钠为主，碱性较大，pH 值一般为 8～10.5，这种土称为碱土或碱性盐渍土，农业上称为苏打土。这种土零星分布于我国东北的松辽平原以及华北的黄淮、海河平原。

3. 盐渍土的分类

根据含盐量，将盐渍土分为弱盐渍土、中盐渍土、强盐渍土、超盐渍土四类，见表 4-12。其中土层的平均含盐量以质量百分数表示。

表 4-12 盐渍土按盐渍化程度分类

盐渍土名称	盐渍土层的平均含盐量/%		
	氯盐渍土及亚氯盐渍土	硫酸盐渍土及亚硫酸盐渍土	碱性盐渍土
弱盐渍土	[0.3,1.0)	—	—
中盐渍土	[1.0,5.0)	[0.3,2.0)	[0.3,1.0)
强盐渍土	[5.0,8.0)	[2.0,5.0)	[1.0,2.0)
超盐渍土	≥8.0	≥5.0	≥2.0

注：表中所列数值范围“(”“)”表示不含等号，“[”“]”表示含等号，如(1.0,2.0]表示>1.0 且≤2.0。

4.6.2 盐渍土地基的评价与分级

盐渍土地基(saline soil foundation)是指主要受力层由盐渍土组成的地基。

对盐渍土地基的评价，主要考虑盐渍土地基的溶陷性、盐胀性和腐蚀性三个方面。

1. 溶陷性

溶陷(collapsibility)是指因水对土中盐类的溶解和迁移作用而产生的土体沉陷。

天然状态下盐渍土在自重压力或附加压力下，受水浸湿时所产生的附加变形称作盐渍土的**溶陷变形**(deformation of dissolution collapsibility)。为区别于黄土的湿陷性，把盐渍土这种遇水湿陷的特性称为溶陷性。盐渍土的含盐类型多为硫酸盐、碳酸盐和氯化物，其中的钠、钾和镁盐都属易溶盐，这些盐类成为土颗粒之间胶结物的主要成分。在干燥状态下，盐渍土的强度高、压缩性低；但遇水后，可溶性盐类溶解，在荷载或自重作用下土体下沉。

溶陷系数(coefficient of collapsibility)是指单位厚度的盐渍土的溶陷量。

测量溶陷性的方法基本上可参照黄土湿陷性的试验方法进行，通过室内压缩试验由下式确定：

$$\delta=\frac{h_p-h'_p}{h_0} \tag{4-16}$$

式中，δ——溶陷系数；

h_p——原状土样在压力 p 作用下沉降稳定后的高度；

h'_p——上述条件下的土样，经水浸后下沉稳定后的高度；

h_0——原状土样的原始高度。

也可通过现场浸水试验确定溶陷系数，其表达式为

$$\delta=\frac{\Delta s}{h} \tag{4-17}$$

式中，Δs——荷载板在压力 p 时，浸水后的溶陷量；

h——荷载板下盐渍土的湿润深度，可由钻探或现场测量。

盐渍土的溶陷性主要根据溶陷系数 δ 进行评价。当溶陷系数 δ 大于 0.01 时，为溶陷性盐渍土。

根据溶陷系数计算地基的溶陷量 s_{rx}：

$$s_{rx}=\sum_{i=1}^{n}\delta_{rxi}h_i \tag{4-18}$$

式中，s_{rx}——盐渍土地基的总溶陷量计算值，mm；

δ_{rxi}——室内试验测量的第 i 层土的溶陷系数；

h_i——第 i 层土的厚度，mm；

n——基础底面以下可能产生溶陷的土层数。

根据溶陷量可把盐渍土地基分为三个等级，见表 4-13。

表 4-13　盐渍土地基的溶陷等级

溶陷等级	Ⅰ级(弱溶陷)	Ⅱ级(中溶陷)	Ⅲ级(强溶陷)
溶陷量 s_{rx}/mm	$70<s_{rx}\leqslant150$	$150<s_{rx}\leqslant400$	$s_{rx}>400$

注：当 $s_{rx}<70$ mm 时，不考虑地基的溶陷危害。

2. 盐胀性

盐胀(salt expansion)是指盐渍土因温度或含水率变化而产生的土体体积增大。

盐胀系数(coefficient of salt expansion)是指单位厚度的盐渍土的盐胀量。

盐渍土与膨胀土的膨胀现象在宏观上类似，但在机理上完全不同。盐渍土的膨胀可分为两类，即结晶膨胀和非结晶膨胀。

结晶膨胀是由于盐渍土因温度降低或失去水分后，溶于孔隙水中的盐分析出结晶而产生的体积膨胀。当土中的硫酸钠含量超过某一定值(约 2%)，在低温或含水率下降时，硫酸钠发生结晶膨胀，对于无上覆压力的地面或路基，膨胀高度可达数十毫米至几百毫米。这是常见于盐渍土地区的一个严重的工程问题。大量调查资料表明，以含硫酸钠(芒硝)为主的盐渍土表层(约 1 m)，由于盐胀作用使土的孔隙增大，土粒松散，形成与盐结壳脱离的蓬松层。这种盐胀作用常使路面、机场跑道、建筑物室内外地坪、台阶、花坛等发生破坏。

非结晶膨胀是指由于盐渍土中存在着大量吸附性阳离子，特别是低价的水化阳离子与黏土胶粒相互作用，使扩散层水膜厚度增大而引起土体膨胀。最具代表性的是碳酸盐渍土，其含水率增加时，土质泥泞不堪。

从工程观点来看，由于盐胀所产生的压力没有膨胀土的膨胀压力大，所以盐胀的主要危害是对道路和地坪的破坏作用。

在 1.5 倍标准冻结深度范围内，硫酸钠含量超过 1%时，应考虑土的盐胀性。盐胀性可通过现场盐胀试验测量，试验宜在秋后冬初、地温变化不大时进行。

根据盐胀系数计算地基的总盐胀量 s_{yz}：

$$s_{yz}=\sum_{i=1}^{n}\delta_{yzi}h_i \tag{4-19}$$

式中，s_{yz}——盐渍土地基的总盐胀量计算值，mm；

δ_{yzi}——室内试验测量的第 i 层土的盐胀系数；

h_i——第 i 层土的厚度，mm；

n——基础底面以下可能产生盐胀的土层数。

根据总盐胀量可把盐渍土地基分为三个等级，见表 4-14。

表 4-14 盐渍土地基的盐胀等级

盐 胀 等 级	Ⅰ级(弱盐胀)	Ⅱ级(中盐胀)	Ⅲ级(强盐胀)
盐胀量 s_{yz}/mm	$30<s_{yz}\leqslant 70$	$70<s_{yz}\leqslant 150$	$s_{yz}>150$

3. 腐蚀性

盐渍土中的氯盐是易溶盐，在水溶液中全部离解为阴、阳离子，具有很强的腐蚀作用，对于金属类的管线、设备以及混凝土中的钢筋等都会造成严重损坏，影响其耐久性和安全使用。盐渍土中的硫酸盐主要指钠盐、镁盐和钙盐，这些都属于易溶盐和中溶盐。硫酸盐对水泥、黏土制品等腐蚀非常严重。

根据盐渍土的地基介质、离子种类和埋设条件，可将其腐蚀性分为无、弱、中和强四个等级，详见《盐渍土地区建筑技术规范》(GB/T 50942—2014)。

4.6.3 盐渍土地基的工程措施

盐渍土地区应结合建筑物类别、场地盐渍土地基溶陷等级和当地经验，对不同地区、不同工程性质的盐渍土区别对待，采取相应的措施。

对不具溶陷性、盐胀性的地基，除应按盐腐蚀性等级采取防腐措施外，还可按一般非盐渍土地基进行设计。对于一般溶陷量较小的盐渍土地基上的次要建筑物，只要满足地基变形和强度条件，可不采取任何附加设计措施。对于溶陷量较大的盐渍土地基，经验难以满足地基变形与强度要求时，应根据建筑物类别和抵抗不均匀沉陷的能力、地基的溶陷等级以及浸水可能性，采取相应防水、地基基础和结构措施。

1. 地基处理措施

(1) 对于以溶陷性为主的盐渍土的地基处理，主要是减小地基的溶陷性。

(2) 对于以盐胀性为主的盐渍土的地基处理，主要是减小或消除盐渍土的盐胀性。可以采取以下方法。

① 换土垫层法：无须将盐渍土层全部挖除，只要将有效盐胀范围内的盐渍土挖除即可。

② 设地面隔热层：该方法可使盐渍土层的浓度变化减小，从而减小或完全消除盐胀。

③ 设置缓冲层：在地坪下设一层 20 cm 左右厚的大粒径卵石，使下面土层的盐胀变形得到缓冲。

④ 化学处理：因硫酸盐在氯盐溶液中的溶解度随浓度增加而减小，可将氯盐渗入硫酸盐渍土中，抑制其盐胀。

(3) 对以腐蚀性为主的盐渍土，可采取以下防腐蚀措施：提高建筑材料本身的防腐能力，如选用优质水泥，提高密实度，增大保护层厚度，提高钢筋的防腐能力等；在混凝土或砖石砌体表面做防水层和防腐涂层；严格控制混凝土或砂浆的用水和砂石料的含盐量等。

2. 防护措施

(1) 工程设置应尽可能避开盐渍土主要分布区。

(2) 防止大气降水、地表水、工业和生活用水淹没或浸湿地基和附近场地，对湿润厂房地基设置防渗层，对建筑物基础采取防腐措施。

(3) 在盐渍土地区，地基开挖后及时进行基础施工，防止施工用水渗入地基内。

(4) 对具有盐胀性或溶陷性的盐渍土采用桩基础时，桩的埋入深度应大于盐胀性盐渍土的盐胀临界深度。

4.7　红黏土地基

红黏土(laterite)是指碳酸盐系出露区的岩石在气候变化大和潮湿的环境下经红化作用形成的棕红、褐黄等色的高塑性黏土。红黏土的液限大于或等于50%，一般具有表面收缩、上硬下软、裂隙发育的特征。

4.7.1　概述

红黏土广泛分布于我国贵州、云南、广西等地，湖南、湖北、安徽、四川等部分地区也有分布。通常堆积在山坡、山麓、盆地或洼地中，主要为残积、坡积类型。一般为岩溶地区的覆盖层，因受基岩起伏影响，厚度变化较大。若红黏土层受间歇性水流冲蚀，被搬运至低洼处沉积形成新土层，但仍保留其基本特征，且液限大于45%的红黏土，称为**次生红黏土**(secondary red clay)。

1. 矿物化学成分

红黏土的矿物成分主要是高岭石、伊利石和绿泥石，化学成分以SiO_2、Fe_2O_3、Al_2O_3为主。黏土矿物具有稳定的结晶格架，细粒组结成稳固的团粒结构，土体近于两相体且土中又多为结合水，这是红黏土具有良好力学性能的基本原因。

2. 物理力学性质

红黏土具有两大特点：一是土的天然含水率、孔隙比、饱和度以及液性指数、塑性指数都很高，含水率几乎与液限相等，孔隙比在1.1～1.7之间，饱和度大于85%，渗透系数很低，压缩系数a_{1-2}多在0.1～0.4 MPa^{-1}之间，压缩模量E_s为5～15 MPa，但是却具有较高的力学强度(内聚力一般为10～60 kPa，内摩擦角为10°～30°或更大)和较低的压缩性；二是各种指标变化幅度很大，具有高分散性。红黏土的干湿效应明显，吸水膨胀软化，干燥失水后体积收缩而具有胀缩性。

3. 上硬下软现象

红黏土地层从地表向下由硬变软。上部呈坚硬、硬塑状态的土占红黏土层的75%以上，厚度一般都大于5 m；接近基岩处呈可塑状态，占10%～20%；位于基岩凹部溶槽内的土呈软塑、流塑状态，占比小于10%。相应地，土的强度逐渐降低，压缩性逐渐增大。

红黏土由于团粒结构在形成过程中造成总的孔隙体积大，与黄土的不同在于单个孔隙体积很小，黏粒间胶结力强且呈非亲水性，故红黏土无湿陷性。

4. 岩溶发育现象

红黏土地区的岩溶一般较发育。由于地表水和地下水的运动引起的冲蚀和潜蚀作用，在隐伏岩溶上的红黏土层常有土洞存在，因而影响场地的稳定性。

4.7.2 红黏土地基的评价

1. 地基稳定性评价

靠近地表部位或边坡地带的坚硬、硬塑红黏土，裂隙发育，破坏了土体的连续性和整体性，使土体整体强度降低。当基础浅埋且有较大水平荷载，外侧地面倾斜或有临空面时，要首先考虑地基稳定性问题，土的抗剪强度指标及地基承载力都应做相应的折减。

2. 地基承载力评价

红黏土具有较高的强度和较低的压缩性，在孔隙比相同时，它的承载力是软黏土的2～3倍，因此是建筑物良好的地基。

3. 地基均匀性评价

《岩土工程勘察规范(2009年版)》(GB 50021—2001)将红黏土地基划分为两类：Ⅰ类(全部由红黏土组成)和Ⅱ类(由红黏土和下覆基岩组成)。对于Ⅰ类红黏土地基，可不考虑地基均匀性问题。对于Ⅱ类红黏土地基，应验算其沉降差是否满足要求。

4.7.3 红黏土地基的工程措施

在工程建设中应充分利用红黏土上硬下软的分布特征，基础尽量浅埋。

为消除红黏土地基的胀缩性与分散性，宜采取如下的工程措施。

(1) 土层厚度不均时，采取换土、填洞、加强基础和上部结构整体刚度的措施，或采用桩基和其他深基础措施。

(2) 在建筑物施工或使用期间均应做好防水排水措施，避免水分渗入地基。对于天然土坡和人工开挖的边坡及基槽，应防止破坏自然排水系统和坡面植被，坡面上的裂隙应加以填塞，做好地表水、地下水及生产和生活用水的排泄、防渗等措施。对基岩面起伏大、岩质坚硬的地基，也可采用大直径嵌岩桩和墩式基础进行处理。

4.8 岩溶与土洞

4.8.1 岩溶地基

岩溶(karst)是指石灰岩、白云岩、石膏、岩盐等可溶性岩层受水的化学和机械作用产生沟槽、裂隙、溶洞，以及由于溶洞的顶板塌落使地表产生陷穴、洼地等各类现象和作用的总称。

1. 岩溶地貌的主要形态

岩溶地貌主要的地表形态有以下几种。

(1) 石芽、石林。地表岩体受地表水的溶蚀作用后，残留的锥状柱体称为石芽；石芽林立称为石林。

(2) 溶沟、溶槽。指地表水沿岩石表面侵蚀形成的沟槽。

(3) 漏斗、塌陷洼地。由于水的侵蚀作用，岩层塌陷成漏斗状的地貌形态称为漏斗；塌陷后由堆积物堆积形成的洼地称为塌陷洼地。

(4) 落水洞、竖井。将地表水导入地下的竖向溶洞称为落水洞；目前无水流入的竖向溶洞称为竖井。

(5) 坡立谷。指面积较大而四周边缘陡峭的封闭洼地。

岩溶地貌主要的地下形态有以下几种。

(1) 溶蚀裂隙。指水在岩层裂隙中运动由于溶蚀作用而扩大的裂隙。

(2) 溶洞、暗河。地下水以溶蚀作用为主所形成的孔洞称为溶洞；连通溶洞的地下河称为暗河。

2. 岩溶的分布

我国岩溶地区分布很广，其中以黔、桂、川、滇等省最为发育，其余如湘、粤、浙、苏、鲁、晋等省均有规模不同的岩溶。此外，我国西部和西北部，在夹有石膏、岩盐的地层中也发现局部的岩溶。

3. 岩溶发育的条件

岩溶的发育与可溶性岩层、地下水活动、气候条件、地质构造及地形等因素有关，前两项是形成岩溶的必要条件。若可溶性岩层具有裂隙，能透水，且位于地下水的侵蚀基准面以上，而地下水又具有化学溶蚀能力时，就可能出现岩溶现象。

4. 岩溶地基的工程问题

岩溶对地基稳定性的影响主要表现在以下方面：

(1) 地基主要受力层范围内若有溶洞、暗河等，在附加荷载或振动作用下，溶洞顶板塌陷，地基出现突然下沉；

(2) 溶洞、溶槽、石芽、漏斗等岩溶形态使基岩面起伏较大，或分布有软土，导致地基沉降不均匀；

(3) 基岩上基础附近有溶沟、竖向岩溶裂痕、落水洞等，可能使基底沿软弱结构面滑动；

(4) 基岩和上覆土层内，因岩溶地区较复杂的水文地质条件，易产生新的工程地质问题，造成地基恶化。

5. 岩溶地基稳定性评价

在岩溶地区首先要了解岩溶的发育规律、分布情况和稳定程度，查明溶洞、暗河、陷穴的界限以及场地内有无出现涌水、淹没的可能性，以便在评价和选择建筑场地、布置总图时作为参考。当场地存在下列情况之一时，可判定为未经处理不宜作为地基的不利地段：①浅层洞体或溶洞群，洞径大，且不稳定的地段；②埋藏有漏斗、槽谷等，并覆盖有软弱土体的地段；③土洞或塌陷成群发育的地段；④岩溶水排泄不畅，可能暂时淹没的地段。

当地基属下列条件之一时，对二级和三级工程可不考虑岩溶稳定性的不利影响。

(1) 基础底面以下土层厚度大于独立基础宽度的3倍或条形基础宽度的6倍，且不具备形成土洞或其他地面变形的条件。

(2) 基础底面与洞体顶板间岩土厚度虽小于上述规定，但符合下列条件之一时：①洞隙或岩溶漏斗被密实的沉积物填满，且无被水冲蚀的可能；②洞体为基本质量等级为Ⅰ级或Ⅱ级的岩体，顶板岩石厚度大于或等于洞跨；③洞体较小，基础底面大于洞的平面尺寸，并有足够的支承长度；④宽度或直径小于1 m的竖向洞隙、落水洞近旁地段。

若地基不符合上述条件，应进行洞体地基稳定性评价。

6. **岩溶地基的处理措施**

一般情况下，应尽量避免在上述不稳定的岩溶地区进行工程建设，若一定要将这些地段作为建筑场地，应结合岩溶的发育情况、工程要求、施工条件，在经济与安全的原则下，采取必要的防护和处理措施，具体如下。

1）清爆换填

该措施适用于处理顶板不稳定的浅埋溶洞地基。即清除覆土，爆开顶板，挖去松软填充物，回填块石、碎石、黏土或毛石混凝土等，并分层密实。对地基岩体内的裂隙，灌注水泥浆、沥青或黏土浆等。

2）梁、板跨越

对于洞壁完整、强度较高而顶板破碎的岩溶地基，宜采用钢筋混凝土梁、板跨越；但支承点必须落在较完整的岩面上。

3）洞底支撑

该措施适用于处理跨度较大，顶板具有一定厚度，但稳定条件差的情况，若能进入洞内，可用石砌柱、拱或钢筋混凝土柱支撑洞顶，但应预先查明洞底的稳定性。

4）水流排导

地下水宜疏不宜堵，一般宜采用排水隧洞、排水管道等进行疏导，以防止水流通道堵塞，造成动水压力对基坑底板、地坪及道路等的不良影响。

4.8.2 土洞地基

土洞(soil cave)是指岩溶地层上覆盖的土层被地表水冲蚀或被地下水潜蚀所形成的洞穴。土洞多位于黏性土层中，砂土和碎石土中少见。

1. **土洞探查方法**

对建筑物地基内的土洞应查明其位置、埋深、大小及形成条件。

查明土洞的方法目前常用的有以下几种。

(1) 地球物理勘探法：主要用电探法，在查明个体土洞时，对土层厚度与洞径相近的浅埋洞体能获得较好的效果。

(2) 井探法：在土洞部位挖探井，适宜用在有代表性的塌陷地带及浅埋土洞。

(3) 钎探法：这是查明土洞的简便可行的方法。

(4) 夯探法：在基槽开挖后沿基槽进行夯击，根据回声来判断有无土洞，若有空洞回声，再用钎探进一步查明。

(5) 钻探法：用于查明深层土洞，可采用小直径钻孔配合注水的方法。在土洞和地表塌陷发育地段，每个柱基均需布置钻探点，对重大柱基和重大设备基础应适当加密。钻探深度一般至最低地下水位或基岩面。

2. **土洞地基的工程措施**

在土洞发育地区进行工程建设，应查明土洞的发育程度和分布规律，土洞及地表塌陷的形状、大小、深度和密度，以提供建筑场地选择、建筑总平面布置所需的资料。

在建筑物地基范围内有土洞和地表塌陷时，必须进行认真的处理，可采取如下措施。

1）地表水、地下水处理

在建筑场地范围内，做好地表水的截流、防渗、堵漏，杜绝地表水渗入，使之停止发育。该方法对地表水引起的土洞和地表塌陷可起到根治作用。对形成土洞的地下水，若地质条件许可，可采取截流、改道的办法，防止土洞和塌陷进一步发展。

2）挖填夯实

对于浅层土洞，可先挖除软土，然后用块石或毛石混凝土回填。对地下水形成的土洞和塌陷，可挖除软土和抛填块石后做反滤层，面层用黏土夯实。也可用强夯破坏土洞，加固地基。

3）灌填处理

该方法适用于埋藏深、洞径大的土洞。施工时在洞体范围的顶板上钻两个或多个钻孔，用水冲法将砂、砾石从孔中（直径＞100 mm）灌入洞内，直至排气孔（小孔，直径 50 mm）冒砂为止。若洞内有水，灌砂困难时，也可用高压砂石泵灌入 C15 的细石混凝土。

4）垫层处理

在基底夯填黏土夹碎石作垫层，以扩散土洞顶板的附加压力，碎石骨架还可降低垫层沉降量，增加垫层强度，碎石之间以黏性土充填，可避免地表水下渗。

5）梁板跨越

若土洞发育剧烈，可用梁、板跨越土洞，以支承上部建筑物，但需考虑洞旁土体的承载力和稳定性；若土洞直径较小，土层稳定性较好时，也可只在洞顶上部用钢筋混凝土连续板跨越。

6）桩基和沉井

对重要建筑物，当土洞较深时，可用桩、沉井或其他深基础穿过覆盖土层，将建筑物荷载传至稳定的岩层上。

习题

4-1　何谓特殊土地基？我国存在哪些类型的区域性特殊土？

4-2　何谓软土地基？它有何特征？

4-3　黄土为什么会有湿陷性？湿陷性黄土有哪些特征？

4-4　如何评价黄土地基的湿陷性？

4-5　何谓膨胀土？膨胀土有哪些工程特征？简述其对工程建筑物的危害。

4-6　何谓自由膨胀率、膨胀率？如何评定膨胀土的胀缩等级？

4-7　什么叫冻土、季节性冻土和多年冻土？如何进行冻土融陷性评价？

4-8　简述冻土地基基础的设计原则。

4-9　何谓红黏土？红黏土有哪些工程特性？

4-10　何谓盐渍土地基？盐渍土地基评价分级的依据是什么？

4-11　求地基的湿陷等级。

某拟建住宅楼，基础埋深 1.0 m，岩土工程勘察结果如表 4-15 所示。试判断此黄土地基是否为自重湿陷性黄土场地，并判别该地基的湿陷等级。

表 4-15　场地勘察结果

土层编号	1	2	3	4	5
土层厚度 h/mm	1600	4000	3500	4200	2100
自重湿陷系数 δ_{zs}	0.016	0.020	0.018	0.016	0.009
湿陷系数 δ_{s}	0.016	0.028	0.027	0.022	0.014

4-12　求膨胀土的胀缩量

某膨胀土地基分为两层，上层：$h_1=4.2\ \text{m}$，$\delta_{ep1}=25\%$，$\lambda_{s1}=12\%$，$\Delta w_1=0.06$；下层：$h_2=12\ \text{m}$，$\delta_{ep2}=28\%$，$\lambda_{s2}=16\%$，$\Delta w_2=0.08$。试求该膨胀土地基的胀缩变形量。

地 基 处 理

5.1 概述

当天然地基不能满足建筑物的强度、变形或稳定性要求时，通过改善持力层的土体性质而使之达到要求的地基改良方法称为**地基处理**(ground improvement)。

地基处理的对象主要是上一章所述的特殊土地基，处理的目的是为了提高地基的强度和稳定性，降低地基的压缩性，防止地震时地基土的振动液化，改善地基土的渗透特性，以及消除特殊性土的湿陷性、胀缩性和冻胀性等。

当然，当天然地基不能满足工程要求时，也可以采用深基础，但地基处理通常具有简便性和经济性的优点，应优先考虑地基处理方案。当地基处理不能满足要求时才考虑深基础方案。甚至采用先用地基处理方法改善地基土的特性，然后再用深基础的方案。

本章内容涉及的主要规范有《建筑地基处理技术规范》(JGJ 79—2012)和《复合地基技术规范》(GB/T 50783—2012)等。

5.1.1 地基处理方法

地基处理时从以下三种思路开展工作：

(1) 不改变原土的层序，仅改善其原状结构，消除或减少土中的孔隙及水分，提高土的密实度，如排水固结法、压密振密法；

(2) 将原位的软弱土置换为承载力好的土，如换填垫层法；

(3) 改变原位土的结构，在地基土中加入其他材料，如注浆法、加筋法、竖向增强体法(振冲挤密法、孔内夯实法、水泥土搅拌桩法等)。

主要的地基处理方法有碾压夯实法、换填垫层法、排水固结法、挤密桩法、胶结加固法、加筋法等。还有一类特殊的地基处理方法，不是针对新建工程，而是针对已有建(构)筑物基础的，称为基础托换。

5.1.2 地基处理流程

确定地基处理方案时，常遵循以下步骤。

(1) 初选几种地基处理方案。根据结构类型、荷载大小及使用要求，结合地形地貌、地层结构、土质条件、地下水特征、环境情况和对邻近建筑的影响等因素综合分析，初步选出几种可行的地基处理方案。

(2) 选出最佳方案。对初选的几种地基处理方案，分别从加固原理、适用范围、预期处理效果、耗用材料、施工机械、工期要求、对环境影响等方面进行技术、经济分析与对比，选择最佳地基处理方案。

(3) 确定施工参数。对已选定的地基处理方法，按基础设计等级和场地复杂程度，在有代表性的场地上进行相应的现场试验或试验性施工，并进行必要的测试，以检验设计参数和处理效果。如达不到设计要求时，应查明原因，修改设计参数或调整地基处理方法。

(4) 正式施工。根据试验确定的地基处理方案进行施工。

5.2 换填垫层法

5.2.1 概述

换填垫层法(replacement cushion method)也称换填法、换土垫层法，指将基础底面下一定深度范围内的软弱土层部分或全部挖去，然后换填为强度较大的砂、碎石、素土、灰土、粉煤灰、干渣等性能稳定且无侵蚀性的材料，并分层夯压至要求的密实度的一种方法。

换填垫层法能提高持力层的地基承载力，减少沉降量，加速排水固结，消除或部分消除土的湿陷性和胀缩性，防止土的冻胀，改善土的抗液化性能，是浅层地基处理中一种常用的方法。

换填垫层法适用于处理浅层软弱土层或不均匀土层，如淤泥、淤泥质土、湿陷性黄土、素填土、杂填土地基及暗沟、暗塘等，处理深度一般控制在 0.5～3.0 m。

5.2.2 换填材料

垫层材料应选用水稳定性或透水性好的材料。可用作垫层的材料有素土、灰土、砂石、粉煤灰、土工合成材料等。

(1) 素土。当选用粉质黏土时，土料中有机质含量不得超过 5%，亦不得含有冻土或膨胀土。当含有碎石时，其粒径不宜大于 50 mm。

(2) 灰土。灰土的体积配合比宜为 2∶8 或 3∶7。土料宜用粉质黏土，不宜使用块状黏土和砂质粉土，不得含有松软杂质，并应过筛，颗粒不得大于 15 mm。石灰宜用新鲜的消石灰，颗粒不得大于 5 mm。

(3) 砂石。砂石垫层宜选用碎石、卵石、角砾、圆砾、砾砂、粗砂、中砂或石屑，应级配良好，不含植物残体、垃圾等杂质，黏土含量不应大于 5%，粉土含量不应大于 25%。当使用粉细砂或石灰时，应掺入不少于总重 30%的碎石或卵石。砂石的最大粒径不宜大于 50 mm。

(4) 粉煤灰。它可用于道路、堆场、小型建筑、构筑物等的换填垫层。粉煤灰垫层上宜覆土 0.3～0.5 m。

(5) 矿渣。矿渣的松散重度不得小于 11 kN/m^3，有机质及含泥总量不超过 5%。在有充分依据或成功经验时，可采用质地坚硬、性能稳定、透水性强、无腐蚀性和无放射性危害的其他工业废渣材料。

不同换填材料的适用范围见表 5-1。实际施工时，有些材料可以在试验的基础上按比例混合使用，如砂、粉煤灰、矿渣。

表 5-1　换填材料的适用范围

垫 层 种 类	适 用 范 围
素土	大面积回填，湿陷性黄土和膨胀土的地基处理
灰土	湿陷性黄土的地基处理
砂、砂石	一般饱和、非饱和的软弱土和水下黄土地基处理。不宜用于湿陷性黄土地基，也不宜用于大面积堆载、密集基础和动力基础下的软土地基处理，砂垫层不宜用于地下水流速快和流量大地区的地基处理
粉煤灰	厂房、机场、港区陆域和堆场等工程的大面积填筑，应考虑对地下水和土壤的环境影响
矿渣	建筑物浅基础、道路或管道下的软弱土层、机场跑道、堆场等工程的大面积地基处理，应考虑对地下水和土壤的环境影响

5.2.3　垫层设计

换土垫层设计的参数主要有两个：垫层的厚度和垫层的宽度。必要时需要进行地基变形(沉降)计算。

5.2.3.1　垫层厚度

确定垫层厚度时，将换填层作为一个普通的持力层，垫层下未挖除的原地层看成是软弱下卧层，然后按软弱下卧层的验算公式来确定换填垫层的厚度，即要求作用在垫层底面处土的自重压力与附加压力之和不大于软弱下卧土层顶面处的地基承载力，应满足下式要求：

$$p_z + p_{cz} \leqslant f_{az} \tag{5-1}$$

式中，p_z——相应于荷载的标准组合时，垫层底面处的附加压力，kPa，按式(5-2)或式(5-3)计算；

p_{cz}——垫层底面处土的自重压力，kPa，按式(5-4)或式(5-5)计算；

f_{az}——垫层底面处经深度修正后的下卧土层地基承载力设计值，kPa，按式(5-6)或式(5-7)计算。

1. p_z 的计算

垫层底面处的附加压力 p_z 可按压力扩散法求出，如图 5-1 所示。

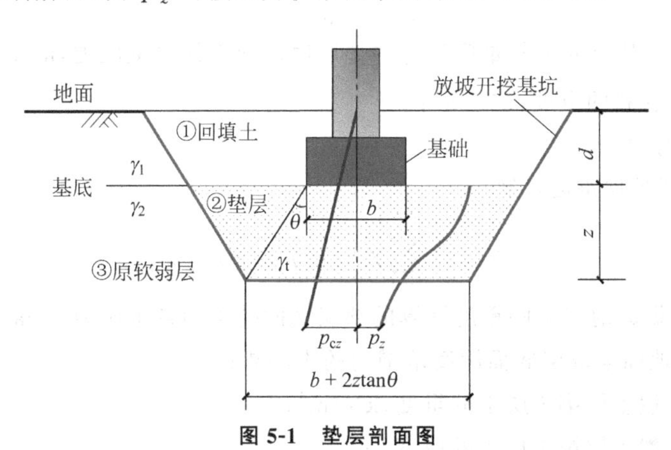

图 5-1　垫层剖面图

γ_1—基底以上原天然土层的加权重度；γ_2—基底以下原天然土层的重度；γ_t—换填料的重度；d—基础埋深；z—垫层厚度；b—基础宽度；θ—垫层压力扩散角；p_{cz}—土自重压力；p_z—土中附加压力

条形基础时，

$$p_z=\frac{b(p_k-p_{c0})}{b+2z\tan\theta} \tag{5-2}$$

矩形基础时，

$$p_z=\frac{bl(p_k-p_{c0})}{(b+2z\tan\theta)(l+2z\tan\theta)} \tag{5-3}$$

式中，b——矩形基础或条形基础底面的宽度，m；

l——矩形基础底面的长度，m；

p_k——相应于荷载效应标准组合时，基础底面处的平均压力值，kPa，按式(2-6)计算；

p_{c0}——基础底面处土的自重压力值，kPa，按式(2-4)计算；

z——基础底面下垫层的厚度，m；

θ——垫层的压力扩散角，(°)，宜通过试验确定，当无试验资料时，按表5-2选取。土工合成材料加筋垫层的压力扩散角宜由静载试验确定。

表5-2 垫层的压力扩散角 θ

z/b	换填材料		
	中砂、粗砂、砾砂、圆砾、角砾、石屑、卵石、碎石、矿渣	粉质黏土、粉煤灰	灰土
$z/b<0.25$	0°	0°	28°
$z/b=0.25$	20°	6°	
$0.25<z/b<0.5$	插值	插值	
$z/b\geqslant 0.5$	30°	23°	

2. p_{cz} 的计算

关于 p_{cz} 的计算，目前国内教材的处理上有分歧，分歧在于对垫层底面以上的自重压力是按回填土的重度计算还是按原地层土的重度计算。上述分歧可表述为以下两种算法。

算法一：按垫层回填料重度计算，

$$p_{cz1}=p_{c0}+\gamma_t z \tag{5-4}$$

式中，p_{cz1}——根据垫层回填料重度计算的垫层底面处土的自重压力，kPa；

γ_t——换填材料的重度，kN/m³；

z——垫层厚度，m。

算法二：按原地层重度计算，

$$p_{cz2}=\sum_{i=1}^{n}\gamma_i h_i=p_{c0}+\gamma_{m2}z \tag{5-5}$$

式中，p_{cz2}——根据原地层土的重度计算的垫层底面处土的自重压力，kPa；

n——自然地面至垫层底面深度范围内的土层数；

γ_i——原天然土层第 i 层土的重度，kN/m³；

h_i——原天然土层第 i 层土的厚度，m；

γ_{m2}——原天然土层 z 深度范围内(基底至垫层底面)土的加权平均重度，kN/m³。

3. f_{az} 的计算

进行垫层底部处的地基承载力计算时，只做深度修正，不做宽度修正。即将浅基础一章中用于计算地基承载力的两个公式分别改写为

$$f_{az}=f_{ak}+\eta_d\gamma_m(d+z-0.5) \tag{5-6}$$

$$f_{az}=M_b\gamma_2 b+M_d\gamma_m(d+z)+M_c c_k \tag{5-7}$$

式中，f_{az}——垫层下方原软弱土层修正后的地基承载力特征值，kPa；

f_{ak}——垫层下方原软弱土层现场试验测得的地基承载力特征值，kPa；

γ_2——基底以下原天然土层的重度，kN/m^3，地下水位以下取浮重度；

b——矩形基础或条形基础底面的宽度，m，当 $b<3$ m 时取 $b=3$ m，当 $b>6$ m 时取 $b=6$ m；

η_d——垫层下方原软弱土层的承载力修正系数，查表 2-1；

d——基础埋深，m；

z——垫层厚度，m；

M_b、M_d、M_c——垫层下方原软弱土层的承载力修正系数，查表 2-2；

c_k——垫层下方原软弱土层的黏聚力标准值，kPa；

γ_m——垫层底面以上原天然土层的加权平均重度，kN/m^3，按下式计算：

$$\gamma_m=\frac{\sum_{i=1}^{n}\gamma_i h_i}{\sum_{i=1}^{n}h_i}=\frac{p_{cz2}}{d+z} \tag{5-8}$$

式中，n——自然地面至垫层底面深度范围内的土层数；

γ_i——原天然土层第 i 层土的重度，kN/m^3；

h_i——原天然土层第 i 层土的厚度，m。

4. 计算流程

换填法设计时的计算流程为：①选择垫层材料，确定其重度 γ_t，假设垫层厚度 z。②求 p_k、p_{c0}、p_z、p_{cz}、γ_m、f_{az}。③将以上参数代入式(5-1)验算，若验算通过，则原假定垫层厚度合适；若验算通不过，可增大垫层厚度 z 或同时改变换填材料，然后按上述顺序重新计算。

5.2.3.2 垫层宽度

确定垫层宽度时，应满足基础底面压力扩散的要求，按下式确定。

$$B\geqslant b+2z\tan\theta \tag{5-9}$$

式中，B——垫层底面宽度，m；

θ——垫层的压力扩散角，按表 5-2 给出的垫层压力扩散角取值。

采用换填法对地基进行处理后，由于垫层下软弱土层的变形，建筑物地基往往仍将产生一定的沉降量及差异沉降量。因此，在垫层的厚度和宽度确定后，对于重要的建筑物或垫层下存在软弱下卧层的建筑物，还应进行地基的变形计算。

5.2.3.3 例题

【例 5-1】 某砖混结构办公楼(图 5-2),承重墙下为条形基础,墙宽 1.2 m,基础埋深 1.0 m,承重墙传至基础上的荷载 $F_k=180$ kN/m,地表为 1.5 m 厚的杂填土,其重度为 $\gamma_1=17$ kN/m^3。下面为淤泥质土,其重度为 $\gamma_2=17.8$ kN/m^3,其承载力特征值 $f_{ak}=80$ kPa。拟采用换填垫层法进行处理,试设计此基础的垫层。

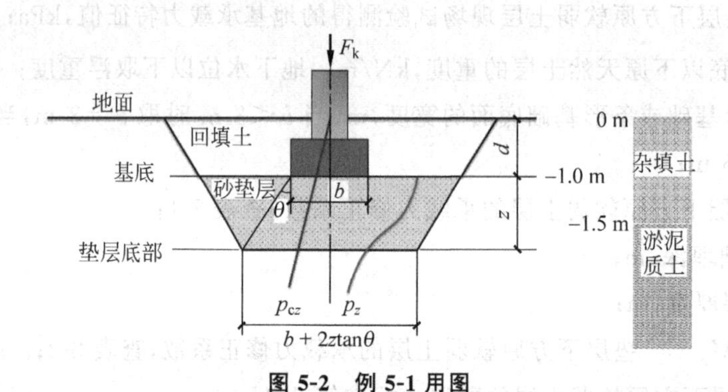

图 5-2 例 5-1 用图

【解答】

(1) 选垫层材料,假定垫层厚度

选垫层材料为粗砂,其重度可取 $\gamma_t=20$ kN/m^3。

假设垫层厚度 $z=1.5$ m。因 $z/b=1.5/1.2>0.5$,查表 5-2,得粗砂垫层的压力扩散角 $\theta=30°$。

(2) 垫层厚度验算

基底压力

沿条形基础长度方向取单位长度(1 m)进行计算

$$p_k=\frac{F_k+G_k}{b}=\frac{180+20\times1.0\times1.2}{1.2}\ \text{kPa}=170\ \text{kPa}$$

基底处土的自重压力

$$p_{c0}=\sum\gamma_i h_i=17\times1.0\ \text{kPa}=17\ \text{kPa}$$

垫层底面处附加压力

$$p_z=\frac{(p_k-p_{c0})b}{b+2z\tan\theta}=\frac{(170-17)\times1.2}{1.2+2\times1.5\times\tan30°}\ \text{kPa}\approx62.6\ \text{kPa}$$

垫层底面处自重压力

$$p_{cz}=p_{c0}+\gamma_t z=(17+20\times1.5)\ \text{kPa}=47\ \text{kPa}$$

垫层底面处原天然土层的加权平均重度

$$\gamma_m=\frac{\sum\gamma_i h_i}{\sum h_i}=\frac{17\times1.5+17.8\times1.0}{1.0+1.5}\ \text{kN/m}^3=17.32\ \text{kN/m}^3$$

查表 2-1，得 $\eta_b=0$，$\eta_d=1.0$，则经深度修正后的淤泥质土的承载力特征值为

$$f_{az}=f_{ak}+\eta_d\gamma_m(d+z-0.5)=80+1.0\times17.32\times(1.0+1.5-0.5)\text{ kPa}=114.6\text{ kPa}$$

$$p_z+p_{cz}=(62.6+47)\text{ kPa}=109.6\text{ kPa}<f_{az}=114.6\text{ kPa}$$

说明经垫层的压力扩散后满足淤泥质土层强度要求，所选垫层厚度合适。

5.2.4　换填施工

垫层的施工一般应先挖除软弱土，然后分层铺填、分层压实、分层质量检验。根据各类施工机具与设计要求通过现场试验确定施工时的最优含水率、铺填与压实厚度、压实遍数等，以确定压实效果。

5.2.4.1　施工机械

垫层施工时根据不同的换填材料选择施工机械。常用的碾压与夯实方法有机械碾压法、振动压实法、重锤夯实法、液压夯实机法等(图 5-3)。

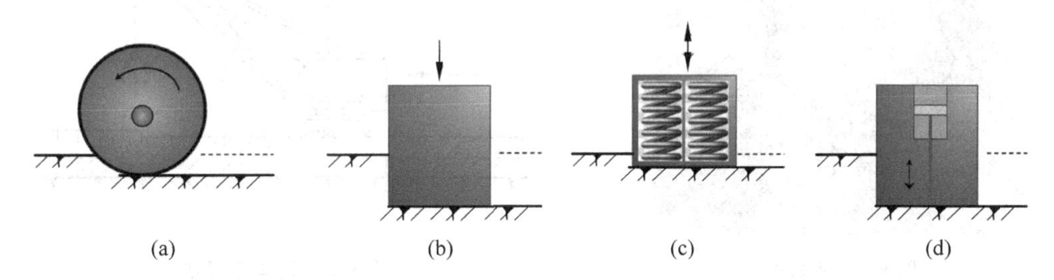

(a)　(b)　(c)　(d)

图 5-3　垫层压实方法

(a) 机械碾压法；(b) 重锤夯实法；(c) 振动压实法；(d) 液压夯实法

(1) 机械碾压法(图 5-4、图 5-5)是利用压路机、羊足碾、平碾、振动碾等碾压机械将地基土压实。对于大面积填土，应分层碾压并逐步提高填土标高。黏性土的碾压，一般用质量为 8～15 t 的平碾或 12 t 的羊足碾，每层铺土(虚铺)厚度为 200～300 mm，碾压 8～12 遍。

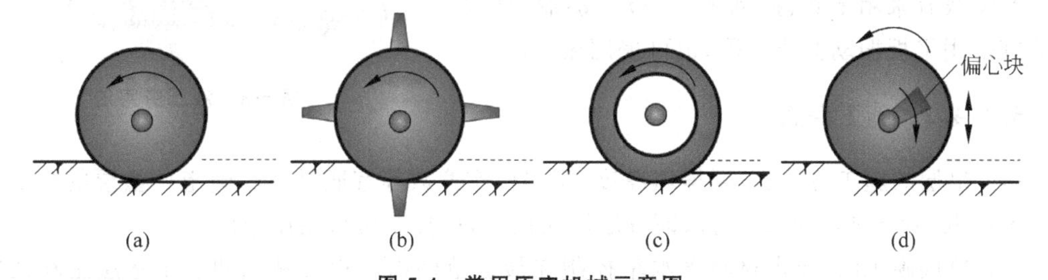

(a)　(b)　(c)　(d)

图 5-4　常用压实机械示意图

(a) 平碾；(b) 羊足碾；(c) 轮胎碾；(d) 振动碾

(2) 振动压实法是通过在地基表面施加振动荷载把浅层松散土振实，如平板夯(图 5-6)、蛙式夯等，可用于处理砂土、炉灰、炉渣、碎砖等组成的杂填土地基。

(3) 重锤夯实法(图 5-7)是利用起重机将重锤提到一定高度，然后使其自由落下，重复夯打，把地基表层夯实。

图 5-5 碾压机

图 5-6 平板夯

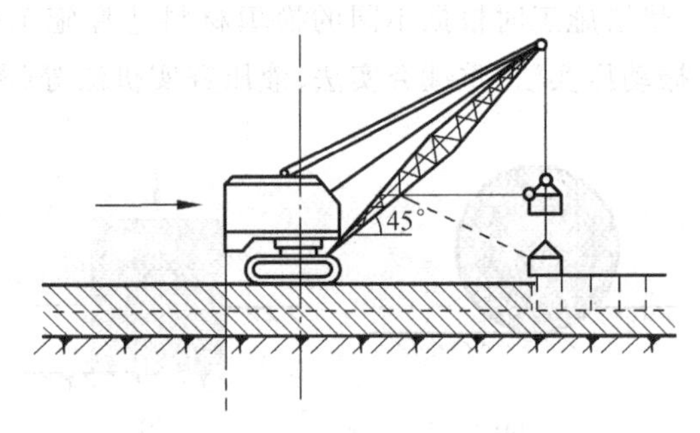

图 5-7 重锤夯实法

(4) 液压夯实法(图 5-8)是利用液压活塞驱动的锤产生上下的打击作用,将表层土夯实。

粉质黏土、灰土宜采用平碾、振动碾或羊足碾,中小型工程也可采用蛙式夯、柴油夯。砂石等宜用振动碾。粉煤灰宜采用平碾、振动碾、平板振动器、蛙式夯。矿渣宜采用平板振动器或平碾,也可采用振动碾。

图 5-8 液压夯实法

5.2.4.2 施工要点

(1) 垫层的施工方法、分层铺填厚度、每层压实遍数等宜通过试验确定。垫层的分层铺填厚度可取 200～300 mm。为保证分层压实质量,应控制机械碾压速度。

(2) 垫层施工时,要求材料含水率控制在最佳范围内。粉质黏土和灰土垫层土料的施工含水率宜控制在最优含水率 $w_{op}\pm 2\%$ 的范围内,粉煤灰垫层的施工含水率宜控制在 $w_{op}\pm 4\%$ 的范围内,压实砂土层时要充分洒水。

(3) 换填垫层施工应注意基坑排水。除采用水撼法施工砂垫层外,不得在浸水条件下施工,必要时应采用降低地下水位的措施。

(4) 基坑开挖时应避免坑底土层受扰动,可保留约 200 mm 厚的土层暂不挖去,待铺填垫层前再挖至设计标高。严禁扰动垫层下的软弱土层,防止其被践踏、受冻或被水浸泡。

5.2.4.3　垫层质量检验

换填垫层施工过程中的质量检验，主要是分层检验垫层的压实程度，并应在每层的压实系数符合设计要求后铺填上层，垫层施工结束后还应进行竣工验收。通常用压实系数(压实度)来控制，压实标准可按表5-3控制；矿渣垫层的压实指标可按最后两遍压实的压陷差小于2 mm控制。换填垫层应达到设计承载力，承载力宜通过现场静荷载试验确定。

表5-3　各类垫层的压实标准及承载力

换填材料	压实系数λ_c	垫层承载力/kPa
碎石、卵石	0.94～0.97	200～300
砂夹石(其中碎石、卵石占全重30%～50%)		200～250
土夹石(其中碎石、卵石占全重30%～50%)		150～200
中砂、粗砂、砾砂、圆砾、石屑		150～200
粉质黏土		130～180
灰土	0.95	200～250
粉煤灰	0.90～0.95	120～150

注：当采用轻型击实试验时，压实系数应取高值；重型击实试验时，应取低值。

5.3　排水固结法

排水固结法(drainage consolidation method)又称预压法或排水固结预压法，是指在建筑物建造前，对建筑场地进行预压(堆载加压、真空预压或二者联合使用)的同时，还通过竖井或塑料排水带等竖向排水体(prefabricated vertical drains，PVDs)排出地层中的水，使土体逐渐固结，地基发生沉降，强度逐步提高的方法。

排水固结法主要用于处理海相、湖相以及河相沉积的软弱黏土层，如由淤泥、淤泥质土和冲填土等饱和黏性土构成的地基。我国东南沿海和内陆广泛分布着饱和软黏土，压缩性高、强度低、透水性差。在这些地基上直接修建房屋或构筑物时，由于在荷载作用下会产生很大的固结沉降和沉降差，且地基土强度不够，其承载力和稳定性也往往不能满足工程要求，因此比较适合用排水固结法进行处理。

通常，当软土层厚度小于4.0 m时，可采用天然地基堆载预压法处理；当软土层厚度超过4.0 m时，为加速预压过程，应采用塑料排水带、砂井等竖向排水措施配合堆载处理。

排水固结法在水利、公路、铁路、港口码头及建筑工程中得到了广泛应用，经常用于处理路基、堤坝、油罐等软土地基。

5.3.1　设计

要使软土中的孔隙水排出，除了加压系统外，通常还配有排水系统。排水固结法的系统组成如图5-9所示。

应设计合理的排水系统与加压系统，使地基在不太长的时间内达到90%以上的固结度。

排水固结法的设计主要包括以下几项内容。

(1) 加压系统设计。确定预压区范围、预压荷载大小、荷载分级、加载速率和预压时间。

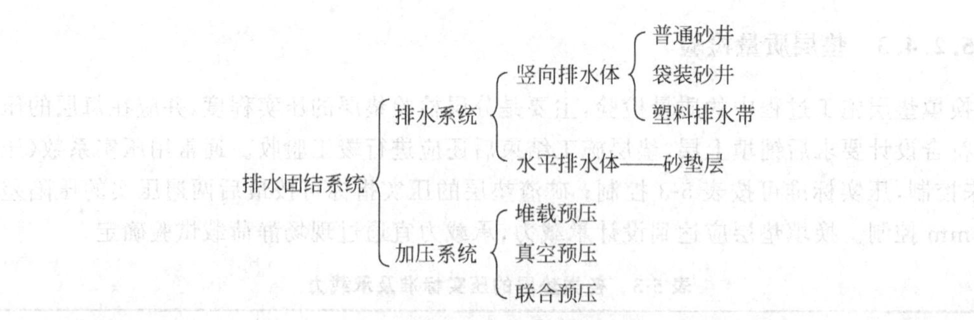

图 5-9 排水固结系统组成

(2) 排水系统设计。选择塑料排水带或砂井，确定其断面尺寸、间距、排列方式和深度。

(3) 计算堆载作用下地基土的固结度、强度增长、稳定性和变形。

对重要工程，设计参数应经现场试验，并达到预期效果后再进行施工。

5.3.1.1 加压系统

1. 加压方法

排水固结法目前常用的加压方式有：堆载预压、真空预压和联合预压。

1) 堆载预压

堆载预压(preloading)是指在建筑场地上，通过堆加荷载使地基土固结压密的地基处理方法。

堆载时可利用土石、建筑材料、其他重物或建筑物自重，将其分期、分批施加于地基表面，作为排水固结的预压荷载，使地基土逐渐固结压缩，强度逐渐增大，最后达到工程要求的变形和稳定性。

预压荷载的大小宜接近设计荷载(等载预压)，或超过10%～50%(超载预压)。当预压时间、残余沉降或工后沉降不满足工程要求时，可采取超载预压。预压荷载不得超过地基的极限承载力，以免地基强度破坏而丧失稳定性。当天然地基土的强度满足预压荷载下地基的稳定性要求时，可一次性加载，否则应分级逐渐加载，待地基在前一级荷载作用下的强度增长满足下一级荷载下地基的稳定性要求时再施加下一级荷载。特别在施工后期，更需要严格控制加载速率。

堆载预压只能消除主固结沉降，不能消除次固结沉降。所以在预压之后，在建筑物荷载作用下，仍然继续发生次固结沉降。

如果黏土层较薄，透水性较好，也可单独采用堆载预压法。但通常堆载预压法与砂井法或塑料排水带法同时应用。

砂井堆载预压法(sand well drainage preloading method)是指在地基中设置砂井作为竖向排水通道，使孔隙中的水通过砂井到达地表，同时在软土层顶部设置横向排水砂垫层，借此缩短排水路径，改善地基渗透性的地基处理方法，如图5-10所示。

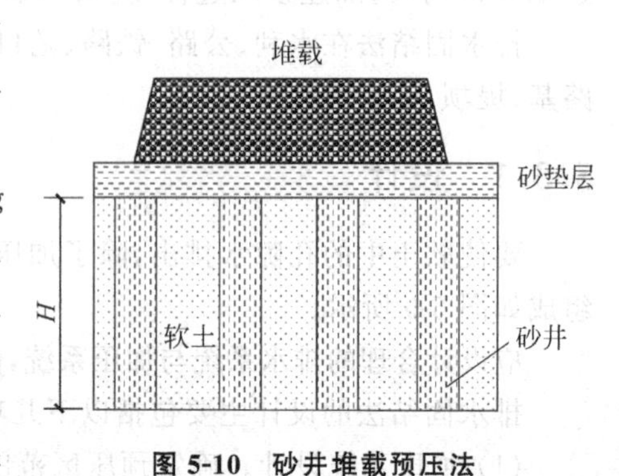

图 5-10 砂井堆载预压法

堆载预压法适用于地基稳定性控制为主，容许较大变形的建(构)筑物,如路堤、土坝、储矿场、油罐、水池等。

2) 真空预压

真空预压(vacuum preloading)是指在砂井及地基表面覆盖封闭的薄膜,对其抽真空排水,使地基土固结压密的地基处理方法,如图 5-11 所示。

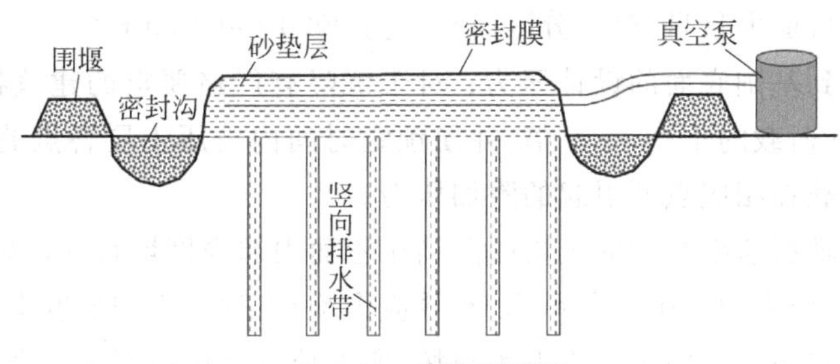

图 5-11　真空预压法

真空预压法适用于能在加固区形成稳定负压边界条件的软土地基。对于在加固范围内有足够水源补给的透水层,当没有采取隔断水源补给措施时,不宜采用真空预压法。

真空预压法适用于一般软黏土地基,但对于黏土层与透水层相间的地基,抽真空时地下水会大量流入,不可能得到规定的负压,故不宜采用此法。对塑性指数大于 25 且含水率大于 85%的淤泥,应通过现场试验确定其适用性。加固土层上覆盖有厚度大于 5 m 的回填土或承载力较高的黏性土层时,不宜采用真空预压处理。

真空预压的固结机理与堆载预压有所不同。堆载预压是正压力固结,正压荷载作用于土体引起孔隙水压力升高,并逐渐消散转化为有效应力,作用于土骨架,使土体压缩;而真空预压则为负压(吸力)荷载固结,地基中产生负的超孔隙水压力,吸力把土中水吸出,使土体压缩固结。因此真空预压不存在地基失稳的问题。

由于真空预压法在地面没有增加荷载,地基土中的总应力不变,剪应力没有增加,土体没有向外挤出的趋势,因而不会发生地基剪切破坏。所以真空预压法可以不必控制加载速率,可以在短期内一次提高真空度达到要求的数值,缩短预压时间。

3) 联合预压

理论研究和实践表明,真空预压和堆载预压的效果可以叠加,即可采用联合加载预压法,如图 5-12 所示。真空预压时形成负压区的压差(p_a-p_v),堆载预压时形成正压区的压差(p_p-p_a),抽真空和堆载联合预压时的被加固地基土体在压差(p_p-p_v)作用下,土中水流向排水体,土体发生固结。显然,联合预压时压差增大,土体固结完成后的加固效果更好。其中,p_a 为大气压力,p_v 为真空负压,p_p 为堆载压力。

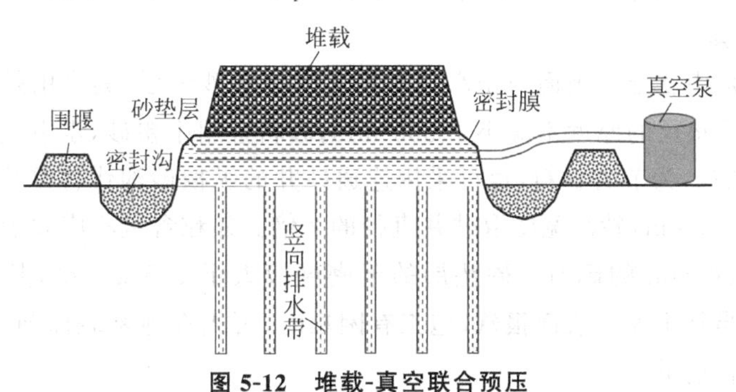

图 5-12　堆载-真空联合预压

2. 设计参数

预压加载设计参数主要有堆载范围、堆载强度、堆载速率、预压时间等。

预压荷载顶面的范围应不小于建筑物基础外缘的范围。真空预压区边缘应大于建筑物基础轮廓线,每边增加量不小于 3.0 m。真空预压地基加固面积较大时,宜采取分区加固,每块预压面积应尽可能大且呈方形,分区面积宜为 2000～40 000 m^2。

堆载强度要达到基础底面的设计压力;对于沉降有严格要求的建筑物,可以提高预压荷载,例如达到设计荷载的 1.2～1.5 倍,并使预定时间内受压土层各点的竖向有效压力大于或等于建筑物荷载在相应点所引起的附加压力。

堆载时要保证堆载速率与软弱土层因固结压密而引起强度增长的速率相适应。如堆土太快,则大部分堆载压力为孔隙水所承担,有效应力增长很少,土的强度得不到应有的提高,这种情况可能导致堆载过程中地基土发生破坏,所以控制加载速率是一个很重要的问题。

对真空预压工程,可采用一次连续抽真空至最大压力的加载方式。真空预压的膜下真空度应稳定地保持在 86.7 kPa(650 mmHg)以上,且应均匀分布。

在施工中通常要监测堆载过程中堆体的竖向变形、边桩的水平位移、沉降速率和孔隙水压力发展的情况。根据观测结果,严格控制加载速率,使竖向变形每天不超过 10 mm(对天然地基)或 15 mm(对砂井地基),边桩水平位移每天不超过 5 mm,孔隙水压力保持在堆土荷载的 50%以内,并且随着荷载的增加,加载速率应逐渐减小。

对于按变形控制设计的建筑物,当地基土经预压所完成的变形量和平均固结度满足设计要求时,可以卸除预压荷载。对于按地基承载力或抗滑稳定性控制设计的建筑物,当地基土经预压而增长的强度满足建筑物地基承载力或稳定性要求时,方可卸载。堆载预压处理地基设计的平均固结度不宜低于 90%,且在现场监测的变形速率明显变缓时方可卸载。真空预压时间还要求不低于 90 d。

5.3.1.2 排水系统

根据太沙基固结理论,饱和黏性土固结所需的时间和排水距离的平方成正比。为了加速土层固结,最有效的方法是增加土层排水途径,缩短排水距离。因此常在被加固地基中置入砂井、塑料排水板等竖向排水体,来加速地基的固结速率。

排水系统由水平向排水体和竖向排水体组成。竖向排水体可就地用灌注砂井、袋装砂井、塑料排水板等做成。水平向排水体一般由地基表面的砂垫层组成。

排水系统设计的内容包括:排水体类型选择,断面尺寸、间距、深度等。

1. 水平排水体

水平排水体是指软土层顶面与排水竖井相连的排水砂垫层,其作用是创造一个竖向渗流的排水边界。砂垫层的厚度不应小于 500 mm,砂料宜用中粗砂,水下施工时砂垫层厚度一般为 1.0 m 左右。为节省材料,也可采用连通砂井的纵横砂沟代替整片砂垫层。砂沟的高度一般为 0.5～1.0 m,砂沟宽度取砂井直径的 2 倍。黏粒含量不应大于 3%,砂料中可混有少量粒径小于 50 mm 的砾石。砂垫层的干密度应大于 1.5 g/cm^3,其渗透系数应大于 1×10^{-2} cm/s。当软土地基表面很软,施工有困难时,可先在地基表面铺一层土工布,然后再在上面铺排水砂垫层。

2. 竖向排水体

竖向排水体设计时需要考虑：排水体的类型，断面尺寸、间距和深度等。

对深厚软黏土地基，应设置塑料排水带或砂井等竖向排水体。当软土层厚度较小或软土层中含薄层粉砂，且固结速率能满足工期要求时，可不设置排水竖井。

竖向排水体分普通砂井、袋装砂井和塑料排水板(带)，其特征和性能见表 5-4。塑料排水板(带)由透水的塑料芯板和外套的土工织物滤膜制成。

表 5-4　竖向排水体的类型、特征及性能

项目	类　型		
	普通砂井	袋装砂井	塑料排水板(带)
特征	用打桩机沉管成孔，内填中粗砂，密实后形成直径 300～500 mm 的砂井	用土工编织袋，内装密实砂，在地基中沉入直径为 70～120 mm 的钢管，将砂袋放入钢管中，拔出钢管后，在砂袋与孔的间隙中灌砂充填	工厂制造，由塑料芯板外包滤膜，制成宽 100 mm、厚 3.5～6.0 mm 的排水板，用专用机具打入地基中形成竖向排水通道
性能	渗透性较强，排水性能良好，井阻和涂抹作用的影响不明显	渗透性与砂料有关，排水性能良好；随打入深度增大，井阻增大，并受涂抹影响	一般具有较大的通水能力，排水性能良好；井阻与透水能力和打入深度大小有关；并受涂抹作用的影响
施工技术特点	按桩基施工，速度较慢；井径大，用料费、工程量大，造价较高	需钻孔，用料较省，造价低廉，质量易于控制	产品质轻价廉，专用施工机具轻便，速度快，质量易于控制，造价低

普通砂井直径宜为 300～500 mm，袋装砂井直径宜为 70～120 mm。

使用塑料排水带时，可用下面的公式换算为类似砂井的当量直径：

$$d_p = \frac{2(b+\delta)}{\pi} \tag{5-10}$$

式中，d_p——塑料排水带当量换算直径，mm；

b——塑料排水带宽度，mm；

δ——塑料排水带厚度，mm。

排水竖井的间距不是越小越好，因为间距太小会引起相互挤压，扰动地基土，增大了涂抹层的厚度，反而影响固结效果。可根据地基土的固结特征和预定时间内所要求达到的固结度确定。根据经验，塑料排水带或袋装砂井的井径比按 $n=15\sim22$ 选用，普通砂井的井径比取 $n=6\sim8$。

此处的**井径比**(diameter ratio of effective drainage body to vertical drain well)是指堆载预压法排水竖井的有效排水直径(d_e)与排水竖井的直径(d_w)之比：

$$n = \frac{d_e}{d_w} \tag{5-11}$$

式中，n——井径比；

d_e——排水竖井的有效排水直径，m；

d_w——排水竖井的直径，m，对塑料排水带可取 $d_w=d_p$，其中 d_p 是根据式(5-10)换算的数值。

d_e 值可根据排水井的布置方式确定，如图 5-13 所示。当竖井按等边三角形排列时，$d_e=1.05s_a$；当竖井按正方形排列时，$d_e=1.13s_a$。其中，d_e 为竖井的有效排水直径，m；s_a 为竖井的间距，m。

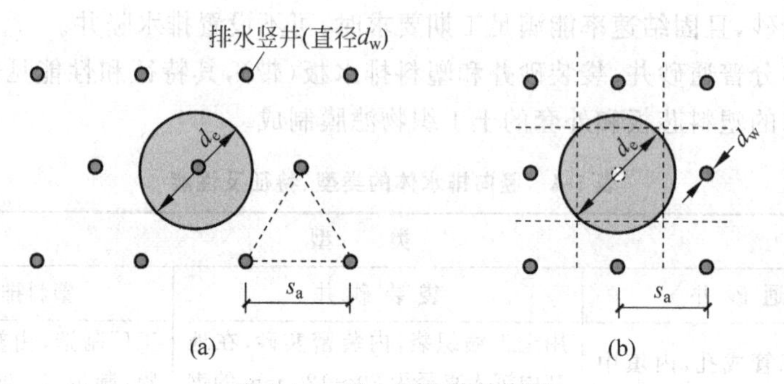

图 5-13 排水竖井等效直径

(a) 三角形排列；(b) 正方形排列

排水竖井的深度应根据建筑物对地基的稳定性、变形要求和工期确定。对以地基抗滑稳定性控制的工程，竖井深度应大于最危险滑动面以下 2.0 m。对以变形控制的建筑工程，竖井深度应根据在限定的预压时间内需完成的变形量确定；竖井宜穿透受压土层。

5.3.1.3 固结度计算

固结度(degree of consolidation)是指地基在任意时间 t 的沉降量 S_t 与最终沉降量 S 之比，表示在时间 t 时完成的固结程度。

砂井地基的渗流包括径向渗流和竖向渗流，计算时对两者先分别单独考虑，然后再加以综合得出地基的总固结度。

1. 总固结度

含有竖向和水平向排水体的地基总固结度按以下公式计算：

$$U_t=1-[(1-U_{zt})(1-U_{rt})] \tag{5-12}$$

式中，U_t——t 时刻时的地基总固结度；

U_{zt}——单独考虑竖向排水时的竖向渗流固结度，按式(5-13)计算；

U_{rt}——单独考虑径向排水时的平面轴对称渗流固结度，按式(5-16)计算。

2. 竖向排水平均固结度

1) 单面排水

如图 5-14 所示，单面排水时，t 时刻时地基中的竖向固结度为

$$U_{zt}=1-\frac{8}{\pi^2}\left[e^{\left(-\frac{\pi^2}{4}T_v\right)}+\frac{1}{9}e^{\left(-\frac{9\pi^2}{4}T_v\right)}\right] \tag{5-13}$$

粗略计算时，可只取上式括号中的第一项。其中

$$T_v=\frac{c_v t}{h^2} \tag{5-14}$$

$$c_v=\frac{k(1+e_0)}{a\gamma_w} \tag{5-15}$$

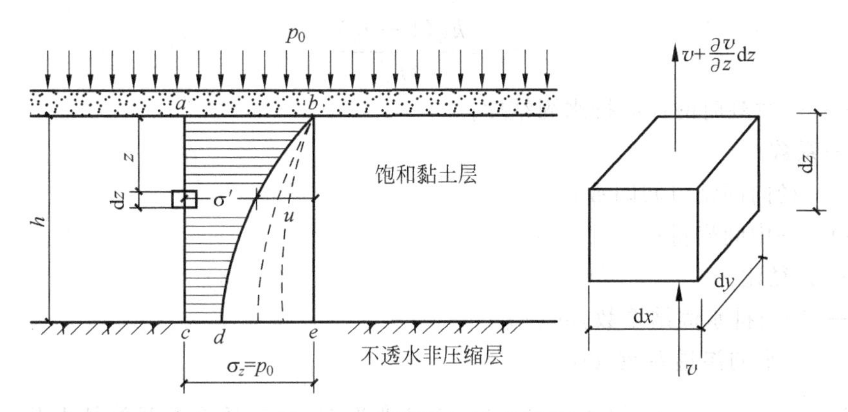

图 5-14　单面排水（一维固结）

式中，T_v——时间因数，无量纲；

c_v——土的竖向固结系数，m^2/s；

t——固结时间，s；

h——预压层的厚度，m；

k——土的渗透系数，m/s；

e_0——土层固结过程中的平均孔隙比，无量纲；

a——土的压缩系数，kPa^{-1}；

γ_w——水的重度，其值为 9.8 kN/m^3。

2）双面排水

对于如图 5-15 所示的双面排水条件，可令 $h = H/2$，代入式(5-14)求 T_v，然后代入式(5-13)求 U_{zt}。其中，H 为双向排水条件下饱和黏土层的厚度，m；h 为转化为单向排水条件下饱和黏土层的厚度，m。

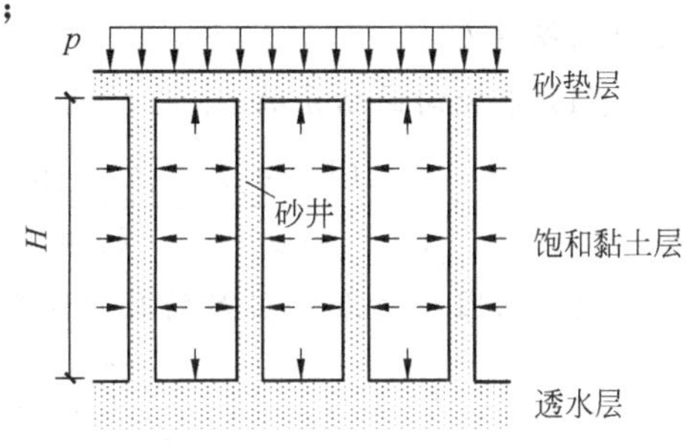

图 5-15　双面排水

考虑分级加载的过程，以及井阻效应和涂抹效应时，计算某一时刻固结度的准确度更高，但复杂度也高一些，详见《建筑地基处理技术规范》(JGJ 79—2012)中的第 4.2.7 条款。

3. 径向排水平均固结度

径向排水平均固结度按下式计算：

$$U_{rt} = 1 - e^{\lambda} \tag{5-16}$$

其中

$$\lambda = -\frac{8T_r}{f(n)} \tag{5-17}$$

$$f(n) = \frac{n^2}{n^2-1}\ln(n) - \frac{3n^2-1}{4n^2} \tag{5-18}$$

$$T_r = \frac{c_h t}{d_e^2} \tag{5-19}$$

$$c_{\mathrm{h}}=\frac{k_{\mathrm{h}}(1+e_0)}{a\gamma_{\mathrm{w}}} \tag{5-20}$$

式中，U_{rt}——t 时刻时的径向排水固结度；

λ——系数；

T_r——径向固结时间因数；

$f(n)$——中间变量；

n——井径比；

c_{h}——径向排水固结系数，$\mathrm{m^2/s}$；

k_{h}——水平向渗透系数，m/s。

【例 5-2】 在致密黏土层(不透水层)上有厚度为 10 m 的饱和高压缩性土层，土的特性如图 5-16 所示。如果仅采用堆载预压固结法(无竖向排水体)进行地基加固，试估计固结度达到 95%时需要的时间。

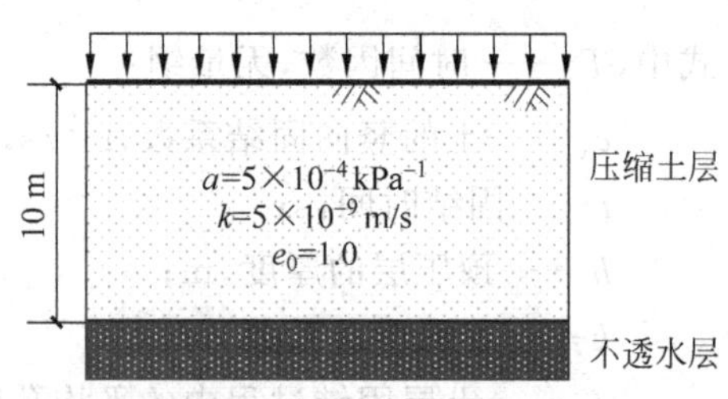

图 5-16 例 5-2 用图

【解答】

分析：按照土力学的一般处理方法，当无竖向排水体时，近似认为竖向排水总固结度 U_{zt} 近似等于总固结度 U。

(1) 求竖向固结系数 c_{v}

$$c_{\mathrm{v}}=\frac{k(1+e_0)}{a\gamma_{\mathrm{w}}}=\frac{(5\times10^{-9})(1+1.0)}{(5\times10^{-4})\times9.8}\ \mathrm{m^2/s}\approx2.04\times10^{-6}\ \mathrm{m^2/s}$$

(2) 求固结度为 95%时的时间因数 T_{v}

$$U\approx U_{zt}=1-\frac{8}{\pi^2}\left[\exp\left(-\frac{\pi^2}{4}T_{\mathrm{v}}\right)+\frac{1}{9}\exp\left(-\frac{9\pi^2}{4}T_{\mathrm{v}}\right)\right]\approx0.95$$

忽略上式括号中的第二项，得

$$1-\frac{8}{\pi^2}\left[\exp\left(-\frac{\pi^2}{4}T_{\mathrm{v}}\right)\right]\approx0.95$$

化简后方程式两端取对数，得

$$-\frac{\pi^2}{4}T_{\mathrm{v}}=\ln(0.0616)$$

解得，$T_{\mathrm{v}}=1.13$。

(3) 求达到固结度 95%时需要的时间

由公式

$$T_{\mathrm{v}}=\frac{c_{\mathrm{v}}t}{h^2}$$

得

$$t=\frac{T_{\mathrm{v}}h^2}{c_{\mathrm{v}}}=\frac{1.13\times10^2}{2.04\times10^{-6}}\ \mathrm{s}\approx5.54\times10^7\ \mathrm{s}=641\ \mathrm{d}$$

【例 5-3】 在致密黏土层上有一个厚度为 10 m 的饱和高压缩性土层，土的特性指标如图 5-16 所示。如果采用排水砂井，砂井直径 $d_w=250$ mm，有效工作直径 $d_e=2.5$ m，假设径向与竖向固结系数相同，求 20 d 时的固结度。

【分析】 分别求出 U_{zt} 和 U_{rt}，然后代入下式：

$$U_t=1-[(1-U_{zt})(1-U_{rt})]$$

因下部是致密黏土层，故按单面排水计算。

【解答】

(1) 求竖向渗流固结度 U_{zt}

$$c_v=\frac{k(1+e_0)}{a\gamma_w}=\frac{5\times10^{-9}\times(1+1.0)}{5\times10^{-4}\times9.8}\ \mathrm{m^2/s}\approx2.04\times10^{-6}\ \mathrm{m^2/s}$$

$$T_v=\frac{c_v t}{h^2}=\frac{(2.04\times10^{-6})\times(20\times24\times3600)}{10\times10}\approx0.035$$

$$U_{zt}=1-\frac{8}{\pi^2}\left[\mathrm{e}^{\left(-\frac{\pi^2}{4}T_v\right)}+\frac{1}{9}\mathrm{e}^{\left(-\frac{9\pi^2}{4}T_v\right)}\right]$$

$$=1-\frac{8}{\pi^2}\times\left[\mathrm{e}^{\left(-\frac{\pi^2}{4}\times0.035\right)}+\frac{1}{9}\times\mathrm{e}^{\left(-\frac{9\pi^2}{4}\times0.035\right)}\right]$$

$$\approx1-0.81\times\left(\mathrm{e}^{-0.086\,359}+\frac{1}{9}\times\mathrm{e}^{-0.777\,23}\right)$$

$$=1-0.81\times\left(0.917+\frac{0.4597}{9}\right)\approx1-0.784=0.216$$

(2) 求水平向渗流固结度 U_{rt}

题中假设 $c_h=c_v$，则 $c_h=2.04\times10^{-6}\ \mathrm{m^2/s}$。

$$T_r=\frac{c_h t}{d_e^2}=\frac{(2.04\times10^{-6})\times(20\times24\times3600)}{2.5^2}\approx0.564$$

$$n=\frac{d_e}{d_w}=\frac{2.5}{0.25}=10$$

$$f(n)=\frac{n^2}{n^2-1}\ln(n)-\frac{3n^2-1}{4n^2}=\frac{100}{100-1}\times\ln(10)-\frac{3\times100-1}{4\times100}\approx1.5783$$

$$\lambda=-\frac{8T_r}{f(n)}=-\frac{8\times0.564}{1.5783}\approx-2.8588$$

$$U_{rt}=1-\mathrm{e}^{\lambda}=1-\mathrm{e}^{-2.8588}\approx1-0.0573=0.9427$$

20 d 时的固结度

$$U_t=1-[(1-U_{zt})(1-U_{rt})]$$

$$=1-[(1-0.22)\times(1-0.94)]$$

$$=1-0.78\times0.06\approx0.95$$

【例 5-4】 如图 5-15 所示，饱和软黏土层厚度 $H=15$ m，其下为砂层。砂井穿透该饱和软黏土层，进入其下的砂层。砂井直径 $d_w=0.3$ m，平面布置为等边三角形，砂井间距 $s_a=2.5$ m。地基土的竖向固结系数 $c_v=1.5\times10^{-7}$ m^2/s，水平向固结系数 $c_h=2.94\times10^{-7}$ m^2/s。求在瞬时施加的均匀荷载下，预压3个月后的固结度。

【解答】

分析：因饱和软黏土层的上下皆可排水，故看作是双面排水条件。

(1) 竖向固结度 U_{zt}

因为是双面排水，垂直向最大渗径 $h=H/2=7.5$ m，则有

$$T_v=\frac{c_v t}{h^2}=\frac{1.5\times10^{-7}}{7.5^2}\times(3\times30\times86\,400)\approx0.021$$

$$U_{zt}=1-\frac{8}{\pi^2}\left[\exp\left(-\frac{\pi^2}{4}T_v\right)+\frac{1}{9}\exp\left(-\frac{9\pi^2}{4}T_v\right)\right]$$

$$=1-0.81\times\left[\exp(-2.4649\times0.021)+\frac{1}{9}\exp(-9\times2.4649\times0.021)\right]$$

$$=1-0.81\times(0.9495+0.0697)\approx0.17$$

(2) 径向固结度 U_{rt}

因砂井的平面布置为等边三角形，所以有

$$d_e=1.05s_a=1.05\times2.5\text{ m}=2.625\text{ m}$$

$$n=\frac{d_e}{d_w}=\frac{2.625}{0.3}=8.75$$

$$f(n)=\frac{n^2}{n^2-1}\ln(n)-\frac{3n^2-1}{4n^2}=\frac{8.75^2}{8.75^2-1}\times\ln 8.75-\frac{3\times8.75^2-1}{4\times8.75^2}\approx1.45$$

$$T_r=\frac{c_h t}{d_e^2}=\frac{(2.94\times10^{-7})\times(3\times30\times86\,400)}{2.625^2}\approx0.33$$

$$U_{rt}=1-\exp\left[-\frac{8T_r}{f(n)}\right]=1-\exp\left(-\frac{8\times0.33}{1.45}\right)\approx0.84$$

(3) 砂井预压3个月后该地基的平均固结度

$$U_t=1-[(1-U_{zt})(1-U_{rt})]=1-[(1-0.17)(1-0.84)]\approx0.87$$

5.3.2 施工

预压法施工的主要流程为：平整场地→铺设下部砂垫层→设置竖向排水体→摊铺砂垫层→施加预压荷载。

1. 设置竖向排水体

砂井：成井设备一般用沉桩机（振动、锤击、静压）沉入钢管，钢管外径应与砂井直径相同，下端带活瓣桩尖或预制桩尖，到达设计深度后，倒入砂，然后逐段上拔钢管，逐段灌砂，直至地面。实际灌砂量不得小于计算值的95%。

袋装砂井：施工所用套管内径略大于砂井直径，灌入砂袋中的砂宜为干砂，并应灌制密

实。袋装砂井埋入砂垫层中的长度不应小于 500 mm。砂井施工设备及袋装砂井施工后的效果如图 5-17 所示。

塑料排水板(带)：施工一般采用插板机(图 5-18)，塑料排水板接长时，应采用滤膜内芯带平搭接的连接方法，搭接长度宜大于 200 mm。塑料排水板埋入砂垫层中的长度不得小于 500 mm。

图 5-17 砂井施工

图 5-18 塑料排水板施工现场

2. 施加预压荷载

堆载预压加载时，堆载的材料一般以散体材料为主，如石料、砂、砖等。大面积施工时通常采用自卸汽车与推土机联合作业，对超软地基堆载预压，第一级荷载宜用轻型机械或人工作业。对路堤、土坝、油罐、水池等工程，可以利用建筑结构物自重采用逐层填筑的方法加压。

真空预压时用到的设备包括：抽气设备及真空管道、真空滤水管、密封膜等。

对于表层存在良好的透气层或在处理范围内有充足水源补给的透水层，应采取有效措施隔断透气层或透水层，可采用黏性土密封墙、穿过透水或透气层铺设密封膜等方法。

预压地基加固应考虑预压施工对相邻建筑物、地下管线等产生附加沉降的影响。真空预压地基加固区边线与相邻建筑物、地下管线等的距离不宜小于 20 m，当距离较近时，应对地下设施采取保护措施。

采用真空-堆载联合预压时,先抽真空,当真空压力达到设计要求并稳定后,再进行堆载。对于一般软黏土,上部堆载施工宜在真空预压膜下真空度稳定地达到 86.7 kPa(650 mmHg),且抽真空时间不少于 10 d 后进行。对于高含水率的淤泥类土,上部堆载施工宜在真空预压膜下真空度稳定地达到 86.7 kPa(650 mmHg)且抽真空 20～30 d 后进行。堆载体的坡肩线宜与真空预压边线一致。堆载时需在真空膜上铺设土工编织布等保护材料。

3. 现场监测

现场监测的内容主要包括：地基土表面沉降和深层土的分层沉降；地表土的水平位移和深层土的水平位移；地基中的孔隙水压力。真空预压工程和真空-堆载预压工程除以上项目外,还应进行膜下真空度和地下水位的量测。这些监测项目均应配备专用的监测仪器。

预压地基竣工验收检验应对预压的地基土进行原位试验和室内土工试验,以检验预压后地基强度是否满足要求,并检验排水竖井处理深度范围内和竖井底面以下受压土层,经预压所完成的竖向变形量和平均固结度是否满足设计要求。

5.4 强夯法

5.4.1 概述

强夯法由法国人梅那(Menard)于 1969 年首创。

强夯法(dynamic compaction method)是强力夯实法的简称,也称动力固结法、强夯密实法。指将很重的夯锤起吊到高处,使之自由落下,通过冲击和振动,对土体进行强力夯实,以提高地基强度和降低其压缩性的地基处理方法,如图 5-19 所示。

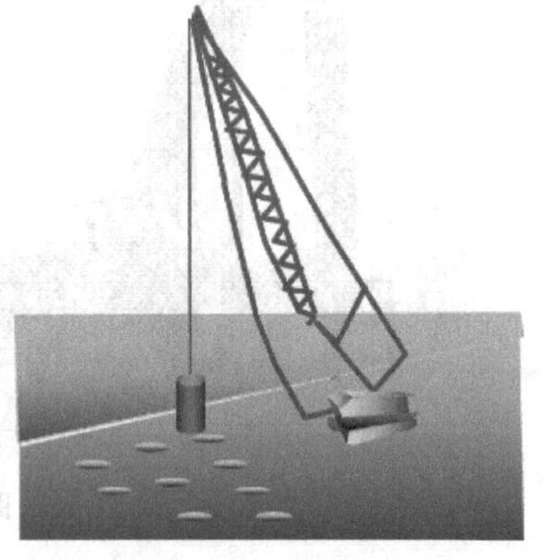

图 5-19 强夯法

强夯法可分为强夯密实法和强夯置换法。强夯密实法就是一般所指的强夯法,在夯坑中回填的是和地层土性质相近的材料；而**强夯置换法**(dynamic compaction replacement method)在夯坑内回填的是块石、碎石、砂石、钢渣等硬材料。因此,强夯置换法处理后的地层可形成密实的墩体,处理后的地基看成是复合地基；而强夯密实法处理后的地基只作为一个普通天然地层,不看作复合地基。

本节只介绍强夯(密实)法,关于强夯置换墩复合地基的内容参见 5.8 节。

1. 加固机理

强夯密实法的加固机理主要有以下两种。

(1) 动力挤密：在巨大的强夯冲击能作用下,多孔隙、粗颗粒、非饱和土中的土颗粒产生相对位移,孔隙中气体被挤出,从而使得土体的孔隙减小、密实度增加、强度提高以及变形减小。

(2) 动力固结：在饱和的细粒土中,土体在夯击能量作用下产生很高的孔隙水压力,土体结构受到破坏,土颗粒间出现裂隙,形成排水通道。随着孔隙水压力的消散,土开始密实,抗剪强度提高,变形模量增大。

2. 适用范围

强夯(密实)法适于无黏性土(碎石土、砂土)、非饱和的粉土和黏性土、素填土、杂填土、湿陷性黄土等；不适于高饱和的软黏土(淤泥及淤泥质土)。淤泥和淤泥质土在强夯作用下土体结构破坏后土体强度难以恢复,而且土体渗透系数小,土体中产生的超孔隙水压力极难消散,故对淤泥和淤泥质土地基不宜采用强夯法加固。

强夯法可用于改善土的动力特性、压缩性,及以提高承载力为目的的工程中,适用土质范围广,加固效果好；且机具简单,投入少；施工时工效高,速度快,工程造价低,经济性好。因此,强夯法比其他地基处理方法使用更为广泛和有效,广泛用于工业与民用建筑、仓库、油罐、储仓、公路和铁路路基、飞机场跑道及码头等处的地基处理。值得注意的是,强夯法施工时振动大,影响邻近建筑物的安全,仅适合在环境空旷、周边无建筑、地下无基础设施的场地。

实践证明：强夯的效果是显著的,经强夯后可有效减少地基沉降和不均匀性、处理可液化土层、消除黄土的湿陷性。地基承载力可提高 2～5 倍,压缩性可降低 200%～500%,影响深度达 10 m 以上。

5.4.2 设计

强夯法的主要设计内容包括垫层选择、处理范围确定、夯点布置,以及夯点间距、有效加固深度、夯击次数、夯击遍数、间歇时间、地基承载力和变形等参数的计算或选择。

(1) 垫层。强夯前预铺垫层可形成覆盖压力,减小坑侧土隆起。并可作为坑底土孔隙水压力的消散通道。垫层还可防止夯坑底涌土,且利于施工机械的行走。宜采用粗颗粒的碎石、矿渣、砂砾石作为垫层材料,垫层厚度一般为 500～1500 mm。粗颗粒粒径宜小于 100 mm。当处理土层为饱和砂及软土时,垫层材料不宜用砂。

(2) 处理范围。强夯处理范围应大于建筑物基础范围,每边超出基础外缘的宽度宜为基底下设计处理深度的 1/2～2/3,并不宜小于 3 m。对可液化地基,扩大范围不应小于可液化土层厚度的 1/2,并不应小于 5 m；对湿陷性黄土地基,尚应符合现行国家标准《湿陷性黄土地区建筑规范》(GB 50025—2018)的有关规定。

(3) 夯点。可根据基底平面形状,采用等边三角形、等腰三角形或正方形的夯点布置形式。

(4) 夯点间距。应根据建筑物的结构类型、加固土层厚度及土质条件,通过试夯确定。根据国内工程实践经验,第一遍夯点间距可取夯锤直径的 2.5～3.5 倍,第二遍夯点位于第一遍夯点之间,以后各遍夯点间距可适当减小。对处理深度较深或单击夯击能较大的工程,第一遍夯点间距可再适当增大,间距以 5～7 m 为宜,一般夯锤有效加固面积可以相连或重合。

(5) 有效加固深度。其影响因素很多,包括锤重、锤底面积、落距,以及地基土性质、土层分布、地下水位等。

《建筑地基处理技术规范》(JGJ 79—2012)规定：强夯的有效加固深度,应根据现场试夯或地区经验确定。在缺少试验资料或经验时,可按表 5-5 进行预估。有效加固深度从最初起夯面算起。

表 5-5 强夯法的有效加固深度

单击夯击能/(kN·m)	碎石土、砂土等粗颗粒土/m	粉土、黏性土、湿陷性黄土等细颗粒土/m
1000	4.0～5.0	3.0～4.0
2000	5.0～6.0	4.0～5.0
3000	6.0～7.0	5.0～6.0
4000	7.0～8.0	6.0～7.0
5000	8.0～8.5	7.0～7.5
6000	8.5～9.0	7.5～8.0
8000	9.0～9.5	8.0～8.5
10 000	9.5～10.0	8.5～9.0
12 000	10.0～11.0	9.0～10.0

注：单击夯击能是指一次夯击中的总能量(锤重×落距)。

(6) 夯击次数。应根据现场试夯得到的夯击次数和夯沉量关系曲线确定夯点的夯击次数，并满足下列条件：以夯坑的压缩量最大、夯坑周围地面隆起量最小、不因夯坑过深而发生提锤困难为原则，且最后两击或三击的平均沉降量不大于 50～300 mm。具体要求参见《建筑地基处理技术规范》(JGJ 79—2012)第 6.2.2 条款的要求。

(7) 夯击遍数。应根据地基土的性质确定，可采用点夯 2～4 遍，由粗颗粒土组成的渗透性强的地基土，夯击遍数可少些。反之，由细颗粒土组成的渗透性弱的地基土，夯击遍数则要多些。最后再以低能量满夯 1～2 遍，满夯可采用轻锤或低落距锤多次夯击，锤印搭接。

(8) 间歇时间。对于多遍夯击，两遍夯击之间应留出超孔隙水压力消散的时间，可以通过试夯过程中测得的孔隙水压力确定，当缺少实测资料时，可按 3～7 d 考虑。对于渗透性较差的黏性土地基的间隔时间，应不小于 3～4 周，渗透性较好的地基(如砂土、碎石等)可连续夯击。某工程中实测的孔隙水压力随时间的消散过程如图 5-20 所示。

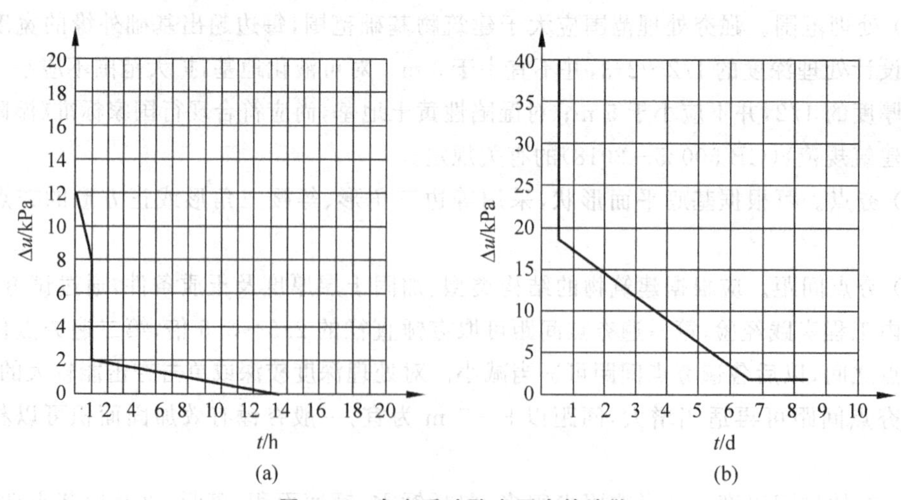

图 5-20 夯击后孔隙水压力的消散

(a) 单点夯击；(b) 群夯

Δu—孔隙水压力；t—夯击后的时间

(9) 地基承载力和变形。将强夯过的地层看成一个普通地层，其承载力和变形的计算按第 2 章所述公式计算。强夯后地基承载力特征值应通过现场荷载试验确定，初步设计时也可根据夯后原位测试和土工试验指标按现行国家标准有关规定执行。强夯地基变形计算应符合现行国家标准《建筑地基基础设计规范》(GB 50007—2011)的有关规定。夯后有效加固深度内土层的压缩模量应通过原位测试和土工试验确定。

关于强夯置换墩复合地基承载力和变形的计算参见5.8节。

5.4.3　施工

1. 施工机械

强夯法的主要机械包括夯锤、起重设备和脱钩装置三部分。

1) 夯锤

夯锤质量：一般为8～25 t,国外夯锤质量常为15～200 t。

夯锤材料：一般为铸钢,稳定性好。也有在钢板壳内填筑混凝土的,其结构如图5-21所示。

夯锤底面形状：一般为圆形、方形。由于圆形定位准确,重合性好,采用较多。

锤底面积：锤底面积根据锤重和土质来决定。锤重为100～250 kN时,可取锤底静接地压力值为25～40 kPa,对于饱和细粒土宜取低值。

夯锤气孔：强夯作业时,由于夯坑对夯锤有气垫作用,消耗的功为夯击能的30%左右,并对夯锤起拔有吸着作用,发生起锤困难,因此,锤的底面宜对称设置4～6个与顶面贯通的排气孔,以减少起吊夯锤时的吸力和夯锤着地前瞬时的气垫上托力。

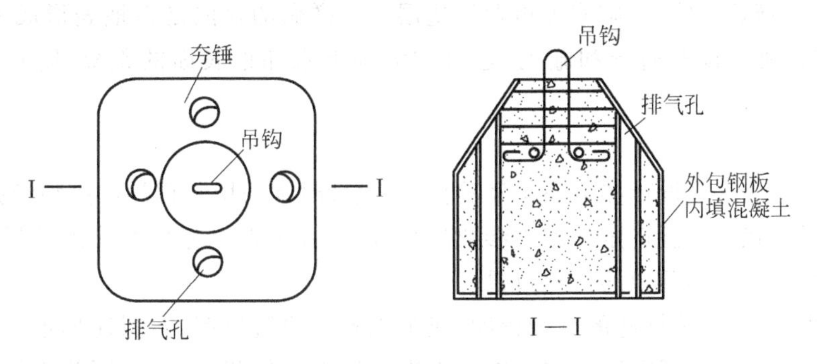

图5-21　夯锤

2) 起重设备

起重设备宜采用带有自动脱钩装置的履带式起重机。当夯锤重到有倾覆危险时,须辅以三脚架、门式辅助架等,如图5-22所示。关于起重机的起重能力,当直接用钢丝绳悬吊夯锤时,应大于3～4倍的锤重；当采用自动脱钩装置时,应大于1.5倍的锤重。起重机的起重能力一般为15～50 t,落距大于10 m。

3) 脱钩装置

当锤重超出卷扬机的提升能力时,须利用滑轮组并借助脱钩装置来起落夯锤。操作时将夯锤挂在脱钩装置上,当吊钩提升到要求高度时,张紧的钢丝将脱钩器的伸臂拉转一个角度,使夯锤自由下落进行夯击。这样既保证了每次夯击的落距相同,又保证了自动脱钩。

2. 施工工艺

强夯施工的主要工序为：场地准备、正式施工前的试夯、正式夯击施工。

(a)

(b)

图 5-22 强夯起重机

(a) 普通式；(b) 门架辅助式

1）场地准备

施工前应查明场地范围内的地下构筑物和各种地下管线的位置及标高等。当强夯施工所产生的振动对邻近建筑物或设备会产生有害影响时，应设置监测点，并采取挖隔振沟等隔振或防振措施。在饱和软黏土场地上施工时，或地下水位较高时，宜采用人工降水或在地表铺一定厚度的砂砾石、碎石、矿渣等粗颗粒垫层。这样做的目的是在地表形成硬层，以支承起重设备，确保机械设备通行和施工，还可加大地下水和地表面的距离，防止夯击时夯坑积水。

2）试夯

由于强夯法的许多设计参数还是经验性的，设计时常采用工程类比法和经验法。

试夯的目的就是检验选定的施工参数的合理性，并根据试夯后的检测结果适当调整设计、施工参数，使其达到预想的处理效果。

根据勘察资料、建筑场地的复杂程度、建筑规模和建筑类型，在拟建场地选取一个或几个有代表性的区段作为试夯区。在试夯区内进行详细原位测试，并取原状土样进行室内试验，有条件时，可进行室内动力固结分析，测量土的动力性能指标。应测试地表位移（包括竖直、水平位移）；记录每击夯沉量；测量夯坑深度及直径、体积；测量孔隙水压力增长消散值与时间的关系、振动影响范围；测量夯坑填料厚度。夯击结束一至数周后（即孔隙水压力消散后），应对试夯场地进行测试，测试项目与夯前应相同。例如：取土试验（抗剪强度指标，压缩模量，密度，含水率，孔隙比，渗透系数等）、十字板剪切试验、动力触探试验、标准贯入试验、静力触探试验、旁压试验、波速试验、荷载试验等。试验孔布置应包括坑心、坑侧。根据夯前、夯后的测试资料对比和试夯效果确定强夯施工参数，如有必要，进行补夯或调整夯击参数后重新试验。

3）正式夯击

强夯施工步骤如下。

(1) 在已平整好的场地上标出第一遍夯点位置并测量场地高程。

(2) 起重机就位，使夯锤对中夯点位置。

(3) 测量夯前锤顶高程。

(4) 将夯锤起吊到预定的高度,待夯锤脱钩自由下落后,放下吊钩,测量锤顶高程。若发现因坑底倾斜而造成夯锤歪斜时,应及时将坑底整平。

(5) 重复步骤(4),按设计和试夯的夯击次数及控制标准完成1个点的夯击。

(6) 重复步骤(2)～步骤(5),完成第一遍全部夯点的夯击。

(7) 换夯点,用推土机将夯坑填平,并测量场地高程,停歇规定的间歇时间,待土中超静孔隙水压力消散。

(8) 按上述步骤逐遍完成全部夯击遍数,再用低能量"满夯",将场地表层松土夯实并测量夯后场地高程。

图5-23所示为北京市良乡科技园区建设时进行强夯法地基处理的现场第一遍强夯过后的夯坑情形。

图5-23　北京市良乡科技园强夯工地

3. 测量记录

强夯施工过程中的测量、监测与记录的内容如下。

(1) 开夯前,检查夯锤质量和落距,确保单击夯击能符合设计要求。

(2) 每一遍夯击前,复核夯点放线,夯完后检查夯坑位置,发现偏差或漏夯时应及时纠正。

(3) 按设计要求,检查每个夯点的夯击次数、每击的夯沉量、最后两击的平均夯沉量和总夯沉量、夯点施工起止时间。对强夯置换施工,尚应检查置换深度。

(4) 施工过程中,详细记录各项施工参数及施工情况。

(5) 记录场地的隆起和下沉量。

(6) 监测附近建筑物的变形。

(7) 监测孔隙水压力增长、消散数据,检测每遍或每批夯点的加固效果。

4. 验收试验

强夯地基的质量检验包括施工过程中的质量监测及夯后地基的质量检验,其中前者尤为重要。

经强夯处理的地基，其强度是随着时间增长而逐步恢复和提高的。因此，在强夯施工结束后，应间隔一定时间对地基质量进行检验。碎石和砂土地基的检验时间一般在强夯结束后 7～14 d，低饱和度的粉土和黏性土地基的检测间隔时间可取 14～28 d。对于其他高饱和度的土，测试间隔时间还应适当延长。

检验数量：每单位工程不应少于 3 点；1000 m^2 以上工程，每 100 m^2 至少应有 1 点；3000 m^2 以上工程，每 300 m^2 至少应有 1 点。每一独立基础下至少应有 1 点，基槽每 20 延米应有 1 点。

强夯处理后的地基竣工验收时，承载力检验应采用原位测试和室内土工试验。强夯法的有效加固效果可采用标准贯入试验、静力触探试验、现场压板荷载试验等原位测试方法检测。

5. **安全事项**

强夯施工时应注意吊车、夯锤附近人员的安全。施工中应经常对夯锤、脱钩装置、吊车臂杆及索具进行检查。夯锤起吊后，操作人员应迅速撤至安全距离以外(一般为 10 m)，以防夯击时飞石伤人。当遇六级以上大风、雪天或视线不清时，不准进行强夯施工。在强夯区和保护区间挖隔振沟，以对非强夯区的房屋、地下设施和人员提供保护。

5.5 注浆法

5.5.1 概述

注浆法(grouting)亦称灌浆法，指利用一定的压力或电荷吸引将浆液注入地层中，使原来松散的土体胶结成一个整体，形成强度高、防渗和化学稳定性好的固结体的地基加固方法。注浆法分为静压注浆法和高压喷射注浆法。本节所讲内容皆指静压注浆法。

静压注浆法(static pressure grouting)是指利用液压、气压或电化学原理将能固化的浆液通过钻孔注入岩土孔隙中，使其物理力学性能改善的一种地基处理方法。

注浆是为了达到至少以下目的之一。

(1) 防渗。降低岩土渗透性，切断渗流或减少渗流量，提高抗渗能力。

(2) 加固。提高岩土的力学强度和变形模量，增强基础与周围岩土介质之间的结合，提高地基承载力，减少地基压缩变形，保证土体稳定性。

(3) 纠偏。使已发生不均匀沉降的建筑物或地下设施恢复正常位置。

5.5.2 注浆理论

根据注浆机理，静压注浆可分为渗透注浆、劈裂注浆、压密注浆和电动化学注浆。

1. **渗透注浆**

渗透注浆(permeation grouting)是指在较低注浆压力下，浆液充填到岩土体的孔隙或裂隙中，排挤出其中的自由水和气体，而基本上不改变原状岩土结构的注浆方法。

渗透注浆只适用于中砂以上的砂性土和含有裂隙的岩石层。

代表性的渗透注浆理论有球形扩散理论、柱形扩散理论等。

2. 劈裂注浆

劈裂注浆(hydrofracture grouting)是指在较高注浆压力下,浆液克服地层的初始应力和抗拉强度,引起岩土体结构破坏,使地层中原有的裂隙或孔隙张开,并进一步劈裂成为新的大裂隙或孔隙,以提高低透水性地基的可灌性和注浆量,达到注浆设计效果的方法。

劈裂注浆适用于低透水性的黏性土地层。

3. 压密注浆

压密注浆(compaction grouting)是指通过钻孔往土中注入极浓的浆液,使注浆点附近的土体压密,在注浆管端部附近形成与周围土体有明显分界线的"浆泡"。随着浆泡尺寸的逐渐增大,产生较大的上抬力而使地面上升的地基处理方法。

压密注浆常用于中砂地基。实践表明,离浆泡界面 0.3~2.0 m 以内的土体都能受到明显的挤密。压密注浆常用于对已有建筑物的不均匀沉降基础进行纠偏加固,也可用于减小地下管道、轨道的不均匀沉降,一般抬升高度在 0.1~0.5 m。

4. 电动化学注浆

电动化学注浆(electrochemical grouting)是指以带孔的注浆管作为阳极,以滤水管作为阴极,将溶液由阳极压入土中,并通以直流电(两电极间电压梯度一般采用 0.3~1.0 V/cm),在电渗作用下,孔隙水由阳极流向阴极,促使通电区域中土的含水率降低,并形成渗浆通路,化学浆液也随之流入土的孔隙中,并在土中硬化的注浆方法。

电动化学注浆适用于地基土的渗透系数 $k<10^{-4}$ cm/s,只靠一般静压力难以注入浆液的土层。但电动化学注浆的电渗排水作用可能会引起邻近既有建筑物基础的附加沉降,应用时应慎重。电动化学注浆加固半径一般为 0.3~0.5 m,加固后软黏土的无侧限抗压强度为 300~600 kPa,加固作用快,工期短,但造价高,主要用于饱和软黏土中局部处理,如阻止流砂、堵塞泉眼以及局部地基加固等。

5.5.3 注浆材料

注浆工程中所用的浆液由主剂(原材料)、溶剂(水或其他溶剂)及各种外加剂混合而成。通常所说的注浆材料是指浆液中所用的主剂。

注浆材料常分为粒状浆材和化学浆材两大类。

1. 粒状浆材

粒状浆材包括不稳定粒状浆材和稳定粒状浆材。不稳定粒状浆材包括水泥浆、水泥砂浆、粉煤灰水泥浆等,稳定粒状浆材包括黏土浆、水泥黏土浆等。

2. 化学浆材

化学浆材包括无机浆材和有机浆材。无机浆材主要是硅酸盐浆液和氢氧化钠浆液,相应的注浆方法称为硅化法和碱液法。有机浆材包括环氧树脂类、甲基丙烯酸酯类、聚氨酯类、丙烯酰胺类、木质素类等。

化学浆材的最大特点是浆液属于真溶液,初始黏度小,可注性好,可灌注地基中细小裂缝或孔隙,凝胶时间可准确控制。其缺点是造价较高,且不少化学溶液具有一定的毒性,造成环境污染,在地基加固中受到一定限制。

利用化学浆材进行注浆处理的方法称为化学加固法。化学加固法适用于加固地下水位以上渗透系数为 0.10~2.00 m/d 的湿陷性黄土地基。不宜用碱液法加固饱和度大于 80%

的黄土和自重湿陷性黄土。对拟建的设备基础、沉降不均匀的既有建(构)筑物和设备基础或地基受水浸湿湿陷需要立即阻止其继续发展的建(构)筑物和设备基础,宜采用单液硅化法或碱液法加固地基。

有机与无机注浆体系的性能对比如表5-6所示。

表5-6 常见有机与无机注浆材料的性能

注浆材料	水泥浆	水泥水玻璃浆	水玻璃	木质素类	丙烯酰胺
黏度/(10^{-3} Pa·s)	15～140	15～140	3～4	3～4	1.2
可注最小粒径/mm	1	1	0.1	0.03	0.01
渗透系数/(cm/s)	10^{-1}～10^{-3}	10^{-2}～10^{-3}	10^{-2}	10^{-2}～10^{-5}	10^{-5}～10^{-6}
凝胶时间	6～15h	数秒至几十分钟	数秒至几十分钟	十几秒至几十分钟	十几秒至几十分钟
抗压强度/MPa	10～25	5～20	<3	0.4～2	0.4～0.6
注入方式	单液	双液	双液	单液或双液	双液
扩散半径/cm	20～30	20～30	30～40	30～40	50～60
适用范围	地面注浆,岩石缝隙	地面注浆,岩石缝隙,封堵涌水	地基加固	防渗注浆	防渗注浆
主要成分	水泥及附加剂	水泥,水玻璃	水玻璃,助剂	纸浆废液,重铬酸钠,过硫酸铵	丙烯酰胺,过硫酸铵

注:凝胶时间(gel time)是指在一定的温度下,从参加反应的全部成分混合时起,到浆液失去流动性止所经过的时间。

混合型浆材包括聚合物水玻璃浆材、聚合物水泥浆材和水泥水玻璃浆材等几类。混合型浆材用来降低浆材成本,或用来满足单一材料不能实现的性能。此外,由于膨润土是一种水化能力极强和分散性很高的活性黏土,因此在国外注浆工程中被广泛地用作水泥浆的附加剂,可使浆液黏度增大,稳定性提高,结石率增加。据研究,当膨润土掺量不超过水泥质量的3%～5%时,浆液结石的抗压强度不会降低。

注:结石率(β)(concretion rate)是指浆液固结后结石体积与浆液体积之比的百分数。结石率愈高,注浆效果愈好。

5.5.4 水泥基浆液

水泥基浆液取材容易、价格便宜、操作方便、不污染环境,形成的水泥土复合体具有较好的物理力学性质和耐久性,是国内外常用的注浆材料。

但普通水泥浆容易沉淀析水,稳定性差,硬化时伴有体积收缩。为克服上述缺点及出于经济原因,常采取以下措施改进:①在水泥浆中掺入黏土、砂、粉煤灰等廉价材料;②提高水泥颗粒细度;③掺入添加剂改善水泥浆液性能。

水泥基浆液包括纯水泥浆、水泥黏土浆、水泥砂浆等。普通的软弱地基可选用以水泥为主剂的浆液,由于水泥基浆液的颗粒相对较粗,故只适用于粗砂、砾砂、大裂隙岩石等孔隙宽度或直径大于0.2 mm的地基加固。超细水泥可用于细砂地基的加固。地层中有较大裂隙、溶洞时可采用水泥砂浆和水泥黏土浆。有地下水流动的软弱地基应使用含有速凝剂的水泥-水玻璃双液型浆液。水泥基浆液广泛用于地基、大坝、隧道、桥墩、矿井等工程的加固。

1. 设计

以水泥为主剂的注浆加固工程的设计内容如下。

(1) 浆液选择。根据注浆目的、注浆要求、地层的渗透系数、浆液的可注入性等,选择合适的浆液类型。

(2) 注浆孔间距。宜取 1.0～2.0 m。

(3) 初凝时间。砂土地基中浆液的初凝时间宜控制在 5～20 min;黏性土地基中浆液的初凝时间宜为 1～2 h。

(4) 注浆量和注浆有效范围。应通过现场注浆试验确定。

(5) 注浆压力。劈裂注浆时,砂土中宜为 0.2～0.5 MPa,黏性土中宜为 0.2～0.3 MPa;压密注浆时,水泥砂浆浆液的注浆压力宜为 1.0～7.0 MPa,水泥-水玻璃双液注浆压力不应大于 1.0 MPa。

(6) 对人工填土地基,应采用多次注浆,间隔时间按浆液的初凝试验结果确定,且不应大于 4 h。

(7) 可灌性

水泥基浆液渗入性注浆时,注浆压力克服浆液流动的各种阻力,颗粒渗入到地层的孔隙或裂隙中。工程上用可灌比 N 来表示可灌性的大小。

$$N=\frac{D_{15}}{d_{85}} \tag{5-21}$$

式中,D_{15}——砂砾石中含量为 15%的颗粒直径;

d_{85}——注浆材料中含量为 85%的颗粒直径。

N 值越大,接受颗粒注浆材料的可灌性越大。一般认为,当 $N<5$ 时,不可灌;$N=5\sim10$ 时,可灌性差;$N>10$ 时,可灌水泥黏土浆;$N>15$ 时,可灌水泥浆。另外可利用渗透系数值间接评价可灌性,当 $k>(2\sim3)\times10^{-1}$ cm/s 时,可灌水泥浆;当 $k>(5\sim6)\times10^{-2}$ cm/s 时,可灌水泥黏土浆。当可灌性不好时,可考虑采用化学注浆。

2. 施工

注浆加固应保证加固地基在平面和深度上连成一体,满足土体渗透性、地基土强度和变形的设计要求。注浆加固设计前应进行必要的试验,确定设计参数,检验施工方法和设备,应保证注浆的均匀性,且注浆效果满足工程设计要求。

试验包括室内浆液配比试验和现场注浆试验,现场注浆试验包括注浆方案的可行性试验、注浆孔布置方式试验和注浆工艺试验三个方面。通过试验确定材料组成及配比、初凝时间、终凝时间、注浆有效范围、注浆孔布置、注浆压力、注浆量、注浆速度与持续时间等参数,寻求在保证注浆效果下的最优注浆参数组合。

水泥浆液加固施工方法可采用花管注浆或压密注浆,先钻孔或用振动法将花管或注浆管置入土层,然后注浆。注浆应采用跳孔间隔注浆,且先外围后中间的注浆顺序;当地下水流速较大时,应先从水头高的一端开始注浆。对渗透系数相同的土层,应先注浆封顶,后由下向上注浆,以防止地面冒浆。如土层的渗透系数随深度增大,则自下向上注浆;对互层地层,应先对渗透性或孔隙率大的地层进行注浆。

5.5.5 硅化浆液

硅化浆液是指以硅酸钠为主剂的浆液。

硅化法(silicification)是指以硅酸钠(水玻璃)为主剂的地基加固方法。硅酸钠与土作用后不但使土粒胶结,还生成强度很高的硅酸胶凝体,无侧限抗压强度可达 1500 kPa 以上。根据是否添加其他成分,硅化法可分为单液硅化法、双液硅化法。

单液硅化法(silicification grouting)简称单液法,是指在地层中仅注入单一的硅酸钠溶液的方法,适于渗透系数为 0.1～0.2 m/d 的湿陷性黄土等地基的加固。单液硅化法采用浓度为 10%～15%的硅酸钠($Na_2O \cdot nSiO_2$)溶液,相对密度宜为 1.13～1.15。

双液硅化法(double solution grouting)简称双液法,是指以水玻璃溶液和另一种溶液一起作为主剂进行地基加固或止水的方法。常与水玻璃溶液搭配的主剂有氯化钙、水泥浆、铝酸钠等。

按灌注工艺,单液硅化法可分为压力灌注和溶液自渗两种。

硅化浆液注浆加固工程设计时应考虑以下内容。

(1) 浆液选择。砂土、黏性土宜采用压力双液硅化注浆;渗透系数为 0.1～2.0 m/d 的地下水位以上的湿陷性黄土,可采用单液硅化注浆;自重湿陷性黄土宜采用无压单液硅化注浆。

(2) 模数。防渗注浆用的水玻璃模数不宜小于 2.2,地基加固用的水玻璃模数宜为 2.5～3.3。

(3) 成分。双液硅化注浆用的氧化钙溶液中的杂质含量不得超过 0.06%,悬浮颗粒含量不得超过 1%,溶液的 pH 值不得小于 5.5。

(4) 加固半径。硅化注浆的加固半径应根据孔隙比、浆液黏度、凝固时间、注浆速度、注浆压力和注浆量等试验确定;无试验资料时,对粗砂、中砂、细砂、粉砂和黄土可按表 5-7 确定。

表 5-7 硅化法注浆加固半径

土的类型及加固方法	渗透系数/(m/d)	加固半径/m
粗砂、中砂、细砂(双液硅化法)	2～10	0.3～0.4
	10～20	0.4～0.6
	20～50	0.6～0.8
	50～80	0.8～1.0
粉砂(单液硅化法)	0.3～0.5	0.3～0.4
	0.5～1.0	0.4～0.6
	1.0～2.0	0.6～0.8
	2.0～5.0	0.8～1.0
黄土(单液硅化法)	0.1～0.3	0.3～0.4
	0.3～0.5	0.4～0.6
	0.5～1.0	0.6～0.8
	1.0～2.0	0.8～1.0

(5) 注浆范围。最外侧注浆孔位超出基础底面宽度不得小于 1.0 m;加固既有建(构)筑物和设备基础的地基,应沿基础侧向布置,每侧不宜少于 2 排。

(6) 注浆孔距。注浆孔的排间距可取加固半径的 1.5 倍,孔间距可取加固半径的 1.5～1.7 倍。采用单液硅化法加固湿陷性黄土地基时,压力灌注的孔间距宜为 0.8～1.2 m;无压自渗注浆的孔间距宜为0.4～0.6 m。

(7) 溶液用量

加固湿陷性黄土的溶液用量,可按下式估算:

$$Q = Vnd_{N1}\alpha \tag{5-22}$$

式中,Q——硅酸钠溶液的用量,m^3;

V——拟加固湿陷性黄土的体积,m^3;

n——地基加固前土的平均孔隙率;

d_{N1}——灌注时硅酸钠溶液的相对密度;

α——溶液充填孔隙的系数,可取0.60～0.80。

当硅酸钠溶液的浓度大于加固湿陷性黄土所要求的浓度时,应加水稀释,加水量可按下式估算:

$$Q' = q\left(\frac{d_N - d_{N1}}{d_{N1} - 1}\right) \tag{5-23}$$

式中,Q'——稀释硅酸钠溶液的加水量,t;

d_N——稀释前硅酸钠溶液的相对密度;

q——拟稀释硅酸钠溶液的质量,t。

5.5.6 碱液

地基加固中的碱液指氢氧化钠溶液。氢氧化钠俗称烧碱。

碱液法(soda solution grouting)是指将加热后的碱液,以无压自流方式注入土中,使土粒表面溶合胶结成难溶于水,并具有较高强度的钙、铝硅酸盐络合物,从而达到消除黄土湿陷性,提高地基承载力目的的地基处理方法。

1. 设计

碱液法注浆工程设计时应考虑以下内容。

(1) 适用性判别。碱液注浆加固适用于处理地下水位以上渗透系数为0.1～2.0 m/d的湿陷性黄土地基,对自重湿陷性黄土地基的适应性应通过试验确定。

(2) 注浆方式判别。当100 g干土中可溶性和交换性钙镁离子含量大于10 mg/L时,可采用单液法,即只灌注氢氧化钠一种溶液加固;否则,采用双液法,即采用氢氧化钠溶液与氯化钙溶液交替灌注加固。

(3) 加固深度。碱液加固地基的深度根据场地的湿陷类型、地基湿陷等级和湿陷性黄土层厚度,结合建筑物类别与湿陷事故的严重程度等因素综合确定。加固深度宜为2～5 m。对非自重湿陷性黄土地基,加固深度可为基础宽度的1.5～2.0倍;对Ⅱ级自重湿陷性黄土地基,加固深度可为基础宽度的2.0～3.0倍。

(4) 碱液加固土层的厚度h。可按下式估算:

$$h = l + r \tag{5-24}$$

式中,l为灌注孔长度,即从注浆管底部到灌注孔底部的距离,m;r为有效加固半径,m。

(5) 碱液加固地基的半径。宜通过现场试验确定。有效加固半径与碱液灌注量之间存在以下关系:

$$r = 0.6\sqrt{\frac{V}{nl \times 10^{-3}}} \tag{5-25}$$

式中，r——有效加固半径，m，当无试验条件或工程量较小时，可取 0.40～0.50 m；

V——每孔碱液灌注量，L，试验前可根据加固要求达到的有效加固半径进行估算；

n——拟加固土的天然孔隙率。

(6) 孔距。当采用碱液加固既有建(构)筑物地基时，可沿条形基础两侧或单独基础周边各布置一排灌注孔。当地基湿陷较严重时，孔距可取 0.7～0.9 m；当地基湿陷较轻时，孔距可适当加大至 1.2～2.5 m。

(7) 单孔注浆量。每孔碱液灌注量可按下式估算：

$$V = \alpha\beta\pi r^2(l + r)n \tag{5-26}$$

式中，α——碱液充填系数，可取 0.6～0.8；

β——工作条件系数，考虑碱液流失影响，可取 1.1。

2. 施工

硅化法灌注工艺有两种：一是压力注浆，打入注浆管后，由加压设备通过金属注浆管注浆，效果较好，采用较多；二是溶液无压自渗，注浆孔可用钻机或洛阳铲成孔，成本较低。碱液加固一般采用无压自流注浆。

碱液法的施工工艺如下。

(1) 用洛阳铲、螺旋钻成孔或用带有尖端的钢管打入土中成孔，孔径为 60～100 mm，孔中填入粒径为 20～40 mm 的石子，直到注浆管下端标高处，再将内径 20 mm 的注浆管插入孔中，管底以上 300 mm 高度内填入粒径为 2～5 mm 的小石子，其上填入 2∶8 灰土并夯实。

(2) 碱液可用固体氢氧化钠或液体氢氧化钠配制，加固 1 m^3 黄土需要氢氧化钠量约为干土质量的 3%，即 35～45 kg，碱液浓度不应低于 90 g/L，常用浓度为 90～100 g/L。双液加固时，氯化钙溶液的浓度为 50～80 g/L，应在盛溶液桶中将碱液加热到 90℃以上再进行灌注，灌注过程中桶内溶液温度应保持不低于 80℃。

(3) 碱液加固施工中，应合理安排灌注顺序和控制灌注速率。宜间隔 1～2 孔灌注并分段施工，相邻两孔灌注的间隔时间不宜少于 3 d。同时灌注的两孔间距不应小于 3 m。灌注碱液的速度，宜为 2～5 L/min。

(4) 当采用双液加固时，应先灌注氢氧化钠溶液，间隔 8～12 h 后再灌注氯化钙溶液，后者用量为前者的 1/4～1/2。

(5) 施工中应防止污染水源并应安全操作。

5.6 加筋法

5.6.1 概述

加筋法是地质工程领域常用的一种土体加固方法，其使用的材料是土工合成材料。限于篇幅不便展开讨论，下面仅介绍土工合成材料的定义与分类。

土工合成材料(geosynthetics)是岩土工程中应用的合成材料产品的总称。主要成分是人工合成的聚合物(如塑料、化纤、合成橡胶等),主要品种有土工膜、土工织物、土工格栅、土工复合材料等类型。

土工合成材料制成产品后,置于土体的内部、表面或各层土之间,起排水、隔离、反滤、加筋、保护或止水的作用,广泛应用于地质、水利、铁路、公路、水运、建筑、环保、矿冶等类型的工程中。

土工膜(geomembrane)是指由聚合物、沥青产品等制成的不透水薄膜。土工膜的主要品种是聚乙烯和聚氯乙烯。

土工织物(geotextile)又称土工布,是透水性的平面型土工合成材料,包括无纺(非织造)和有纺(织造)土工织物。一般用于排水、反滤、加筋和土体隔离。

土工格栅(geogrid)是指具有较高强度,网孔中可填入土石的平面型加筋材料。

5.6.2　加筋原理

加筋(reinforcement)是指利用土工合成材料改善土体或结构的力学性能的行为。这里的筋不是钢筋,而是指起抗拉作用的土工聚合物。

加筋土(reinforced earth)是指在土体中设置了筋材的复合土体,用于提高土体的抗拉、抗剪能力,提高地基承载力、减少沉降量和增加地基稳定性。

加筋土挡墙(reinforced soil wall)是指由填土、拉筋以及直立的墙面板三部分组成的复合结构。

加筋地基是将基础下一定范围内的软弱土层挖去,然后逐层铺设土工聚合物与砂石组成的加筋垫层做地基持力层的一种地基。用作路基时,则可以将填土层和土工聚合物层交互填压,形成加筋路基。

地基中层状置入土工筋材时,在路面荷载作用下,土体发生竖向与水平向的变形,由于筋材的伸长,它与周围土体间的摩擦将导致一个附加的约束应力 $\Delta\sigma_3$,如图 5-24 所示。一般认为,加筋后土的内摩擦角 φ 没有变化,所以黏聚力增加了 Δc:

$$\Delta c = \frac{\Delta\sigma_3}{2}\tan\left(45^\circ + \frac{\varphi}{2}\right) \tag{5-27}$$

式中,Δc——由于加筋而使土体增加的黏聚力,kPa;

$\Delta\sigma_3$——因筋材与土体的摩擦而增加的围压,kPa;

φ——土体的内摩擦角,(°)。

Δc 的存在,增大了土的抗剪能力,同时,由于嵌入土中的筋材自身强度的作用,使得土体的抗拉和抗剪强度得以提高。

5.6.3　设计

加筋地基的设计计算内容包括:加筋材料选择,地基承载力、变形和稳定性计算。

加筋材料可以是土工织物、土工格栅等,应具有较高的强度,受力后变形小,能与填料产生足够的摩擦力,抗腐蚀性和抗老化性好。

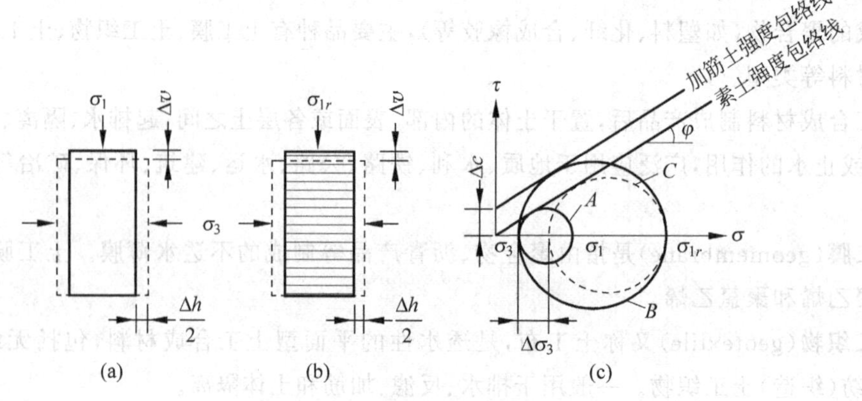

图 5-24 加筋原理

(a) 素土三轴破坏；(b) 加筋土三轴破坏；(c) 强度包络线

σ_1—竖向应力；Δv—竖向变形；σ_3—围压；Δh—侧向伸长；

σ_{1r}—在同样围压、同样竖向变形和横向变形时，加筋土的竖向应力

加筋挡土墙的设计与验算内容如下(图 5-25)。

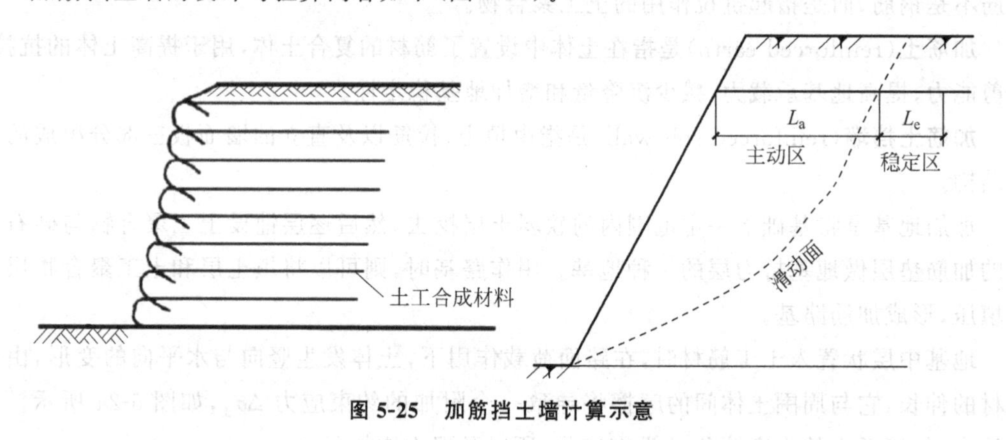

图 5-25 加筋挡土墙计算示意

(1) 挡墙的初设断面

挡墙设计时一般是先假设一个计算断面，初定水平铺设的筋材长度和层间距。各层垂直间距一般可初定为 0.4～0.5 m，筋材长度可为墙高的 0.7 倍，如果墙后填土为斜坡，或填土顶面有超载作用，可设为墙高的 0.8 倍。

(2) 外部稳定性验算

将筋材范围内的土体连同墙面板视为一个刚性的整体，与重力式挡墙类似，进行以下各项验算：整个墙体沿其底面的抗平面滑动稳定性验算、抗深层圆弧滑动稳定性验算、抗绕墙趾转动的倾覆稳定性验算和墙基的承载力验算。以上各项安全系数都应该达到规定的数值。

(3) 内部稳定性验算

① 筋材的强度验算。为了保持墙的稳定，每一层筋材的拉力都必须满足 $T_i \leqslant T_a$。式中，T_i 为第 i 层筋材的拉力，T_a 为筋材的容许抗拉强度。

② 筋材的抗拔验算。每一层筋材的拉力还要求不超过其端部段(超出滑动面以外的筋材长度,图 5-25 中的 L_e 段)埋在土内发挥的握裹力。握裹力由该端部段周边与土产生的摩阻力所提供。所以这一验算实际上是校核端部段埋藏的筋材长度是否足够,因为摩阻力的大小是与稳定区的筋材长度有关的。

5.6.4 施工

土工合成材料必须按其主要受力方向铺设。土工格栅在挡土墙上的固定方式有装配式面板和砌块组合面板,如图 5-26 所示。

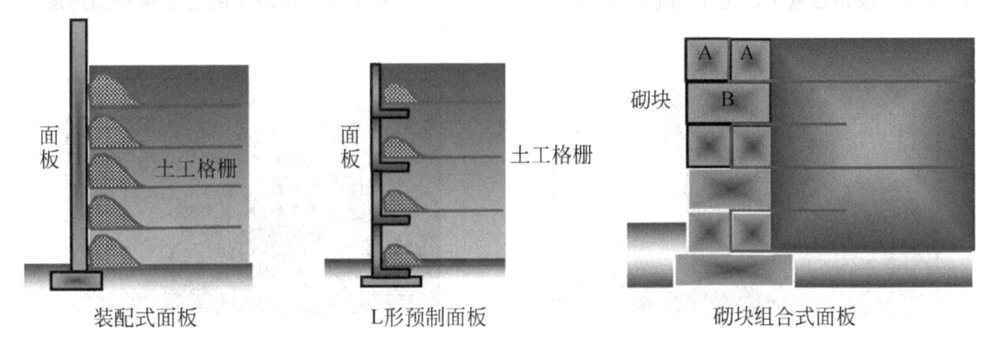

图 5-26　土工格栅加筋挡土墙

5.6.5 应用

土工格栅的加筋用途广泛,除大量用作挡土墙外,还可用于堤坝、(公路、铁路)路基、桥台、料仓、房屋基础、油罐基础等。

用土工格栅加固路基的典型应用如图 5-27 所示,这是巴西某公路边坡加固工程。该公路的一侧为坡高 2.0～8.2 m 的土坡,一侧为 9 m 深的有机质淤泥和沉积黏性土层,标准贯入试验击数在 0～1 之间。采用的处理方法是对深厚的淤泥层采用桩径 1.2 m、中心距为 3.0 m 的旋喷桩加固,形成复合地基。在旋喷桩的上部做成承台,承台上逐层填土、加筋、压实,并进行边坡处理,直至达到要求的地面标高。

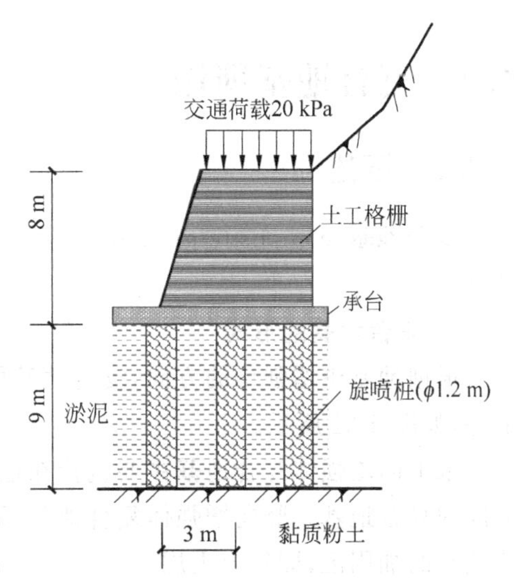

图 5-27　巴西某公路边坡土工格栅加筋

当很软的地基可能产生较大的变形时,可通过铺设土工格栅,阻止土体侧向挤出,从而减小侧向变形,增大地基的稳定性。例如在沼泽地、泥炭土和软土上修建道路时,在软土表面和道路砾石基层之间铺设一层土工合成材料,既可起到隔离作用,又可将车辆荷载扩散到地基中去。图 5-28 为铁路路基下铺设土工格栅加筋层的示例,图 5-29 为路堤下铺设土工格栅加筋层的示例。图 5-30 所示为路堤加筋的施工过程。

图 5-28　铁路路基下的土工格栅加筋层

图 5-29　路堤下的土工格栅加筋层

图 5-30　路堤加筋的施工

5.7　复合地基理论

5.7.1　概述

复合地基(composite ground)是指增强体和其间的土共同承受上部荷载并协调变形的地基。

1. 复合地基的形式

根据地基中增强体的方向,复合地基可分为水平向增强体复合地基和竖向增强体复合地基,如图 5-31 所示。

水平向增强体复合地基主要包括在地基中铺设各种加筋材料,如土工织物、土工格栅等形成的复合地基。竖向增强体复合地基习惯上称为桩体复合地基,桩体和桩间土构成了复合地基的加固区,即复合土层。

根据成桩材料及其性质,竖向增强体分为散体材料桩和胶结材料桩。散体材料桩,包括碎石桩、砂石桩、砂桩、土桩等,它们只有依靠周围土体的围箍作用才能形成桩体。胶结材料

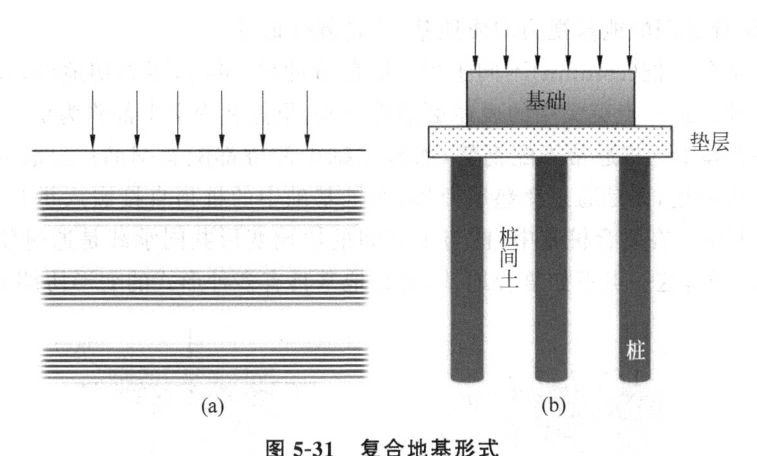

图 5-31　复合地基形式

(a) 水平向增强体复合地基；(b) 竖向增强体复合地基

桩包括灰土桩、石灰桩、水泥土桩(水泥土搅拌桩、深层搅拌桩)、水泥粉煤灰碎石桩(CFG 桩)等，通过自身携带的胶结成分成桩。

按增强体形式可分为单一型(桩身材料、断面尺寸、长度都相同的同桩型复合地基)、复合型(如混凝土芯的水泥土组合桩复合地基)、多桩型(如碎石-CFG 桩复合地基)、长短桩结合型等。

2. 复合地基的形成条件

竖向增强体要形成复合地基，须同时具备以下条件：①增强体的强度明显高于原土强度；②增强体的刚度明显大于原土刚度；③桩与土能协调变形。

可在三个部位实现桩与土的协调变形，如图 5-32 所示。如为刚性桩，则下端应有可压缩的地层或上端有较厚褥垫层；如为散体材料桩，则由于鼓胀变形，即使桩端为不可压缩层，也能协调与土的变形，达到共同承载。

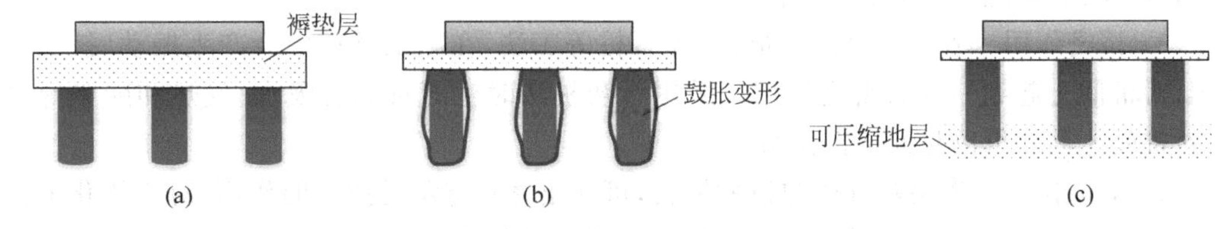

图 5-32　桩土协调变形的形式

(a) 通过褥垫层协调变形；(b) 通过桩体侧向鼓胀协调变形；(c) 通过桩端地层的压缩协调变形

褥垫层具有以下作用。

(1) 保证桩、土共同承担荷载。若无褥垫层，则桩承受主要荷载，只有桩变形后才有一部分荷载传到土层中。褥垫层提供了桩受力后上下刺入的条件，有利于让土较早承载。

(2) 通过改变褥垫层厚度，调整桩承担垂直荷载的比例。褥垫层越薄，桩承担的荷载占总荷载的百分比越高，反之亦然。

(3) 减少基础底面的应力集中。

(4) 调整桩土水平荷载的分担。垫层厚度越大，土分担的水平荷载占总荷载的百分比越大，桩分担的水平荷载占总荷载的百分比越小。

碎石桩、水泥土搅拌桩、旋喷桩和石灰桩、砂桩、强夯置换墩等视为复合地基；预压法、强夯法、换填法等处理的地基视为均质地基，不是复合地基。

地基处理部分的桩(column)不同于桩基础部分的桩(pile)，更确切地说，地基处理中的桩是竖向增强体。这一点英文中的表述更准确一些，虽然在中文中都称为桩，但二者有以下区别：①地基处理中的桩通常不配钢筋，而桩基础中的桩都配有钢筋；②地基处理中的桩顶不与基础直接相连，而是通过褥垫层衔接，而桩基础中的桩顶直接嵌入承台中，没有褥垫层，如图 5-33 所示。在复合桩基中，桩与土之间的协调变形共同承载是通过使摩擦桩产生适当的沉降完成的，这一点不如复合地基，复合地基具有多种形式的变形协调方式。

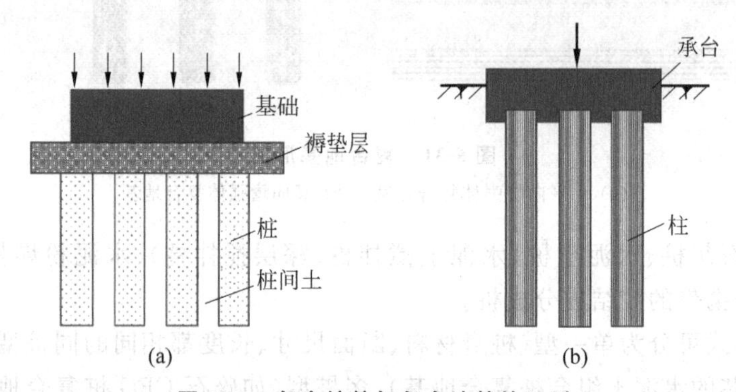

图 5-33　复合桩基与复合地基的区别

(a) 复合地基；(b) 复合桩基

3. 复合地基的加固机理

复合地基具有以下一种或多种作用。

(1) 桩体作用。因桩体刚度比周围土体大，在等量变形时，地基中的应力将按材料模量重新分布。大部分荷载由桩体承担，桩间土应力较低。

(2) 加速固结作用。砂桩、碎石桩具有良好的透水性，可在地基中形成排水通道，有效缩短排水距离，加速桩间土的排水固结。

(3) 挤密作用。砂桩、土桩、石灰桩、碎石桩等工法，在施工过程中会产生振动、挤压等作用，对桩间土起到一定的密实作用。采用石灰桩法时生石灰具有吸水、发热和膨胀等作用，对桩间土同样可以起到挤密作用。

(4) 加筋作用。道路基础中铺设的筋材，可使土体具有承受拉力的作用，对于均化上覆荷载、减小土体的侧向挤出、降低路面沉降具有明显的效果。

4. 复合地基的破坏形式

水平向增强体复合地基的破坏形式主要有：加筋体以外土体发生剪切破坏；加筋体被拉出；加筋体被拉断。

竖向增强体复合地基的破坏形式有刺入破坏、鼓胀破坏、整体剪切破坏和滑动破坏，如图 5-34 所示。

(1) 刺入破坏。此种破坏形式发生于桩体刚度大，地基土强度低的条件下。刚性桩复合地基易发生此类破坏。

(2) 鼓胀破坏。此种破坏形式发生于桩间土不能提供足够的围压来阻止桩体发生过大的侧向变形时，桩体鼓胀破坏后将引起复合地基全面破坏。散体材料桩复合地基往往发生此类破坏。

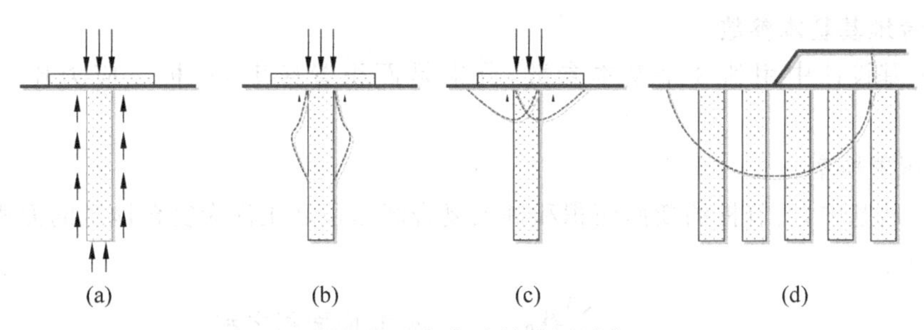

图 5-34　复合地基破坏形式

(a) 刺入破坏；(b) 鼓胀破坏；(c) 整体剪切破坏；(d) 滑动破坏

(3) 整体剪切破坏。在荷载作用下，复合地基出现塑性区，滑动面上的桩和土体均发生剪切破坏。散体材料桩复合地基较易发生整体剪切破坏，柔性桩复合地基在一定条件下也可能发生此类破坏。

(4) 滑动破坏。在荷载作用下复合地基沿某一滑动面产生破坏。在滑动面上，桩体和桩间土均发生剪切破坏。各种复合地基都可能发生这类形式的破坏。

复合地基发生破坏的模式，与复合地基的桩型、桩身强度、土层条件、荷载形式及复合地基上基础结构的形式有关。

5.7.2　设计

桩体复合地基的设计指标主要是复合地基的承载力和变形，并以此为目标确定桩体类型、直径、质量要求、布置、间距、加固深度、加固范围等参数。

用于填土路堤和柔性面层堆场等工程的复合地基除应进行承载力和沉降计算外，尚应进行稳定性分析；位于坡地、岸边的复合地基也应进行稳定性分析。

1. 复合地基设计应查明的参数

应根据拟采用的复合地基中增强体类型按表 5-8 的要求查明地质参数。

表 5-8　不同增强体类型需要查明的参数

序号	增强体类型	需查明的参数
1	深层搅拌桩	含水率，pH 值，有机质含量，地下水和土的腐蚀性，黏性土的塑性指数和超固结度
2	高压旋喷桩	pH 值，有机质含量，地下水和土的腐蚀性，黏性土的超固结度
3	灰土挤密桩	地下水位，含水率，饱和度，干密度，最大干密度，最优含水率，湿陷性黄土的湿陷性类别、(自重)湿陷系数、湿陷起始压力及场地湿陷性评价，其他湿陷性土的湿陷程度、地基的湿陷等级
4	夯实水泥土桩	地下水位，含水率，pH 值，有机质含量，地下水和土的腐蚀性，用于湿陷性地基时参考灰土挤密桩
5	石灰桩	地下水位，含水率，塑性指数
6	挤密砂石桩	砂土、粉土的黏粒含量，液化评价，天然孔隙比，最大孔隙比，最小孔隙比，标准贯入击数
7	置换砂石桩	软黏土的含水率，不排水抗剪强度，灵敏度
8	强夯置换墩	软黏土的含水率，不排水抗剪强度，灵敏度，标准贯入或动力触探击数，液化评价
9	刚性桩	地下水和土的腐蚀性，不排水抗剪强度，软黏土的超固结度，灌注桩尚应测量软黏土的含水率

2. 复合地基基本参数

复合地基设计中用到3个基本参数，分别是面积置换率 m、桩土应力比 n、复合模量 E_{sp}。

1) 面积置换率

在复合地基中，所有桩的断面面积和桩土复合区面积之比称为复合地基的面积置换率，用 m 来表示：

$$m=\frac{\sum A_p}{\sum A_p+\sum A_s}=\frac{\text{桩断面面积之和}}{\text{桩土复合区面积}}$$

从局部来讲，面积置换率是指桩体的横截面面积与该桩体所承担的复合地基面积之比，即

$$m=\frac{A_p}{A_e}=\frac{d^2}{d_e^2}=\left(\frac{d}{d_e}\right)^2 \tag{5-28}$$

式中，A_p——桩的横截面面积，m^2；

A_e——单根桩所分担的地基处理面积，m^2；

d——桩的直径，m；

d_e——单根桩所分担的地基处理面积的等效圆的直径，m。

竖向增强桩体按等边三角形布置时，$d_e=1.05s_a$，按正方形布置时，$d_e=1.13s_a$，其中 s_a 为桩中心距。矩形布桩时 $d_e=1.13\sqrt{s_1s_2}$，式中 s_1、s_2 分别为纵向桩中心距、横向桩中心距。

2) 桩土应力比

复合地基中桩体的竖向平均应力与桩间土的竖向平均应力之比称为桩土应力比，常用符号 n 表示。

假定在刚性基础下，桩体和桩间土的竖向应变相等，可得桩土应力比 n 的计算式为

$$n=\frac{\sigma_p}{\sigma_s}=\frac{E_p}{E_s} \tag{5-29}$$

式中，σ_p——桩体的竖向平均应力，kPa；

σ_s——桩间土的竖向平均应力，kPa；

E_p——桩身压缩模量，MPa；

E_s——桩间土压缩模量，MPa。

桩土应力比可以用来定性地反映复合地基的工作情况。桩土应力比的影响因素有荷载水平、桩土模量比、复合地基面积置换率、原地基土强度、桩长、固结时间和垫层情况等。在其他条件相同时，桩体材料刚度越大，桩土应力比就越大；桩越长，桩土应力比就越大；面积置换率越小，桩土应力比就越大。碎石桩复合地基桩土应力比变化范围不大，一般在2.5～3.5之间。黏结材料桩(如水泥土桩)复合地基的桩土应力比变化范围大，不宜用作设计参数。

3) 复合模量

复合地基加固区是由桩体和桩间土两部分组成的，呈非均质。在复合地基计算中，为了简化计算，将加固区视作一均质的复合土体。与原非均质复合土体等价的均质复合土体的

模量称为复合地基的复合压缩模量，简称复合模量，通常用 E_{sp} 表示。E_{sp} 有以下三种计算方法，但其实质是一致的。

$$E_{sp}=mE_p+(1-m)E_s \tag{5-30}$$

$$E_{sp}=\alpha[1+m(n-1)]E_s \tag{5-31}$$

$$E_{sp}=\zeta E_s \tag{5-32}$$

$$\zeta=\frac{f_{spk}}{f_{ak}} \tag{5-33}$$

式中，E_{sp}——复合模量，MPa；

m——复合地基面积置换率；

n——桩土应力比；

α——成桩对周围土的挤密效应系数，砂石桩取 $\alpha=1$，石灰桩取 $\alpha=1.1\sim1.3$；

ζ——复合地基压缩模量增强系数；

f_{spk}——复合地基承载力特征值，kPa；

f_{ak}——基础底面下天然地基承载力特征值，kPa。

3. 复合地基承载力

复合地基承载力特征值应通过复合地基竖向抗压荷载试验或综合桩体竖向抗压荷载试验和桩间土地基竖向抗压荷载试验，并结合工程实践经验综合确定。有关现场荷载试验法的内容参见《建筑地基处理技术规范》(JGJ 79—2012)。

初步设计时，复合地基承载力特征值可按浅基础设计中的公式估算，但复合地基承载力的基础宽度承载力修正系数取0；基础埋深的承载力修正系数应取1.0。修正后的复合地基承载力特征值按下式计算：

$$f_a=f_{spk}+\gamma_m(d-0.5) \tag{5-34}$$

式中，f_a——修正后的复合地基承载力特征值，kPa；

f_{spk}——复合地基承载力特征值，kPa；

γ_m——基础底面以上土的加权平均重度，kN/m^3。地下水位以下取浮重度；

d——基础埋置深度，m。在填方整平地区，可自填土地面标高算起；但填土在上部结构施工完成后进行时，应从天然地面标高算起。

1) 散体材料桩复合地基承载力计算

对于砂桩、砂石桩、碎石桩等散体材料桩，按下式估算其复合地基承载力：

$$f_{spk}=mf_{pk}+(1-m)f_{sk} \tag{5-35}$$

式中，f_{spk}——复合地基承载力特征值，kPa；

f_{pk}——桩体承载力特征值，kPa；

f_{sk}——桩间土承载力特征值，kPa；

m——复合地基面积置换率。

对于小型工程散体材料桩，无现场荷载试验时，可使用简化的复合地基承载力公式估算：

$$f_{spk}=[1+m(n-1)]f_{sk} \tag{5-36}$$

式中，n——桩土应力比，可按地区经验确定，无实测资料时，取 $n=2\sim4$。

2）胶结材料桩复合地基承载力计算

对于灰土桩、石灰桩、水泥土（搅拌、喷粉、夯填）桩、CFG 桩等胶结材料桩，按下式估算其复合地基承载力：

$$f_{spk}=m\frac{R_a}{A_p}+\beta(1-m)f_{sk} \tag{5-37}$$

式中，R_a——单桩竖向承载力特征值，kN；

A_p——桩的截面面积，m^2；

β——桩间土承载力折减系数。

单桩承载力 R_a 的确定：

（1）有实测资料时

$$R_a=\frac{1}{2}Q_{uk} \tag{5-38}$$

（2）无实测资料时

复合地基竖向增强体采用柔性桩（胶结材料桩）和刚性桩时，桩体的竖向抗压承载力特征值应通过单桩竖向抗压荷载试验确定。初步设计时，由桩周土和桩端土的抗力可能提供的单桩竖向抗压承载力特征值应按式（5-39）计算；由桩体材料强度提供的单桩竖向抗压承载力特征值应按式（5-40）计算：

$$R_a=u_p\sum_{i=1}^{n}q_{sia}l_i+\alpha q_{pa}A_p \tag{5-39}$$

$$R_a=\eta f_{cu}A_p \tag{5-40}$$

式中，Q_{uk}——单桩实测极限承载力，kN。

u_p——桩的截面周长，m。

n——增强体桩长范围内划分的土层数。

q_{sia}——桩周第 i 层土的侧阻力特征值（$q_{sia}=q_{sik}/2$，q_{sik} 为桩侧摩阻力标准值），kPa。q_{sia} 的值对淤泥可取 4～7 kPa，对淤泥质土可取 6～12 kPa，对软塑状态的黏性土可取 10～15 kPa，对可塑状态的黏性土可取 12～18 kPa。

l_i——桩长范围内第 i 层土的厚度，m。

α——桩端天然地基土承载力折减系数，一般可取 0.4～0.6，承载力高时取低值，可按地区经验确定。对于 CFG 桩可取为 1.0。

q_{pa}——桩端土地基承载力特征值（$q_{pa}=q_{pk}/2$，q_{pk} 为桩端阻力标准值），kPa，对于水泥土搅拌桩、旋喷桩应取未经修正的桩端地基土承载力特征值。

A_p——桩的截面面积，m^2。

η——桩体强度折减系数。

f_{cu}——桩身立方体抗压强度平均值，kPa。

无实测资料时，R_a 应取式（5-39）和式（5-40）计算结果中的最小值。

4. 沉降计算

复合地基的沉降由垫层压缩变形量、加固区复合土层压缩变形量（s_1）和加固区下卧土层压缩变形量（s_2）组成。一般认为，垫层压缩变形量小，且在施工期已基本完成，可忽略不计。故复合地基沉降可按下式计算：

$$s = s_1 + s_2 \tag{5-41}$$

式中，s_1——复合地基加固区复合土层压缩变形量，mm；

s_2——加固区下卧土层压缩变形量，mm。

【例 5-5】 松散砂土地基加固前的承载力 $f_a = 100$ kPa，采用振冲桩加固，振冲桩直径为 500 mm，桩距为 1.2 m，正三角形排列。经振冲后，由于振密作用，原土的承载力提高了 25%。若桩土应力比为 3，求复合地基的承载力。

【解答】

分析：可采用简化的复合地基承载力公式计算，$f_{spk} = [1 + m(n-1)]f_{sk}$。

已知：桩土应力比 $n = 3$。

(1) 求 f_{sk}

$$f_{sk} = 1.25f_a = 1.25 \times 100 \text{ kPa} = 125 \text{ kPa}$$

(2) 求 m

正三角形布桩时，$d_e = 1.05s_a$，则

$$m = \left(\frac{d}{d_e}\right)^2 = \left(\frac{0.5}{1.05 \times 1.2}\right)^2 \approx 0.157$$

$$f_{spk} = [1 + m(n-1)]f_{sk} = [1 + 0.157 \times (3-1)] \times 125 \text{ kPa} = 164.25 \text{ kPa}$$

【例 5-6】 某建筑场地工程地质条件如图 5-35 所示，拟建框架结构建筑物，采用单独基础，柱下基础底面尺寸为 5 m×5 m，基底埋深 2.5 m，经计算得荷载效应标准组合时基底压力为 450 kPa。经分析，决定采用 CFG 桩复合地基。取桩间土地基承载力修正系数 $\beta = 0.90$，试设计此复合地基。

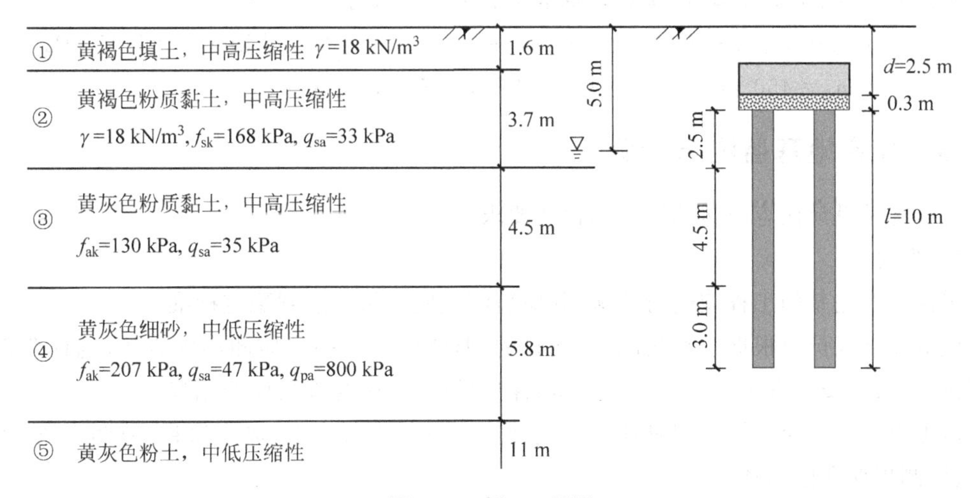

图 5-35 例 5-6 用图

【解答】

(1) 确定复合地基方案

在基础下布置 16 根 CFG 桩，中心距 1.4 m，每排 4 根桩，正方形布置，边桩距基础边缘 0.4 m。

CFG 桩桩端选在第④层黄灰色细砂层，采用长螺旋钻孔中心压灌桩，桩径 420 mm，有效桩长 10 m，桩顶距设计地面 2.8 m，桩穿越第②层土(厚 2.5 m)、第③层土(厚 4.5 m)，进入第④层土(进入此地层 3.0 m 深度)。垫层采用粒径小于 30 mm 的碎石，厚度 300 mm。

(2) 复合地基承载力验算

CFG 桩单桩竖向承载力按式(5-39)计算：

$$A_p = \frac{1}{4}\pi d^2 = \frac{1}{4} \times \pi \times 0.42^2\ m^2 \approx 0.14\ m^2$$

$$\begin{aligned} R_a &= u_p \sum_{i=1}^{n} q_{sia} l_i + \alpha A_p q_{pa} \\ &= [(3.14 \times 0.42) \times (33 \times 2.5 + 35 \times 4.5 + 47 \times 3.0) + 1.0 \times 0.14 \times 800]\ \text{kN} \\ &\approx 613.3\ \text{kN} \end{aligned}$$

正方形布桩，$d_e = 1.13 s_a$，面积置换率为

$$m = \left(\frac{d}{d_e}\right)^2 = \left(\frac{0.42}{1.13 \times 1.4}\right)^2 \approx 0.07$$

CFG 桩复合地基承载力特征值为

$$\begin{aligned} f_{spk} &= \frac{mR_a}{A_p} + \beta(1-m) f_{sk} \\ &= \left[0.07 \times \frac{613.3}{0.14} + 0.90 \times (1-0.07) \times 168\right]\ \text{kPa} \\ &\approx (310.03 + 140.62)\ \text{kPa} = 450.65\ \text{kPa} \end{aligned}$$

考虑到宽度、深度修正，修正后的地基承载力特征值为

$$f_a = f_{spk} + \gamma_m (d - 0.5) = [450.65 + 18 \times (2.5 - 0.5)]\ \text{kPa} = 486.65\ \text{kPa}$$

可见基底压力 $p_k = 450\ \text{kPa} < f_a = 486.65\ \text{kPa}$，满足设计要求。

5.7.3 复合地基监测与检测

复合地基设计内容应包括监测和检测要求。

1. 监测

采用复合地基的工程应进行监测，并应监测至监测指标达到稳定标准。

监测设计人员应根据工程情况、监测目的、监测要求等制定监测实施方案，选择合理的监测仪器、仪器安装方法，采取妥当的仪器保护措施，遵循合理的监控流程。

监测设计人员应根据工程具体情况设计监测断面或监测点、监测项目、监测手段、监测数量、监测周期和监测频率等。

监测人员应根据施工进度采取合适的监测频率，并应根据施工、指标变化和环境变化等情况，动态调整监控频率。

对复合地基应进行沉降监测，对重要工程、试验工程、新型复合地基等宜监测桩土荷载分担情况。对填土路堤和柔性面层堆场等工程的复合地基除应监测地表沉降，稳定性差的工程还应监测侧向位移，沉降缓慢时宜监测孔隙水压力，可监测分层沉降。

采用复合地基处理的坡地、岸边应监测侧向位移，宜监测地表沉降。

对周围环境可能产生挤压等不利影响的工程，应监测地表沉降、侧向位移，软黏土土层宜监测孔隙水压力。对周围环境振动显著时，应进行振动监测。

监测时应记录施工、周边环境变化等情况。监测结果应及时反馈给设计、施工相关企业。

2. 检测

复合地基检测内容应根据工程特点确定，宜包括复合地基承载力、变形参数、增强体质量、桩间土和下卧土层变化等。复合地基检测内容和要求应由设计单位根据工程具体情况确定，并应符合下列规定：

(1) 复合地基检测应注重竖向增强体质量检验；

(2) 具有挤密效果的复合地基，应检测桩间土挤密效果。

检测方案宜包括以下内容：工程概况、检测方法及其依据的标准、抽样方案、所需的机械或人工配合、试验周期等。

复合地基检测方法有平板荷载试验、钻芯法、动力触探试验、土工试验、低应变法、高应变法、声波透射法等，应根据检测目的和工程特点选择合适的检测方法。

复合地基检测应在竖向增强体及其周围土体物理力学指标基本稳定后进行，地基处理施工完毕至检测的间隔时间可根据工程特点确定。

复合地基检测抽检位置的确定应符合下列规定：①施工中出现异常情况的部位；②设计部门认为重要的部位；③局部岩土特性复杂，可能影响施工质量的部位；④当采用两种或两种以上检测方法时，应根据前一种方法的检测结果确定后一种方法的检测位置；⑤同一检验批的抽检位置宜均匀分布。

当检测结果不满足设计要求时，应查找原因，必要时应采用原检测方法或准确度更高的检测方法扩大抽检，扩大抽检的数量宜按不满足设计要求的检测点数加倍。

5.8　强夯置换墩复合地基

如图 5-36 所示，在饱和软黏土特别是淤泥及淤泥质土中，通过强夯将碎石等粒料挤填到饱和软土层中，形成“桩柱”或密实的砂石层，进而形成复合地基，提高地基的承载力。与此同时，密实的砂、石层还可作为下卧软弱土的良好排水通道，加速下卧层土的排水固结，从而使地基承载力提高，沉降减小。

强夯置换墩复合地基适用于加固高饱和度的粉土、软塑～流塑的黏性土、有软弱下卧层的填土等地基。强夯置换应经现场试验确定其适用性和加固效果。当强夯置换墩施工对周围环境的噪声、振动影响超过有关规定时，不宜选用强夯置换墩复合地基方案；需采用时应采取隔震、降噪措施。

5.8.1　设计

强夯置换墩试验方案应根据工程设计要求和地质条件，先初步确定强夯置换参数，进行现场试夯，然后根据试夯场地监测和检测结果及其与夯前测试数据的对比，检验置换墩长度和加固效果，再确定方案可行性和工程施工采用的强夯置换工艺及参数。

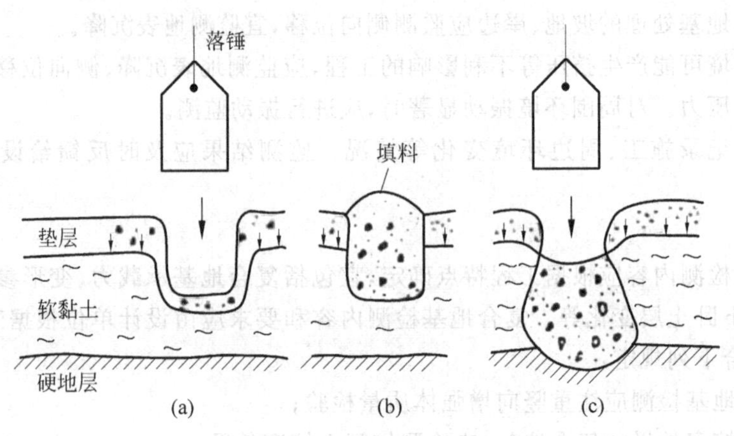

图 5-36 强夯置换加固机理

(a) 成坑；(b) 回填；(c) 夯实

强夯置换墩复合地基的设计应包括下列内容。

(1) 置换深度。强夯置换墩的深度由土质条件、单击能和锤型尺寸等决定。对于淤泥质、泥炭等软弱黏性土层，置换墩应穿透软土层，着底在较好的土层上，以免产生较多下沉。对深厚饱和粉土、粉砂，墩身可不穿透该层，因为在墩施工中墩下土体的密度会增大，强度会有所提高。强夯置换法的单击能和夯击次数应根据现场试验确定。

强夯置换有效加固深度为墩长和墩底压密土厚度之和，应根据现场试验或当地经验确定。在缺少试验资料或经验时，强夯置换深度可按表 5-9 确定。

表 5-9 强夯置换深度

夯击能/(kN·m)	3000	6000	8000	12 000	15 000	18 000
置换深度/m	3～4	5～6	6～7	8～9	9～10	10～11

(2) 处理范围。强夯置换的处理范围与强夯类似，应大于建筑物基础范围，每边超出基础外缘的宽度宜为基底下设计处理深度的 1/2～2/3，且不应小于 3 m；对可液化地基，基础边缘的处理宽度不应小于 5 m。

(3) 垫层。墩顶应铺设一层厚度不小于 300 mm 的压实垫层，垫层材料与墩体材料相同，粒径不宜大于 100 mm。

(4) 墩体填料。墩体材料可采用级配良好的碎石、块石、矿渣、建筑垃圾等坚硬粗颗粒材料，粒径大于 300 mm 的颗粒含量不宜超过全重的 30%。墩体材料级配不好或块石过大时，易在墩中留下大孔，致使后续墩施工或建筑物使用过程中墩间土挤入孔隙，下沉增加。

(5) 单击夯击能。单击夯击能应根据现场试验确定。夯锤应根据土质情况、置换深度、加固要求和施工设备确定。夯锤质量可取 10～60 t。夯锤宜采用圆柱形，锤底面积宜按土层的性质确定，锤底静接地压力值可取 80～300 kPa。锤底面宜对称设置若干个与其顶面贯通的排气孔或侧面设置排气凹槽，孔径或槽径可取 250～400 mm。

(6) 夯点布置。墩位布置宜采用等边三角形或正方形。墩间距应根据荷载大小和原状土的承载力选定，满堂布置时，墩间距可取夯锤直径的 2～3 倍。对独立基础或条形基础可取夯锤直径的 1.5～2.0 倍。墩的计算直径可取夯锤直径的 1.1～1.2 倍。

(7) 夯击击数与遍数。夯点的夯击次数，应根据现场试夯的夯击次数和夯沉量关系曲线，以碎石墩满足一定的密实度和设计充盈系数而墩身周围隆起量最小的原则来确定，并应同时满足下列条件：①最后两击的平均夯沉量，宜满足表 5-10 的要求，当单击夯击能 E 大于 12 000 kN·m 时，应通过试验确定；②夯坑周围地面不应发生过大的隆起；③不因夯坑过深而发生提锤困难；④墩长应达到设计墩长；⑤累计夯沉量为设计墩长的 1.5～2.0 倍，以保证夯墩的密实度。

表 5-10　强夯置换墩收锤条件

单击夯击能 E/(kN·m)	最后两击平均夯沉量/mm	单击夯击能 E/(kN·m)	最后两击平均夯沉量/mm
$E<4000$	50	$8000\leqslant E<12\,000$	200
$4000\leqslant E<6000$	100	$12\,000\leqslant E<15\,000$	250
$6000\leqslant E<8000$	150	$E\geqslant 15\,000$	300

夯击遍数应根据地基土的性质确定，可采用点夯 3～4 遍。一般来说，由粗颗粒土组成的渗透性强的地基，夯击遍数可少些；对于渗透性较差的细颗粒土，应适当增加夯击遍数。最后以低能量满夯 2 遍，满夯可采用轻锤或低落距锤多次夯击，锤印搭接。

(8) 间歇时间。两遍夯击之间应有一定的时间间隔，间隔时间取决于土中超静孔隙水压力的消散时间及挤密效果。当缺少实测资料时，可根据地基土的渗透性确定。对于渗透性较差的黏性土地基，间隔时间不应少于 2～4 周，对于渗透性好的地基可连续夯击。

(9) 地基承载力。确定强夯置换法的地基承载力特征值时，对软弱黏性土(如淤泥或流塑的黏性土)中的置换墩，可只考虑墩体，不考虑墩间土的承载力。其承载力应通过现场单墩荷载试验确定，即按单墩荷载试验的荷载除以单墩加固面积作为加固后的地基承载力。对饱和粉土地基可按复合地基考虑，其承载力可通过现场单墩复合地基荷载试验确定。这是由于墩体填料为碎石或砂砾石时，置换墩形成过程中大量填料与墩间土混合，越浅处混合的越多，因而墩间土已非原来的土而是一种混合土，含水率与密实度改善很多，可与墩体共同组成复合地基。确定软黏性土和墩间土硬层厚度小于 2 m 的饱和粉土地基中强夯置换墩复合地基承载力特征值时，其竖向抗压承载力应通过现场单墩竖向抗压荷载试验确定。饱和粉土地基经强夯置换后墩间土能形成 2 m 以上厚度硬层时，其竖向抗压承载力应通过单墩复合地基竖向抗压荷载试验确定。强夯置换墩未穿透软弱土层时，应按《复合地基技术规范》(GB/T 50783—2012)中的式(4.2.4)验算软弱下卧层承载力。

(10) 地基变形计算。强夯置换墩复合地基沉降可按《复合地基技术规范》(GB/T 50783—2012)第 4.3.1 条～第 4.3.4 条的有关规定进行计算，并应符合现行国家标准《建筑地基基础设计规范》(GB 50007—2011)的有关规定。夯后有效加固深度范围内土层的变形应采用单墩荷载试验或单墩复合地基荷载试验确定的变形模量计算。初步估算时，也可按下式估算强夯置换复合土层的压缩模量：

$$E_{sp}=[1+m(n-1)]E_s \tag{5-42}$$

式中，E_{sp}——置换墩深度范围内复合土层的压缩模量，MPa；

E_s——墩间土压缩模量，MPa；

m——墩土面积置换率，$m=d^2/d_e^2$；

d——墩身平均直径，m；

d_e——单个墩分担的处理地基面积的等效圆直径，m；

n——墩土应力比，无实测资料时，黏性土取 $n=2\sim4$，粉土和砂土取 $n=1.5\sim3$。

5.8.2 施工

施工机械宜采用带有自动脱钩装置的履带式起重机或其他专用设备。采用履带式起重机时，可在臂杆端部设置辅助门架，或采取其他防止落锤时机械倾覆的安全措施。

应及时排除夯坑内或场地内的积水。当场地地下水位较高，夯坑底积水影响施工时，应采取降低地下水位的措施。

强夯置换墩施工应按下列步骤进行。

(1) 清理平整施工场地。当地表土松软，起重机等无法行走时，铺设一定厚度的碎石或矿渣垫层。

(2) 确定夯点位置，并测量场地高程。

(3) 起重机就位，夯锤置于夯点位置。

(4) 测量夯前锤顶高程或夯点周围地面高程。

(5) 将夯锤起吊至预定高度，开启脱钩装置，待夯锤脱钩自由下落后放下吊钩，并测量锤顶高程。在夯击过程中，当夯坑底面出现过大倾斜时，向坑内较低处抛填填料，整平夯坑，当夯点周围软土挤出影响施工时，随时清理并在夯点周围铺垫填料，继续施工。

(6) 按“由内而外，先中间后四周”和“单向前进”的原则完成全部夯点的施工，当周边有需要保护的建(构)筑物时，由邻近建筑物开始夯击并逐渐向远处移动，当隆起过大时隔行夯击，收锤困难时分次夯击。

(7) 推平场地，并用低能量满夯，同时将场地表层松土夯实，并测量夯后场地高程。

(8) 铺设垫层，并分层碾压密实。

施工过程中应有专人负责下列监测工作。

(1) 夯前检查夯锤的质量和落距，确保单击夯击能符合设计要求。

(2) 夯前对夯点放线进行复核，夯完后检查夯坑位置，发现存在偏差或漏夯时，及时纠正或补夯。

(3) 施工前查明周边地面及地下建(构)筑物的位置及标高等基本资料，当强夯置换施工所产生的振动对邻近建(构)筑物或设备会产生有害影响时，应进行振动监测，必要时采取挖隔振沟等隔振或防振措施。

(4) 按设计要求检查每个夯点的夯击击数、每击的夯沉量和填料量。

(5) 详细记录施工过程中的各项参数及相关情况。

5.8.3 质量检验

强夯置换墩施工过程中应随时检查施工记录和填料计量记录，并应对照规定的施工工艺对每个墩进行质量评定。不符合设计要求时应补夯或采取其他有效措施。强夯置换施工中和结束后宜采用开挖检查、钻探、动力触探等方法，检验墩体直径和墩长。

强夯置换墩复合地基的承载力检验，应在施工结束并间隔一定时间后进行，对粉土不宜少于 21 d，黏性土不宜少于 28 d。检验数量应由设计单位根据场地复杂程度和建筑物的重要性提出具体要求，检测点应在墩间和墩体均有布置。

强夯置换墩复合地基工程验收时，承载力检验除应采用单墩或单墩复合地基竖向抗压荷载试验外，尚应采用动力触探、多道瞬态面波法等检测地层承载力与密度随深度的变化。单墩竖向抗压荷载试验和单墩复合地基竖向抗压荷载试验应符合《复合地基技术规范》(GB/T 50783—2012)附录A的有关规定，对缓变型 p-s 曲线承载力特征值应按相对变形值 $s/b=0.010$ 确定。

5.9 深层搅拌桩复合地基

5.9.1 概述

深层搅拌桩法(deep mixing column method)也称为**水泥土搅拌桩法**(soil-cement mixing column method)，是指通过特制的搅拌或喷粉机械，就地将软弱土和水泥浆(或粉)等固化剂强制搅拌混合，使软土硬结成具有整体性、水稳定性和一定强度的水泥加固体，与天然地基形成复合地基的一种地基处理方法。水泥土搅拌桩法是浆液搅拌法和粉体搅拌法的总称。

浆液搅拌法(slurry mixing method)亦称**水泥浆搅拌法**(cement slurry mixing method)，是利用水泥(或石灰)作固化剂，通过特制的水泥土搅拌机械，在一定深度范围内把地基土与水泥浆液强行搅拌后固化形成具有水稳性和足够强度的水泥土，形成桩体、块体和墙体等，并与原地基土共同作用，提高地基承载力，改善地基变形特性的一种地基处理技术。

粉体搅拌法(dry jet mixing method)亦称**水泥粉搅拌法**(cement powder mixing method)，是通过喷粉装置，用压缩空气直接将干的水泥粉或石灰粉喷入土中，通过搅拌刀片将水泥粉与土混合，使软土硬结成具有整体性、水稳定性和一定强度的加固体，从而提高地基强度和改善地基变形特性的一种地基处理方法。

1. 加固机理

深层搅拌法通过将钻孔中切削下来的土体与注入的水泥浆液或粉料混合搅拌，发生以下反应，达到地基加固的效果。

(1) 水泥的水解和水化反应。当水泥掺入软土中时，水泥颗粒表面的矿物很快与软土中的水发生强烈的水解和水化反应，生成氢氧化钙、含水硅酸钙、含水铝酸钙及含水铁酸钙等水泥水化物。

(2) 离子交换和团粒化作用。黏土中的二氧化硅遇水后形成硅酸胶体微粒，其表面带有的钾离子或钠离子与水泥水化生成的氢氧化钙中的钙离子进行当量离子交换，使土颗粒分散度降低，产生聚结，形成较大的团粒，提高土体的强度。另外，水泥水化后生成的凝胶粒子的比表面积比水泥颗粒的约大千倍，具有很大的表面能，吸附力很强，能使团粒进一步结合起来，形成水泥土的团粒结构，进一步提高水泥土的强度。

(3) 硬凝反应。随着水泥水化反应的进行，溶液中析出大量的钙离子，当钙离子的数量超过离子交换需要量之后，在碱性环境中，钙离子将与黏粒矿物中的二氧化硅与三氧化铝反应，生成不溶于水的稳定的铝酸钙、硅酸钙及钙黄长石的结晶水化物，其硬化后结构比较致密，水分不易侵入，从而使水泥土具有足够的水稳定性。

2. 适用范围

深层搅拌桩复合地基可用于处理正常固结的淤泥与淤泥质土、素填土、软塑～可塑的黏性土、松散～中密的粉细砂、稍密～中密的粉土、松散～稍密的中粗砂及黄土等地基,加固深度不宜大于 20 m。不适用于含大孤石或障碍物较多且不易清除的杂填土、欠固结的淤泥和淤泥质土、硬塑及坚硬的黏性土、密实的砂类土,以及地下水渗流影响成桩质量的土层。当地基土的天然含水率小于 30%时不宜采用粉体搅拌法。冬期施工时,应考虑负温对地基处理效果的影响。

3. 水泥土的力学性质

水泥土的无侧限抗压强度(q_u)一般为 1000～5000 kPa,比天然软土大几十倍至数百倍。有机质含量较高的土,q_u=300～1000 kPa。

影响水泥土抗压强度的主要因素有以下几种。

(1) 水泥。水泥作为固化剂是提高软土强度的主要因素。水泥的化学成分、强度等级和掺入比(a_w)对水泥土的强度影响极大。普通硅酸盐水泥的活性大,其早期和后期强度均较高,加固效果优于其他水泥品种。水泥土的强度随水泥强度等级的提高及掺入比的增大而增加。当 a_w<5%时,对土的强度影响很小。工程上常用的掺入比为 10%～20%。设计时宜采用不低于 32.5 级的水泥。

(2) 龄期。水泥土的强度随龄期增长而增大,龄期 28 d 的强度只达到最大强度的 75%,龄期 90 d 时强度增大才减缓。因此,水泥土的强度以龄期 90 d 作为标准强度。

(3) 土的含水率。水泥土的强度随着土体含水率的降低而增大。试验结果表明,当某试样的含水率从 157%降低为 47%时,强度则从 260 kPa 增加到 2320 kPa。

(4) 外掺剂。常用的增强剂有石膏、粉煤灰、三乙醇胺等,减水剂有木质素磺酸钙。

(5) 有机质含量和砂粒含量。由于有机质使土体具有较大的水容量和塑性、较大的膨胀性和低渗透性,并使土体具有酸性,这些因素都阻碍水泥水化反应的进行。因此,有机质含量越高,水泥土的强度就越低,甚至不固化。当土体中含砂量增大时(增大至 10%～20%),水泥土的强度明显增大。

水泥土的抗拉强度随抗压强度的增加而提高,一般为(0.15～0.25)q_u。

当 q_u=500～4000 kPa 时,水泥土的黏聚力 c=100～1100 kPa,一般为 q_u 的 20%～30%,内摩擦角为 20°～30°。

软土中水泥土的变形模量 E_0=(120～150)q_u,含砂量为 10%～15%的黏性土的变形模量 E_0=(400～600)q_u。

5.9.2 设计

水泥土搅拌桩的主要设计参数有布桩形式、褥垫层、桩体材料、桩长、桩径、单桩竖向承载力特征值、复合地基承载力特征值等。

(1) 布桩形式。桩的平面布置可根据上部结构特点及对地基承载力和变形的要求,采用柱状、壁状、格栅状或块状等加固形式。独立基础下的桩数不宜少于 4 根。

(2) 褥垫层。深层搅拌桩复合地基的垫层厚度可取 150～300 mm。垫层材料可选用中砂、粗砂、级配砂石等,最大粒径不宜大于 20 mm。

(3) 桩体材料。固化剂宜选用强度等级为 42.5 级及以上的水泥,并配以 2%水泥量的石膏(或 0.05%水泥量的三乙醇胺)和 0.2%水泥量的木质素磺酸钙作为增强剂和减水剂。固化剂掺入比应根据设计要求的固化土强度经室内配比试验确定。水泥浆水灰比应根据施工时的可喷性和不同的施工机械合理选用。外掺剂可根据设计要求和土质条件选用具有早强、缓凝、减水以及节省水泥等作用的材料,且应避免污染环境。

(4) 桩长。深层搅拌桩的长度应根据上部结构对承载力和变形的要求确定,并宜穿透软弱土层到达承载力相对较高的土层。为提高抗滑稳定性而设置的搅拌桩,其桩长应深入加固最危险滑弧以下至少 2 m。设计桩长时还应考虑施工机械的能力,浆液搅拌法的加固深度不宜大于 20 m;粉体搅拌法的加固深度不宜大于 15 m。

(5) 桩径。搅拌桩的桩径不应小于 500 mm。

(6) 承载力。深层搅拌桩复合地基承载力特征值应通过复合地基竖向抗压荷载试验或根据综合桩体竖向抗压荷载试验和桩间土地基竖向抗压荷载试验确定。初步设计时也可按式(5-43)(《复合地基技术规范》(GB/T 50783—2012)中式(4.2.1-2))估算。

$$f_{spk}=\frac{\beta_p mR_a}{A_p}+\beta_s(1-m)f_{sk} \tag{5-43}$$

式中,f_{spk}——复合地基承载力特征值,kPa;

A_p——单桩截面积,m^2;

R_a——单桩竖向抗压承载力特征值,kN;

f_{sk}——桩间土地基承载力特征值,kPa;

m——复合地基面积置换率;

β_p——桩体竖向抗压承载力修正系数,宜综合复合地基中桩体实际竖向抗压承载力和复合地基破坏时桩体的竖向抗压承载力发挥度,结合工程经验取值;

β_s——桩间土地基承载力修正系数,宜综合复合地基中桩间土地基实际承载力和复合地基破坏时桩间土地基承载力发挥度,结合工程经验取值。

对于深层搅拌桩,β_p 宜按当地经验取值,无经验时可取 $\beta_p=0.85\sim1.00$,设置垫层时应取低值。β_s 也宜按当地经验取值,当桩端土未经修正的承载力特征值大于桩周土地基承载力特征值的平均值时,可取 $\beta_s=0.10\sim0.40$,差值大时应取低值;当桩端土未经修正的承载力特征值小于或等于桩周土地基承载力特征值的平均值时,可取 $\beta_s=0.50\sim0.95$,差值大时或填土路堤和柔性面层堆场及设置垫层时应取高值。处理后桩间土地基承载力特征值 f_{sk} 可取天然地基承载力特征值。

单桩竖向抗压承载力特征值应通过现场竖向抗压荷载试验确定。初步设计时也可按式(5-39)(《复合地基技术规范》(GB/T 50783—2012)中式(4.2.2-1))和式(5-40)进行估算,并应取其中较小值,其中 f_{cu} 应为 90 d 龄期的水泥土立方体试块(边长 70.7 mm)抗压强度平均值;喷粉深层搅拌法(干法)η 可取 0.20~0.30,喷浆深层搅拌法(湿法)η 可取 0.25~0.33。

(7) 软弱下卧层。当搅拌桩处理范围以下存在软弱下卧层时,应按现行国家标准《建筑地基基础设计规范》(GB 50007—2011)的有关规定进行软弱下卧层地基承载力验算。

(8) 沉降:深层搅拌桩复合地基沉降应按《复合地基技术规范》(GB/T 50783—2012)第 4.3.1 条~第 4.3.4 条的有关规定进行计算。计算采用的附加压力应从基础底面算起。复合土层的压缩模量可按《复合地基技术规范》(GB/T 50783—2012)中的式(4.3.2-2)计算,

其中 E_p 可取桩体水泥土强度的 100～200 倍，桩较短或桩体强度较低者可取低值，桩较长或桩体强度较高者可取高值。承重水泥土桩复合地基的变形应为水泥土桩群体的压缩变形和桩端下未加固土层的压缩变形之和。其中桩群的压缩变形可根据上部结构、桩长、桩身强度等按经验取 20～40 mm；桩端以下未加固土层的压缩变形值仍应按分层总和应力面积法进行计算。

5.9.3 施工

1. 机具准备

深层搅拌法的主要机具为搅拌机，由电动机、搅拌轴、搅拌头等组成，如图 5-37 所示。喷射水泥的方法有水泥浆喷射和水泥粉喷射两种，分别称为湿喷和干喷。

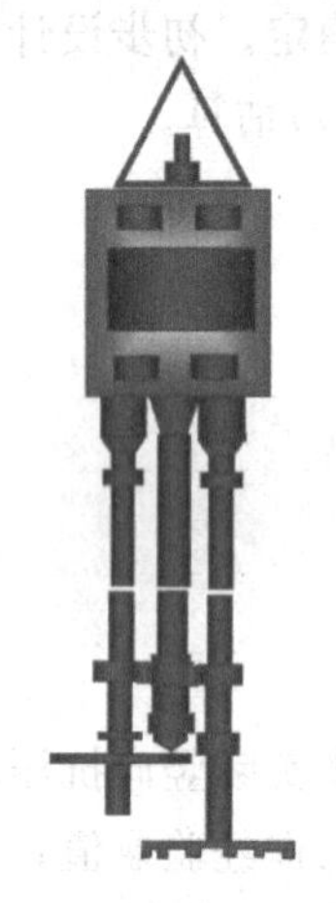

图 5-37 深层搅拌机(左)及水泥土搅拌桩施工机械(右)

喷粉搅拌法的主要机具有搅拌机械、空压机、送气(粉)管路、接头和阀门。送气(粉)管路的长度不宜大于 60 m。

2. 施工流程

水泥土搅拌桩法的施工步骤由于湿法和干法的施工设备不同而略有差异。以湿法为例，主要施工步骤如图 5-38 所示，具体如下。

1) 定位

起重机(塔架)悬吊水泥土搅拌机到达指定桩位对中。当地面起伏不平时，应使起吊设备保持水平。

2) 预搅下沉

将水泥土搅拌机用钢丝绳吊挂在起重机上，并与储料罐和砂浆泵接通。待水泥土搅拌机冷却水循环正常后，启动搅拌机的电动机，放松起重机钢丝绳，使搅拌机借设备自重沿导向架搅拌切土下沉，下沉速度可由电动机的电流监测表控制，一般为 0.38～0.75 m/min。工作电流不应大于 70 A。

3) 制备水泥浆

待水泥土搅拌机下沉到一定深度时，开始按设计确定的配合比拌制水泥浆，待压浆前将水泥浆倒入集料斗中。

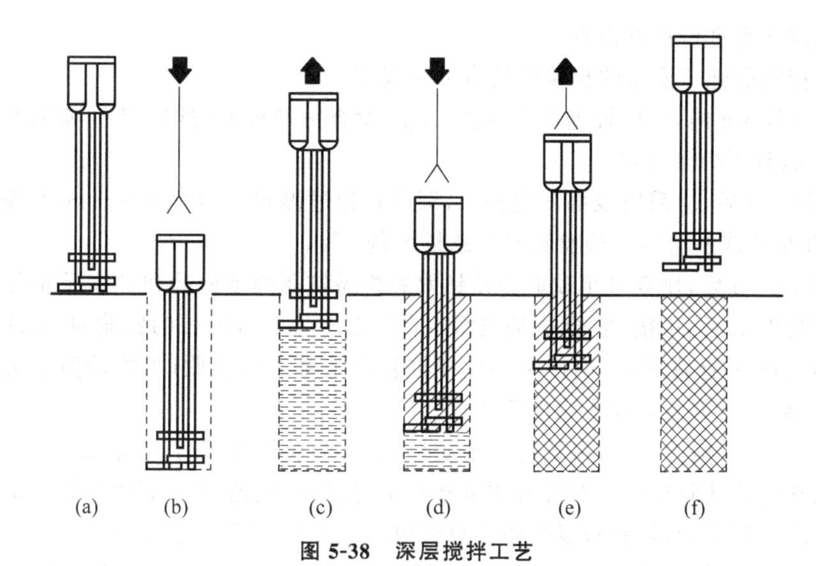

图 5-38　深层搅拌工艺

(a) 定位；(b) 预拌下沉；(c) 喷浆搅拌提升；(d) 重复搅拌下沉；(e) 重复搅拌提升；(f) 成桩

4) 喷浆搅拌提升

水泥土搅拌机下沉到设计深度后，开启灰浆泵将水泥浆从搅拌机中心管不断压入地基中，边喷边搅拌，直至提出地面完成一次搅拌过程。同时严格按照设计确定的提升速度提升水泥土搅拌机，一般以 0.3～0.5 m/min 的速度均匀提升。

5) 重复上下搅拌

水泥土搅拌机提升至设计加固深度的顶面标高时，集料斗中的水泥浆应正好排空。为使软土和水泥浆搅拌均匀，可再次将搅拌机边旋转边沉入土中，至设计加固深度后再将搅拌机提升出地面，即完成一根柱状加固体。多根连续搅拌桩的搭接，可形成壁状加固体；连续壁状加固体的连接，可组成块状加固体。

6) 清洗

向集料斗中注入适量清水，开启灰浆泵，清洗全部管路中残存的水泥浆，直至基本干净。并将粘附在搅拌头上的软土冲洗干净。

7) 移位

重复上述 1)～6)步骤，进行下一根桩的施工。考虑到搅拌桩顶部与上部结构的基础或承台接触部分受力较大，通常还可在桩顶 1.0～1.5 m 范围内再增加一次压浆，以提高其强度。

深层搅拌桩施工时，停浆(灰)面应高于桩顶设计标高 300～500 mm。在开挖基础时，应将搅拌桩顶端施工质量较差的桩段用人工挖除。

施工中应保持搅拌机底盘水平和导向架竖直，搅拌桩垂直度的允许偏差为 1%；桩位的允许偏差为 50 mm；成桩直径和桩长不得小于设计值。

5.9.4　质量检验

深层搅拌桩施工过程中应随时检查施工记录和计量记录，并应对照规定的施工工艺对每根桩进行质量评定，应对固化剂用量、桩长、搅拌头转数、提升速度、复搅次数、复搅深度以及停浆处理方法等进行重点检查。

深层搅拌桩的施工质量的检验应符合下列规定。

(1) 成桩后 3 d 内，可用轻型动力触探(N_{10})检查每米桩身的均匀性。检验数量为施工总桩数的 1%，且不少于 3 根。

(2) 成桩 7 d 后，应采用浅部开挖桩头，深度宜超过停浆(灰)面下 0.5 m，目测检查搅拌的均匀性，并量测成桩直径。检验数量为总桩数的 5%。

(3) 成桩 28 d 后，用双管单动取样器钻取芯样做抗压强度检验和桩体标准贯入试验。

(4) 成桩 28 d 后，可按《复合地基技术规范》(GB/T 50783—2012)附录 A 的有关规定进行单桩竖向抗压荷载试验，进行深层搅拌桩复合地基工程验收时，检验数量为桩总数的 0.5%～1%，且每项单体工程不应少于 3 点。

基槽开挖后，应检验桩位、桩数与桩顶质量，不符合设计要求时，应采取有效补强措施。

经触探和荷载试验检验后对桩身质量有质疑时，应在成桩 28 d 后用双管单动取样器钻芯取样做抗压强度检验，检验数量为施工总桩数的 0.5%，且不少于 3 根。

对相邻桩搭接要求严格的工程，应在成桩 15 d 后，选取数根桩进行开挖，检查搭接情况。基槽开挖后，应检验桩位、桩数与桩顶质量，如不符合设计要求，应采取有效补强措施。

也可以用类似的机具将石灰粉末与地基土进行搅拌形成石灰土桩。石灰与土进行离子交换和凝硬作用而使加固土硬化。初步研究表明当一般石灰用量(按质量计)为 10%～12%时，石灰土强度随石灰含量的增加而提高，对不排水抗剪强度为 10～15 kPa 的软黏土，石灰与土搅拌后的强度通常可达原土强度的 10～15 倍。但石灰含量超过 12%后抗剪强度不再增大。

【例 5-7】 求水泥土搅拌桩复合地基承载力

沿海某软土地基上拟建一幢 8 层住宅楼。因天然地基承载力标准值仅为 75 kPa，决定采用水泥土搅拌桩法处理地基。拟设计桩长 8 m，桩径 0.5 m，按正方形布桩，桩距 1.2 m。经测算，桩周土的平均摩擦力特征值 $q_{sa}=16$ kPa，桩端天然地基承载力特征值 $q_{pa}=58$ kPa，水泥搅拌桩试块 90 d 的无侧限抗压强度平均值为 2.6 MPa，桩间土承载力折减系数 $\beta_s=0.72$，桩端天然地基承载力折减系数 $\alpha=0.50$。试估算此布桩形式下的复合地基承载力标准值。

【解答】

(1) 估算桩身强度

水泥土搅拌桩的单桩竖向承载力取决于桩身强度和周边土体的支撑强度。

由桩身材料控制的单桩承载力按式(5-40)计算，取桩身强度折减系数 η 为 0.25，则有

$$A_p=\frac{1}{4}\pi d^2=\frac{1}{4}\times 3.14\times 0.5^2\ \text{m}^2\approx 0.196\ \text{m}^2$$

$$R_a=\eta f_{cu}A_p=0.25\times 2600\times 0.196\ \text{kN}=127.4\ \text{kN}$$

(2) 估算由桩周土支撑能力决定的单桩承载力

由桩周土强度控制的单桩承载力由式(5-39)计算：

$$\begin{aligned}R_a&=u_p\sum_{i=1}^{n}q_{sia}l_i+\alpha q_{pa}A_p\\&=[(3.14\times 0.5)\times 16\times 8+0.5\times 58\times 0.196]\ \text{kN}\approx 206.6\ \text{kN}\end{aligned}$$

(3) 求复合地基承载力

单桩承载力取两者中的最小值,得 $R_a=127.4$ kN。

按正方形布桩时,面积置换率为

$$m=\left(\frac{d}{d_e}\right)^2=\left(\frac{d}{1.13s_a}\right)^2=\left(\frac{0.5}{1.13\times1.2}\right)^2\approx0.136$$

取 $\beta_p=0.90$,此设计中水泥土搅拌桩的复合地基承载力为

$$f_{spk}=\beta_p m\frac{R_a}{A_p}+\beta_s(1-m)f_{sk}$$

$$=\left[0.90\times0.136\times\frac{127.4}{0.196}+0.72\times(1-0.136)\times75\right]\text{ kPa}$$

$$\approx(79.6+46.7)\text{ kPa}=126.3\text{ kPa}$$

故此地基用水泥土搅拌桩法处理后,复合地基承载力为 126.3 kPa。

5.10 高压旋喷桩复合地基

5.10.1 概述

高压旋喷桩法也称为**旋喷桩法**、**高压喷射注浆法**(jet grouting method),是指由高压喷入地层中的化学浆液与土搅拌混合后的固结体加固地基的方法。一般是利用工程钻机钻孔,然后下入带有喷嘴的注浆管至预定深度后,喷射高压浆液,冲击破坏土体,浆液与土粒强制搅拌混合,并在钻杆慢速提升的配合下,最终形成一个具有一定形状的浆液固结体,该固结体与桩间土一起构成高压旋喷桩复合地基。

旋喷桩复合地基(jet grouting column composite foundation)可用于既有建筑和新建建筑的地基加固,深基坑、地铁等工程的土层加固、挡土或防水,坝的加固与防水帷幕等工程,适用于处理软塑~可塑的黏性土、粉土、砂土、黄土、素填土和碎石土等地基。在淤泥、淤泥质土层中旋喷前应通过现场试验确定其适用性。但对于含有较多块石、硬黏性土、大量植物根茎地基或含过多有机质的土层及地下水流过大、喷射浆液无法在注浆管周围凝聚的情况,不宜采用。

试验和研究表明:单一浆液喷射流体对土的破坏能力在土中容易衰减,对土破坏的有效射程较短,双相(浆液和气体)或多相(水、气、浆液)同轴喷射,有效喷射流衰减较缓慢,形成范围较大的喷射区,增大了对土切割搅拌的范围,形成直径较大的喷射加固体。根据工程需要和机具设备条件,可分别采用单管法、二重管法和三重管法。

单管法(single pipe jet grouting method)是指仅用单层水泥浆管路完成浆液喷射与射流切土的高压喷射注浆法。高压喷射水泥浆液的压力通常为 20 MPa,固结体直径一般为 0.3~0.8 m。

二重管法(double tubes jetting method)是指用同轴二重注浆管往地层中喷射浆液与切削碎土的高压喷射注浆法。二重管中的外管喷压缩空气,压力通常为 0.7 MPa;内管喷射水泥浆液,压力为 20 MPa。二重管法的成桩直径一般为 1.0~1.8 m。

三重管法(triple tubes jetting method)是指用同轴三重管路分别喷射高压水流、压缩空气、水泥浆液来完成切削碎土、混合搅拌的高压喷射注浆法。高压水射流用于从地层中切削

破碎土体，高压空气形成保护射流的包裹保护膜，以缓冲反射水流的冲击力，水泥浆液随之填充地层空隙。内管喷射水泥浆(压力1～3 MPa)，中管喷射高压水(压力大于20 MPa)，外管喷射压缩空气(压力0.7 MPa)，成桩直径可达2.0 m以上。

高压喷射注浆形成的水泥土的主要特性见表5-11。

表5-11 高压喷射注浆水泥土的特性

性 质	砂砾层	砂土层	黏性土层	黄土层
(最高)抗压强度/MPa	8～20	10～20	5～10	5～10
抗拉强度/抗压强度	1/5～1/10			
渗透系数/(cm/s)	10^{-7}～10^{-6}	10^{-7}～10^{-6}	10^{-6}～10^{-5}	—
黏聚力 c/MPa	—	0.4～0.5	0.7～1.0	—
内摩擦角 φ/(°)	—	30～40	20～30	—

根据喷射浆体的喷嘴旋转角度，可分为旋转喷射注浆(旋喷法)、定向喷射注浆(定喷法)和在某一角度范围内摆动喷射注浆(摆喷法)三种形式，如图5-39所示。旋喷时，喷嘴边旋转边提升，形成的圆柱状桩体称为旋喷桩。定喷时，喷嘴边喷射边提升而喷射方向不变，形成墙板状加固体。摆喷时，喷嘴边喷射边提升，同时摆动一定角度，形成扇状加固体。旋喷常用于地基加固，定喷和摆喷多用于形成止水帷幕。

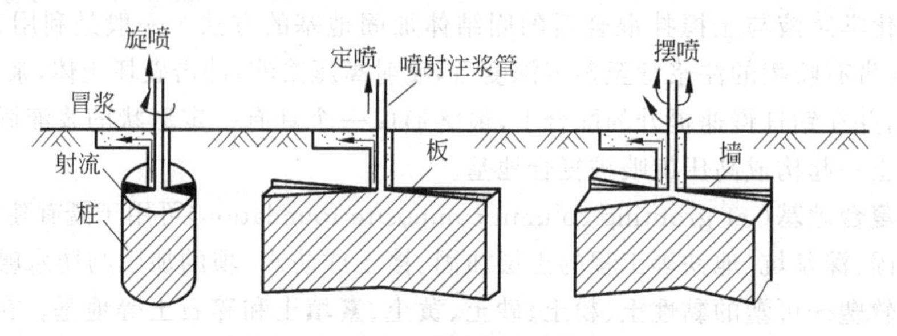

图5-39 旋喷桩的形状

5.10.2 设计

旋喷桩复合地基的设计内容如下。

(1) 加固方法选择。旋喷桩施工，应根据工程需要和土质条件选用单管法、二重管法和三重管法，并设计旋喷桩加固体的形状，如柱状、壁状、条状、块状等。

(2) 加固范围。高压旋喷形成的加固体强度和范围，应通过现场试验确定。

(3) 旋喷材料。旋喷注浆宜采用强度等级为42.5级的普通硅酸盐水泥，可根据需要加入适量的外加剂和掺合料。外加剂和掺合料的用量应通过试验确定。水泥浆液的水灰比宜为0.8～1.2。

(4) 褥垫层。旋喷桩复合地基宜在基础和桩顶之间设置褥垫层，褥垫层厚度宜为100～300 mm，褥垫层材料可选用中砂、粗砂和级配砂石等。

(5) 承载力。高压旋喷桩复合地基承载力特征值应通过现场复合地基竖向抗压荷载试验确定。初步设计时也可按式(5-43)估算，其中β_p可取1.0。β_s可根据试验或类似土质条件工程经验确定，当无试验资料或工程经验时，β_s 可取0.1～0.5，承载力较低时应取低值。

高压旋喷桩单桩竖向抗压承载力特征值应通过现场荷载试验确定。初步设计时也可按式(5-39)和式(5-40)估算，并取其中较小值，其中 f_{cu} 应为28 d龄期的水泥土立方体试块抗压强度平均值；η 可取0.33。

(6) 软弱下卧层。当高压旋喷桩复合地基处理深度以下存在软弱下卧层时，应按《复合地基技术规范》(GB/T 50783—2012)第4.2.4条的有关规定进行下卧层承载力验算。

(7) 沉降。高压旋喷桩复合地基沉降应按《复合地基技术规范》(GB/T 50783—2012)第4.3.1条～第4.3.4条的有关规定进行计算。计算采用的附加压力应从基础底面算起。

5.10.3　施工

高压旋喷桩复合地基方案确定后，应结合工程情况进行现场试验、试验性施工或根据工程经验确定施工参数及工艺。

1. 施工机具

旋喷桩法主要的施工机具由高压发生装置(空气压缩机和高压泵等)和注浆喷射装置(钻机、钻杆、注浆管、泥浆泵、注浆输送管等)组成。其中关键设备是注浆管，由导流器钻杆和喷头组成，有单管、二重喷管、三重喷管和多重喷管。导流器的作用是将高压水泵、高压水泥浆和空压机送来的水、浆液和气分头送到钻杆内；然后通过喷头实现浆(单管)、浆气(双管)和浆水气(三管)同轴流喷射；钻杆用于输送流体、传递扭矩和升降作业。旋喷钻机如图5-40所示。

图5-40　旋喷钻机

2. 施工工艺

高压喷射注浆施工顺序如图5-41所示。

高压喷射注浆的主要工艺流程如下。

(1) 钻孔。利用钻机将钻孔钻至设计的深度。

(2) 插管。将注浆管下入到钻孔中预定的位置。

(3) 喷射注浆。用高压脉冲泵将水泥浆液通过钻杆下端的喷射装置，向土体中喷射高压流体，借助液体的冲击力切削土层，与此同时钻杆一面以一定的速度(20 r/min)旋转，一面低速(15～30 cm/min)徐徐提升，使土体与水泥浆充分搅拌混合。

水泥土混合液胶结硬化后即在地基中形成直径比较均匀、具有一定强度(0.5～8.0 MPa)的圆柱体,从而使地基得到加固。

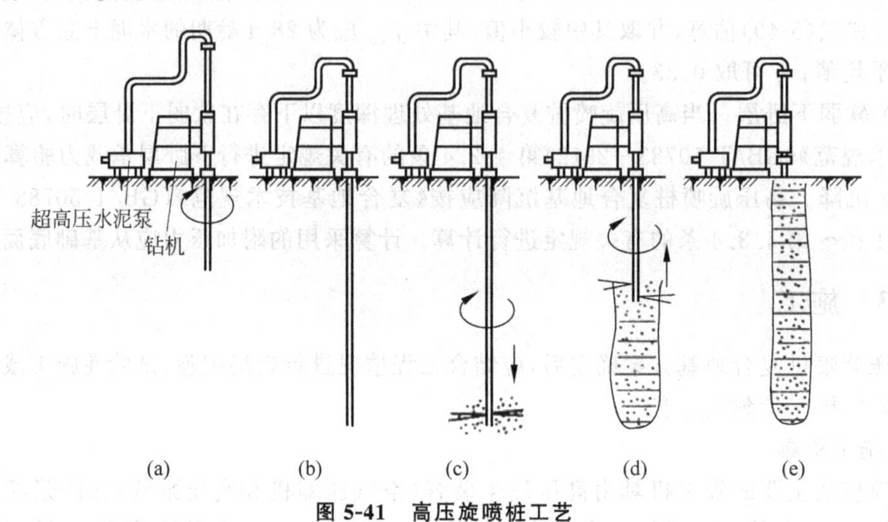

图 5-41　高压旋喷桩工艺

(a) 定位钻进;(b) 钻至孔深;(c) 旋喷开始;(d) 旋喷中提升;(e) 成桩

喷射注浆分段进行,由下而上,逐渐提升,速度为 0.1～0.25 m/min,转速为 10～20 r/min。如需要加大喷射的范围和提高强度,可采用复喷法。如遇到大量冒浆时,则需查明原因,及时采取措施。当喷射注浆完毕后,必须立即把注浆管拔出,以防止浆液凝固而影响桩顶的高度。

5.10.4　质量检验

高压旋喷桩施工过程中应随时检查施工记录和计量记录,并应对照规定的施工工艺对每根桩进行质量评定。

高压旋喷桩复合地基检测与检验可根据工程要求和当地经验采用开挖检查、取芯、标准贯入、荷载试验等方法进行检验,并应结合工程测试及观测资料综合评价加固效果。

高压旋喷桩复合地基工程验收时,应进行复合地基竖向抗压荷载试验。荷载试验应在桩体强度满足试验荷载条件,并宜在成桩 28 d 后进行。检验数量应符合设计要求。

检验的内容主要是抗压强度和渗透性,可通过钻孔取试样到室内试验,或在现场用标准贯入试验和荷载试验确定其强度和变形性质,用压水试验检验其渗透性。检验的测点应布置在工程关键部位。检测的数量应为总桩数的 2%～5%。检验的时间应在施工完毕 4 周后进行。

5.11　灰土挤密桩复合地基

5.11.1　概述

土挤密桩法(soil compaction pile method)和**灰土挤密桩法**(lime-soil compaction pile method)是用沉管、冲击或爆炸等方法在地基中挤土,形成直径为 300～600 mm 的桩孔,然后向孔内夯填素土或灰土,分层夯实形成土桩或灰土桩,并与桩间土组成复合地基的处理方法。

成孔与成桩中的主要作用有：①挤密作用。挤压成孔时，原位土被挤向孔壁，孔周土的密实度提高。压实系数>1，挤密影响半径=1.5～2d(d 为桩径)。当土呈塑性时挤密效果较好。②化学作用。灰土桩按石灰/土=2/8 拌合而成，石灰中的钙正电荷与土体中的负电荷吸附后凝聚成胶体，使土体固化，强度提高。另外，石灰的吸水膨胀和放热也有利于土体挤密。石灰中掺入粉煤灰时，粉煤灰借石灰的放热促进离子交换，生成硅铝酸钙和水硬性胶凝物。③桩体作用。灰土桩的变形模量(40～200 MPa)远大于桩间土的变形模量，相当于夯实素土的 2～10 倍。

土挤密桩法和灰土挤密桩法适用于处理地下水位以上的粉土、黏性土、素填土、杂填土和湿陷性黄土等地基。**土桩**(soil column)：以消除黄土的湿陷性为主。**灰土桩**(lime-soil column)：以提高地基承载力、降低压缩性为主。当地基土的含水率大于 22%或含有不可穿越的砂砾夹层时，不宜采用。

5.11.2 设计

夯实水泥土桩法复合地基的设计参数包括地基处理范围、褥垫层、桩长、桩径、桩间距、成孔数量、复合地基承载力和变形计算等。

(1) 处理范围。当采用整片处理时，处理范围应大于基础或建筑物底层平面的面积，超出建筑物外墙基础底面外缘的宽度，每边不宜小于处理土层厚度的 1/2，且不应小于 2 m；当采用局部处理时，对非自重湿陷性黄土、素填土和杂填土等地基，每边不应小于基础底面宽度的 25%，且不应小于 0.5 m；对自重湿陷性黄土地基，每边不应小于基础底面宽度的 75%，且不应小于 1.0 m。填土路基和柔性面层堆场荷载作用面外的处理宽度应大于或等于处理深度的 1/3。

(2) 褥垫层。桩顶标高以上应设置 300～600 mm 厚的褥垫层。垫层材料可采用粗砂、中砂或碎石等，垫层材料最大粒径不宜大于 20 mm。

(3) 处理深度(桩长)。挤密孔的深度应大于压缩层厚度，且不应小于 4 m。灰土桩的处理深度一般为 5～15 m。

(4) 桩径。桩孔直径根据所选用的成孔设备或成孔方法确定，一般为 300～600 mm。

(5) 桩间距。桩孔宜按等边三角形布置，桩孔之间的中心距离可为桩孔直径的 2.0～3.0 倍，也可按下式估算：

$$s_{\mathrm{a}}=0.95d\sqrt{\frac{\bar{\eta}_{\mathrm{c}}\rho_{\mathrm{dmax}}}{\bar{\eta}_{\mathrm{c}}\rho_{\mathrm{dmax}}-\bar{\rho}_{\mathrm{d}}}} \tag{5-44}$$

式中，s_{a}——桩孔之间的中心距离，m；

d——桩孔直径，m；

$\bar{\eta}_{\mathrm{c}}$——桩间土经成孔挤密后的平均挤密系数，不宜小于 0.93；

ρ_{dmax}——桩间土的最大干密度，t/m^3；

$\bar{\rho}_{\mathrm{d}}$——地基处理前土的平均干密度，t/m^3。

桩间土的平均挤密系数 $\bar{\eta}_{\mathrm{c}}$，应按下式计算：

$$\bar{\eta}_{\mathrm{c}}=\frac{\bar{\rho}_{\mathrm{d1}}}{\rho_{\mathrm{dmax}}} \tag{5-45}$$

式中，$\bar{\rho}_{d1}$——在成孔挤密深度内，桩间土的平均干密度，t/m^3。

(6) 桩孔数量

$$n=\frac{A}{A_e} \tag{5-46}$$

式中，n——桩孔数量；

A——拟处理的地基面积，m^2；

A_e——单根土挤密桩或灰土挤密桩所承担的处理地基面积，m^2，其计算式为

$$A_e=\frac{1}{4}\pi d_e^2 \tag{5-47}$$

d_e——单根桩分担的处理地基面积的等效圆直径，对等边三角形布置，$d_e=1.05s_a$；对正方形布置，$d_e=1.13s_a$。

(7) 承载力。灰土挤密桩复合地基承载力应通过复合地基竖向抗压荷载试验确定。初步设计时，复合地基承载力特征值也可按式(5-43)估算。但是，灰土挤密桩复合地基的承载力特征值，不宜大于处理前的2.0倍并不宜大于250 kPa；土挤密桩复合地基的承载力特征值，不宜大于处理前的1.4倍并不宜大于180 kPa。桩间土承载力发挥系数β_s可取0.9～1.0，单桩承载力发挥系数β_p可取1.0。

灰土挤密桩复合地基处理范围以下存在软弱下卧层时，应按《复合地基技术规范》(GB/T 50783—2012)第4.2.4条的有关规定进行下卧层承载力验算。

(8) 变形计算。灰土挤密桩复合地基沉降，应按《复合地基技术规范》(GB/T 50783—2012)第4.3.1条～第4.3.4条的有关规定进行计算。

5.11.3 施工

灰土挤密桩施工应间隔分批进行，桩孔完成后应及时夯填。进行地基局部处理时，应由外向里施工。

1. 填料要求

孔内填料宜采用素土、灰土、石灰，对桩体材料的质量要求如下。

(1) 土料。土料应尽量使用就地挖出的纯净黄土或一般黏性土、粉土，土料中的有机质含量不得超过5%，不宜使用塑性指数大于17的黏土和小于4的砂土，严禁使用耕土、杂填土、淤泥质土和盐渍土。

(2) 石灰。挤密地基所用的石灰为熟石灰，也称为水化石灰或消石灰，一般是生石灰消解(闷透)3～4 d后过筛的熟石灰粉，其颗粒直径不得大于5 mm。活性CaO+MgO含量不得低于50%(按干重计)，石灰储存时间不得超过3个月，使用前24 d浇水粉化。石灰的活性氧化物含量越高，灰土的强度越大。

(3) 灰土。灰土的配合比应符合设计要求。消石灰∶粉土(或一般黏性土)(体积配合比)为2∶8或3∶7，在接近最优含水率(一般为14%～18%)的情况下，拌合而成。现场简易鉴定的方法是：“手握成团，落地开花”。

当希望提高桩体强度时，也可采用水泥土等强度较高的填料。对非湿陷性地基，也可采用建筑垃圾、砂砾等作为填料。

2. 成孔方法

土桩、灰土桩的成孔有以下方法。

(1) 人工挖孔。适合 300～400 mm 的桩径,使用洛阳铲掏挖。

(2) 锤击沉管成孔。用柴油锤、蒸汽锤、电动锤将沉管打至设计深度后起拔出管而成孔。

(3) 振动沉管成孔。用振动沉桩机将无缝钢管沉至设计深度后起拔出管而成孔。孔深一般不超过 8～10 m。

(4) 冲击成孔。用冲击钻机将 0.6～3.2 t 重的锥形锤头提升 0.5～2 m 后,使其自由落下,反复冲击下沉成孔。锤头直径 350～450 mm,孔径可达 500～600 mm。

(5) 爆扩成孔。用洛阳铲、钢钎等挖出或打出小孔,填入炸药、雷管,爆炸后挤扩成孔。

3. 桩孔夯填

夯填施工前,应进行不少于 3 根桩的夯填试验,并应确定合理的填料数量及夯击能量。

孔内填料夯实机分为偏心轮夹杆式和卷扬机提升式。

偏心轮夹杆式夯实机:锤重 100～200 kg,长度 1 m,落距 0.6～1.0 m,夯击频率 40～50 次/min,夯实深度 8 m 时平均每 10 min 成一根桩。

卷扬机提升式夯实机:小型轮胎式底盘,锤重 200～300 kg,落距 1～3 m,如图 5-42 所示。

挤密桩孔底部在填料前应夯实,填料时宜分层回填夯实,其压实系数(λ_c)不应小于 0.97。

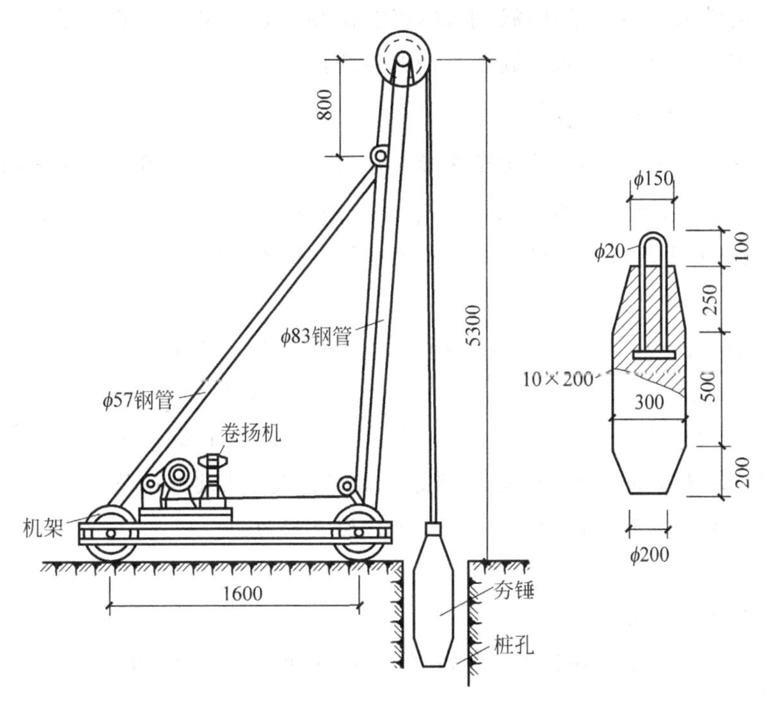

图 5-42 卷扬机提升式夯实机(图中尺寸单位: mm)

4. 质量控制

土桩及灰土桩的施工质量控制如下。

(1) 含水率:应大于 12%,低于此值加水增湿。

(2) 孔位偏差：桩孔中心点位置的允许偏差为桩距设计值的5%。

(3) 垂直度：桩孔垂直度允许偏差为1.5%。

(4) 桩径误差：±70 mm。

(5) 孔深误差：<0.5 m。

(6) 工艺控制：分层回填夯实。

灰土挤密桩复合地基施工完成后，应挖除上部扰动层，基底下应设置厚度不小于0.5 m的灰土或土垫层，湿陷性土不宜采用透水材料作垫层。

5.11.4 质量检验

灰土挤密桩施工过程中应随时检查施工记录和计量记录，并应对照规定的施工工艺对每根桩进行质量评定。

施工人员应及时抽样检查孔内填料的夯实质量，检查数量应由设计单位根据工程情况提出具体要求。对重要工程尚应分层取样测量挤密土及孔内填料的湿陷性及压缩性。

灰土挤密桩复合地基工程验收时，应按《复合地基技术规范》(GB/T 50783—2012)附录A的有关规定进行复合地基竖向抗压荷载试验。检验数量应符合设计要求。

在湿陷性土地区，对特别重要的项目尚应进行现场浸水荷载试验。

加固处理的效果必须通过现场试验的检测，除检查桩和桩间土的干重度、承载力等，对重要和大型工程，还应进行荷载试验和其他原位测试。

【例 5-8】 求灰土桩的间距

某场地为湿陷性黄土地基，平均干密度 $\bar{\rho}_d=1.32\ g/cm^3$，采用灰土挤密桩消除黄土的湿陷性。处理后桩间土的干密度达到1.66 g/cm³，处理面积为785 m²，桩径为0.45 m，等边三角形布置，桩间土的平均压实系数为0.97，试确定灰土桩的间距和桩数。

【解答】

由题意知，$\rho_{dmax}=1.66\ g/cm^3$，$d=0.45\ m$，$\bar{\eta}_c=0.97$。则合适的灰土桩间距为

$$s_a=0.95d\sqrt{\frac{\bar{\eta}_c\rho_{dmax}}{\bar{\eta}_c\rho_{dmax}-\bar{\rho}_d}}=0.95\times0.45\times\sqrt{\frac{0.97\times1.66}{0.97\times1.66-1.32}}\ m\approx1.0\ m$$

为使处理后的地基承载力达到要求，所取间距不得大于上述理论值，故取 $s_a=1.0\ m$。

由于采用等边三角形布桩，所以单根桩等效圆直径为

$$d_e=1.05s_a=1.05\ m$$

单根桩代表的处理面积为

$$A_e=\pi d_e^2/4=3.14\times1.05^2/4\ m^2\approx0.865\ m^2$$

所需的桩数为

$$n=A/A_e=785/0.865\ 根\approx908\ 根$$

【例 5-9】 灰土挤密桩法

工程概况：拟建一栋7层砖混结构住宅楼，无地下室，长50.3 m，宽9.6 m，建筑面积3380 m²，基底平均压力约为150 kPa。该建筑场地位于兰州黄河二级阶地后缘与山前洪积

扇交接地带。场地标高低于相邻道路 2～3 m，处于低洼地带，雨水不易排出，而且历史上曾为水浇菜地。场地西部有一污水管道穿越，常漏水，使地下土经常处于饱和状态。地质条件如图 5-43 所示。原设计拟采用筏板基础，能否通过地基处理改用条形基础？采用什么地基处理方法较为合适？

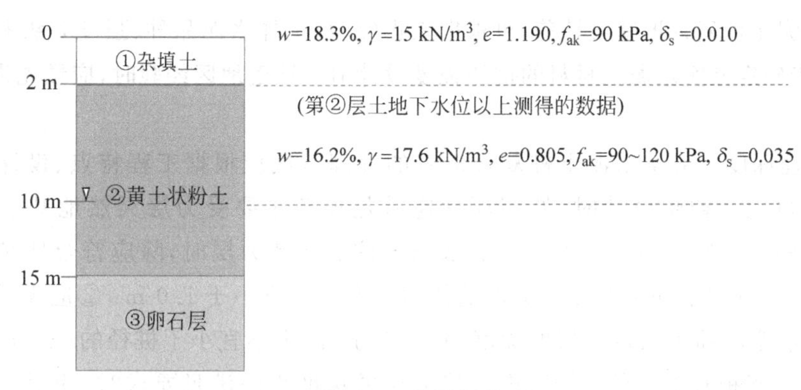

图 5-43 地质条件

【解答】

施工企业根据场地条件及单位机具情况，经方案比选最终选择了灰土挤密桩法。目的：消除湿陷性、提高饱和带土的承载力、降低其压缩性。

设计参数如下：

灰土桩挤密处理深度：6.5 m。处理平面范围：由基础外缘外扩 2 m 以达到隔水防渗的目的。填料：采用 3∶7 灰土。最优含水率：根据击实试验，桩间土的最优含水率为 19.9%。最大干密度：1.63 t/m^3。压实系数：0.97。桩间土挤密处理后干密度：1.51 t/m^3 以上。上覆 0.4 m 厚的素混凝土垫层，在素混凝土垫层上再做条形基础。

经试验，将桩孔间距确定为 1.0 m，复合地基承载力特征值为 $f_{spk}=160$ kPa。

施工时选用了兰州建筑机械厂的 DZF-40Y 可调偏心距振动沉桩机，桩管直径 380 mm。

灰土填料经过过筛按体积比拌合回填，每次回填厚度 0.3～0.5 m，用 120 kg 鱼雷形锤夯击 10～15 锤，直到夯击时产生较大振动为止，经施工检验，夯填后干密度均大于 1.51 t/m^3 的标准。

效果检验：通过密实度检测、触探检验、旁压试验、静载试验、湿陷性检验、取样测试，得出挤密后干密度达到 1.59 t/m^3，压实系数＞0.97，符合设计要求。经现场浸水荷载试验，地基承载力和沉降量完全符合设计要求。

5.12 夯实水泥土桩复合地基

夯实水泥土桩法(compacted cement-soil column method)是指用人工或机械成孔，选用相对单一的土质材料，与水泥按一定配合比，在孔外充分拌和均匀制成水泥土，分层向孔内回填并用细长锤夯实，形成均匀的水泥土桩，桩、桩间土和褥垫层一起形成复合地基的处理方法。

夯实水泥土桩复合地基适用于地下水位以上为黏性土、粉土、粉细砂、素填土、杂填土等适合成桩并能挤密的地层。

5.12.1 设计

夯实水泥土桩复合地基设计前，可根据工程经验，选择水泥品种、强度等级和水泥土配合比，并初步确定夯实水泥土材料的抗压强度设计值。缺乏地区经验时，应预先进行配合比试验。

(1) 处理深度。夯实水泥土桩复合地基的处理深度应根据工程特点、设计要求和地质条件综合确定。初步设计时，处理深度应满足地基主要受力层天然地基承载力的要求，且处理深度不超过 10 m。确定夯实水泥土桩桩端持力层时，除应符合地基处理设计计算要求外，尚应符合下列规定：①桩端持力层厚度不宜小于 1.0 m；②应无明显软弱下卧层；③桩端全断面进入持力层的深度，对碎石土、砂土不宜小于桩径的 0.5 倍，对粉土、黏性土不宜小于桩径的 2 倍；④当进入持力层的深度无法满足要求时，应对桩端阻力特征值进行折减。

(2) 桩径。夯实水泥土桩的桩径宜根据施工工具和施工方法确定，宜取 300～600 mm，桩中心距不宜大于桩径的 5 倍。

(3) 褥垫层。夯实水泥土桩的桩顶宜铺设厚度为 100～300 mm 的垫层，垫层材料宜选用最大粒径不大于 20 mm 的中砂、粗砂、石屑、级配砂石等。

(4) 承载力。夯实水泥土桩复合地基承载力特征值应通过复合地基竖向抗压荷载试验确定，初步设计时，也可按式(5-43)估算。其中 β_p 可取 1.00；β_s 采用非挤土成孔时可取 0.80～1.00，采用挤土成孔时可取 0.95～1.10。夯实水泥土桩单桩竖向抗压承载力特征值应通过单桩竖向抗压荷载试验确定，初步设计时也可按式(5-39)(《复合地基技术规范》(GB/T 50783—2012)中式(4.2.2-1))和式(5-40)进行估算，并取两者中的较小值。

(5) 沉降。夯实水泥土桩复合地基的沉降应按《复合地基技术规范》(GB/T 50783—2012)第 4.3.1 条～第 4.3.4 条的有关规定进行计算。沉降计算经验系数应根据地区沉降观测资料及经验确定，无地区经验时可采用《建筑地基基础设计规范》(GB 50007—2011)规定的数值。

5.12.2 施工

施工前应根据设计要求，进行工艺性试桩，数量不得少于 2 根。

1. 填料

土料宜采用黏性土、粉土、粉细砂或渣土，土料中的有机物质含量不得超过 5%，不得含有冻土或膨胀土，使用前应过孔径为 10～20 mm 的筛。

水泥土混合料配合比应符合设计要求，水泥与土的体积比宜取 1∶5～1∶8。含水率与最优含水率的允许偏差为±2%，并应采取搅拌均匀的措施。

当用机械搅拌时，搅拌时间不应少于 1min；当用人工搅拌时，拌和次数不应少于 3 遍。混合料拌和后应在 2 h 内用于成桩。

2. 成桩

夯实水泥土桩采用沉管、冲击等挤土成孔法成孔，或采用洛阳铲、螺旋钻等非挤土成孔。

成桩时采用桩体夯实机，宜选用梨形或锤底为盘形的夯锤，锤体直径与桩孔直径之比宜取0.7～0.8，锤体质量应大于120 kg，夯锤每次提升高度不应低于700 mm。

夯实水泥土桩施工步骤应为：成孔→分层夯实→封顶→夯实。成孔完成后，向孔内填料前孔底应夯实。填料频率与落锤频率应协调一致，并应均匀填料，严禁突击填料。每回填料厚度应根据夯锤质量经现场夯填试验确定，桩体的压实系数(λ_c)不应小于0.93。

关于桩位允许偏差，满堂布桩时为桩径的0.4倍，条基布桩时为桩径的0.25倍；桩孔垂直度允许偏差为1.5%；桩径的允许偏差为±20 mm；桩孔深度不应小于设计深度。

施工时桩顶应高出桩顶设计标高100～200 mm，垫层施工前应将高于设计标高的桩头凿除，桩顶面应水平、完整。

5.12.3　质量检验

夯实水泥土桩施工过程中应随时检查施工记录和计量记录，并应对照规定的施工工艺对每根桩进行质量评定。

桩体夯实质量的检查，应在成桩过程中随时随机抽取，检验数量应由设计单位根据工程情况提出具体要求。

密实度的检测可在夯实水泥土桩桩体内取样，测量干密度或以轻型圆锥动力触探击数(N_{10})判断桩体夯实质量。

夯实水泥土桩复合地基工程验收时，复合地基承载力检验应采用单桩复合地基竖向抗压荷载试验。对重要或大型工程，尚应进行多桩复合地基竖向抗压荷载试验。

复合地基竖向抗压荷载试验应符合《复合地基技术规范》(GB/T 50783—2012)附录A的有关规定。

5.13　石灰桩复合地基

5.13.1　概述

石灰桩(lime column)是以生石灰为主要固化剂，与粉煤灰或火山灰、炉渣、矿渣、黏性土等掺合料按一定的比例均匀混合后，填入桩孔中，并分层振压或夯实所形成的密实桩体。石灰桩属可压缩的低黏结强度桩，能与桩间土共同作用形成复合地基。为提高桩身强度，还可掺加石膏、水泥、砂子等外加剂。

1. 加固机理

(1) 石灰桩。除施工时的挤密作用外，生石灰吸收地层的孔隙水变成熟石灰时，产生吸水、膨胀、发热、脱水、挤密、离子交换、胶凝等一系列作用，从而使土体的含水率降低，孔隙比减少，承载力提高。

(2) 石灰粉煤灰桩。通过吸水膨胀、放热、离子交换作用，生成具有强度和水硬性的水化硅酸钙、水化铝酸钙和水化铁酸钙，除提高强度和密实性外，还可克服石灰桩桩心的软化和解决石灰桩在地下水位以下的硬化问题。

2. 适用地层

石灰桩复合地基适用于处理饱和黏性土、淤泥、淤泥质土、素填土和杂填土等土层；用于地下水位以上的土层时，如土中含水率过低，生石灰水化反应不充分，桩身强度降低，甚至不能硬化。这时宜增加掺合料的含水率并减少生石灰的用量，或采用土层浸水等措施。

石灰桩复合地基不适于透水性高的砂土层、砂质粉土层以及超高含水率的软土层。当含水率大到石灰桩吸收不了时，桩体将会变得软化。

5.13.2 设计

石灰桩的设计参数主要有以下几个。

(1) 处理范围。石灰桩可仅布置在基础底面下，当基底土的承载力特征值小于 70 kPa 时，宜在基础以外布置 1～2 排围扩桩。

(2) 桩径。石灰桩成孔直径应根据设计要求及所选用的成孔方法确定，宜为 300～400 mm。

(3) 桩距。桩中心距可取成孔直径的 2～3 倍，按等边三角形或正方形布桩。

(4) 桩长。采用人工洛阳铲成孔时，桩长不宜大于 6 m；采用机械成孔管外投料时，桩长不宜大于 8 m；螺旋钻、机动洛阳铲成孔及管内投料时，可适当增加桩长。当地层上部是软弱土层且较薄时，宜穿透它将桩坐落在承载力较好的持力层上；若软弱土层深厚，无法穿透时，应通过计算寻求合理的桩长。

(5) 下卧层。石灰桩的深度应根据岩土工程勘察资料及上部结构设计要求确定。下卧层承载力及地基的变形，应按《建筑地基基础设计规范》(GB 50007—2011)的有关规定验算。

(6) 承载力。石灰桩复合地基承载力特征值应通过复合地基竖向抗压荷载试验或综合桩体竖向抗压荷载试验和桩间土地基竖向抗压荷载试验，并结合工程实践经验综合确定，试验数量不应少于 3 点。初步设计时，复合地基承载力特征值也可按式(5-43)估算，其中 β_p 和 β_s 均应取 1.0；处理后桩间土地基承载力特征值(f_{sk})可取天然地基承载力特征值(f_a)的 1.05～1.20 倍，土体软弱时应取高值；计算桩截面面积时直径应乘以 1.0～1.2 的经验系数，土体软弱时应取高值；单桩竖向抗压承载力特征值取桩体抗压比例界限对应的荷载值，应由单桩竖向抗压荷载试验确定，初步设计时可取 350～500 kPa，土体软弱时应取低值。

竖向承载的石灰桩复合地基承载力特征值取值不宜大于 160 kPa，当土质较好并采取措施保证桩体强度时，经试验后可适当提高。

(7) 沉降。处理后地基沉降应按《建筑地基基础设计规范》(GB 50007—2011)的有关规定进行计算。沉降计算经验系数(ψ_s)可按地区沉降观测资料及经验确定。

石灰桩复合土层的压缩模量宜通过桩体及桩间土压缩试验确定，初步设计时可按式(5-31)计算，即

$$E_{sp}=\alpha[1+m(n-1)]E_s$$

式中，E_{sp}——复合土层的压缩模量，MPa；

α——系数，可取 1.1～1.3，成孔对桩周土挤密效应好或置换率大时取高值；

n——桩土应力比，可取 3～4，长桩取大值；

E_s——天然土的压缩模量，MPa。

5.13.3　施工

1. **填料**

石灰桩的固化剂应采用生石灰，掺合料宜采用粉煤灰、火山灰、炉渣等工业废料。生石灰与掺合料的配合比宜根据地质情况确定，生石灰与掺合料的体积比可选用 1∶1 或 1∶2，对于淤泥、淤泥质土等软土宜增加生石灰用量，桩顶附近生石灰用量不宜过大。当掺石膏和水泥时，掺合量应为生石灰用量的 3%～10%。

对重要工程或缺少经验的地区，施工前应进行桩体材料配合比、成桩工艺及复合地基竖向抗压荷载试验。桩体材料配合比试验应在现场地基土中进行。

石灰应选用新鲜生石灰块，有效氧化钙含量不宜低于 70%，粒径不应大于 70 mm，消石灰含粉量不宜大于 15%。

掺合料应保持适当的含水率，使用粉煤灰或炉渣时含水率宜控制在 30%。无经验时宜进行成桩工艺试验，宜通过试验确定密实度的施工控制指标。

2. **成孔**

成孔时可采用以下方法。

(1) 人工挖孔。用洛阳铲掏孔，孔径 300～400 mm。

(2) 锤击沉管成孔。用柴油锤、蒸汽锤、电动锤将沉管打至设计深度后起拔出管而成孔。

(3) 振动沉管成孔。用振动沉桩机将无缝钢管沉至设计深度后起拔出管而成孔，孔深一般不超过 8～10 m。

(4) 冲击成孔。用冲击钻机将 0.6～3.2 t 重的锥形锤头提升 0.5～2 m 高度后自由落下，反复冲击下沉成孔。

(5) 爆扩成孔。用洛阳铲、钢钎等挖出或打出小孔，填入炸药、雷管，爆炸后挤扩成孔。

(6) 螺旋钻成孔。不使用冲洗液，可一次成孔。

3. **成桩**

成桩时可采用人工夯实、机械夯实、沉管反插、螺旋反压等工艺。填料时应分段压(夯)实，人工夯实时每段填料厚度不应大于 400 mm。管外投料或人工成孔填料时应采取降低地下水渗入孔内速度的措施，成孔后填料前应排除孔底积水。

孔内夯击时，使用抛物线形夯锤，锤重可大于 100 kg。分段夯实，每段高度 0.5～1 m。

施工顺序宜由外围或两侧向中间进行。在软土中宜间隔成桩。

振动沉桩时，石灰桩的施工过程为(图 5-44)：

(a) 桩机就位；

(b) 将桩管打到设计深度；

(c) 在钢管中灌入 50 kg 砂，再将鸡蛋大小新鲜石灰块灌入管中；

(d) 石灰灌满后，边振动边将钢管拔出地面；

(e) 钢管完全拔出后，用生石灰填满整个钻孔；

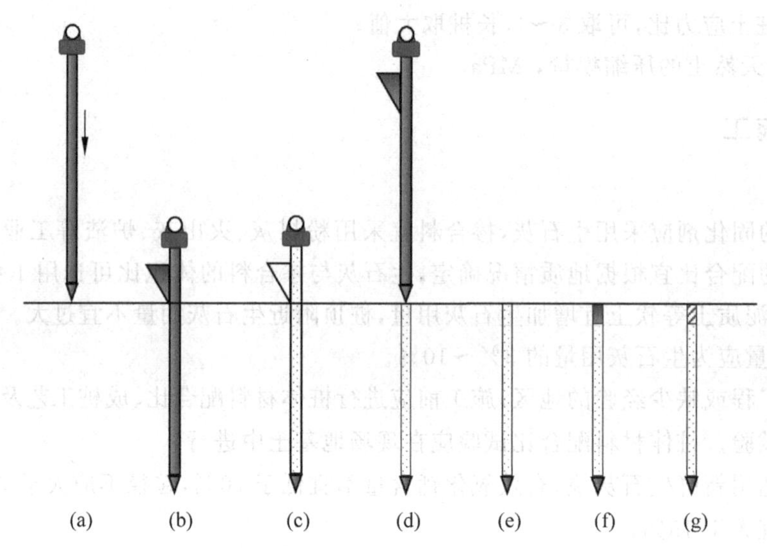

图 5-44 振动打桩机施工石灰桩工艺

(f) 将钢管底部用盲板封住后，再次压下 0.5～0.7 m，桩顶用石灰压密；

(g) 上部孔洞中填入素土、灰土或素混凝土等材料加以压实，以防地表水灌入桩内。

封口高度不宜小于 500 mm。石灰桩桩顶施工标高应高出设计桩顶标高 100 mm 以上。

5.13.4 质量检验

石灰桩施工过程中应随时检查施工记录和计量记录，并应对照规定的施工工艺对每根桩进行质量评定。

石灰桩复合地基检测与检验可根据工程要求和当地经验采用开挖检查、静力触探或标准贯入、竖向抗压荷载试验等方法进行，并应结合工程测试及观测资料综合评价加固效果。施工检测宜在施工后 7～10 d 进行。

采用静力触探或标准贯入试验检测时，检测部位应为桩中心及桩间土，应每两点为一组。检测组数应符合设计要求。

石灰桩复合地基工程验收时，应按《复合地基技术规范》(GB/T 50783—2012)附录 A 的有关规定进行复合地基竖向抗压荷载试验。荷载试验应在桩体强度满足试验荷载条件，且在成桩 28 d 后进行。检验数量应符合设计要求。

石灰桩复合地基加固效果检验，最好进行单桩或多桩复合地基的现场荷载试验，以及十字板剪切试验、室内土工试验等。

【例 5-10】 *石灰桩案例*

工程概况：宁夏某县城医院工程。占地面积 25 000 m^2，建筑面积约 6500 m^2。主要建筑物有门诊楼、住院部等。最高 4 层，最低 2 层，无特殊设施，采用条形基础，属一般民用建筑。基底压力 180 kPa。地质条件：该地区夏季雨水充足，地形低洼，静止水位在地面下 1.0 m 左右，属潜水类型，地质条件如表 5-12 所示。试选用合适的地基处理方案，使其满足基底压力要求。

表 5-12 地质条件

层号	地层名称	层厚/m	土层描述	f_{ak}/kPa
1	杂填土	1.0～2.5	含生活垃圾，土层疏松	
2	粉土	2.0～2.5	软塑～流塑	80～110
3	粉质黏土	0.5～1.0	可塑，强度高	>150
4	夹砾黏土	未钻透		>150
5	棕红色泥岩			

【解答】

(1) 方案选择

根据该场地工程地质条件，施工方提出了三个地基处理方案。

换填法：这是当地常用的处理方法。设计下挖 5.0 m，基础四周向外扩宽 1.0 m，然后分层用素土回填，夯实至基础底面。按设计要求挖土方 15 500 m^3，回填土 1250 m^3；打降水井 8～10 口；预算造价 34 万～36 万元；工期 3 个半月。

灰土桩法：采用钢管挤密灰土桩(石灰：土＝3：7)，须降水，估计费用 15 万元。

生石灰砂桩法：降水和螺旋钻成孔后，填入生石灰和砂的拌合料，并捣实。预算造价 13 万元(其中包括试验费和降水费等)。

按企业现有施工机械和技术经验，认为纯石灰桩处理后的地基承载力难以满足工程要求，于是决定在石灰中掺砂的方法提高复合地基承载力，最终采用了石灰砂桩方案。

(2) 施工参数设计

由试验得知，灰砂桩的强度可达到 600～800 kPa，处理后桩间土强度比原地基土提高 20～30 kPa。

主要设计参数如下。

① 桩长：5.0 m，桩顶封土(一般黏性土)1.0 m。

② 桩径：0.32 m。

③ 桩数：每平方米(条形基础下)布桩 25 根左右。

④ 填料：生石灰占 60%，砂占 40%。

⑤ 承载力：单桩承载力 40～51 kN；桩间土的承载力由 80 kPa 提高到 100 kPa；复合地基承载力达到 180～200 kPa。

(3) 施工

填料：选用块状生石灰，活性氧化钙含量大于 70%，含渣量小于 10%；干工程砂(中粗砂)泥土含量不超过 8%。块状生石灰的粒度含有 50 mm 以下的各个粒组。对于地基含水率过大的孔，加大大块石灰块的比例，但粒径不大于 80 mm。

施工：按设计桩位用螺旋钻机先成孔，然后将加工好的生石灰块和工程砂按体积比(6：4)掺匀，分层填入孔内。每次填料不超过 50 kg(或 0.4 m)，用大于 10 kg 的梨型锤夯击 25 次，锤落距大于 0.5 m。

(4) 效果检验

该工程的检验分为成桩后 25 d 和 10 个月两个阶段进行，并在试验区做了不同掺合料的效果对比试验。

直接观察：成桩后 25 d 挖开看，桩体硬结很好。此时桩体直径 35～38 cm，个别可达到 40 cm。桩体膨胀后对桩间土有明显的挤密作用，地表大部分都可看到裂缝。

成桩 25 d 的检验：做了 3 个点的荷载试验，其中单桩 1 个，复合地基 2 个。还做了轻便动探点试验 12 个。求得复合地基的承载力特征值为 210 kPa。

成桩 10 个月的检验：用荷载试验做了 3 个试验点，求得复合地基承载力特征值为 230 kPa。

(5) 工程总结

生石灰砂桩加固软弱地基效果是好的，经济效益也是显著的。该工程共有 3300 根桩，施工时间两个月左右，包括试验等工作不超过两个半月，比大开挖换填法提前一个月。节约资金 21 万元，总费用仅为换填法费用的 38%。且复合地基承载力较高，达到 210 kPa，超过了工程设计要求。

5.14 挤密砂石桩复合地基

5.14.1 概述

砂石桩复合地基(composite foundation of sand-gravel columns)是指由碎石、砂或砂石的混合料形成的竖向增强体与周围土体共同承载的复合地基。桩中以碎石(卵石)为主时，称为碎石桩；桩中以砂(砾砂、粗砂、中砂)为主时，称为**砂桩**(sand column)。碎石桩、砂石桩、砂桩等在国外统称为**散体桩**、**粗颗粒土桩**(granular column)、无黏结强度桩。

根据场地和工程条件，选用沉管、振冲、锤击夯扩等方法施工挤密砂石桩。

砂石桩的加固原理：①在松散砂土中起到挤密和振密的作用。成孔过程中，下沉桩管对周围砂层产生挤密作用；拔起桩管过程中的振动对周围砂层产生振密作用，有效范围可达桩径的 6 倍左右。②在软弱黏土中密实的砂石桩成桩后取代了同体积的软弱黏土，起到置换作用；而土层中的孔隙水可在上覆荷载作用下流向砂石桩并排出，加快地基的固结沉降。因此可大大提高地基承载力并加速软黏土的固结沉降，改善地基的整体稳定性。

砂石桩法适于挤密处理松散砂土、粉土、粉质黏土、素填土、杂填土等地基，以及用于处理可液化土地基。如对变形控制不严格，也可采用砂石桩置换处理饱和黏土地基。

5.14.2 设计

砂石桩复合地基的设计内容如下。

(1) 处理范围。挤密砂石桩复合地基处理范围应根据建筑物的重要性和场地条件确定，应大于荷载作用面范围，扩大的范围宜为基础外缘 1～3 排桩距。对可液化地基，在基础外缘扩大的宽度不应小于可液化土层厚度的 1/2。

(2) 桩径。挤密砂石桩直径应根据地基土质情况、成桩方式和成桩设备等因素确定，宜采用 300～1200 mm。

(3) 桩距。采用振冲法成孔的挤密砂石桩，桩间距宜结合所采用的振冲器功率大小确定，30 kW 的振冲器布桩间距可采用 1.3～2.0 m；55 kW 的振冲器布桩间距可采用 1.4～2.5 m；75 kW 的振冲器布桩间距可采用 1.5～3.0 m。上部荷载大时，宜采用较小的间距；

上部荷载小时，宜采用较大的间距。

采用振动沉管法成桩时，对粉土和砂土地基，桩间距不宜大于砂石桩直径的4.5倍。

对松散粉土和砂土地基，其桩距应根据挤密后要求达到的孔隙比确定，可按下列公式估算。

桩孔等边三角形布置时，

$$s_a = 0.95\xi d\sqrt{\frac{1+e_0}{e_0-e_1}} \tag{5-48}$$

桩孔正方形布置时，

$$s_a = 0.89\xi d\sqrt{\frac{1+e_0}{e_0-e_1}} \tag{5-49}$$

$$e_1 = e_{max} - D_{r1}(e_{max} - e_{min}) \tag{5-50}$$

式中，s_a——砂石桩中心距，m；

d——砂石桩直径，m；

ξ——修正系数，当考虑振动密实作用时，可取1.1～1.2，不考虑振动密实作用时，可取1.0；

e_0——地基处理前砂土的孔隙比，可按原状土样试验确定，也可根据动力或静力触探等对比试验确定；

e_1——地基挤密后要求达到的孔隙比；

e_{max}、e_{min}——砂土的最大、最小孔隙比，可按《土工试验方法标准》(GB/T 50123—2019)的有关规定确定；

D_{r1}——地基挤密后要求达到的相对密度，可取0.70～0.85。

(4) 桩长。挤密砂石桩桩长可根据工程要求和场地地质条件通过计算确定，并应符合下列规定：①松散或软弱地基土层厚度不大时，砂石桩宜穿透该土层。②松散或软弱地基土层厚度较大时，对按稳定性控制的工程，挤密砂石桩长度应大于设计要求安全度相对应的最危险滑动面以下2.0 m；对按变形控制的工程，挤密砂石桩桩长应能满足处理后地基变形量不超过建(构)筑物的地基变形允许值，并应满足软弱下卧层承载力的要求。③对可液化的地基，砂石桩桩长应按《建筑抗震设计规范》(GB 50011—2010)的有关规定执行。④桩长不宜小于4 m。

(5) 褥垫层。砂石桩顶部宜铺设一层厚度为300～500 mm的碎石垫层。

(6) 承载力。挤密砂石桩复合地基承载力特征值，应通过现场复合地基竖向抗压荷载试验确定。初步设计时可按式(5-43)估算，其中β_p和β_s宜按当地经验取值。挤密砂石桩复合地基承载力特征值，也可根据单桩和处理后桩间土地基承载力特征值按式(5-35)估算。

对于小型工程，砂石桩的复合地基承载力特征值可按式(5-36)计算，即：$f_{spk}=[1+m(n-1)]f_{sk}$，其中，f_{sk}为处理后桩间土承载力特征值，可按地区经验确定，如无经验时，对于一般黏性土地基，可取天然地基承载力特征值，松散的砂土、粉土可取原天然地基承载力特征值的1.2～1.5倍；复合地基桩土应力比n宜采用实测值确定，如无实测资料时，对于黏性土可取2.0～4.0，对于砂土、粉土可取1.5～3.0。

(7) 沉降。挤密砂石桩复合地基沉降可按《复合地基技术规范》(GB/T 50783—2012)第4.3.1条～第4.3.4条的有关规定进行计算。建筑工程尚应符合《建筑地基基础设计规范》(GB 50007—2011)的有关规定。

5.14.3 施工

挤密砂石桩的成桩方式主要有振冲法、干振法、沉管法、强夯置换法等，其中工程中应用最广泛的是振冲碎石桩法。

桩体材料宜选用碎石、卵石、角砾、圆砾、粗砂、中砂或石屑等硬质材料，不宜选用风化易碎的石料，含泥量不得大于5%。对振冲法成桩，填料粒径宜按振冲器功率确定：30 kW 振冲器宜为 20～80 mm；55 kW 振冲器宜为 30～100 mm；75 kW 振冲器宜为 40～150 mm。当采用沉管法成桩时，最大粒径不宜大于 50 mm。

挤密砂石桩桩孔内的填料量应通过现场试验确定，估算时可按设计桩孔体积乘以 1.2～1.4 的增大系数。施工中地面有下沉或隆起现象时，填料量应根据现场具体情况进行增减。

施工前应进行成桩工艺和成桩挤密试验。当成桩质量不能满足设计要求时，应调整设计与施工的有关参数，并应重新进行试验和设计。

1. 振动沉管法

振动沉管法适用于砂桩、砂石桩的施工。

1) 设备

施工时用到的主要机具有振动砂桩机、起重机、装砂机、空压机、配套测试仪，如图 5-45 所示。

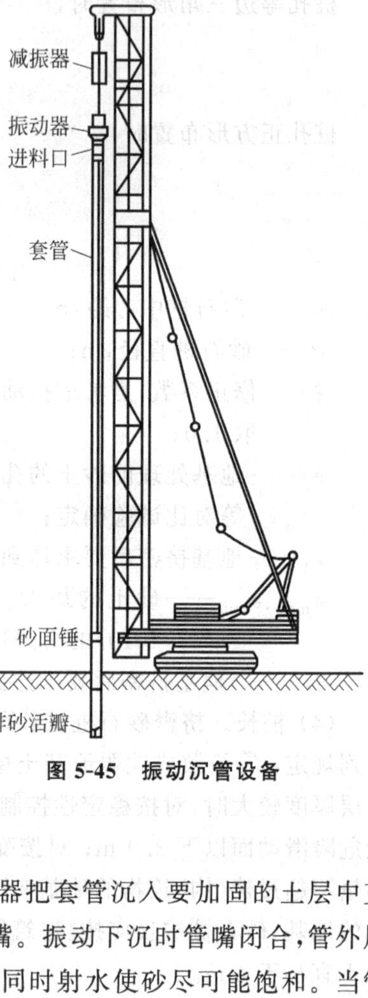

图 5-45 振动沉管设备

2) 施工工艺

振动法施工砂桩的过程如图 5-46 所示：借助于振动器把套管沉入要加固的土层中直到设计的深度。套管的一端有可以自动打开的活瓣式管嘴。振动下沉时管嘴闭合，管外周围土体受到强烈的挤压而变密。成孔后在管中灌入砂料，同时射水使砂尽可能饱和。当管子装满砂后，一边拔管，一边振动，这时管嘴的活瓣张开，砂灌入孔内。当套管完全拔出后，就在土体中形成一根砂桩。有时还可以在已形成的砂桩中再次振动沉管，进行第二次作业，以扩大桩径。

振动砂桩施工注意事项：①拔管速度不可过快，宜控制在 2 m/min。②套管未入土前，宜先在管内存有 1.5 m^3 左右的砂。③试验桩的数量应不少于 7～9 根，以验证试验参数的合理性。④应保证起重设备平稳，导向架与地面垂直，且垂直偏差不应大于 1.5%。成孔中心与设计桩心偏差不应大于 50 mm，桩径偏差控制在 20 mm 以内，桩长偏差不大于 100 mm。⑤灌砂量不应小于设计值的 95%。

2. 冲击法

冲击成孔砂桩法有单管法和双管法两种。

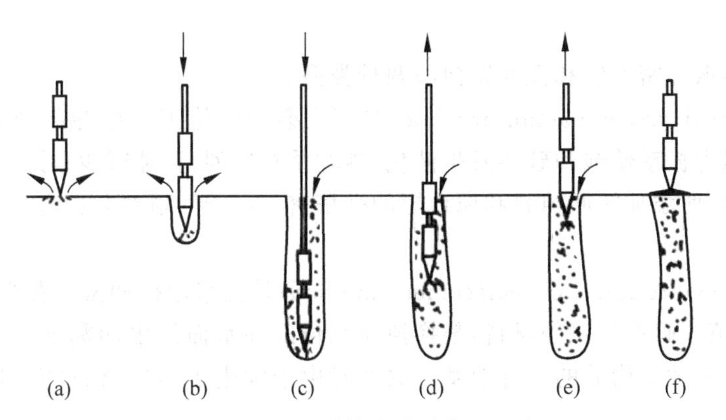

图 5-46　振动挤密砂桩施工顺序

(a) 定位；(b) 振动下沉；(c) 到达设计深度后填料；
(d) 边振动边填料；(e) 复振、填料、扩大桩径；(f) 成桩

单管法的施工过程为(图 5-47(a))：①带有活瓣的桩靴闭合，桩管垂直就位；②将桩管打入土层中到规定的设计深度；③用料斗向桩管内灌砂，当灌砂量较大时，可分两次灌入，第一次灌入 2/3，将桩管从土中拔起一半长度后再灌入剩余的 1/3；④按规定的拔出速度，从土层中拔出桩管即可成桩。

双管法的施工过程为(图 5-47(b))：①桩管垂直就位；②锤击内管和外管，下沉至规定的设计深度；③拔起内管，向外管内灌砂；④插入内管到外管内的砂面上，拔起外管到与内管底齐平；⑤锤击内管和外管，将砂压实；⑥拔起内管，向外管内灌砂；⑦重复④～⑥的工序，直至桩的内、外管拔出地面而成桩。

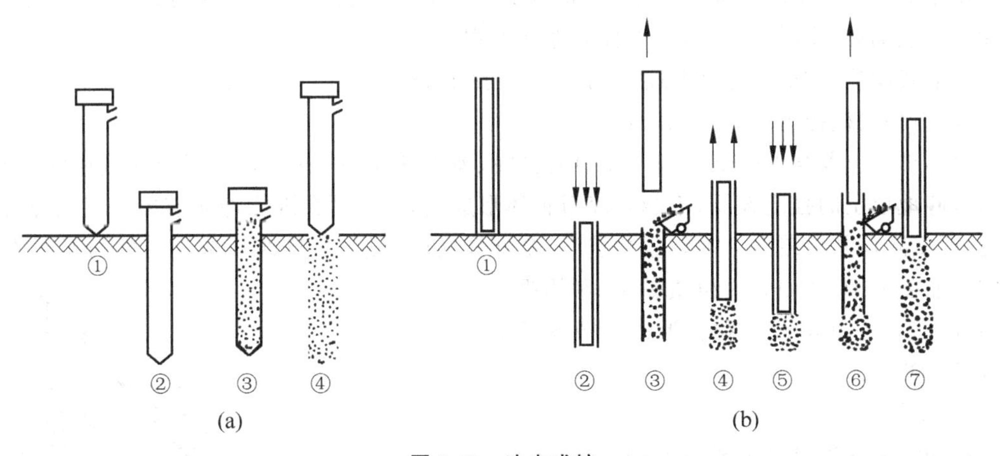

图 5-47　冲击成桩

(a) 单管法；(b) 双管法

3. 振冲法

1) 概述

振冲法(vibroflotation method)也称振动水冲法，是利用振动器的振动和高压射水冲刷土体成孔，在孔中填入砂石骨料，并经振冲器的水平振动振密后，形成碎石桩体，与原地基构成复合地基，以提高地基承载力的方法。

(1) 分类

振冲法分为振冲密实法和振冲置换法两种类型。

振冲密实法(vibro-compaction method)是指在砂土中施工时振冲起密实作用，一方面依靠振冲器的强力振动使饱和砂层发生液化，砂粒重新排列，孔隙减少；另一方面通过振冲器的水平振动力，使添加的回填料和原地层的砂挤密。由于回填料与原地层材料相同，故称为振冲密实法。

振冲置换法(vibroflotation replacement method)是指采用振冲法在黏性土地基中成孔时，在孔内分批填入碎石等坚硬材料，替换掉原孔位随冲水而排出的黏土浆，最后形成由碎石桩体和原来的黏性土构成的复合地基。振冲时由于发生了地层材料的更换，故称为振冲置换法。

(2) 原理

加固砂土地基时，振动力将砂层振动密实，振动加速度使振冲器周围一定范围内砂土产生振动液化(砂土自振频率 1020～1200 次/min)，液化后的土颗粒在重力、上覆土压力及外加填料的挤压下重新排列变得密实，孔隙比大为减小，从而提高地基承载力及抗震能力。

加固黏性土地基时，软黏土透水性很低，振动力并不能使饱和土中孔隙水迅速排除而减小孔隙比。砂石料在振动下挤入黏土或软土层中，形成粗大密实的桩，桩与软黏土组成复合地基。振冲时填入的碎石料在地基土中形成一个良好的排水通道，起到排水砂井的作用，大大缩短了超静孔隙水压力水平向渗流路径，加速了桩间土的固结，使沉降稳定的时间缩短。

(3) 适用性

不加填料的振冲密实法仅适用于处理黏粒含量小于 10% 的粗砂、中砂地基。振冲置换法适用于处理不排水抗剪强度不小于 20 kPa 的黏性土、粉土和人工填土等地基，用于水池、房屋、堤坝、油罐、路堤、码头等类工程的地基处理。

目前我国应用振冲法加固地基的深度一般在 18 m 之内，面积置换率一般为 0.10～0.30，碎石桩的桩径为 0.7～1.2 m。

对不排水抗剪强度较低(＜20 kPa)的淤泥、淤泥质土，一般不宜采用振冲置换法处理。因为这些地层土的强度太低，不能对碎石桩体形成约束，反而会因振冲而破坏桩间土的结构强度，严重降低其承载力。除非振冲挤淤，全部置换软土层，否则难以成功。然而对于不排水抗剪强度大于 20 kPa 的粉质黏土，利用振冲置换处理后，地基承载力和变形性的改善还是十分显著的。

2) 设备

振冲法的施工机具主要有振冲器、起重机、水泵和控制设备等，如图 5-48 所示。

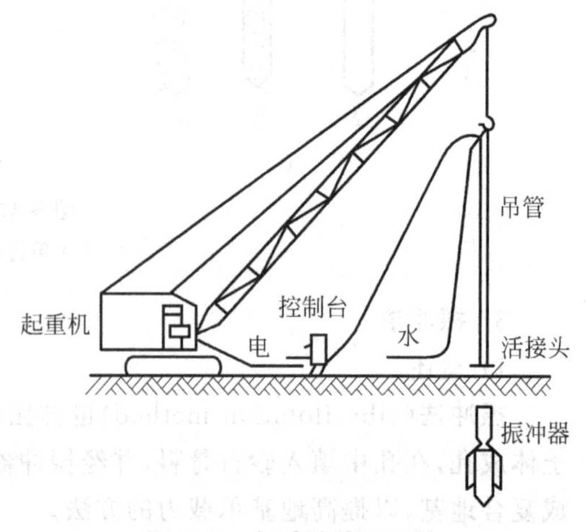

图 5-48 振冲法施工机械

(1) 振冲器。振冲器是一个类似插入式混凝土振捣器的机具，如图 5-49 所示，可以产生水平向振动力并可从端部和侧部进行射水和补给水。

振冲器的圆筒直径通常为 274～450 mm，长 1.6～3.0 m，自重为 8～20 kN，功率为 13～

图 5-49　振冲器

75 kW。筒内主要由一组偏心块、电动机和通水管三部分组成。工作时，潜水电动机带动偏心块做高速旋转使振冲器产生高频振动。振冲器上下端设有喷水口，用于下沉和提升振冲器时不断射水。振冲器有两个功能：一是产生水平振动；二是从端部及侧面进行高压射水。

（2）起吊设备。起吊设备是用来提升振冲器的，可采用汽车吊、履带吊或自行井架式专用吊车，起吊能力选为振冲器重量的5倍，起吊高度必须大于加固深度。

（3）供水泵。通常压力为200～600 kPa，供水量为200～400 L/min。

（4）填料设备。主要有装载机、柴油小翻斗车和人力车。

（5）电控系统。采用380 V的工业电源或自备发电机。

（6）排浆泵。应根据排浆量和排浆距离选用合适的排浆泵。

3）施工工艺

如图5-50所示，振冲置换法的施工工序为：①清理场地，布置振冲点，机具就位，振冲器对准护筒中心；②启动水泵和振冲器，在振动和水冲作用下，振冲器下沉至预定深度；③边投料边振动，填料从护筒下沉至孔底，待振密电流达到控制电流值（密实电流值）后，上提0.3～0.6 m；④重复上述步骤，直至完孔，并记录各深度的电流和填料量；⑤关闭振冲器和水泵。

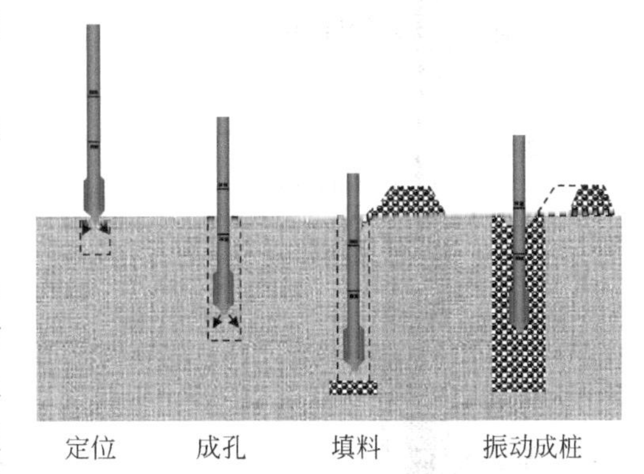

图 5-50　振冲碎石桩施工过程

振冲密实法与振冲置换法大体相同，在振冲器下沉至预定深度后，不加填料，仅停留在原位振动至砂土密实达到规定电流后，上提0.3～0.5 m。按同样的方法，进行振密与上提，直至完成整个钻孔的振冲挤密。

由于振冲法各项技术参数不易准确决定，因此，在施工之前应先进行现场试验，确定振冲孔位的间距、填料以及振冲时的控制电流值，然后进行施工。

振冲碎石桩法施工时的质量控制参数主要有：填料量、密实电流、留振时间。振冲成孔时振冲器下沉速度一般控制在1～2 m/min；振冲成孔时水压常控制在200～600 kPa；当振冲器到达设计深度后，应留振30 s。振冲密实法的密实电流应超过空载电流25～30 A；振冲置换法的密实电流一般应超过空振电流35～45 A。密实电流不是瞬时电流，而是振冲器在固定深度上振动一定时间(砂土地基一般为5～10 s，黏性土地基一般为10～20 s，视不同土质而定，此谓留振时间)电流稳定在某一数值时的电流。

4. 干振法

干振法的原理是：电动机转动带动振动器产生水平向振动力，在钻具自重下成孔，无射水。

干振碎石桩适用的地层条件为：①地下水位以上松散的非饱和黏性土层($w<25\%$)；②以炉灰、炉渣、建筑垃圾为主的杂填土层；③Ⅱ级以上湿陷性黄土、松散的素填土层。其加固深度一般为6 m左右。砂土及孔隙比$e<0.85$的饱和黏性土不适用。

干振法施工时的主要机具是振动器，如图5-51所示。现场用到的配套设备有吊车、振动器、操纵台、填料车等，如图5-52所示。干振法的施工工艺与振冲法类似，主要步骤如图5-53所示。

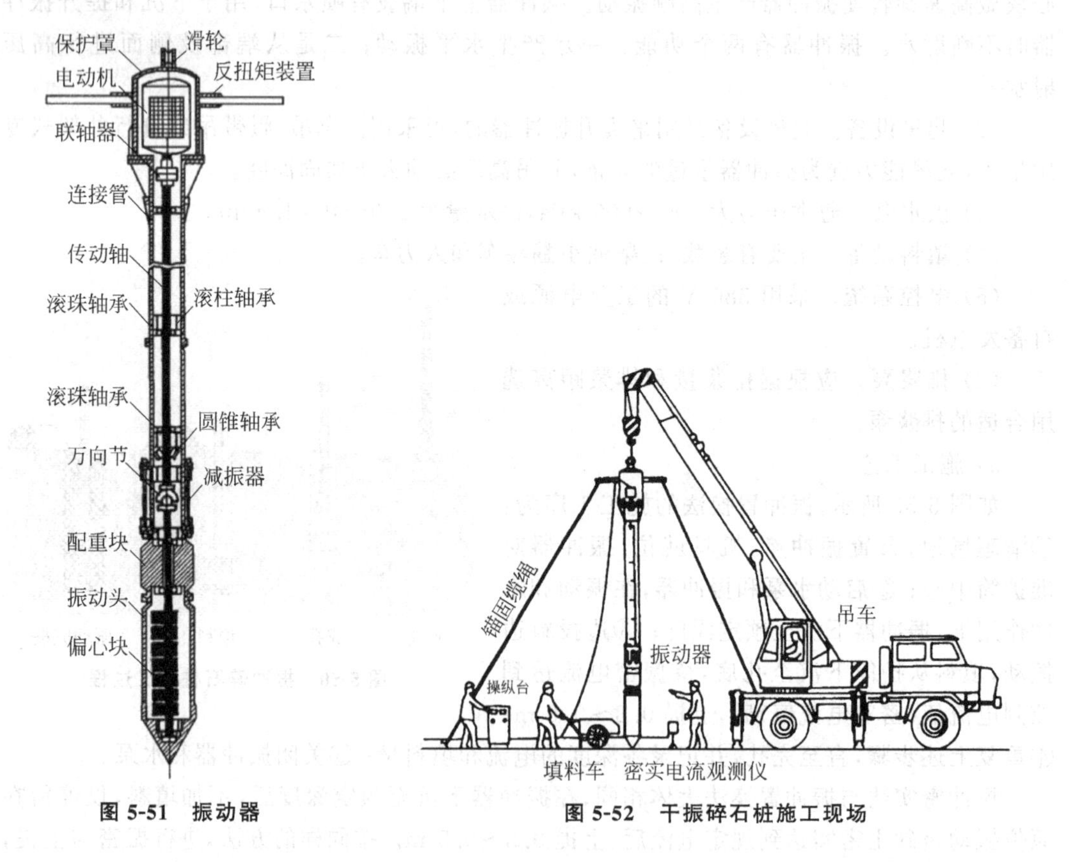

图5-51 振动器

图5-52 干振碎石桩施工现场

据一些工程统计资料，经干振碎石桩加固后的复合地基承载力，对于杂填土可由原来的60～100 kPa提高到150～260 kPa；对于非饱和黏性土可由80～190 kPa提高到190～230 kPa。

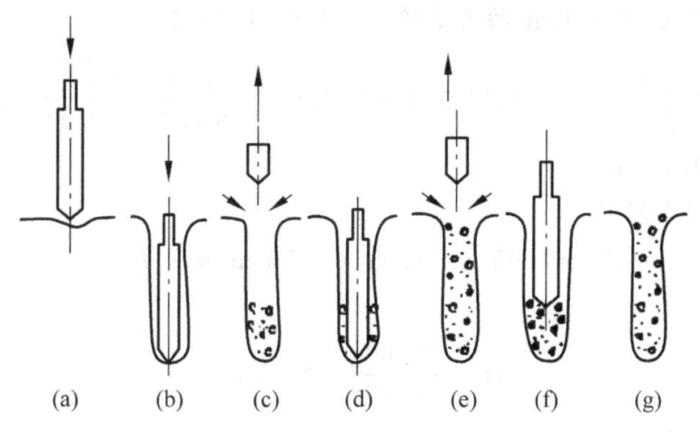

图 5-53　干振碎石桩施工工艺

(a) 振动器就位；(b) 振动挤土成孔；(c) 提起振动器倒入碎石；(d) 振捣；(e) 再提起振动器倒入碎石；(f) 再振捣；(g) 成桩

5.14.4　质量检验

挤密砂石桩施工过程中应随时检查施工记录和计量记录,并应对照规定的施工工艺对每根桩进行质量评定。施工过程中应检查成孔深度、砂石用量、留振时间和密实电流强度等；采用沉管法时还应检查套管往复挤压振冲次数与时间、套管升降幅度与速度、每次填砂石量等项记录。

对桩体可采用动力触探试验检测,对桩间土可采用标准贯入、静力触探、动力触探或其他原位测试等方法进行检测。桩间土质量的检测位置应在等边三角形或正方形的中心。检验数量应由设计单位根据工程情况提出具体要求。

挤密砂石桩复合地基工程验收时,应按《复合地基技术规范》(GB/T 50783—2012)附录 A 的有关规定进行复合地基竖向抗压荷载试验。检验数量应由设计单位根据工程情况提出具体要求。

挤密砂石桩复合地基工程验收时间,对砂土和杂填土地基,宜在施工 7 d 后进行；对粉土地基,宜在施工 14 d 后进行。对饱和黏性土地基应待孔隙水压力消散后进行,间隔时间不宜少于 28 d。质量检验可采用单桩荷载试验、动力触探或静力触探试验等方法进行,承载力检验应采用复合地基荷载试验。

【例 5-11】 求砂石桩复合地基承载力

某构筑物建在松散砂土地基上,砂土的天然孔隙比 $e_0=0.84$,$e_{max}=0.92$,$e_{min}=0.56$,含水率为 20%,相对密度为 2.68。天然地基承载力为 $f_{ak}=114$ kPa,因不能满足基底压力要求,而决定采用砂石桩处理。初步设计砂石桩的桩长为 10 m,直径为 0.60 m,按等边三角形布置。按抗震要求,加固后地基的相对密度应达到 $D_{r1}=0.78$。试确定该处砂石桩的间距,并计算复合地基承载力。

【解答】

(1) 求 e_1

$$e_1=e_{max}-D_{r1}(e_{max}-e_{min})=0.92-0.78\times(0.92-0.56)\approx0.64$$

(2) 出于安全起见，不考虑振动密实作用，取 $\xi=1.0$，则

$$s_a=0.95\xi d\sqrt{\frac{1+e_0}{e_0-e_1}}=0.95\times1.0\times0.60\times\sqrt{\frac{1+0.84}{0.84-0.64}}\ \text{m}\approx1.73\ \text{m}$$

桩间距可取为 $s_a=1.70$ m。

(3) 等边三角形布置时，

$$d_e=1.05s_a=1.05\times1.70\ \text{m}\approx1.79\ \text{m}$$

面积置换率

$$m=\left(\frac{0.60}{1.79}\right)^2\approx0.112$$

(4) 求复合地基承载力

松散砂土经沉管法振密加固后，原地基承载力可提高 1.2～1.5 倍，故取

$$f_{sk}=1.3f_{ak}=1.3\times114\ \text{kPa}=148.2\ \text{kPa}$$

砂土层处理后的桩土应力比一般为 1.5～3.0，取 $n=2.0$，则有

$$f_{spk}=[1+m(n-1)]f_{sk}=[1+0.112\times(2-1)]\times148.2\ \text{kPa}\approx164.8\ \text{kPa}$$

【例 5-12】 砂桩案例

工程概况：太原钢铁公司 3 号高炉系统热风炉高 40.6 m，基础长 28 m，宽 21 m，厚 4.5 m。全部荷载约 13 000 t。基底平均计算压力为 220 kPa，如果考虑风荷载等因素，基底最大压力达 290 kPa。天然地基计算沉降值约 600 mm，要求控制在 300 mm 以内。地质条件：高炉地区位于沼泽地带内，地下水位接近地面。表土层(厚 0.2～0.5 m)以下是饱和的、软塑～流塑的黄褐色粉质黏土，钻孔深达 22 m，尚未钻透该土层。在粉质黏土层中含有砂和卵石夹层，厚度变化较大，个别地方厚度达 5 m。天然地基承载力据估在 150～180 kPa。详细的地质勘探资料如表 5-13 所示。试分析采用何种地基处理技术能较好地满足这一工程要求。

表 5-13 天然土的主要物理性质指标

取土深度 /m	含水率 w/%	天然重度 γ/(kN/m³)	孔隙率 n/%	孔隙比 e	液限 w_L	塑限 w_P	塑性指数 I_P
0.15～1.10	27.3	19.0	45.6	0.84	34	18	16
1.75～2.20	28.5	19.5	44.6	0.81	31	16	15
4.50～4.85	23.8	20.1	40.5	0.68	28	18	10
5.80～6.35	24.3	20.1	41.0	0.69	28	17	11
14.30～14.80	22.1	21.0	34.7	0.60	26	16	10

【解答】

施工企业根据当地材料来源、自有设备和工程经验，最终选择了砂桩处理法。

选用的砂为级配粗、中砂。桩径为 440 mm，采用双管法施工，外管外径 325 mm，内管外径 273 mm，最后实际成桩直径约 440 mm。桩长：8 m。桩距：2.5～3.0 m。桩数：726 根。

砂桩顶面铺设一层0.3～0.4 m厚的砂石褥垫层。

冲击式双管成桩法中使用的是C-222型柴油打桩锤，功率13.68 kW(18.6马力)，每分钟锤击数为55～60次。锤头重1.2 t，桩锤总重2.7 t，采用15～25 t履带式起重机固定桩架，起吊桩锤，装拔桩管。

处理效果：经砂桩处理后的现场试验结果如图5-54所示，可以看出，当基底最大压力为290 kPa时，沉降量在100 mm以内，完全符合设计要求。

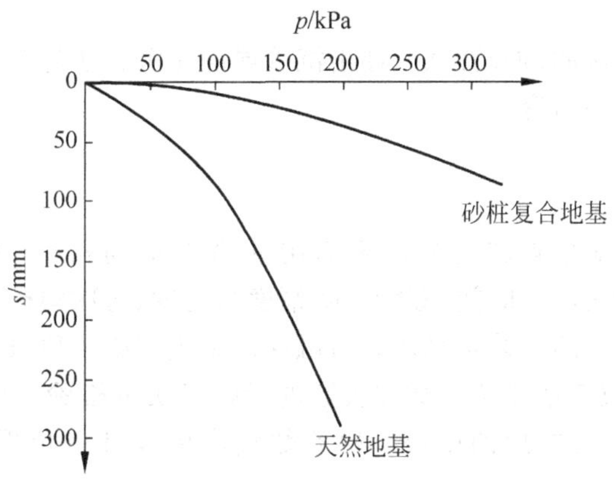

图5-54　砂桩荷载试验 p-s 曲线

5.15　置换砂石桩复合地基

置换砂石桩复合地基是在黏性土层中通过振冲法或沉管法将钻孔中的黏性土排出，然后回填砂石成桩的方法。

置换砂石桩复合地基适用于处理饱和黏性土地基和饱和黄土地基，按施工方法分为振动水冲(振冲)置换碎石桩复合地基和沉管置换砂石桩复合地基。

采用振冲法设置砂(碎)石桩时，土体不排水抗剪强度不宜小于20 kPa，且灵敏度不宜大于4。施工前应通过现场试验确定其适宜性。

5.15.1　设计

设计前应掌握待加固土层的分布、抗剪强度、上部结构对地基变形的要求，以及当地填料性质和来源、施工机具性能等资料。

桩体材料可用碎石、卵石、砾石、中粗砂等硬质材料。置换砂石桩复合地基上应设置厚度为300～500 mm的排水砂石(碎石)垫层。砂石桩的布置方式可采用等边三角形、正方形或矩形。砂石桩的加固范围应通过稳定分析确定。对建筑基础宜在基底范围外加1～3排围扩桩。砂石桩桩长宜穿透软弱土层，最小桩长不宜小于4.0 m。

振冲法施工的砂(碎)石桩设计直径宜根据振冲器的功率、土层性质通过成桩试验确定，也可根据经验选用。采用沉管法施工时，成桩直径应根据沉管直径确定。

砂石桩复合地基的面积置换率m一般为0.15～0.30，布桩间距可根据桩的直径和面积置换率经计算确定。置换砂石桩复合地基承载力特征值应通过复合地基竖向抗压荷载试验确定。初步设计时，也可按式(5-43)估算，其中 β_p 和 β_s 均取1.0。

置换砂石桩复合地基的沉降可按《复合地基技术规范》(GB/T 50783—2012)第4.3.1条～第4.3.4条的规定进行计算，并应符合《建筑地基基础设计规范》(GB 50007—2011)的有关规定，其中复合地基压缩模量可按《复合地基技术规范》(GB/T 50783—2012)中的式(4.3.2-2)计算。

5.15.2 施工

置换砂石桩可采用振冲、振动沉管、锤击沉管或静压沉管法施工。关于这些工法的技术细节可参阅上一节的有关内容。

5.15.3 质量检验

振冲法施工过程中应检查成孔深度、砂石用量、留振时间和密实电流等；沉管法施工应检查套管往复挤压振冲次数与时间、套管升降幅度与速度、每次填砂石量等项记录。

置换砂石桩复合地基的桩体可采用动力触探试验进行施工质量检验；对桩间土可采用十字板剪切、静力触探或其他原位测试方法等进行施工质量检验。桩间土质量的检测位置应在桩位等边三角形或正方形的中心。检验数量应由设计单位根据工程情况提出具体要求。

置换砂石桩复合地基工程验收时，应按《复合地基技术规范》(GB/T 50783—2012)附录A的有关规定进行复合地基竖向抗压荷载试验。荷载试验检验数量应符合设计要求。

复合地基竖向抗压荷载试验应待地基中超静孔隙水压力消散后进行。

5.16 刚性桩复合地基

刚性桩复合地基中的桩体可采用钢筋混凝土桩、素混凝土桩、预应力管桩、大直径薄壁筒桩、水泥粉煤灰碎石桩(CFG桩)、二灰混凝土桩和钢管桩等刚性桩。钢筋混凝土桩和素混凝土桩包括现浇、预制，实体、空心，以及异形桩等。刚性桩复合地基中的刚性桩应采用摩擦型桩。

刚性桩复合地基适用于处理黏性土、粉土、砂土、素填土和黄土等土层。对淤泥、淤泥质土地基应按地区经验或现场试验确定其适用性。

5.16.1 设计

刚性桩可只在基础范围内布置。桩的中心与基础边缘的距离不宜小于桩径的1倍；桩的边缘与基础边缘的距离，条形基础不宜小于75 mm；其他基础形式不宜小于150 mm。用于填土路堤和柔性面层堆场中时，布桩范围尚应考虑稳定性要求。

选择桩长时宜使桩端穿过压缩性较高的土层，进入压缩性相对较低的土层。

桩距应根据基础形式、复合地基承载力、土性、施工工艺、周边环境条件等确定。

刚性桩复合地基与基础之间应设置垫层，垫层厚度宜取100～300 mm，桩竖向抗压承载力高、桩径或桩距大时应取高值。垫层材料宜用中砂、粗砂、级配良好的砂石或碎石、灰土等，最大砂石粒径不宜大于30 mm。

复合地基承载力特征值应通过复合地基竖向抗压荷载试验或综合单桩竖向抗压荷载试

验和桩间土地基竖向抗压荷载试验确定。初步设计时也可按式(5-43)估算，其中 β_p 和 β_s 宜结合具体工程按地区经验进行取值，无地区经验时，β_p 可取 1.00，β_s 可取 0.65～0.90。

单桩竖向抗压承载力特征值(R_a)应通过现场荷载试验确定。初步设计时，可按式(5-39)估算由桩周土和桩端土的抗力提供的单桩竖向抗压承载力特征值，并应按式(5-40)验算桩身承载力。其中 α 可取 1.00，f_{cu} 应为桩体材料试块抗压强度平均值，η 可取 0.33～0.36，灌注桩或长桩应取低值，预制桩应取高值。

基础埋深较大时，尚应计入复合地基承载力经深度修正后导致桩顶增加的荷载，可根据地区桩土分担比经验值，计算单桩实际分担的荷载，可按《复合地基技术规范》(GB/T 50783—2012)第 14.2.6 条的规定验算桩体强度。

刚性桩复合地基沉降宜按《复合地基技术规范》(GB/T 50783—2012)第 4.3.1 条～第 4.3.4 条的有关规定进行计算。

5.16.2 施工

刚性桩复合地基中刚性桩的施工，可根据现场条件及工程特点选用振动沉管灌注成桩、长螺旋钻与管内泵压混合料灌注成桩、泥浆护壁钻孔灌注成桩、锤击与静压预制成桩。当软土较厚且布桩较密，或周边环境有严格要求时，不宜选用振动沉管灌注成桩法。

各种成桩工艺均应符合《建筑桩基技术规范》(JGJ 94—2008)的有关规定。

5.16.3 质量检验

刚性桩施工过程中应随时检查施工记录，并应对照规定的施工工艺对每根桩进行质量评定。检查内容包括混合料坍落度、桩数、桩位偏差、垫层厚度、夯填度和桩体试块抗压强度。

桩体完整性应采用低应变动力测试检测，检验数量应由设计单位根据工程情况提出具体要求。

刚性桩复合地基工程验收时，承载力检验应符合下列规定。

(1) 应按《复合地基技术规范》(GB/T 50783—2012)附录 A 的有关规定进行复合地基竖向抗压荷载试验。

(2) 有经验时，应分别进行单桩竖向抗压荷载试验和桩间土地基竖向抗压荷载试验，并可按式(5-43)计算复合地基承载力。

(3) 检验数量应符合设计要求。

素混凝土桩复合地基、水泥粉煤灰碎石桩复合地基、二灰混凝土桩复合地基竖向抗压荷载试验和单桩竖向抗压荷载试验，应在桩体强度满足加载要求，且施工结束 28 d 后进行。

5.16.4 CFG 桩法

在《复合地基技术规范》(GB/T 50783—2012)中，将 CFG 桩作为刚性桩的一种，与原土体构成复合地基。鉴于 CFG 桩法较为常用，故在此详细介绍相关的设计内容。

水泥粉煤灰碎石桩法(cement flyash gravel pile method)简称 CFG 桩法，指由水泥、粉煤灰、碎石、石屑或砂等混合料加水拌和形成高黏结强度桩，并由桩、桩间土和褥垫层一起组成复合地基的处理方法。

CFG 桩复合地基的加固机理包括置换作用和挤密作用，其中以置换作用为主。

CFG 桩法的主要优点有：桩长、桩径、桩距调节灵活，可根据地层情况单独设计；单桩承载力和复合地基承载力都很大；处理后的复合地基沉降量小；工艺可控性好；工程费用低。

水泥粉煤灰碎石桩法适用于处理黏性土、粉土、砂土和已自重固结的素填土等地基。对淤泥质土应按地区经验或通过现场试验确定其适用性。

CFG 桩的常用施工方法有：长螺旋钻孔灌注成桩；长螺旋钻孔管内泵压混合料灌注成桩；振动沉管灌注成桩；泥浆护壁钻孔成桩。

CFG 桩的主要设计内容如下。

(1) 桩身材料。CFG 桩各种材料之间的配合比对混合料的强度、和易性有很大的影响。一般水泥采用 42.5 级普通水泥，碎石粒径 20～50 mm，石屑粒径 2.5～10 mm，混合料密度 2.1～2.2 t/m^3。

当桩体材料强度大到一定程度时，CFG 桩复合地基的承载力将无明显提高，主要是因为桩与土之间产生过大的相对变形而导致桩侧土破坏。因此，一般将桩体材料强度控制在 10 MPa 左右，从而达到既提高复合地基承载力又降低沉降的目的。

(2) 褥垫层。褥垫层应选用级配砂石、粗砂、碎石等，厚度为 100～300 mm。通过调整褥垫层厚度，可使黏性土地基中桩土应力比达到 8～15，软土地基中达到 30～50。

(3) 桩长。水泥粉煤灰碎石桩，应选择承载力和压缩模量相对较高的土层作为桩端持力层，根据持力层的深度来确定桩长。

(4) 桩径。长螺旋钻中心压灌桩、干成孔桩和振动沉管桩的桩径宜为 350～600 mm；泥浆护壁钻孔桩的桩径宜为 600～800 mm。

(5) 桩间距。采用非挤土成桩工艺和部分挤土桩成桩工艺时，桩间距宜为 3～5 倍桩径；采用挤土成桩工艺时宜为 3～6 倍桩径；桩长范围内有饱和粉土、粉细砂、淤泥、淤泥质土层，采用长螺旋钻中心压灌成桩施工有可能发生窜孔时宜采用较大桩距。

(6) CFG 桩复合地基承载力。初步设计时，可按式(5-43)估算水泥粉煤灰碎石桩复合地基的承载力。对于 CFG 桩，各参数取值为：β_p——单桩承载力发挥系数，按地区经验取值，无经验时取 0.8～0.9。β_s——桩间土承载力发挥系数，宜按当地经验取值，如无经验时，CFG 桩可取 0.9～1.0，天然地基承载力较高时取大值。f_{sk}——处理后桩间土承载力特征值，kPa。当 CFG 桩采用非挤土工艺成桩时，取为天然地基承载力特征值；对挤土成桩工艺，一般黏性土层取天然地基承载力特征值($f_{sk}=f_{ak}$)，松散砂土、粉土层取 $f_{sk}=(1.2\sim1.5)f_{ak}$。

单桩竖向承载力特征值用式(5-39)及式(5-40)求出，CFG 桩的桩端阻力发挥系数 α 取为 1.0。

【例 5-13】 求 CFG 桩复合地基承载力

如图 5-55 所示，某住宅楼地面以上 25 层，地下 2 层，采用筏板基础，基础埋深 7.2 m，基础板厚 0.7 m，基础尺寸为 35 m×40 m，混凝土强度等级为 C25。作用在地面处的外部荷载为 $F_k=4.2\times10^5$ kN，作用在筏板底部的弯矩为 $M_k=2.5\times10^5$ kN·m。地层情况如表 5-14 所示。对筏板下的土体采用 CFG 桩加以处理，设计桩径为 0.45 m，桩长为 15.5 m，桩间距为 1.8 m，正方形布桩，桩端持力层为圆砾石。试估算此 CFG 桩复合地基承载力，并验算是否能够满足筏板下基底压力的要求。

表5-14 地层条件

地层层序	地层名称	厚度/m	重度/(kN/m³)	q_{sik}/kPa	q_{pk}/kPa	f_{ak}/kPa
①	黏土	7.0	17.0	—	—	—
②	粉质黏土	4.0	17.6	48	—	150
③	粉土	6.0	19.2	52	—	180
④	粉砂	5.0	18.5	60	—	200
⑤	砾石	6.8	21.3	100	1500	250

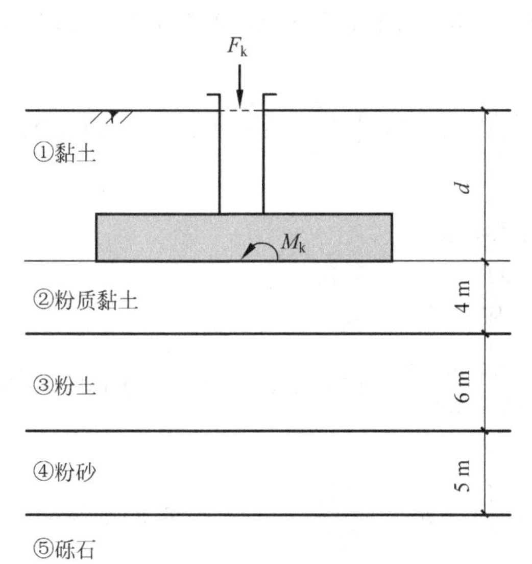

图5-55 土层分布

【解答】

(1) 计算单桩竖向承载力特征值

CFG桩的单桩竖向承载力特征值可通过式(5-39)求得。只是该式中的 q_{sia} 和 q_{pa} 都是指特征值,而题中给出的是标准值。二者的转换关系为:特征值=标准值/2。计算式为

$$A_p = \frac{1}{4}\pi d^2 = \frac{1}{4}\times 3.14\times 0.45^2\ \text{m}^2 \approx 0.16\ \text{m}^2$$

$$R_a = u_p\sum_{i=1}^{n} q_{sia} l_i + \alpha_p q_{pa} A_p = \frac{1}{2}\left[u_p \sum_{i=1}^{n} q_{sik} l_i + \alpha q_{pk} A_p\right]$$

$$= \left\{\frac{1}{2}\times[(3.14\times 0.45)\times(48\times 4.0 + 52\times 6.0 + 60\times 5.0 + 100\times 0.5)] + \frac{1}{2}\times[1.0\times 1500\times 0.16]\right\}\ \text{kN} \approx (603.35 + 119.22)\ \text{kN} = 722.57\ \text{kN}$$

(2) 计算面积置换率

采用正方形布桩时,

$$d_e = 1.13 s_a = 1.13\times 1.8\ \text{m} = 2.034\ \text{m}$$

$$m = \left(\frac{d}{d_e}\right)^2 = \left(\frac{0.45}{2.034}\right)^2 \approx 0.049$$

(3) 估算复合地基承载力

取 $\beta_p=0.85, \beta_s=1.0, f_{sk}=f_{ak}=150\ \text{kPa}$，则

$$f_{spk}=\beta_p m\frac{R_a}{A_p}+\beta_s(1-m)f_{sk}$$

$$=\left[0.85\times0.049\times\frac{722.57}{0.16}+1.0\times(1-0.049)\times150\right]\ \text{kPa}\approx331.97\ \text{kPa}$$

经深度修正后复合地基承载力特征值为

$$f_a=f_{spk}+\gamma_m(d-0.5)=[331.97+17.0\times(7.2-0.5)]\ \text{kPa}=445.87\ \text{kPa}$$

(4) 验算基底压力

$$p_k=\frac{F_k+G_k}{A}=\frac{F_k}{A}+\gamma_G d=\left(\frac{4.2\times10^5}{35\times40}+20\times7.2\right)\ \text{kPa}\approx444\ \text{kPa}<f_a$$

$$=445.87\ \text{kPa}$$

可见，基底压力平均值满足要求。

$$p_{max}=\frac{F_k+G_k}{A}+\frac{M_k}{W}=p_k+\frac{6M_k}{bl^2}$$

$$=\left(444+\frac{6\times2.5\times10^5}{35\times40^2}\right)\ \text{kPa}\approx(444+26.8)\ \text{kPa}=470.8\ \text{kPa}<1.2f_a$$

$$=535\ \text{kPa}$$

$$p_{min}=\frac{F_k+G_k}{A}-\frac{M_k}{W}=p_k-\frac{6M_k}{bl^2}=(444-26.8)\ \text{kPa}=417.2\ \text{kPa}>0\ \text{kPa}$$

可见，基底压力的最大值和最小值也符合要求。

故此筏板基础的复合地基承载力满足要求。

5.17 基础托换

由于过去楼房的设计标准低，许多低层房屋（7层及以下）都没有进行过抗震设计。出于减灾防灾目的，现在许多城市推行了低层楼房抗震加固政府补贴工程，其中的工作内容涉及基础托换、楼房加筋、加装电梯等工作。而且，随着城市地下空间的开发，对既有建筑基础的扰动非常严重，在地下工程施工前或施工后都有大量的基础托换工程。

5.17.1 概述

基础托换（foundation underpinning）是对已有建筑物基础进行加固或重新设置基础的技术措施的总称。**托换技术**（underpinning technique）是指通过加固或增设构件等措施改变原结构传力途径或增强原结构承载力的改造加固技术。**托换体系**（underpinning system）是指在托换工程中采用新增构件（包括梁、板、柱和桩等）与原受力构件共同组成的结构体系。

基础托换旨在解决以下工程问题：①原有建筑物的基础出现倾斜、开裂等问题；②建筑物增层改造的需要；③地下工程施工扰动范围内的构筑物的加固需要。

基础托换的根本目的在于加强地基与基础的承载力，有效传递建筑物荷载，从而控制沉

降与差异沉降，使建(构)筑物恢复安全使用功能。

既有建(构)筑物地基加固与基础托换方法的基本思路如下。

(1) 将原基础加宽，减小作用在地基土上的接触压力。如基础扩大托换法。

(2) 通过地基处理改良地基土体的结构与性质，提高地基土体抗剪强度，减小其压缩性。如注浆法、旋喷桩法。

(3) 在地基中设置墩基础或桩基础等竖向增强体，通过形成复合地基来满足建筑物对地基承载力和变形的要求。如静压桩、树根桩等加固技术。

基础托换施工的特点是：作业空间受限，技术难度大，费用高，工期长，安全性要求高，同时需要较完善的支撑系统，而且还可能危及建筑物和人身安全。

因此，基础托换工程实施前，须做以下准备工作。

(1) 判别建筑物的损坏程度。分析被托换建筑物的结构、构造和受力特性、基础形式、建筑物各部分沉降大小、破坏原因等。

(2) 查清建筑物的工程地质和水文地质条件。查明持力层、下卧层和基岩的性状与埋深，地基土的物理力学性质，地下水位的变化，侵蚀性和补给的情况，特别要查明地基土的不均匀性，必要时还需对地基进行复查和补勘。

(3) 验算地基与结构的安全度。计算在托换中允许的沉降量，托换后的承载力和变形是否符合要求。

(4) 分析托换工程对周围环境、地下管线和邻近建筑物在托换施工时和竣工后可能产生的影响。

(5) 制定基础托换设计和施工方案。

基础托换中的监测非常重要，施工监测工作在很大程度上决定着工程的成败。监测工作的内容包括：建筑物的沉降、倾斜和裂缝观测，地面沉降和裂缝观测，地下水位变化观测等。

监测过程中要注意以下几点：①确定托换时每个施工步骤对沉降产生的影响；②基于监测数据，整理出每个监测点的沉降-时间关系曲线，并预测出最终沉降量；③根据沉降曲线预估被托换建筑物的安全度，并针对情况及时采取相应的措施，如加强支护或改变施工方法；④根据施工情况设定监测期限和测量频度，在托换荷载转移阶段要求每天都观测，危险程度越大，观测次数愈多；⑤托换施工完成后，监测过程仍需持续，一直到沉降稳定为止。沉降稳定标准可以半年沉降量不超过 2 mm 为依据。

5.17.2 基础扩大托换

基础扩大托换是指通过增大基底面积，来满足地基承载力和变形要求的方法。依需要增大的基底面积不同，可依次采取如下方法：①在基础两侧加混凝土或钢筋混凝土围套，如图 5-56 所示；②改为挑梁式基础，如图 5-57 所示；③改为钢筋混凝土交叉基础或筏板基础，如图 5-58 所示；④偏心荷载时可单侧加宽或改为悬臂牛腿基础，如图 5-59 所示。

基础扩大托换的注意事项如下。

(1) 在基础加宽部分两边的地基土上，应进行与原基础下同样的压密施工和浇筑混凝土垫层。

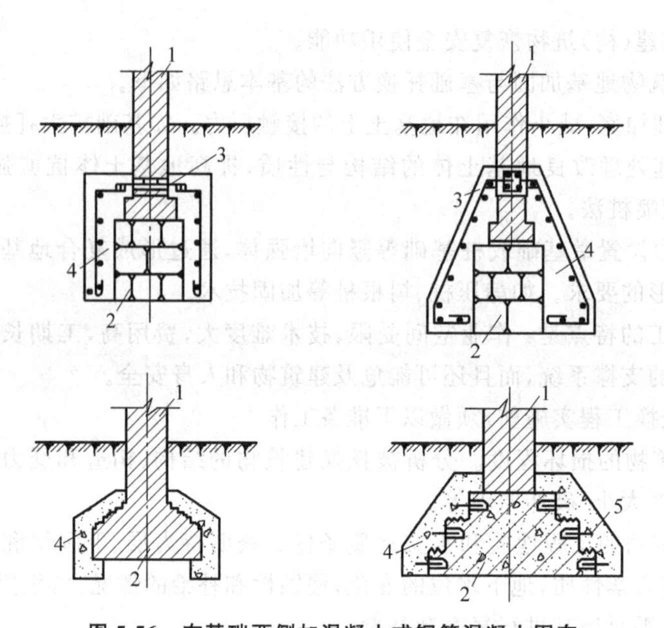

图 5-56 在基础两侧加混凝土或钢筋混凝土围套

1—原有墙身；2—原有基础；3—墙脚钻孔穿筋，与加固筋焊牢；4—基础加宽部分；5—钢筋锚杆

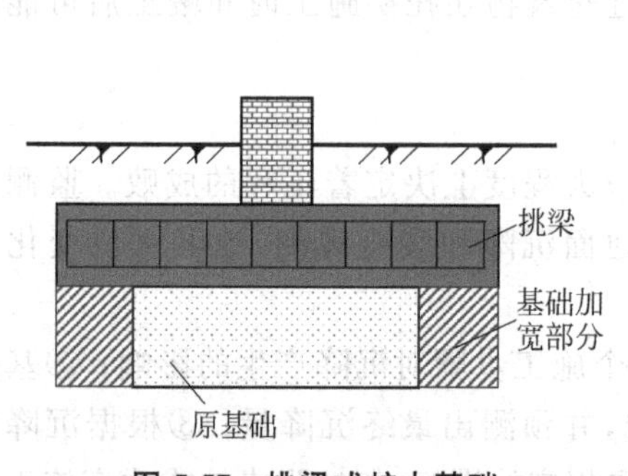

图 5-57 挑梁式扩大基础

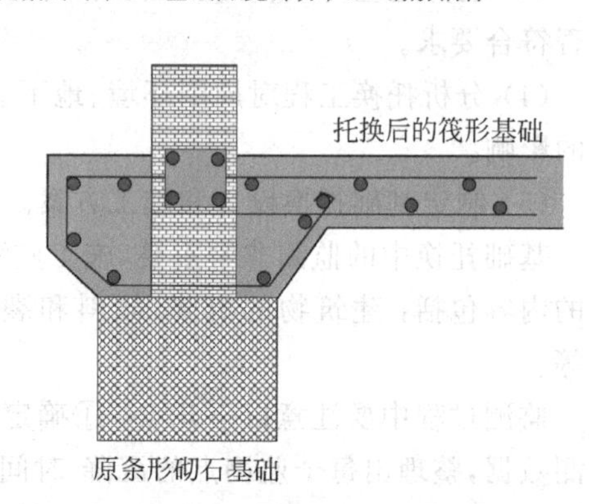

图 5-58 条形基础扩大成筏形基础

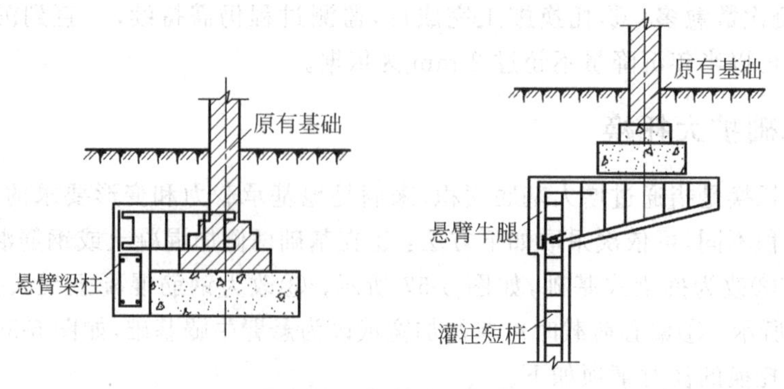

图 5-59 条基单侧托换

(2) 将原有基础外侧表面凿毛并刷洗干净，每隔一定高度和间距钻孔，将新旧基础通过钢筋连接。

(3) 条形基础托换施工应按1.5～2.0 m长度划分成多个区段，错开一定时间分段分批间隔施工，避免全长开挖连续坑槽。

(4) 基础托换完毕应迅速拆模，分层回填夯实。

托换基础要进行计算，刚性基础应满足刚性角要求，柔性基础应满足抗弯要求。钢筋锚杆应有足够的锚固长度，有条件时可将加固筋与原基础钢筋焊牢。

5.17.3 坑式托换

坑式托换是直接在被托换建筑物的基础下挖坑后浇筑混凝土的托换加固方法。

本法较常用，具有施工简单、方便，费用低，施工期间仍可使用建筑物等优点，但工期较长，会产生一定的附加沉降。适用于土质较好，开挖深度范围内无地下水或降低地下水位较方便的条形基础或独立基础托换。

坑式托换如图5-60所示，其施工步骤如下。

(1) 贴近被托换基础的外侧开挖一个长约1.5 m、宽约1.0 m的竖向导坑，深度比原基础底面深1.5～2.0 m，在两侧设支护。

(2) 将导坑横向扩展到基础下面，并继续在基础下面垂直开挖到要求的持力层深度。

(3) 在基础底面下支模板、浇筑混凝土，直到基础底面下0.8 m，养护1 d后，用干硬性1∶1水泥砂浆从侧面用小铁铲强力捣实，使被托换基础上的荷载直接传到新的混凝土墩上。因此，坑式托换又称墩式托换。

(4) 采用同样方法分段挖坑和筑墩，直至全部基础被托换完成为止。

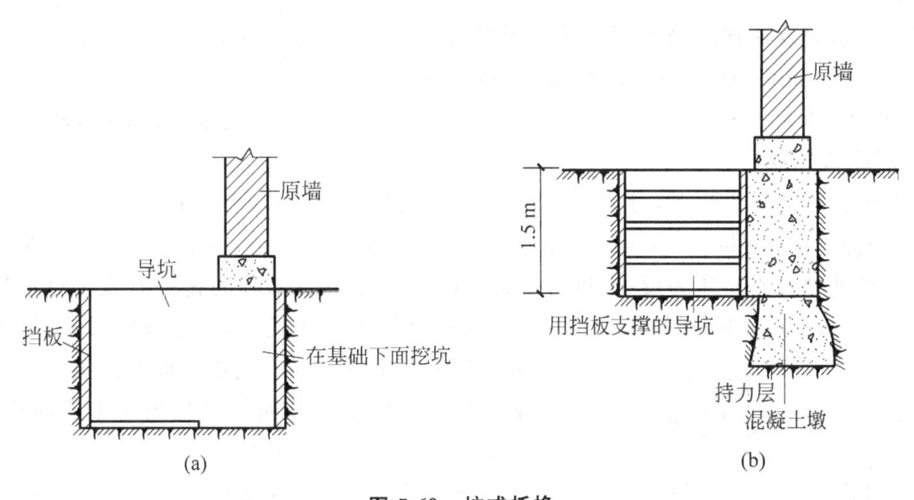

图5-60 坑式托换

(a) 挖导坑；(b) 浇筑混凝土

5.17.4 桩式托换

桩式托换(piles underpinning)是对原有基础用桩进行托换的技术。其原理是：在基础结构的下部或两侧设置桩，然后在桩上架设托梁或承台系统(桩梁式)，或直接将桩与基础锚固成一体，来支承被托换的墙或柱基。桩式托换包括静压桩和树根桩等托换方法。

图5-61所示为一厂房墙下条形基础用灌注桩托换的实例，在原有基础两侧先施工钢筋

混凝土桩，然后在原有基础下面穿钢筋，支模板，浇筑混凝土，形成钢筋混凝土横梁，将原有基础的荷载转移到新的横梁-桩受力体系上。

图 5-62 中原基础是墙下砖基础，托换时先在原有墙的两侧施工素混凝土桩，然后穿过原有砖基础铺设钢筋和浇筑混凝土，形成新的支撑平台，将墙上荷载通过此承台传给混凝土桩。

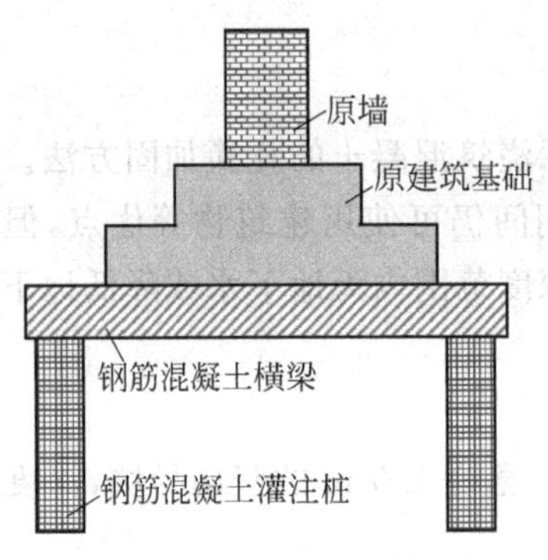

图 5-61 钢筋混凝土桩托换

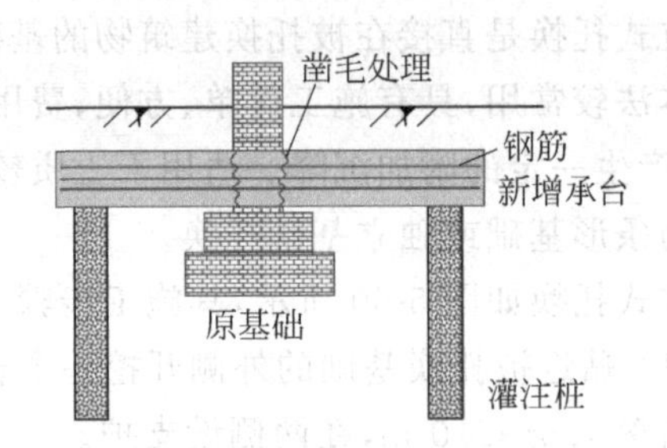

图 5-62 素混凝土桩托换

图 5-63 中原基础为墙下砖基础，托换时在原基础两侧先施工灰土桩，然后穿过原有基础的底部、灰土桩上部，施工钢筋混凝土板作为托梁，用托梁支撑原基础。

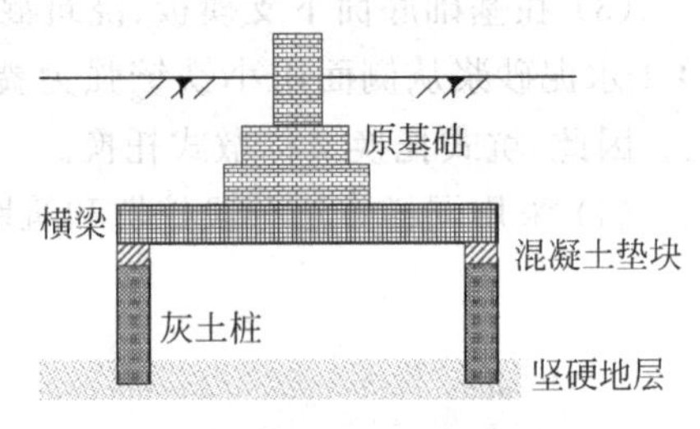

图 5-63 灰土桩托换

靠近建筑物或在建筑物内部用桩加固时，桩径都非常小（≤300 mm），通常称为**微型桩**（micropile）或**树根桩**（root pile）。

1. **静压桩托换**

根据压桩时的反力来源，分为顶承式静压桩托换和自承静压桩托换。

顶承式静压桩（piles pressed by the weight of building as reaction force）托换是指利用建筑物及其基础的重量作为反力，进行基础加固或重新设置基础的托换方式。**自承静压桩**（self-pressurization pile）托换是指利用静压桩机械加配重作反力，通过液压系统，将预制桩分节压入土中的方式。当被托换的建筑物较轻及上部结构条件较差而不能提供相当的千斤顶反力时，可考虑使用自承式静压桩。

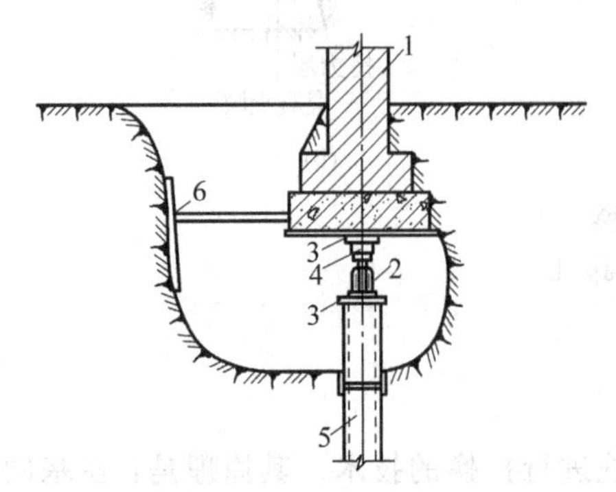

图 5-64 顶承式钢管桩托换

1—被托换基础；2—油压千斤顶；3—钢垫板；4—传感器；5—短钢管；6—支撑和挡板

顶承式静压桩使用较为广泛，如图 5-64 所示。顶承式钢管静压桩托换的施工过程是：在墙基或柱基下开挖竖坑和横坑，方法同坑式托换，在基础底部安置下端开口的钢管短桩，其上安放钢垫板，钢垫板上安放行程较大的 15～30 t 油压千斤顶，千斤顶上接测力计，千斤顶以基础底板作为反力支点，分节将开口短钢管压入地层中。

钢管一般截成 1.0 m 长的短节，直径一般为

300～450 mm，壁厚为 10 mm，接头用钢套箍连接或焊接。当一节钢管压入土中后，用取土工具将管内土掏出。如遇个别孤石，可用锤击破碎。如为松软土地基，也可用封闭的钢管桩尖，端部作成60°圆锥角。桩经交替压入、清孔和接高后，直至桩尖达到设计的持力层深度为止。清孔后在桩管中灌注混凝土并捣固密实。最后将桩与基础底板或梁浇筑成整体，以承受建(构)筑物荷载。

顶承式桩托换时，为了防止压入桩的回弹，在最后与基础底面填实过程中，可以使用双千斤顶轮流工作的方法，在两千斤顶之间竖放一节短工字梁，再用铁锤打入钢楔，阻止其回弹。最后取出千斤顶，采用干填法或在不大的压力下将混凝土注入基础底面，并将桩顶和工字钢梁包裹。

上述施工中的钢管也可改成预制混凝土桩，如图 5-65 所示。通常是截面为 300 mm×300 mm 的钢筋混凝土预制方桩，每节长 760 mm，桩节两头带有直径 5 mm 的中心孔。其施工方法同上，不同之处是在纵向中心孔中插入短钢筋，并用硫磺胶泥或焊接连接成整体。

顶承式静压桩法施工设备简单，操作方便，质量可靠，费用较低。该方法适用于一般匀质土层，但不适于含有孤石、冰渍土或有障碍物的土层。

2. **树根桩托换**

树根桩托换是指在基础的两侧穿透原基础，用多束小直径桩来承托原有基础的托换方法，如图 5-66 所示。

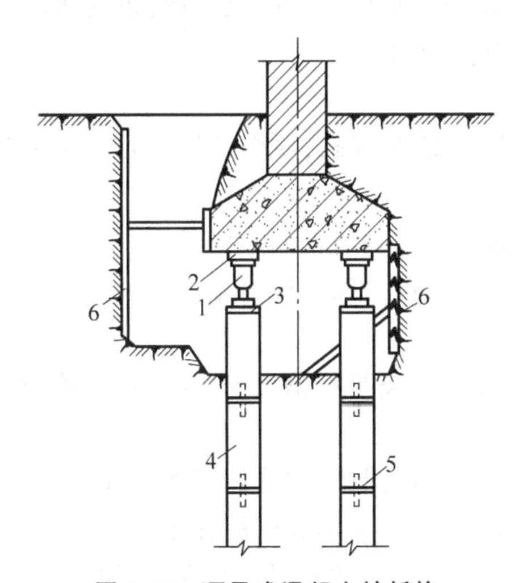

图 5-65 顶承式混凝土桩托换

1—倒置油压千斤顶；2—钢垫板；3—钢承压板；4—混凝土预制桩；5—预留孔；6—挡板

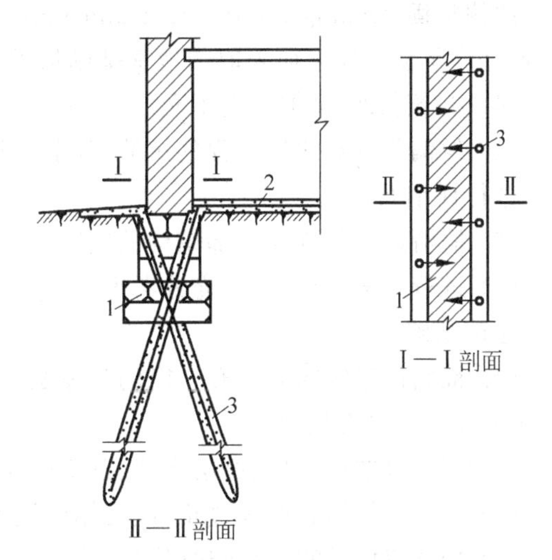

图 5-66 树根桩托换

1—条形基础；2—室内地面；3—树根桩

树根桩托换法的施工步骤如下。

(1) 在钢套管保护下，用小型钻机钻出直径为 75～250 mm 的钻孔，穿过原有建筑物基础进入到下面坚实的土层中。

(2) 钻到设计深度后清孔。

(3) 在孔中放入钢筋，钢筋数量视桩孔直径而定，当为小直径桩孔(75～125 mm)时，可放入单根钢筋；大直径桩孔(180～250 mm)则放置由数根钢筋组成的小型钢筋笼。

(4) 用压浆泵灌注水泥砂浆或细石混凝土，采取边灌、边振、边拔钢套管的方法，最后成桩。

树根桩形式灵活，桩截面小，能将桩身、墙身和基础联结成一体，压力注浆能使桩体与地基紧密结合，除支承垂直荷载、抗拔、抗侧向荷载和抗倾覆力矩外，还能加固地基；因桩孔很小，对墙基和地基影响小，同时施工可在地面上进行，施工场地较小，净空低；机具振动和噪声小，对被托换建(构)筑物比较安全，费用较省，可用于各种土层和建筑结构。

树根桩托换可用于加固已有建筑物，如房屋、桥梁墩台等的地基；也可用于修建地下铁道时的托换和加固土坡、整治滑坡等。树根桩托换适用于砂性土、黏性土和岩石等各种类型的地基土。

5.17.5 注浆加固

注浆加固托换是从原有基础的侧面钻孔向原地基中注浆，用压力注浆方法将胶结剂或化学溶液注入地基中与土粒胶结，在地基中形成一个强度较高的均匀加固体，从而在深基坑开挖时或在地基承载力不足、变形较大的部位保持建(构)筑物稳定的技术。

5.17.6 建筑物纠偏

对于已经倾斜的建筑物，通常是先扶正，再进行基础加固，这类工程称为纠偏加固工程。

纠偏加固(leaning rectification and reinforcement)也称纠倾加固，是为纠正建筑物倾斜，使之满足使用要求而采取的地基基础加固技术措施的总称。

建(构)筑物纠偏的原则如下。

(1) 纠偏前应对纠偏工程的沉降、倾斜、开裂、结构、地基基础、周围环境、地质、水文等情况进行详细调查。

(2) 搞清地基基础和上部结构的实际情况和状态，分析、查清偏斜原因。

(3) 进行纠偏设计时，应充分考虑地基土的剩余变形，以及因纠偏对不同形式的基础和周围建筑基础的影响。

(4) 被纠偏建筑物应具有一定的整体刚度，如刚度不能满足纠偏要求，应先进行临时加固，加固重点应放在底层。

(5) 可采取增设拉杆、增砌横墙、砌实门窗洞口以及增设圈梁、构造柱等加固方法。

(6) 纠偏工作切忌矫枉过正，应遵循由浅到深、由小到大、由稀到密的程序。

(7) 加强纠偏观测，应在建(构)筑物上多设测点，采用垂球、经纬仪、水准仪、倾角仪等，在纠偏前、后和施工过程中定期观测，做好记录，评价纠偏效果。

纠偏方法粗分为迫降纠偏和顶升纠偏两类。

迫降纠偏(forced settlement)是指在倾斜建筑物沉降较小一侧，采取技术措施促使其沉降加大，达到纠偏目的的方法。

顶升纠偏(leaning rectification by uplifting)是指在沉降大的一侧用千斤顶顶升，使其沿某点或某线做整体平面回转以达到纠偏目的的方法。

迫降是使沉降少的一侧基础下沉，顶升是将沉降多的基础一端上调。由于建筑物基础自重大，故基础迫降易、顶升难。故而，用于迫降纠偏的方法多，顶升的方法少。

迫降纠偏的方式有：掏土纠偏、堆载纠偏、降水纠偏、浸水纠偏等。

1. **掏土纠偏**

掏土纠偏(rectification by digging under foundation)是指在倾斜建筑物基础沉降小的部位采取掏(排)土的追降措施,形成基底下土体部分临空,使这部分基础的接触面积减少,接触应力增加,产生一定侧向挤出变形,迫使基础下沉,使不均匀沉降得到调整并达到纠偏目的的方法。掏土纠偏法有抽砂法、钻孔掏土法、压桩掏土法、沉井射水掏土法等。

1) 抽砂纠偏

为了纠正建筑物在使用期间可能出现的不均匀沉降,在建筑物设计和施工时就在基底下预先做一层 0.7～1.0 m 厚的砂垫层,在预估沉降量较小的部位,每隔一定距离(约 1 m)预留一个砂孔,如图 5-67 所示。当建筑物出现不均匀沉降时,在沉降量较小的部位用钢管在预留孔中取出一定数量的砂,从而强迫建筑物下沉,达到沉降均匀的目的。

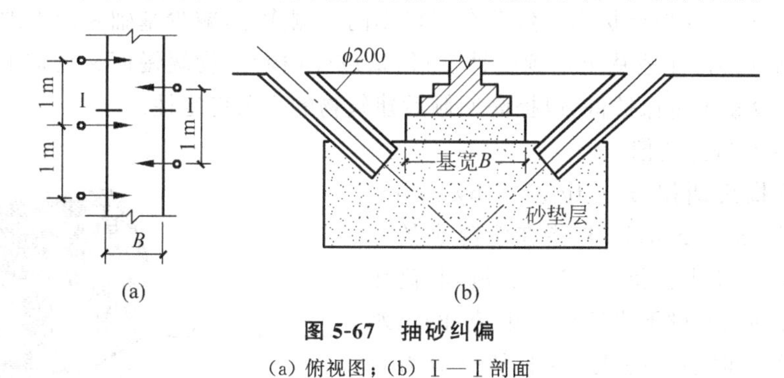

图 5-67　抽砂纠偏

(a) 俯视图;(b) Ⅰ—Ⅰ剖面

施工时应注意以下几点:①应严格控制抽砂量和抽砂孔的位置,做到抽砂均匀;②向抽砂孔内冲水,可单排也可并排进行,每孔的冲水量不宜过多,水压不宜过大,通常以抽砂孔能自行闭合为宜;③抽砂深度不宜过大,应小于垫层厚度 100 mm,以免扰动砂垫层下面的软黏土地基;④抽砂宜分阶段进行,每阶段沉降可定为 20 mm,待下沉稳定后再进行下阶段抽砂。

2) 钻孔掏土纠偏

钻孔掏土纠偏是指在倾斜建(构)筑物沉降较小的一侧的基底下进行穿孔掏土,以增大这一侧基础的竖向沉降的方法。为避免掏土过程中产生应力集中,一般采用水平钻孔或凿孔方法从基底下掏土,或每隔一定距离以宽度 5～50 cm 的窄条进行挖土,如图 5-68 所示。

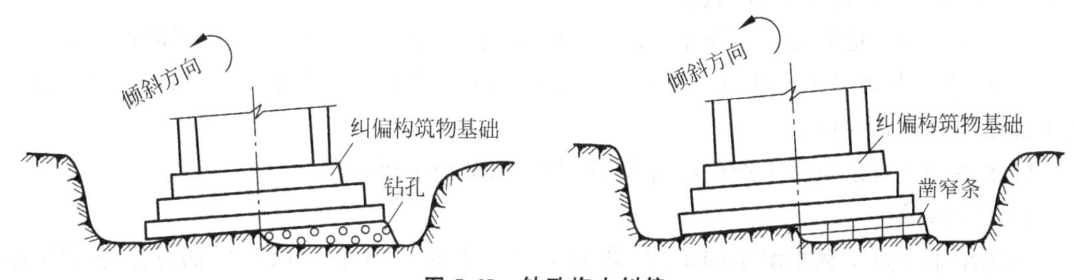

图 5-68　钻孔掏土纠偏

3) 压桩掏土纠偏

压桩掏土纠偏是锚杆静压桩和掏土技术的结合。如图 5-69 所示,施工时先在既有建筑物沉降大的一侧压桩,并立即将桩与基础锚固在一起,以起到迅速制止建(构)筑物沉降的作

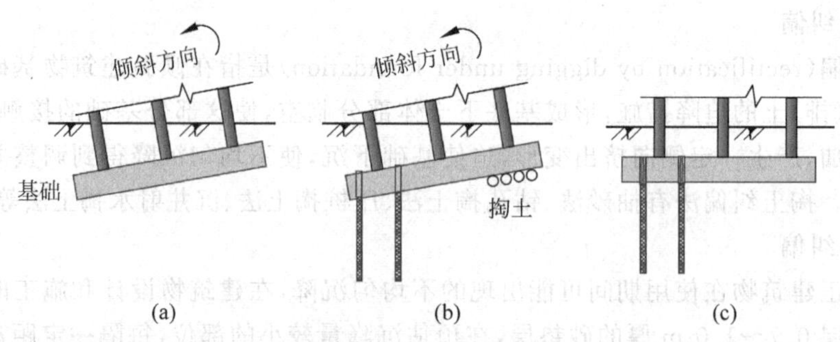

图 5-69 压桩纠偏

(a) 纠偏前；(b) 压桩掏土；(c) 纠偏后

用，使其处于一种沉降稳定状态。然后在沉降小的一侧掏土，减少基础底面下地基土的承压面积，增大基底压力，使地基土达到塑性变形，造成建(构)筑物缓慢而又均匀的回倾；同时在掏土一侧再设置少量保护桩，以提高回倾后建筑物的永久稳定性。

4) 沉井射水掏土纠偏

沉井射水掏土纠偏(rectification by jetting water through caisson well)是指在沉降小的一侧设若干沉井，井壁上预留 4～6 个孔洞，将高压水枪通过此孔伸入基础下进行深层射流冲孔，水射流带走基底下地层中的土，使地基土应力释放，并产生沉降，从而达到纠偏目的的方法，如图 5-70 所示。

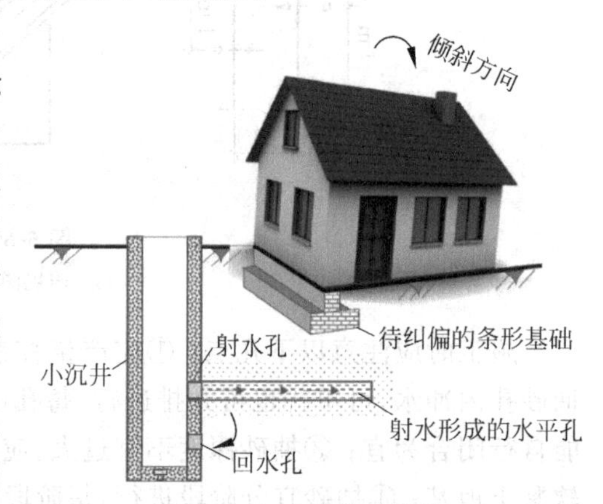

图 5-70 沉井射水纠偏

本方法适用于黏性土、粉土、砂性土或填土等地基上的独立或条形基础的建筑物的纠偏工程。

2. 降水/浸水纠偏

1) 降水纠偏

在室外倾斜建筑物沉降较少的一侧地面上，设置多个沉井或井点管、大口径降水井管等深井井点，设泵抽水，或在外侧挖沟、排水，强制降低地下水位，迫使土体孔隙水减少，土体压密下沉，从而使倾斜的基础得到扶正。

本法可利用工地常规抽水设备，施工简便、安全、可靠，费用较低，但纠偏时间较长。为加快速率，有时与堆载加压法联合使用。适于基础强度较低或上部结构整体性差，地基为黏性土的建(构)筑物纠偏。

降水纠偏还可以与掏土纠偏结合使用，形成降水掏土纠偏。

2) 浸水纠偏

利用湿陷性黄土遇水湿陷的特性，采用“浸水”或“浸水与加压相结合”的方法进行纠偏。浸水纠偏一般采用注水孔(或坑、槽)注水。孔径一般为 100～300 mm，孔深通常应达基底以下 1～3 m，然后用碎石或粗砂填至基底标高处，再插入直径 30～100 mm 的塑料管或钢管作为注水管，管周用黏土填实，管内设一控制水位用的浮标，注水时用水表计量。浸水纠偏法不需特殊设备和材料，方法简单，费用较低，但时间较长。适用于含水率低于 20%、湿

陷系数 δ_s 大于 0.05 的湿陷性黄土或填土地基建(构)筑物的纠偏工程；浸水再辅以加压纠偏适合于高含水率的黄土地基。

浸水纠偏应注意以下几点：①浸水纠偏前，应进行现场注水试验，注水试验坑(槽)与倾斜建筑物间距不小于 5 m。试验坑(槽)底部低于基础底面以下 0.5 m，通过试验确定渗透半径、注水量与渗透速度的关系。一栋建(构)筑物的试验注水坑(槽)不宜少于 2 处。②注水时要防止水流入沉降较大一侧的地基中，以免使倾斜加剧，使事故恶化。③在纠偏过程中，要加强对倾斜变化情况的监测，一般可采用悬球法、经纬仪法、水准仪法或倾斜仪法，并应及时分析，以掌握倾斜变化动态。④高耸建筑物应在其顶部或 2/3 高度处设 3～6 根钢缆绳，与地面成 25°～30°夹角，以防矫枉过正，确保操作安全。⑤浸水和加压浸水纠偏均在沉降较少的一侧施工，开始浸水和加压时速率可稍快，后期特别是高耸构筑物接近竖直位置时宜降低矫正速率并停止浸水，而后再用加压法将其矫正至竖直位置。

3. 堆载加压纠偏法

堆载加压纠偏(leaning rectification with surcharge)是在建筑物沉降小的一侧施加临时荷载，使该侧地基发生沉降，用以减少不均匀沉降差和倾斜的方法。加载可用钢锭、石块、砖块等材料，应控制加载速率，分期、分批、对称均匀进行，严格控制加载间隔时间，并在堆载前后加强沉降观测，以便出现问题时及时采取对策。本法简单直接，一般都能收到预期效果，但若加载重量不足，则达不到纠偏效果。如设计加载量过大，施工实施往往很困难，此时也可考虑与其他纠偏方法联合使用(如浸水堆载、降水堆载纠偏等)。

4. 顶升纠偏法

顶升纠偏是指在基础倾斜的侧面底部掏土或在其下制作托换基础，设置千斤顶，将基础顶升复位的方法，如图 5-71 所示。顶升时可顶至比原基底略高 10 mm，然后迅速将基础下面的空隙用微膨胀快硬混凝土或砌毛石或压力注浆方法填实，最后回填地基周边所有工作坑并夯实。

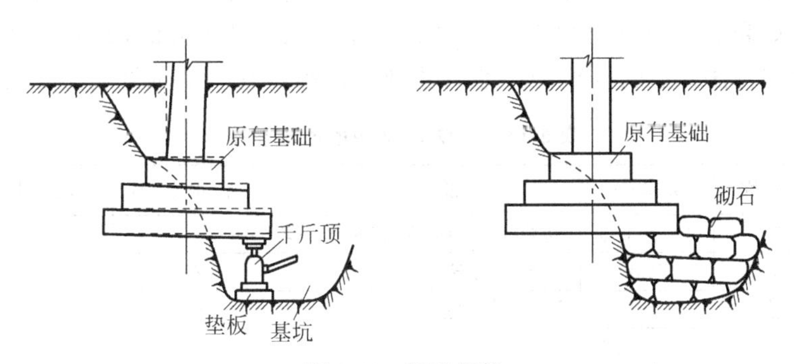

图 5-71　顶升纠偏

习题

5-1　地基处理想要达到什么目的？

5-2　试总结各种地基处理方法的原理、特点、适用范围、设计参数、施工工艺。

5-3　换填垫层法施工时，为什么压实黏性土时要控制在最优含水率，而压实砂土时却需要充分洒水？

5-4 为什么堆载预压法需要控制加载速率，而真空预压法不必控制？

5-5 简述强夯法的加固机理。如何计算强夯法处理后的地基承载力？

5-6 为什么强夯法施工中两遍夯击之间要有一定的时间间隔？间隔时间如何确定？

5-7 注浆理论有几种类型？说明各类型的特点和适用范围。

5-8 加筋法用于什么场合？可改善地基土的哪些性能？

5-9 复合地基与复合桩基有什么区别？

5-10 复合地基中褥垫层的作用是什么？

5-11 散体材料桩复合地基承载力如何计算？

5-12 复合地基计算中有哪些基本参数？

5-13 简述水泥土搅拌桩的成桩过程。

5-14 试说明石灰桩加固地基的原理。

5-15 简述振冲法的加固机理。

5-16 什么是CFG桩？如何确定CFG桩的单桩承载力？

5-17 简述基础托换的基本思路和主要方法。

5-18 简述基础扩大法的主要方式。

5-19 简述坑式托换的主要过程。

5-20 简述顶承式钢管桩托换法的施工过程。

5-21 建筑物纠偏的主要方法有哪些？

5-22 分析题

某化工厂洗衣粉车间污水处理站工程有六池三井，其中排放水池和集水井基坑直径均为6.5 m，开挖深度5 m。要求加固后复合地基承载力达到100 kPa。该建筑场地位于杭州软土区，有近6 m厚、含水率高达51.5%的淤泥质土层。地下水位在地表下0.7 m。各土层的具体条件如表5-15所示。要求：(1)选择合适的地基处理方法，并说明理由；(2)简述选出的地基处理方法的加固机理；(3)设计主要的控制参数；(4)简述施工工艺过程。

表5-15 习题5-22中的地质条件

层号	土层名称	层厚/m	说明	含水率/%	承载力特征值 f_{ak}/kPa
1	填土	1.1～1.3	老填土，粉质黏土，密度不均		
2	粉质黏土	1.0	软塑～可塑	29.0	150
3	淤泥质黏土	5.6～5.9	流塑，含少量有机质	51.5	65
4	黏土	1.8～2.1	软塑		
5	粉质黏土	2.6～2.9	软塑～可塑，较密实		

5-23 求换填厚度

某基础底面长度为2.0 m，宽度为1.6 m，基础埋深$d=1.2$ m，作用于基底的轴心荷载为1500 kN(含基础自重)。因地基为淤泥质土，采用粗砂进行换填，粗砂重度为20 kN/m^3，砂垫层厚度取1.4 m。基底以上为填土，其重度为18 kN/m^3。淤泥质土的承载力特征值为$f_{ak}=50$ kPa，$\eta_d=1.0$。试问：①垫层厚度能否满足要求？②垫层底面的长度及宽度应为多少？

5-24　求换填厚度

如图5-72所示，某建筑物内墙为承重墙，厚370 mm。设计地面处，按荷载效应标准组合每延米基础长度上的竖向荷载为$F_k=270$ kN/m。地表层为杂填土，厚1.2 m，$\gamma=17.5$ kN/m^3；其下为较深的淤泥质黏性土，$\gamma=18.5$ kN/m^3，抗剪强度指标$\varphi_k=10°$，$c_k=12$ kPa。地下水位埋深3.7 m。拟用中砂作为垫层，换填一定厚度的淤泥质土，并在砂垫层上砌筑条形混凝土无筋扩展基础，基础宽1.6 m，埋深1.2 m。设砂垫层的重度$\gamma=19.5$ kN/m^3，现场实测的承载力特征值为$f_{ak}=180$ kPa。试设计此砂垫层。

5-25　求固结度

在致密黏土层(不透水层)上有厚度为10 m的饱和高压缩性土层，土的特性如图5-73所示。如果采用排水砂井，砂井直径$d_w=250$ mm，砂井的有效工作直径$d_e=2.5$ m，求20 d时的固结度。

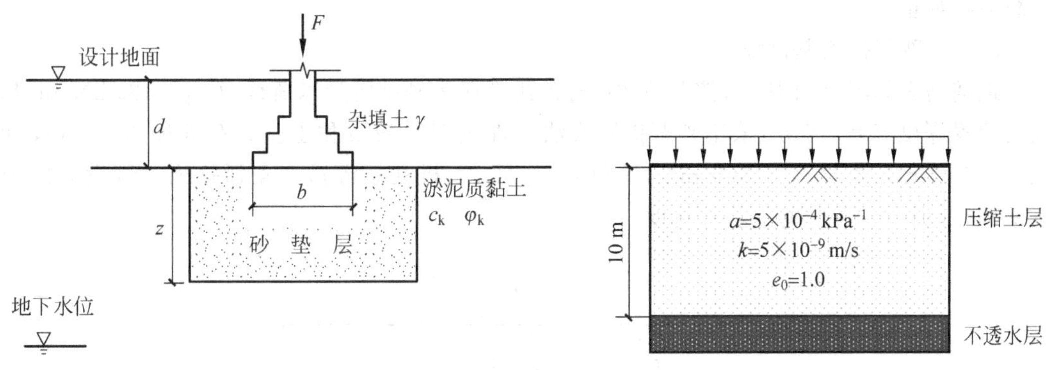

图5-72　习题5-24用图　　　图5-73　习题5-25用图

5-26　求固结度

某饱和黏土层厚10 m，其底部为不透水层。采用砂井堆载预压法处理，砂井的直径为$d_w=200$ mm，长10 m，砂井布置后单井的有效排水范围为$d_e=2$ m，土层的固结系数$c_v=2.3\times10^{-4}$ cm^2/s，$c_h=9.8\times10^{-4}$ cm^2/s。试计算加载一个月时地基的固结度。

5-27　求搅拌桩的桩数

某柱下独立基础，埋深1.8 m，底面尺寸为2.5 m×2.5 m，基底压力$p_k=150$ kPa。基础下为厚度10 m的淤泥质土，承载力特征值$f_{ak}=80$ kPa，桩侧摩阻力特征值$q_{sk}=10$ kPa；其下为软塑黏土，$f_{ak}=120$ kPa。现采用水泥土搅拌桩加固软土层，搅拌桩桩径为600 mm，桩长10 m，桩端进入黏土层，试确定该基础下搅拌桩的桩数。

5-28　求旋喷桩复合地基承载力

某松散砂土地基的承载力标准值为100 kPa，拟采用旋喷桩法加固。现分别用单管法、双重管法和三重管法进行试验，桩径分别为1 m、1.5 m和2 m，单桩轴向承载力标准值分别为200 kN、350 kN和620 kN，三种方法均按正方形布桩，间距为桩径的3倍。试分别求出加固后复合地基承载力标准值。

5-29　求灰土桩的桩数

某黄土场地，建筑物采用筏板基础，基底尺寸为20 m×40 m，基础埋深3 m，基底下为8 m厚的自重湿陷性黄土，其下为非湿陷性黄土层。拟采用灰土挤密桩法处理该场地黄土的湿陷性，灰土桩直径为 400 mm，桩间距 1 m，等边三角形布置。试问处理该场地需要布置多少根灰土桩？

5-30　求夯实水泥土桩的桩距

某建筑场地为黏性土，天然地基承载力特征值为 120 kPa，采用夯实水泥土桩法进行地基处理，桩径为 450 mm，经单桩静荷载试验，测得桩的承载力特征值为 450 kPa，要求加固后复合地基承载力达到 160 kPa。若按正方形布桩，取桩间土承载力折减系数为 0.9，试问桩的中心距应为多少？

5-31　求砂石桩复合地基承载力

某建筑场地为松砂，天然地基承载力特征值为 100 kPa，孔隙比为 0.78，要求采用振冲法处理后孔隙比为 0.68，初步设计考虑采用桩径为 0.5 m、桩体承载力特征值为 550 kPa 的砂石桩处理，按正方形布桩，不考虑振动密实作用。试选择桩距，并计算处理后的复合地基承载力特征值。

5-32　砂石桩浅基础设计

地基剖面如图 5-74 所示，按荷载效应标准组合条形基础每延米荷载为 $F_k=180$ kN/m，基础的埋置深度 $d=1.2$ m，采用砂石桩置换法处理淤泥质粉质黏土。砂石桩长 6.0 m(设计地面下 7.2 m)，直径 $d_0=800$ mm，桩距 $s_a=2.0$ m，桩孔按等边三角形排列。试设计此地基基础。(提示：要求确定基础宽度。)

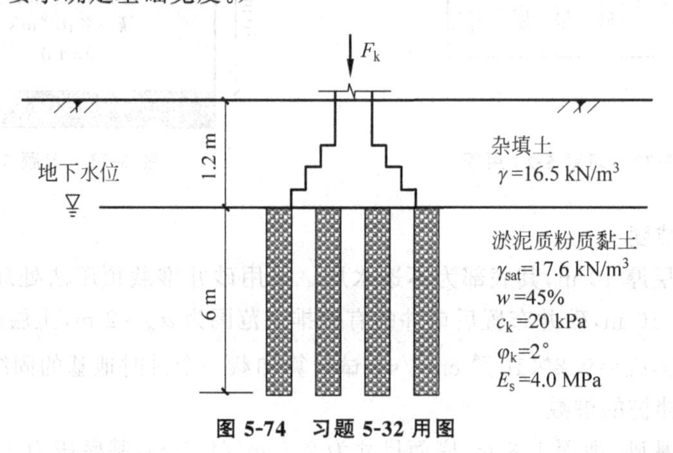

图 5-74　习题 5-32 用图

5-33　求 CFG 桩承载力

某工程柱基的基底压力 $p_k=120$ kPa，地基土为淤泥质粉质黏土，天然地基承载力特征值 $f_{ak}=72$ kPa。拟用振冲法处理该地基，按等边三角形布置碎石桩，桩径 0.8 m，桩距 1.6 m。已知天然地基承载力特征值与桩体承载力特征值之比为 1∶5，试问该振冲碎石桩复合地基承载力能否满足基底压力的要求？

第6章 基础抗震

地基基础抗震相关规范有《建筑抗震设计规范》(GB 50011—2010)、《公路工程抗震规范》(JTG B02—2013)等。

6.1 地震作用

地震(earthquake)是地壳在内部或外部因素作用下产生振动的地质现象。

由地震引起的结构动态作用称为**地震作用**(seismic action),包括水平地震作用和竖向地震作用。

6.1.1 地震的基本概念

根据发生原因,地震可分为天然地震(包括构造地震、火山地震、陷落地震)、诱发地震(矿山采掘活动、水库蓄水等引发的地震)和人工地震(爆破、核爆炸、物体坠落等产生的地震)。其中,**构造地震**(tectonic earthquake)是由地壳自身运动造成的地震;**火山地震**(volcanic earthquake)是由火山喷发诱发的地震;**陷落地震**(subsidence earthquake)是由地下溶洞或地下采空区塌陷诱发的地震。地球上绝大多数的地震来自于构造地震。

地震发生的部位称为**震源**(earthquake source)。震源在地表的垂直投影点称为**震中**(epicenter),震中附近的地区称为**震中区**(epicentral area)。震中与地表某观测点间的水平距离称为**震中距**(epicentral distance)。震中到震源的距离称为**震源深度**(focal depth)。

根据震源深度,可将地震分为浅源地震、中源地震和深源地震。**浅源地震**(shallow earthquake)是指震源深度小于 60 km 的地震。世界上有记录的地震中约 75%是浅源地震,如 2008 年汶川地震的震源深度约为 14 km。**中源地震**(intermediate earthquake)是指震源深度为 60～300 km 的地震。**深源地震**(palintectic earthquake)是指震源深度大于 300 km 的地震。

地震实质上是地球内部或外部的一种能量释放。地震中释放能量的大小用震级(earthquake magnitude)来衡量。震源释放的能量越大,震级也就越高。震级的原始定义是里希特(Richter)于 1935 年提出的,根据记录的地震波的最大振幅来确定。可表示为:$M=\lg A$,其中 A 为采用标准地震仪(周期为 0.8 s,阻尼系数为 0.8,放大倍数为 2800 倍的地震仪)在距震中 100 km 处记录的以微米为单位的最大水平地震振动幅值,用该法确定的地震震级称为里氏震级(简称震级,以 M 表示)。震级每增大一级,能量约增大到原来的 30 倍;震级增大两级,能量约为原来的 900 倍,以此类推。目前地球上记录的最大震级为里氏 8.9 级。

烈度(intensity)是指发生地震时地面及各类建筑物遭受地震影响的强弱程度。在一次地震中,地震的震级只有一个,但烈度有无数多个。距震中越远,烈度越低。根据地面建筑物受破坏和受影响的程度,地震烈度分为12度。烈度越高,表示受影响的程度越大。

由于地面上建筑物的损坏程度用烈度描述,故对这一指标较为重视。根据工程需要,将其分为基本烈度、众值烈度、罕遇烈度。**众值烈度**(frequent intensity)是指设计基准期50年内超越概率为63.2%时地震所对应的烈度,也称为多遇地震烈度或第一水准烈度。**基本烈度**(basic intensity)是指设计基准期50年内超越概率为10%时地震所对应的烈度,也称区域烈度或第二水准烈度。**罕遇烈度**(seldom intensity)是指设计基准期50年内超越概率为2%~3%时地震所对应的烈度,也称第三水准烈度。

6.1.2 地震的危害

1. 地震灾害的后果

地震是影响人类安全的自然灾害之一,地震产生的工程灾害通常分为直接震害和间接震害,直接震害又分为地基失效和结构振动破坏两大类。地基失效是指地震导致的含水饱和砂土、粉土层地基的液化,以及不均匀软土地基的地基震陷。地基失效降低了地基承载力,导致地基破坏。结构振动破坏是指地震产生的惯性力引起的承重结构因承载或抵抗变形能力的不足引起的破坏,导致了结构丧失整体性。间接破坏是指地震造成的次生灾害,包括地震引发的水管爆裂、燃气泄漏与爆炸、火灾、海啸、水灾、滞后性滑坡、泥石流、山崩、砂层液化、地面沉降和地下水位变化等。

总之,地震可造成重大人员伤亡、巨额财产损失、社会秩序混乱、瘟疫流行、经济衰退、家庭破坏、心理疾患等严重问题。

我国地震灾害极为严重,原因有以下三点。

(1) 地震活动区域的分布范围广。基本烈度在7度和7度以上地区的面积达312万km^2,占全部国土陆地面积的32.5%,如果包括6度的地震区,则达到我国陆地面积的60%。

(2) 地震的震源浅。我国地震总数的2/3发生在大陆地区,这些地震绝大多数属于二三十千米深的浅源地震,地面振动强度大,对建筑物的破坏比较严重。

(3) 地震区内的大中城市数量多。我国300多个城市中有一半位于基本烈度为7度或7度以上的地区。特别是一批重要城市,像北京、银川、西安、兰州、太原、拉萨、呼和浩特、乌鲁木齐、包头、汕头、海口等城市都位于基本烈度为8度的高烈度地震区。

近100年来,世界上发生的强震及其造成的死亡人数如表6-1所示。

表6-1 世界上发生过的大地震

年 份	发 生 地	震 级	死亡人数
1906	(美国)旧金山	8.2	700
1906	(智利)瓦尔帕莱索	8.6	2万
1920	(中国)甘肃	8.6	10万
1926	(日本)东京	8.2	10万
1939	(智利)奇康	8.3	2.8万
1964	(美国)阿拉斯加	8.4	146
1970	(秘鲁)北部	7.7	7万

续表

年　份	发 生 地	震　级	死 亡 人 数
1976	(中国)唐山	7.8	24 万
1985	(墨西哥)中部	8.1	9500
1988	(苏联)亚美尼亚	8.0	10 万
1990	(伊朗)西北部	7.5	5 万
1995	(日本)神户	7.2	5400
1999	(土耳其)伊兹米特	7.4	1.8 万
2008	(中国)四川	8.0	9 万

2008 年 5 月 12 日 14 时 28 分，四川省汶川县发生里氏 8.0 级强烈地震，直接死亡 69 197 人，失踪 18 222 人，伤 374 176 人，直接经济损失约 8451 亿元。震区房屋大面积倒塌(图 6-1)，交通、通信中断，数千万人无家可归。地震还诱发了严重的次生地质灾害。

图 6-1　2008 年汶川地震

2. 地震对地基的危害

地震作用可对地基造成震陷、地基土液化、地震滑坡和地裂等破坏。

1) 震陷

震陷(earthquake subsidence)是指地基土由于地震作用而产生的明显的竖向永久变形。震陷大多发生在松砂层、粉土层、软黏土层、岩溶地区等。震陷因地震时的高压缩性土软化或饱水粉土、粉细砂层液化产生的土层压密、塑性区扩大而引起。发生震陷的主要地区是：沿海地区、河流的下游软土地区。震陷往往是地基震害的主要表现形式，与地基土的级配、含水率、孔隙比有关。

2) 地基土液化

地震时饱和的松散粉细砂或粉土在一定强度的动荷载作用下，土颗粒之间发生相互错动而重新排列，结构趋于密实，但因其透水性较弱而导致孔隙水压力增大，颗粒间的有效应力减小，当地震作用大到使有效应力减小到零时，砂土颗粒处于悬浮状态，表现出类似于液体的性质，丧失承载力，其上的建筑物产生极大的沉降、倾斜和水平位移，引起建筑物开裂、破坏甚至倒塌，这种现象称为**地基土的液化**(subgrade liquefaction)。影响砂土液化的主要因素有：土层的地质年代、组成、相对密度、埋深，以及地下水位深度、地震烈度和地震持续时间等。

3) 地震滑坡

在山区和陡峭的河谷区域，强烈地震可能引起山崩、滑坡、泥石流等大规模的岩土体运动，阻塞公路、中断交通，砸伤人员，毁坏房屋。

4）地裂

地震可导致岩体和地面的突然破裂和位移，引起跨断层上及其附近的建（构）筑物、轨道、地下管道、道路的变形和破坏。如1976年唐山地震时，地面出现一条长10 km、水平错动1.25 m、垂直错动0.6 m的大地裂缝，错动带宽约2.5 m，致使在该断裂带附近的房屋、道路、地下管道等遭到极其严重的破坏，民用建筑几乎全部倒塌。

3．地震对基础的危害

地震作用是通过地基和基础传递给上部结构的，因此，地震时首先是场地和地基受到考验，继而产生建（构）筑物的基础随上部结构振动并由此引发地震灾害。

建筑物基础的常见震害有以下几种。

1）竖向位移

竖向位移的形式是沉降、不均匀沉降和倾斜。观测资料表明，一般黏性土地基上的建筑物因地震产生的沉降量通常不大，软土地基则可产生100～200 mm的沉降，厚度较大液化土地基在强震时甚至可产生1 m以上的沉降，造成建筑物的倾斜和倒塌。

2）水平位移

地震时，边坡或河岸边的土坡可能发生失稳，地下的液化土层会发生侧向移动，使得此处的建筑物基础发生较大的水平位移，从而发生破坏。

3）受拉破坏

由于地震作用造成附加的水平力与竖向力，使得基础上产生附加弯矩，可造成桩与承台的连接破坏、高耸结构物的拉锚破坏、框架基础与柱子连接部位的剪切破坏等。

4．地震预报与设防

一直以来，从事地震预报的人员试图通过地下超深钻探、埋设地应力传感器、组建地应力监测网、构建失效模型等方法，对地震提前预警。苦苦追索几十年，然而结果令人失望，甚至一些特大强震事先连一点预警也没发出。2019年借助信息手段，利用地震波的纵波和横波的时间差，以及地震波和电波的时间差，为西安赢得了61秒的逃生时间，令世界为之一亮，为地震预报提供了新思路。但这毕竟时间太短，且未能从机理上攻克地震预报难题。

但工程界的人们一直尝试从另外的角度减轻地震造成的危害。一是从建筑选址开始就对场地和建筑地基的抗震性进行分析和评价，从而避开不良场地。如实在避不开，则采取一些抗震的地基处理措施。二是将地震作用直接叠加到设计的建筑荷载中，从设计和施工阶段就采取结构增强措施，从而大大减轻和消除地震灾害的影响。

在估算地震荷载时，需要知道地震峰值加速度。而目前的抗震设防标准是以烈度为基础的，因此，需要知道抗震设防烈度与设计基本地震加速度的对应关系，如表6-2（《建筑抗震设计规范》（GB 50011—2010）（2016年版）中的表3.2.2）所示。

表6-2 设计基本地震加速度

抗震设防烈度（第二水准烈度）	6度	7度	8度	9度
设计基本地震加速度/g	0.05	0.10(0.15)	0.20(0.30)	0.40

注：①g为重力加速度；②括号内数值分别用于设计基本地震加速度为0.15g和0.30g的地区。

表 6-2 中的**抗震设防烈度**(seismic precautionary intensity)是指按国家规定的权限批准作为一个地区抗震设防依据的地震烈度，取 50 年内超越概率 10%的地震烈度，即基本烈度。**设计基本地震加速度**(design basic acceleration of ground motion)是指 50 年设计基准期内超越概率为 10%时所对应的地震加速度。

6.1.3　地震作用的计算

考虑地震作用时，在常规设计的基础上，用拟静力法将地震作用引起的水平力和竖向力叠加到原有的荷载上去。

1. 水平地震力

由地震引起的作用在结构物上的水平地震力按下式计算：

$$F_E = \alpha G_{eq} \tag{6-1}$$

式中，F_E——由地震引起的水平地震力，kN；

α——结构物的地震影响系数；

G_{eq}——结构物的总等效重力荷载，单质点取总重力荷载代表值，多质点取总重力荷载代表值的 85%。

2. 竖向地震力

由地震引起的竖向作用弱于水平作用。在《水工建筑物抗震设计标准》(GB 51247—2018)中规定，竖向作用力可取水平作用力的 2/3。《建筑抗震设计规范》(GB 50011—2010)中规定，竖向作用可取水平作用的 65%。并且都规定，只有烈度在 9 度以上时，才考虑竖向地震作用。

3. 地震影响系数

根据结构物的自振周期 T，可从图 6-2 中查得结构物的地震影响系数。地震影响系数曲线由 4 段线条组成，分别是：上升段 AB、水平段 BC、曲线下降段 CD、直线下降段 DE。

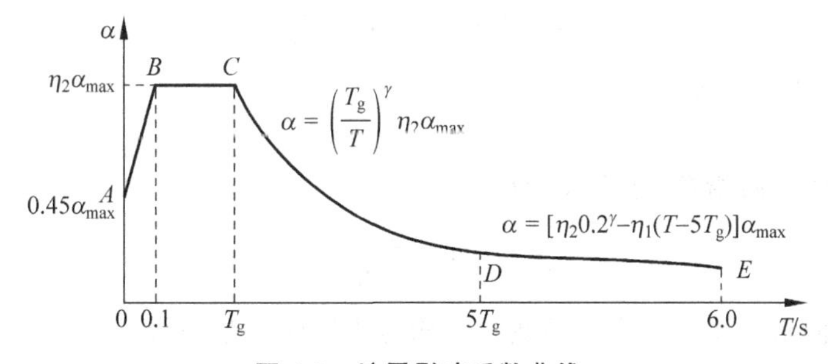

图 6-2　地震影响系数曲线

α—地震影响系数；α_{max}—地震影响系数最大值；η_1—直线下降段的下降斜率调整系数；γ—衰减指数；T_g—特征周期；η_2—阻尼调整系数；T—结构自振周期

要绘制出上述曲线，需进行两个步骤的工作。

第一步：确定几个关键参数。包括 α_{max}、T_g、η_2、η_1、γ。

(1) α_{max}

α_{max} 为水平地震影响系数最大值，按表 6-3(《建筑抗震设计规范》(GB 50011—2010)中的表 5.1.4-1)取值。

表 6-3　水平地震影响系数最大值 α_{max}

地震影响	6 度	7 度	8 度	9 度
多遇地震	0.04	0.08(0.12)	0.16(0.24)	0.32
罕遇地震	—	0.50(0.72)	0.90(1.20)	1.40

注：括号内数值分别用于设计基本地震加速度为 $0.15g$ 和 $0.30g$ 的地区。

(2) T_g

T_g 为场地的特征周期，应根据场地类别和设计地震分组按表 6-4 取值，计算 8 度、9 度罕遇地震作用时，特征周期应增加 0.05 s。

表 6-4　特征周期 T_g　　s

设计地震分组	场地类别			
	Ⅰ	Ⅱ	Ⅲ	Ⅳ
第一组	0.25	0.35	0.45	0.65
第二组	0.30	0.40	0.55	0.75
第三组	0.35	0.45	0.65	0.90

(3) η_2

η_2 为阻尼调整系数，按下式计算：

$$\eta_2 = 1 + \frac{0.05 - \xi}{0.08 + 1.6\xi} \tag{6-2}$$

式中，ξ 为阻尼比。当 $\eta_2 < 0.55$ 时，取 $\eta_2 = 0.55$。

(4) η_1

η_1 为直线下降段的下降斜率系数，按下式计算：

$$\eta_1 = 0.02 + \frac{0.05 - \xi}{4 + 32\xi} \tag{6-3}$$

当 $\eta_1 < 0$ 时，取 $\eta_1 = 0$。

(5) γ

γ 为下降段的衰减指数，按下式计算：

$$\gamma = 0.9 + \frac{0.05 - \xi}{0.3 + 6\xi} \tag{6-4}$$

第二步：根据阻尼比大小来调整建筑结构地震影响系数曲线。

(1) $\xi = 0.05$ 时

除有专门规定外，建筑结构的阻尼比 ξ 一般取 0.05，则有 $\eta_2 = 1.0$，$\eta_1 = 0.02$。根据式(6-4)，可得 $\gamma = 0.9$。

地震影响系数按下列公式确定。

直线上升段($0 < T < 0.1$ s)

$$\alpha = (5.5T + 0.45)\alpha_{max} \tag{6-5}$$

水平段($0.1\ \text{s} \leqslant T \leqslant T_g$)

$$\alpha = \alpha_{max} \tag{6-6}$$

曲线下降段($T_g<T\leqslant 5T_g$)

$$\alpha=\left(\frac{T_g}{T}\right)^{0.9}\alpha_{max} \tag{6-7}$$

直线下降段($5T_g<T\leqslant 6$ s)

$$\alpha=[0.235-0.02(T-5T_g)]\alpha_{max} \tag{6-8}$$

(2) 当建筑物阻尼比不等于 0.05 时,地震影响系数按下列方法调整。

直线上升段($0<T<0.1$ s)

$$\alpha=(5.5T+0.45)\eta_2\alpha_{max} \tag{6-9}$$

水平段($0.1\text{ s}\leqslant T\leqslant T_g$)

$$\alpha=\eta_2\alpha_{max} \tag{6-10}$$

曲线下降段($T_g<T\leqslant 5T_g$)

$$\alpha=\left(\frac{T_g}{T}\right)^{\gamma}\eta_2\alpha_{max} \tag{6-11}$$

直线下降段($5T_g<T\leqslant 6$ s)

$$\alpha=[\eta_2 0.2^{\gamma}-\eta_1(T-5T_g)]\alpha_{max} \tag{6-12}$$

在确定了建筑物的特征周期后,就可从图 6-2 的曲线上查得建筑物的 α 值,从而可由式(6-1)计算地震引起的水平地震力。

6.2 抗震设计要求

6.2.1 设防类别

在地震活动区域,要保证工程具有一定的抗震能力,以减少地震造成的人员伤亡和经济损失,同时又必须避免过高的设防标准造成浪费。

《建筑工程抗震设防分类标准》(GB 50223—2008)将建筑物按使用功能的重要性和破坏后果的严重性分为甲类、乙类、丙类、丁类四个抗震设防类别。并规定了相应的抗震设计要求,具体如下。

1. 甲类:特殊设防类

建筑物:使用上有特殊设施,涉及国家公共安全的重大建筑工程和地震时可能发生严重次生灾害等特别重大灾害后果(如产生放射性物质的大爆炸等),需要进行特殊设防的建筑。

地震作用计算:按高于本地区抗震设防烈度计算,其值按批准的地震安全性评价结果确定。设防烈度为 6 度时,除另有规定外,可不进行地震作用计算。

抗震措施:当抗震设防烈度为 6～8 度时,应符合本地区抗震设防措施提高一度的要求;当为 9 度时,应符合比 9 度抗震设防措施更高的要求。

2. 乙类:重点设防类

建筑物:地震时使用功能不能中断或需尽快恢复的建筑,或地震时可能导致大量人员伤亡等重大灾害后果,需要提高设防标准的建筑。

地震作用计算:应符合本地区抗震设防烈度的要求(6 度时可不进行计算)。

抗震措施:一般情况下,当抗震设防烈度为 6～8 度时,应符合本地区抗震设防提高一度的要求；当为9度时，应符合比9度抗震设防更高的要求。需按提高一度的要求加强抗震措施，即加强关键部位结构抗震安全储备。对较小的乙类建筑，当其结构改用抗震性能较好的结构类型时，应允许仍按本地区抗震设防烈度的要求采取抗震措施。

3. 丙类：标准设防类

建筑物：除甲、乙、丁类以外的一般建筑。

地震作用计算：应符合本地区抗震设防烈度的要求(6度时可不进行计算)。

抗震措施：应符合本地区抗震设防烈度的要求。

4. 丁类：标准设防类

建筑物：次要建筑。使用上人员稀少且地震损害不致产生次生灾害，允许在一定条件下适当降低要求的建筑。

地震作用计算：一般情况下，应符合本地区抗震设防烈度的要求(6度时可不进行计算)。

抗震措施：应允许比本地区抗震设防烈度的要求适当降低，但抗震设防烈度为6度时不应降低。

此外，建筑场地为Ⅰ类时，允许甲类、乙类建筑按本地区抗震设防烈度采取抗震构造措施，丙类建筑允许降低一度采取抗震构造措施，但6度区不再降低。建筑场地为Ⅲ、Ⅳ类时，设计基本加速度为0.15g(7度)和0.30g(8度)的地区，除另有规定外，宜分别按抗震设防烈度8度(0.30g)和9度(0.40g)抗震设防类别采取抗震构造措施。

6.2.2 设防目标

《中华人民共和国建筑法》和《中华人民共和国防震减灾法》都要求建筑抗震设计遵循“预防为主”的方针。《建筑抗震设计规范》(GB 50011—2010)规定，抗震设防烈度为6度以上的地区，必须进行抗震设计，并将建筑物的抗震设防目标确定为“三个水准”，工程中通常将上述抗震设计的3个水准简要地概括为“小震不坏，中震可修，大震不倒”的抗震设防目标。

第一水准：小震不坏。当遭受低于本地区抗震设防烈度的多遇地震影响时，主体结构不受损坏或不需修理就可继续使用。

第二水准：中震可修。当遭受相当于本地区抗震设防烈度的地震影响时，结构的损坏经一般性修理就可继续使用。

第三水准：大震不倒。当遭受高于本地区抗震设防烈度的预估的罕遇地震影响时，不致倒塌或发生危及生命的严重破坏。

使用功能或其他方面有专门要求的建筑，当采用抗震性能设计时，应具有更具体或更高的抗震设防目标。

6.2.3 设防原则

为保证实现上述抗震设防目标，《建筑抗震设计规范》(GB 50011—2010)规定在具体的设计工作中采用两阶段设计步骤。

第一阶段的设计是结构承载力验算，在方案布置符合抗震设计原则的前提下，取第一水准烈度的地震动参数，用弹性反应谱法求出结构在弹性状态下的地震作用标准值和相对应的地震荷载效应，然后与其他荷载效应进行系数组合，并对结构构件截面进行承载力验算，以实现第一、二水准的设计目标。大多数结构可只进行第一阶段设计，而通过概念设计和构造措施满足第三水准的设计要求；但对于少数结构，如地震时易倒塌的结构或有特殊要求的建筑，除了进行第一阶段设计外，还要进行第二阶段设计。

第二阶段设计是弹塑性变形验算，验算第三水准烈度下结构的弹塑性层间变形是否满足规范要求，如有变形过大的薄弱层，则应修改设计或采取相应的构造措施，以使其能够满足第三水准的设防要求。

上述设防原则和设计方法可简短地表述为“三水准设防，两阶段设计”。

6.2.4 抗震设计内容

结构的抗震设计包括抗震计算和概念设计两个方面。

1. 抗震计算

抗震计算为建筑抗震设计确定合理的计算简图和分析方法，对地震荷载效应做定量计算及对结构抗震能力进行验算。地基基础抗震设计内容包括：地基的地震承载力验算、地基液化可能性判别、液化等级的划分、震陷分析、合理的基础结构形式选择、抗震措施的确定与实施等内容。

2. 概念设计

抗震概念设计在总体上把握抗震设计的原则，从宏观上对建筑结构和地基基础提出指导方针。

建筑结构布局应合理，防止次生灾害(如火灾、爆炸等)的发生。上部结构设计应遵循“简、匀、轻、牢”的原则，以提高结构的抗震性能，并从构造措施上保证结构的整体性。

地基基础抗震设计应选择有利的建筑场地，即尽量选择有利地段，避开不利地段，不在危险地段进行建设；建筑物的自振周期应远离地层的卓越周期，以避免共振；通过构造钢筋、圈梁、连接部位加固等措施加强基础和上部结构的整体性；合理加大基础的埋置深度，选择整体性好的筏形基础、箱形基础和十字交叉条形基础等，减轻震陷引起的不均匀沉降和对上部建筑的损坏；采取振冲法、沉管碎石挤密桩法、强夯法等方法，对可液化砂土与粉土层提前加固处理，消除或减轻地震灾害。

由于地震的不确定性和结构在地震作用下的响应及破坏机理的复杂性，地震时造成的破坏程度很难准确预测。人们在总结地震灾害的经验中发现，对结构抗震设计来说，“概念设计”比“抗震计算”更为重要。“抗震计算”很难有效控制结构的薄弱环节，不能完全解决问题，因而必须重视“概念设计”。

6.3 天然地基基础抗震设计

6.3.1 场地抗震性评价

场地，是指具有相似的地震反应谱特征的小范围的土地，其评价范围相当于厂区、居民小区和自然村或不小于1.0 km^2 的平面面积。

确保建筑物安全的前提是将其建在没有潜在风险的场地上。因此，对于场地的抗震性应进行判别与划分。

《建筑抗震设计规范》(GB 50011—2010)从抗震角度，将建筑场地分为抗震有利、不利和危险的地段，如表6-5所示。

表 6-5 有利、不利和危险地段的划分

地段类型	地质、地形、地貌
有利地段	稳定基岩，坚硬土，开阔、平坦、密实、均匀的中硬土等
一般地段	不属于有利、不利和危险的地段
不利地段	软弱土，液化土，条状突出的山嘴，高耸孤立的山丘，陡坡，陡坎，河岸和边坡的边缘，平面分布上含有成因、岩性、状态明显不均匀的土层（含古河道、疏松的断层破碎带、暗埋的塘浜沟谷和半填半挖地基），高含水率的可塑黄土，地表存在结构性裂缝等
危险地段	地震时可能发生滑坡、崩塌、地陷、地裂、泥石流等及发震断裂带上可能发生地表位错的部位

选择建筑场地时，应优选有利地段，避开不利地段，禁用危险地段。

6.3.2 天然地基抗震验算

地基和基础的抗震验算，采用拟静力法。根据《建筑抗震设计规范》(GB 50011—2010)，按以下两式验算基础底面压力：

$$p \leqslant f_{aE} \tag{6-13}$$

$$p_{max} \leqslant 1.2 f_{aE} \tag{6-14}$$

式中，p——地震荷载效应标准组合的基础底面平均压力，kPa；

p_{max}——地震荷载效应标准组合的基础边缘的最大压力，kPa；

f_{aE}——调整后的地基抗震承载力，kPa，按式(6-15)计算。

$$f_{aE} = \xi_a f_a \tag{6-15}$$

式中，ξ_a——地基抗震承载力调整系数，按表 6-6 取值；

f_a——深宽修正后的地基承载力特征值，按《建筑地基基础设计规范》(GB 50007—2011)计算。

表 6-6 地基抗震承载力调整系数 ξ_a

岩土名称和性状	ξ_a
岩石，密实的碎石土，密实的砾砂、粗砂、中砂，$f_{ak} \geqslant 300$ kPa 的黏性土和粉土	1.5
中密、稍密的碎石土，中密和稍密的砾砂、粗砂、中砂，密实和中密的细砂、粉砂，150 kPa $\leqslant f_{ak} <$ 300 kPa 的黏性土和粉土，坚硬黄土	1.3
稍密的细砂、粉砂，100 kPa $\leqslant f_{ak} <$ 150 kPa 的黏性土和粉土，可塑黄土	1.1
淤泥，淤泥质土，松散的砂，杂填土，新近堆积黄土及流塑黄土	1.0

注：表中的 f_{ak} 值是指未经基础的深宽修正的地基承载力特征值。

根据《建筑抗震设计规范》(GB 50011—2010)，地基主要受力层范围内不存在软弱黏性土层的一般单层厂房和单层空旷房屋、砌体房屋、不超过 8 层且高度在 24 m 以下的一般民用框架和框架-抗震墙房屋、与其基础荷载相当的多层框架厂房和多层混凝土抗震墙房屋，可不进行天然地基及基础的抗震承载力验算。

6.3.3 地基土液化的判别

地震灾害调查表明，在地基失效破坏中由砂土液化造成的结构破坏在数量上占有很大的比例，因此有关砂土液化的规定在各国抗震规范中均有所体现，如我国《建筑抗震设计规范》(GB 50011—2010)、《公路工程抗震规范》(JTG B02—2013)、《铁路工程抗震设计规范》(GB 50111—2006)都规定了对地基进行液化判别的方法和应采取的措施。下面以《建筑抗震设计规范》(GB 50011—2010)为例进行介绍。

液化(liquefaction)是指地震中覆盖土层内孔隙水压急剧上升，一时难以消散，导致土体抗剪强度大幅降低的现象。液化多发生在饱和粉细砂中，常伴有喷水、冒砂以及构筑物沉陷、倾倒的现象。

为判断地基土受地震的影响程度，需要判别地基土的液化可能性，通常分两步进行，先判断地基土能否液化；若液化，再判断液化等级。

1. 初判

饱和的砂土或粉土(不含黄土)，当符合下列条件之一时，可初步判别为不液化或可不考虑液化影响。

(1) 地质年代为第四纪晚更新世(Q_3)及其以前、烈度为7度或8度时可判为不液化。

(2) 粉土的黏粒(粒径小于0.005 mm的颗粒)含量百分率，7度、8度和9度时分别不小于10、13和16时，可判为不液化土。

(3) 浅埋天然地基上的建筑物，当上覆非液化土层厚度和地下水位深度符合下列条件之一时，可不考虑液化影响：

$$d_u > d_0 + d - 2 \tag{6-16}$$

$$d_w > d_0 + d - 3 \tag{6-17}$$

$$d_u + d_w > 1.5d_0 + 2d - 4.5 \tag{6-18}$$

式中，d_u——上覆非液化土层厚度，计算时宜将淤泥和淤泥质土层扣除；

d_0——液化土特征深度，可按表6-7取值；

d——基础埋置深度，不超过2 m时应取2 m；

d_w——地下水位深度，宜取设计基准期内年平均最高水位，或取近期年最高水位。

表6-7　液化土特征深度 d_0　　m

饱和土类别	7度	8度	9度
粉土	6	7	8
砂土	7	8	9

注：当区域的地下水位处于变动状态时，应按不利的情况考虑。

2. 细判

当饱和砂土、粉土的初步判别认为需进一步进行液化判别时，应采用标准贯入试验法判别地面下20 m深度范围内的液化，但对《建筑抗震设计规范》(GB 50011—2010)规定的可不进行天然地基及基础抗震承载力验算的各类建筑，可只判别15 m范围内的土的液化。当饱和土标准贯入锤击数小于液化判别标准贯入锤击数临界值时，应判为液化土。当有成熟经验时，尚可采用其他判别方法。

在地面下20 m深度范围内，液化判别标准贯入锤击数临界值可按下式计算：

$$N_{cr} = N_0\beta[\ln(0.6d_s + 1.5) - 0.1d_w]\sqrt{3/\rho_c} \tag{6-19}$$

式中，N_{cr}——液化判别标准贯入锤击数临界值；

N_0——液化判别标准贯入锤击数基准值，应按表6-8取值；

d_s——饱和土标准贯入点深度，m，对于某一地层而言，取地层厚度中间位置的深度值；

ρ_c——黏粒含量百分率，当小于3或为砂土时，应取3；

β——调整系数，设计地震第一组取0.80，第二组取0.95，第三组取1.05。

表6-8 液化判别标准贯入锤击数基准值 N_0

设计基本地震加速度	0.10g	0.15g	0.20g	0.30g	0.40g
N_0	7	10	12	16	19

对存在液化砂土层、粉土层的地基，应探明各液化土层的深度和厚度，按下式计算每个钻孔的液化指数，并按表6-9综合划分地基的液化等级：

$$I_{lE}=\sum_{i=1}^{n}\left(1-\frac{N_i}{N_{cri}}\right)d_iW_i \tag{6-20}$$

式中，I_{lE}——液化指数；

n——在判别深度范围内每一个钻孔标准贯入试验点的总数；

N_i——第 i 点标准贯入锤击数的实测值，当实测值大于临界值时应取临界值，当只需要判别15 m范围以内的液化时，15 m以下的实测值可取为临界值；

N_{cri}——第 i 点标准贯入锤击数的临界值，按式(6-19)计算；

d_i——第 i 点所代表的土层厚度，m，可取与该标准贯入试验点相邻的上、下两标准贯入试验点深度差的一半，但上界不高于地下水位深度，下界不深于液化深度；

W_i——第 i 土层单位土层厚度的层位影响权函数值，m^{-1}，当该层中点深度不大于5 m时应取10，等于20 m时应取0，5～20 m时应按线性内插法取值。

表6-9 液化等级与液化指数的对应关系

液化等级	轻微	中等	严重
液化指数 I_{lE}	$0<I_{lE}\leqslant 6$	$6<I_{lE}\leqslant 18$	$I_{lE}>18$

【例6-1】 场地液化判别

某场地的土层分布及各土层中点处标准贯入锤击数如图6-3所示。该地区抗震设防烈度为8度，设计基本地震加速度为0.20g。由《建筑抗震设计规范》(GB 50011—2010)查得的设计地震分组组别为第一组。基础埋深为2.0 m。试按规范法判别该场地土层的液化可能性以及场地的液化等级。

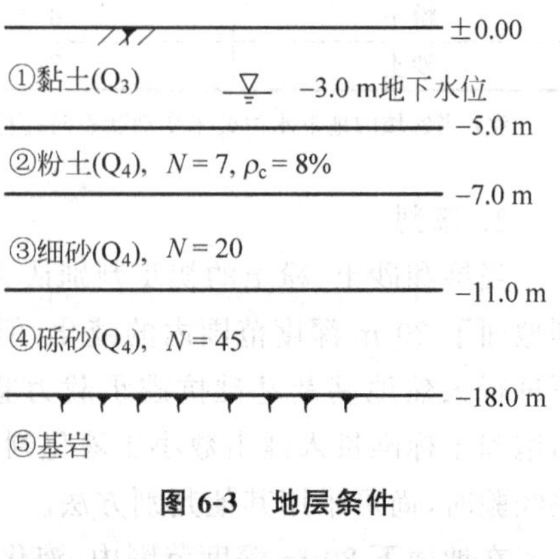

±0.00
①黏土(Q_3)　−3.0 m地下水位
−5.0 m
②粉土(Q_4)，$N=7$，$\rho_c=8\%$
−7.0 m
③细砂(Q_4)，$N=20$
−11.0 m
④砾砂(Q_4)，$N=45$
−18.0 m
⑤基岩

图6-3 地层条件

【解答】

(1) 初判

只对饱和的粉土和砂土层进行液化判别，其他岩土层认为是不液化土层。故①黏土层和⑤基岩层认为是非液化土层。其他地层的液化性需要判别。

经过比较，发现②～④层不符合排除液化初判的前两个条件，下面根据式(6-16)～式(6-18)进行判断，将判别结果列于表6-10中。已知 $d_w=3.0$ m，$d=2.0$ m。

表6-10 地基土液化性的初判结果

地层	参 数	式(6-16)	式(6-17)	式(6-18)	液化否?
① 黏土	—	—	—	—	不液化
② 粉土	$d_u=5, d_0=7.0$ m	×	×	×	?
③ 细砂	$d_u=5, d_0=8.0$ m	×	×	×	?
④ 砾砂	$d_u=5, d_0=8.0$ m	×	×	×	?
⑤ 基岩	—	—	—	—	不液化

注：×表示不满足；？表示不确定。

经过初判，不能断定②～④层是不液化土层，仍需做进一步细判。

(2) 细判

对于经过初判不能确定是否液化的地层，应先用式(6-19)求出 N_{cr}，然后与土层实际的 N 值比较，当 $N>N_{cr}$ 时，土层不液化，否则为液化土层。

已知 $d_w=3.0$ m；该地区设计地震分组组别为第一组，故取 $\beta=0.80$；由设计基本地震加速度为 $0.20g$，查表6-8得 $N_0=12$。

以②粉土层为例，该土层厚度中点处的深度 $d_s=[5.0+(7.0-5.0)/2]$ m $=6.0$ m，$\rho_c=8$，故由式(6-19)算得该层土的液化判别标准贯入锤击数临界值 N_{cr} 为

$$N_{cr}=N_0\beta[\ln(0.6d_s+1.5)-0.1d_w]\sqrt{3/\rho_c}$$

$$=12\times0.80\times[\ln(0.6\times6.0+1.5)-0.1\times3.0]\times\sqrt{3/8}\approx12.76\times0.61\approx7.8$$

因 $N=7<N_{cr}$，故土层②粉土判定为液化土。

对于其他地层，依照同样的方法进行，计算结果列于表6-11中。

表6-11 地基土液化性的细判结果

地 层	参 数	N_{cr}	N	液化否?
① 黏土				不液化
② 粉土	$d_w=3.0$ m, $\beta=0.80$, $N_0=12$, $d_s=6.0$ m, $\rho_c=8$	7.8	7	液化
③ 细砂	$d_w=3.0$ m, $\beta=0.80$, $N_0=12$, $d_s=9.0$ m, $\rho_c=3$	15.7	20	不液化
④ 砾砂	$d_w=3.0$ m, $\beta=0.80$, $N_0=12$, $d_s=14.5$ m, $\rho_c=3$	19.4	45	不液化
⑤ 基岩				不液化

(3) 场地的液化等级

由细判结果可知，只有②粉土为液化土层，该层土厚度 $d_i=2.0$ m，按式(6-20)的说明，W_i 由插值得到：

$$W_i=10-\frac{d_s-5}{20-5}\times10=10-\frac{6.0-5}{15}\times10\approx9.3$$

$$I_{lE}=\sum_{i=1}^{n}\left(1-\frac{N_i}{N_{cri}}\right)d_iW_i=\left(1-\frac{7}{7.8}\right)\times2.0\times9.3\approx1.9$$

因 $0<I_{lE}<6$，由表6-9查得，该场地的地基液化等级为轻微。

6.3.4 地基基础抗震措施

液化是地震时造成地基失效的主要原因，要减轻这种危害，应根据地基液化等级和结构特点选择相应措施。

为了保证建筑物的安全，一般情况下应避免用未经加固处理的可液化土层作为天然地基持力层。应根据建筑的重要性、地基液化等级，结合具体情况综合判断是否对液化地基进行处理。《建筑抗震设计规范》(GB 50011—2010)对于地基抗液化措施的规定如下。

(1) 当液化土层较平坦且均匀时，一般可按表 6-12 选用地基抗液化措施。同时也可考虑上部结构重力荷载对液化危害的影响，根据液化震陷量的估计适当调整抗液化措施。

表 6-12 抗液化措施

建筑抗震设防类别	地基的液化等级		
	轻　微	中　等	严　重
乙类	部分消除液化沉陷，或对基础和上部结构进行处理	全部消除液化沉陷，或部分消除液化沉陷且同时对基础和上部结构进行处理	全部消除液化沉陷
丙类	对基础和上部结构进行处理，也可不采取措施	对基础和上部结构进行处理	全部消除液化沉陷，或部分消除液化沉陷且同时对基础和上部结构进行处理
丁类	可不采取措施	可不采取措施	对基础和上部结构进行处理

(2) 全部消除地基液化沉陷的措施有以下几种。

① 采用桩基时，根据计算确定桩端伸入液化深度以下稳定土层中的长度(不包括桩尖部分)，且桩端深入碎石土、砾砂、粗砂、中砂、坚硬黏性土、密实粉土中的长度不应小于 0.5 m，对其他非岩石土不宜小于 1.5 m。

② 采用深基础时，基础底面应埋入液化深度以下的稳定土层中，其深度不应小于 0.5 m。

③ 采用加密法(如振冲、振动加密、挤密碎石桩、强夯等)加固时，处理至液化深度下界；且桩间土的标准贯入锤击数不小于液化判别标准贯入锤击数临界值。

④ 用非液化土替换全部液化土层，或增加上覆非液化土层的厚度。

⑤ 采用加密法或换填法处理时，基础边缘以外的处理宽度应超过基础底面下处理深度的 1/2 且不小于基础宽度的 1/5。

对上述几类全部消除地基液化沉陷的措施，应根据建筑类别、工程规模、液化土的深度与层厚、地下水位，以及邻近建筑物的距离等条件，进行技术经济比较，选择一种最佳方案。若加固的面积较大，深度为 10 m 左右，周围空旷，则可考虑强夯法；若处理范围较小，液化土浅埋且厚度不大，则可考虑挖除。

(3) 部分消除地基液化沉陷的措施有以下几种。

① 使处理后的地基液化指数减少，其值不宜大于 5。

② 挖除液化土层，或采用挤密法加固。使处理后土层的标准贯入锤击数实测值不小于液化判别标准贯入锤击数临界值。

③ 采取减小液化震陷的其他方法。如增加上覆非液化土层的厚度和改善周边的排水条件等。

(4) 减轻地基液化对基础和上部结构影响的措施有以下几种：

① 选择合适的基础埋置深度；

② 调整基础底面积，减少基础偏心；

③ 加强基础的整体性和刚度，如采用箱基、筏基，加设基础圈梁等；

④ 减轻荷载，增强上部结构的整体刚度和均匀对称性，合理设置沉降缝，避免采用对不均匀沉降敏感的结构形式等；

⑤ 管道穿过建筑处应预留足够尺寸或采用柔性接头等。

6.4　桩基抗震

6.4.1　桩基抗震验算

对于以承受竖向荷载为主的低承台桩基，当地面下无液化土层，且桩承台周围无淤泥、淤泥质土和地基承载力特征值不大于 100 kPa 的填土时，下列建筑可不进行桩基的抗震承载力验算：

(1) 砌体房屋；

(2) 7 度和 8 度区的一般的单层厂房、单层空旷房屋，不超过 8 层且高度在 24 m 以下的一般民用框架房屋及基础荷载相当的多层框架厂房和多层混凝土墙房屋；

(3)《建筑抗震设计规范》(GB 50011—2010) 规定可不进行上部结构抗震验算的建筑。

对于不符合上述条件的桩基，除了应满足《建筑地基基础设计规范》(GB 50007—2011) 规定的设计要求外，还应进行桩基的抗震验算。验算时，根据场地土的类别，将其分为非液化土中的低承台桩基抗震验算和存在液化土层的低承台桩基抗震验算两种情况。

(1) 非液化土层低承台桩基的抗震验算应符合下列规定：

① 单桩的竖向和水平向抗震承载力特征值，均可比非抗震设计的承载力特征值提高 25%；

② 当承台周围的回填土夯实到干密度不小于《建筑地基基础设计规范》(GB 50007—2011) 要求的密度时，可由承台周边填土与桩共同承担水平地震作用，但不计入承台底面与地基土间的摩擦力。

(2) 液化土层低承台桩基的抗震验算应符合下列规定：

① 埋置深度较浅的桩基础不宜计入承台侧面填土或刚性地坪对水平地震作用的分担作用。

② 承台底面上、下分别有厚度不小于 1.5 m、1.0 m 的非液化土层或非软弱土层的桩基，可按下列两种情况进行桩的抗震验算。

a. 桩承受全部地震作用时，桩承载力可比抗震设计时提高 25%，而液化土层中的桩周摩阻力和水平抗力均应乘以表 6-13 所示的折减系数。

表 6-13　土层的液化影响折减系数

标　贯　比	标贯点深度 d_s/m	折 减 系 数
$\lambda_N \leqslant 0.6$	$d_s \leqslant 10$	0
	$10 < d_s \leqslant 20$	1/3
$0.6 < \lambda_N \leqslant 0.8$	$d_s \leqslant 10$	1/3
	$10 < d_s \leqslant 20$	2/3
$0.8 < \lambda_N \leqslant 1.0$	$d_s \leqslant 10$	2/3
	$10 < d_s \leqslant 20$	1

注：标贯比 λ_N 为液化土层的标准贯入击数实测值与相应的临界值之比。

b. 地震作用按水平地震影响系数最大值的 10%取值，桩承载力仍按静承载力提高 25%取值，但应扣除液化土层的全部摩阻力及桩承台下 2 m 深度范围内非液化土的桩周摩阻力。

③ 打入式预制桩及其他挤土桩，当平均桩距为 2.5～4 倍桩径且桩数不少于 25 根时，可计入打桩对土的加密作用及桩身对液化土变形限制的有利影响。当打桩后桩间土的标准贯入锤击数值达到不液化的要求时，单桩承载力可不折减；但对桩尖持力层做强度校核时，桩群外侧的应力扩散角应取为 0°。打桩后桩间土的标准贯入锤击数宜由试验确定，也可按下式计算：

$$N_1 = N_p + 100m[1 - \exp(-0.3N_p)] \tag{6-21}$$

式中，N_1——打桩后的标准贯入锤击数；

N_p——打桩前的标准贯入锤击数；

m——打入式预制桩的面积置换率。

6.4.2　桩基抗震构造措施

目前还没有简便实用的计算方法来保证桩在地震作用下的安全，因此，除了验算桩基的抗震承载力外，还应加强抗震构造措施。包括：

(1) 对液化土中的桩，应自桩顶至全部消除液化沉陷所要求的深度范围内配置钢筋，且纵向钢筋应与桩顶部位相同，箍筋应加密；

(2) 处于液化土中的桩基承台周围宜用非液化土填筑夯实，若用砂土或粉土则应使土层的标准贯入锤击数不小于规定的液化判别标准贯入锤击数的临界值。

习题

6-1　工程中为什么以地震烈度而不是以震级作为抗震设计的控制指标？

6-2　建筑抗震设防类别分为哪几类？

6-3　哪些建筑可不进行地基及基础的抗震承载力验算？

6-4　如何判别场地土的液化？

6-5　建筑抗震设防的原则有哪些？

6-6　地震荷载作用下地基承载力如何计算？

6-7　地基基础抗震措施有哪些？

6-8　某场地土层条件如图 6-4 所示，已知该地区的抗震设防烈度为 8 度，设计地震分组为第一组，设计基本地震加速度为 0.20g。基础埋深为 2.0 m，各土层中点处的标准贯入锤击数由上而下分别为 4、8、35。试按《建筑抗震设计规范》(GB 50011—2010)判别该场地土层的液化可能性，并确定场地的液化等级。

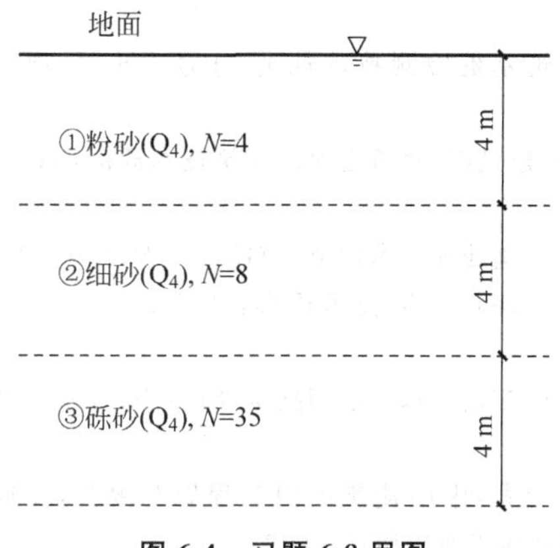

图 6-4　习题 6-8 用图

参考文献

[1] 中国建筑科学研究院. 建筑基桩检测技术规范：JGJ 106—2014[S]. 北京：中国建筑工业出版社,2014.

[2] 中华人民共和国住房和城乡建设部. 盐渍土地区建筑技术规范：GB/T 50942—2014[S]. 北京：中国计划出版社,2014.

[3] 中国建筑科学研究院. 建筑地基处理技术规范：JGJ 79—2012[S]. 北京：中国建筑工业出版社,2013.

[4] 中国建筑科学研究院. 建筑基坑支护技术规程：JGJ 120—2012[S]. 北京：中国建筑工业出版社,2012.

[5] 中国建筑科学研究院. 既有建筑地基基础加固技术规范：JGJ 123—2012[S]. 北京：中国建筑工业出版社,2012.

[6] 中国建筑第六工程局有限公司,中国建筑第四工程局有限公司. 建筑物倾斜纠偏技术规程：JGJ 270—2012[S]. 北京：中国建筑工业出版社,2012.

[7] 中国建筑科学研究院. 建筑结构荷载规范：GB 50009—2012[S]. 北京：中国建筑工业出版社,2012.

[8] 中国建筑科学研究院. 建筑地基基础设计规范：GB 50007—2011[S]. 北京：中国建筑工业出版社,2012.

[9] 中国建筑科学研究院. 高层建筑筏形与箱形基础技术规范：JGJ 6—2011[S]. 北京：中国建筑工业出版社,2011.

[10] 广东金辉华集团有限公司,北京交通大学. 建(构)筑物托换技术规程：CECS 295—2011[S]. 北京：中国计划出版社,2011.

[11] 中国建筑科学研究院. 建筑抗震设计规范：GB 50011—2010[S]. 北京：中国建筑工业出版社,2010.

[12] 中国建筑科学研究院. 建筑桩基技术规范：JGJ 94—2008[S]. 北京：中国建筑工业出版社,2008.

[13] 陕西省建筑科学研究院有限公司,陕西建工第三建设集团有限公司. 湿陷性黄土地区建筑标准：GB 50025—2018[S]. 北京：中国建筑工业出版社,2018.

[14] 马孝春. 基础工程解题指导[M]. 北京：清华大学出版社,2016.

[15] 周景星,李广信,张建红,等. 基础工程[M]. 3版. 北京：清华大学出版社,2015.

[16] 崔高航,王福彤. 基础工程[M]. 北京：清华大学出版社,2012.

[17] 曹云. 基础工程[M]. 北京：北京大学出版社,2012.

[18] 叶洪东,刘熙媛. 基础工程[M]. 北京：机械工业出版社,2013.

[19] 陈小川,刘华强,张玲玲. 基础工程[M]. 北京：机械工业出版社,2013.

[20] 王娟娣. 基础工程[M]. 2版. 杭州：浙江大学出版社,2013.

[21] 赵明华,徐学燕,邹新军. 基础工程[M]. 北京：高等教育出版社,2019.

[22] 邓友生,等. 基础工程[M]. 北京：清华大学出版社,2017.

[23] 闫富有. 基础工程[M]. 北京：中国电力出版社,2017.

[24] 曹志军,孙宏伟. 基础工程[M]. 成都：西南交通大学出版社,2017.

[25] 王贵君,隋红军,李顺群,等. 基础工程[M]. 北京：清华大学出版社,2016.

[26] 阮永芬. 基础工程[M]. 武汉：武汉理工大学出版社,2015.

[27] 何春保,金仁和. 基础工程[M]. 北京：中国水利水电出版社,2018.

[28] 杨小平. 基础工程[M]. 2版. 广州：华南理工大学出版社,2014.

[29] 华南理工大学,浙江大学,湖南大学. 基础工程[M]. 3版. 北京：中国建筑工业出版社,2014.

[30] 石名磊. 基础工程[M]. 2版. 南京：东南大学出版社,2015.

[31] 牛志荣. 地基处理技术及工程应用[M]. 北京：中国建材工业出版社，2004.
[32] 中国建筑科学研究院. 混凝土结构设计规范：GB 50010—2010[S]. 北京：中国建筑工业出版社，2015.
[33] 中华人民共和国交通运输部. 港口工程桩基规范：JTS 167—4—2012[S]. 北京：人民交通出版社，2012.
[34] 上海建工(集团)总公司. 地下连续墙施工规程：DG/TJ 08—2073—2010[S]. 上海：上海市城乡建设和交通委员会，2010.
[35] 中交第一航务工程勘察设计院. 港口工程地下连续墙结构设计与施工规程：JTJ 303—2003[S]. 中华人民共和国交通部，2003.
[36] 上海市政工程设计研究总院(集团)有限公司. 给水排水工程钢筋混凝土沉井结构设计规程：CECS 137—2015[S]. 北京：中国计划出版社，2015.
[37] 天津市地质工程勘察院. 钢筋混凝土地下连续墙施工技术规程：DB29—103—2010[S]. 天津：天津市城乡建设和交通委员会，2010.
[38] 中交公路规划设计院有限公司. 公路桥涵地基与基础设计规范：JTG 3363—2019[S]. 北京：中华人民共和国交通运输部，2019.
[39] 建设综合勘察研究设计院. 岩土工程勘察规范：GB 50021—2001[S]. 2009 年版. 北京：中国建筑工业出版社，2009.
[40] 中国建筑科学研究院. 软土地区岩土工程勘察规程：JGJ 83—2011[S]. 北京：中国建筑工业出版社，2011.
[41] 黑龙江省寒地建筑科学研究院，大连阿尔滨集团有限公司. 冻土地区建筑地基基础设计规范：JGJ 118—2011[S]. 北京：中国建筑工业出版社，2011.
[42] 中国建筑科学研究院. 膨胀土地区建筑技术规范：GB 50112—2013[S]. 北京：中国建筑工业出版社，2012.
[43] 浙江大学，浙江中南建设集团有限公司. 复合地基技术规范：GB/T 50783—2012[S]. 北京：中国计划出版社，2012.
[44] 水利部水利水电规划设计总院，南京水利科学研究院. 土工试验方法标准：GB/T 50123—2019[S]. 北京：中国计划出版社，2019.
[45] 中华人民共和国水利部. 水工建筑物抗震设计标准：GB 51247—2018[S]. 北京：中国计划出版社，2018.
[46] 中交路桥技术有限公司. 公路工程抗震规范：JTG B02—2013[S]. 北京：人民交通出版社，2013.
[47] 中国建筑科学研究院. 建筑工程抗震设防分类标准：GB 50223—2008[S]. 北京：中国建筑工业出版社，2008.